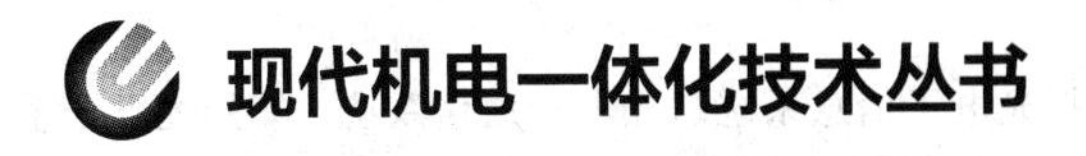

现代机电一体化技术丛书

光电子技术及其应用

郭瑜茹　林 宋　编著

GUANGDIANZI
JISHU JIQI
YINGYONG

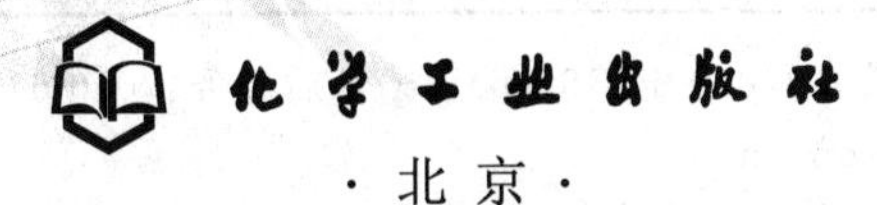

·北京·

本书内容涉及光电子技术中的各个主要方面，包括基于光电子学原理的光电探测技术和光电探测应用系统实例、光纤通信技术、条形码技术、光电对抗技术与对抗系统、激光技术与应用系统和生物医学中的光电子技术。特别是对于光电子技术在军事上的应用，作了一些理论分析并给出了相关系统的应用实例。本书理论与实际密切结合，既有普及性和实用性，又具有一定深度，逻辑性强，配有大量图表，易于掌握和使用。

本书可供从事与光电子技术相关的系统（包括光电子信息系统、光电子通信系统、军用光电子系统等）应用和开发的技术人员使用，也可作为大专院校相关专业师生的教材和参考书。

图书在版编目（CIP）数据

光电子技术及其应用/郭瑜茹，林宋编著．—北京：
化学工业出版社，2015.8
（现代机电一体化技术丛书）
ISBN 978-7-122-24520-5

Ⅰ.①光…　Ⅱ.①郭…②林…　Ⅲ.①光电子技术
Ⅳ.①TN2

中国版本图书馆 CIP 数据核字（2015）第 149856 号

责任编辑：张兴辉　韩亚南　　　　文字编辑：陈　喆
责任校对：宋　玮　　　　　　　　装帧设计：王晓宇

出版发行：化学工业出版社（北京市东城区青年湖南街 13 号　邮政编码 100011）
印　　装：北京云浩印刷有限责任公司
787mm×1092mm　1/16　印张 14¼　字数 345 千字　2015 年 9 月北京第 1 版第 1 次印刷

购书咨询：010-64518888（传真：010-64519686）　售后服务：010-64518899
网　　址：http://www.cip.com.cn
凡购买本书，如有缺损质量问题，本社销售中心负责调换。

定　　价：**69.00 元**　

“现代机电一体化技术丛书”编委会

丛书序

机电一体化是指在机构的主功能、动力功能、信息处理功能和控制功能上引进电子技术，将机械装置与电子化设计及软件结合起来所构成的系统的总称。机电一体化是微电子技术、计算机技术、信息技术与机械技术的相互交叉与融合，是诸多高新技术产业和高新技术装备的基础。机电一体化产品是集机械、微电子、自动控制和通信技术于一体的高科技产品，具有很高的功能和附加值。

目前，国际上产业结构的调整使得各个行业不断融合和协调发展。作为机械与电子相结合的复合产业，机电一体化以其特有的技术带动性、融合性和普适性，受到了国内外科技界、企业界和政府部门的特别关注，它将在提升传统产业的过程中，带来高度的创新性、渗透性和增值性，成为未来制造业的支柱。我国已经将发展机电一体化技术列为重点高新科技发展项目，机电一体化技术的广阔发展前景也将越来越光明。

随着机电一体化技术的不断发展，各个行业的技术人员对其兴趣和需求也与日俱增。但到目前为止，国内还鲜有将光机电一体化技术作为一个整体技术门类来介绍和论述的书籍，这与其方兴未艾的发展势头形成了巨大反差。有鉴于此，由北方工业大学、东华大学、上海交通大学和北京联合大学联合编写"现代机电一体化技术丛书"，旨在适时推出一套机电一体化技术基本知识和应用实例的科技丛书，满足科研设计单位、企业及高等院校的科研和教学需求，为有关技术人员在开发机电一体化产品时，提供从产品造型、功能、结构、材料、传感测量到控制等诸方面有价值的参考资料。

本丛书共十二种，包括《机电一体化系统分析、设计与应用》、《机电一体化系统软件设计与应用》、《机电一体化系统接口技术及工程应用》、《机电一体化系统设计及典型案例分析》、《光电子技术及其应用》、《现代传感器及工程应用》、《微机电系统及工程应用》、《光机电一体化技术产品典型实例：工业》、《光机电一体化技术产品典型实例：民用》、《现代数控机床及控制》、《楼宇设备控制及应用实例》、《服务机器人》。

丛书的基本特点，一是内容新颖，力求及时地反映机电一体化技术在国内外的最新进展和作者的有关研究成果；二是系统全面，分门别类地归纳总结机电一体化技术的基本理论和在国民经济各个领域的应用实例，重点介绍了机电一体化技术的工程应用和实现方法，许多内容，如楼宇自动门的专门论述，尚属国内首次；三是深入浅出，重点突出，理论联系实际，既有一定的深度，又注重实用性，力求满足不同层次读者的需求，适合工程技术人员阅读和高校机械类专业教学的需要。

由于本丛书涉及内容广泛，相关技术发展迅速，加之作者水平有限，时间紧促，书中不妥之处在所难免，恳请专家、学者和读者不吝指教为盼！

"现代机电一体化技术丛书"编委会

前言

随着科学的进步，光电子技术得到了蓬勃的发展。它不仅由多学科互相融合和互相渗透，而且在各个科学领域的应用也十分广泛，如信息光电子技术、通信光电子技术、生物科学和医用光电子技术、军用光电子技术等。随着光电子技术应用的快速发展以及在其他科技领域的渗透，又形成了许多市场可观、发展潜力巨大的光电子产业，包括光纤通信产业、光显示产业、光存储产业、光电子材料产业、光电子检测产业、军用光电子产业以及光机电一体化产业。毋庸置疑，光电子技术对推动21世纪信息技术的发展至关重要。

对于一个专业技术人员，无论是从事通信技术还是国防军事技术，都需要了解和掌握新的光电子技术方面的综合知识，不断地提高专业水平。因此，我们适时编写了这本侧重普及技术基础理论和应用实例丰富的图书。

本书共分7章，比较全面地涵盖了光电子技术的各个主要方面。其中，第1章对光电子技术的基本内容作了概述；第2章介绍了光电探测技术的基本理论、主要探测器的工作原理和结构，介绍了光电探测系统的应用典型实例，使读者能更好地理解和掌握光电探测技术的实际应用；第3章着重介绍了构成光纤通信系统的关键部件即光纤、光发射机、光探测器和光放大器的性能特点及工作原理，并对光波波分复用多路光纤通信、相干光纤通信和全光通信系统的特点作了简要的介绍；第4章介绍了条形码技术的发展及其特点，讨论了条形码的编制方法，详细介绍了条形码系统的关键组成，即条形码阅读器的工作原理、结构及功能等；第5章介绍了光电对抗技术的基本理论，主要介绍了不同的光源侦察技术和对抗技术，讨论了光电反对抗的方法，并介绍了军用光电对抗系统的典型应用实例；第6章介绍了激光测距、激光雷达、激光导航、激光模拟器和激光通信等理论和方法，分析了激光武器在高技术战争中的发展趋势，讨论了激光武器的特点、类型、机理和应用，并介绍了它的典型应用；第7章介绍了光电子技术在生物医学中的应用，主要内容包括光和生物组织的相互作用，激光防护，生物医学检测与诊断和治疗的光学激光技术等。本书尽量避免出现过于繁复冗长的公式推导过程，在内容深度和语言叙述方面力求面向不同层次的读者，并配有大量说明图表。

本书第1章、第3章、第5章和第7章由郭瑜茹编写，第2章、第4章和第6章由林宋编写，全书由郭瑜茹统稿，本书编写过程中李奇志、尚国清、周洪江、胡家凤提供了帮助。

由于编著者水平所限，书中难免有不足之处，恳请读者批评指正。

编著者

第1章 光电子技术概论 / 001

1.1 光电子学和光电子技术简介 / 1
1.2 光电子技术与多学科技术的结合 / 4
1.2.1 光电子技术与信息技术的结合 / 5
1.2.2 光电子技术与通信技术的结合 / 7
1.2.3 光电子技术与生物科学和医用技术的结合 / 8
1.2.4 光电子技术与材料科学技术的结合 / 9
1.2.5 光电子技术与军事技术和武器装备技术的结合 / 9
1.3 光电子技术的发展与展望 / 12

第2章 光电探测技术 / 015

2.1 概述 / 15
2.2 光电子学基础 / 16
2.2.1 辐射度学基本概念 / 16
2.2.2 光度学基本物理量 / 18
2.2.3 晶体半导体能带模型 / 19
2.2.4 半导体的光电效应 / 21
2.3 光电探测器 / 24
2.3.1 光敏电阻 / 24
2.3.2 光生伏特探测器 / 28
2.3.3 光电管 / 30
2.3.4 光电变换电路 / 33
2.3.5 光电池 / 34
2.3.6 光电倍增管 / 35
2.4 固体电荷耦合成像器件(CCD) / 36
2.4.1 CCD工作的基本原理 / 36
2.4.2 CCD的特性参数 / 41
2.4.3 电荷耦合摄像器件(CCID) / 41
2.4.4 CCD技术应用举例 / 46
2.5 红外探测器 / 48
2.5.1 红外辐射的基本知识 / 48
2.5.2 红外探测器分类 / 49

2.5.3 热探测器 / 49
2.5.4 光子探测器 / 51
2.6 光电探测系统 / 52
2.6.1 光电探测系统的军事应用 / 52
2.6.2 光电探测跟踪系统 / 52
2.6.3 红外搜索与跟踪系统 / 53
2.6.4 潜艇光电潜望镜和光电桅杆 / 56
2.6.5 光电成像探测系统 / 60

第3章 光纤通信技术 / 064

3.1 概述 / 64
3.2 光纤和光缆 / 65
3.2.1 光纤通信基本概念 / 65
3.2.2 光纤和光缆的结构与分类 / 66
3.2.3 光纤传输特性 / 73
3.2.4 光纤的数值孔径 NA / 76
3.2.5 光纤中的模 / 77
3.2.6 光纤标准和应用 / 78
3.3 信息光电子器件 / 82
3.3.1 光源 / 82
3.3.2 光发射机 / 82
3.3.3 光接收机 / 87
3.3.4 光探测器 / 88
3.3.5 光检测器 / 89
3.3.6 光放大器 / 90
3.4 光纤通信 / 92
3.4.1 光波波分复用多路光纤通信 / 92
3.4.2 相干光纤通信 / 92
3.5 光纤通信系统 / 93
3.5.1 系统结构 / 94
3.5.2 系统的主要指标 / 94
3.6 光纤通信新技术 / 96
3.6.1 光放大器 / 96
3.6.2 光波分复用技术 / 98
3.6.3 实现光联网 / 99
3.6.4 开发新一代光纤 / 99
3.6.5 向超大容量 WDM 系统演进 / 100
3.6.6 全光通信系统 / 100

第4章 条形码技术 / 101

4.1 条形码技术发展概述 / 101

4.2 条形码技术及其特点 / 102
4.3 条形码的编制 / 103
4.3.1 条形码的基本概念及构成 / 103
4.3.2 条形码的种类 / 104
4.3.3 编码的基本原则及常用条形码码制 / 104
4.4 条形码阅读器 / 108
4.4.1 条形码阅读器的组成和工作原理 / 108
4.4.2 条形码符号的光学特性 / 108
4.4.3 光电扫描器的结构及功能 / 109
4.4.4 光电扫描器的种类 / 112
4.4.5 条形码扫描器的选择原则 / 115

第5章 光电对抗技术与对抗系统 / 106

5.1 概述 / 116
5.2 光电对抗的概念与分类 / 117
5.2.1 基本概念 / 117
5.2.2 基本分类 / 118
5.2.3 基本特性 / 119
5.2.4 发展趋势 / 120
5.3 光电侦察技术 / 120
5.3.1 激光侦察 / 120
5.3.2 激光雷达 / 122
5.3.3 红外侦察 / 122
5.4 光电告警技术 / 122
5.4.1 激光告警技术 / 123
5.4.2 红外告警技术 / 125
5.4.3 紫外告警技术 / 127
5.4.4 光电复合告警技术 / 128
5.5 光电干扰技术 / 128
5.5.1 烟幕干扰 / 128
5.5.2 红外干扰(诱饵)弹技术 / 133
5.5.3 红外干扰机技术 / 137
5.5.4 红外定向干扰技术 / 140
5.5.5 激光干扰技术 / 141
5.5.6 激光干扰机 / 143
5.5.7 综合干扰技术 / 144
5.6 光电反干扰技术 / 145
5.6.1 反侦察技术 / 145
5.6.2 激光测距仪的反干扰措施 / 146
5.6.3 红外制导导弹的反干扰措施 / 146
5.6.4 精确制导武器的反干扰措施 / 146

5.6.5 辨别红外诱饵弹的方法 / 146
5.6.6 抑制掉红外诱饵弹的方法 / 147
5.6.7 红外成像制导导弹的抗干扰措施 / 147
5.7 红外辐射抑制技术 / 148
5.8 光电反干扰综合措施 / 149
5.9 光电隐身技术 / 150
5.10 光电对抗系统 / 152
5.10.1 光电火控系统 / 153
5.10.2 TV/红外图像跟踪系统 / 155
5.10.3 红外告警系统 / 156
5.10.4 红外诱饵弹系统 / 156
5.10.5 红外干扰机系统 / 158
5.11 光电反侦察技术 / 159

第6章 激光技术与应用系统 / 160

6.1 概述 / 160
6.2 激光原理 / 161
6.2.1 原子吸收、自发辐射和受激辐射 / 161
6.2.2 粒子数反转 / 162
6.2.3 激光工作物质的能级结构 / 162
6.2.4 光学谐振腔 / 163
6.2.5 产生激光的必要条件 / 164
6.2.6 激光的特性 / 164
6.2.7 激光器的分类 / 166
6.2.8 激光器 / 167
6.2.9 调 Q 激光器原理 / 171
6.3 激光通信 / 171
6.3.1 激光通信的原理 / 172
6.3.2 大气传输激光通信 / 172
6.3.3 卫星激光通信 / 173
6.4 激光测距 / 173
6.4.1 激光测距的原理与分类 / 173
6.4.2 军用脉冲激光测距仪的应用 / 175
6.5 激光雷达 / 176
6.5.1 激光雷达的结构与特点 / 177
6.5.2 激光雷达的军事应用 / 178
6.6 激光导航 / 179
6.6.1 萨格奈克效应 / 180
6.6.2 激光陀螺 / 180
6.6.3 光纤陀螺 / 180

6.7 激光模拟器 / 181
6.7.1 激光模拟器工作原理 / 181
6.7.2 激光模拟器应用 / 181
6.8 激光武器 / 182
6.8.1 激光武器的特点 / 182
6.8.2 激光武器的类型 / 183
6.8.3 高能激光武器 / 184
6.8.4 低能激光武器 / 185
6.8.5 激光武器的作战性能 / 187
6.8.6 激光武器的关键技术 / 188
6.8.7 激光破坏机理 / 189
6.9 激光制导 / 190
6.9.1 激光制导分类 / 190
6.9.2 激光制导特点 / 191
6.9.3 激光制导武器 / 192
6.10 激光武器的防护方法 / 194
6.10.1 主要空中目标抗高能激光防护技术 / 194
6.10.2 对激光致盲武器的防护措施 / 195
6.11 激光应用系统发展方向 / 196

第7章 生物医学中的光电子技术 / 198

7.1 光与生物组织相互作用 / 198
7.1.1 生物组织的光学特性 / 198
7.1.2 光与生物组织相互作用 / 200
7.1.3 激光的安全防护 / 203
7.2 生物医学常用的检测、诊断和治疗的光电子技术 / 205
7.3 激光防护 / 208
7.3.1 吸收型滤光镜 / 209
7.3.2 反射型滤光镜 / 209
7.3.3 复合型滤光镜 / 210
7.3.4 全息滤光片 / 210
7.3.5 可调谐滤光片 / 210
7.3.6 光能量限制器 / 210
7.3.7 光开关(快门)光学开关型滤光镜 / 211
7.3.8 抗激光材料 / 211
7.4 光电子和激光治疗技术 / 212
7.5 光电子和激光治疗的主要应用 / 213
7.6 激光加工生物组织和生物材料 / 215

参考文献 / 217

Chapter 01

第1章 光电子技术概论

光电子学作为电子学和光学交叉形成的一门新兴学科，它不仅支撑着信息技术，而且对信息技术的发展起着至关重要的作用。当今社会信息已成为重要的技术支柱和主要的技术产业。光电子作为信息和能量的载体，在光显示、光存储和激光应用上，已经形成了新兴的光电子工业。人们已看到，"光谷"这个词正在流行，并成为高科技的代名词，正像"硅谷"代表的是微电子信息产业一样，"光谷"代表的是一个更加巨大的产业——光电子信息产业。它对各个国家的经济建设、社会变革、国家安全乃至整个社会发展起着难以估量的作用。

美国已经把电子和光子材料，微电子和光电子学列为国家关键技术，认为光子学在国家安全与经济竞争方面有着深远的意义与潜力。光电子信息产业有望成为本世纪最大的产业，光电子技术将继微电子技术之后再次推动人类科学技术的革命和进步。

1.1 光电子学和光电子技术简介

光电子学是光学与电子学相结合的产物。就光学而言，它是一门古老的学科，它的发展也经历了漫长的历史。其中，关于光的电磁性质和光在介质中的行为，早在19世纪就已经用麦克斯韦（Maxwell）的经典电磁理论对其进行了研究；关于光的吸收和辐射，在20世纪初期（1917年）爱因斯坦就建立了系统的理论。但是，电子学的发展历史则相对较短。在20世纪60年代之前，光学和电子学还是两门独立的学科，因此，光电子学也常称为现代光电子学。

1960年世界上第一台激光器研制成功，使得光学的发展进入了一个新阶段。随着激光的深入研究和广泛应用，大大扩展了以前人们对电磁波理论与微观物质世界的认识，光学和电子学的研究也因此有了广泛的交叉，形成了激光物理、非线性光学、波导光学等新学科。还有，在那同时期几个关键的重大技术突破，如异质结（两种不同半导体材料构成的PN结，体积小、效应高）半导体激光器的研制成功，激光传输低损耗介质——光导纤维的获得，液晶显示器、电荷耦合器件（CCD器件）以及半导体发光二极管的研制成功，都促进了以光纤传感、光纤传输、光盘信息存储与显示、光计算和光信息处理等技术的蓬勃发展，从深度和广度上又进一步促进了光学和电子学及其他相应学科（数学、物理、材料等学科）

之间的相互渗透，形成了一些新的研究领域，为光电子技术的发展起到了非常重要的作用。

为此，学术界曾经使用的名词有电光学（elect-optics）、光电子学（optoelectronics）、量子电子学（quantum electronics）、光波技术（light wave technology）、光子学（photonics）等，目前常用的是“光电子学”和“光子学”。

当把光电子学称为光子学时，它是研究以光子作为信息载体和能量载体的技术科学。光子作为信息载体突破了电子学发展的瓶颈限制，使响应时间从 10^{-9} s 提高到 10^{-15} s，工作频率从 10^{11} Hz 提高到 10^{14} Hz，从而使高速、大容量的信息系统得以实现。光子作为能量载体可提供极高功率密度的光能，形成极短的光脉冲或极精细的光束，创造出极端的物理条件：极高的温度、极高的压强、极低的温度、极精密的刻划和极精细的加工，从而在信息、能源、材料、航天航空、生命科学与环境科学以及国防军事等领域中得以广泛应用。而光电子学沿用电子学的有关理论，主要研究与光相关的（有光参与的）电子器件和系统。事实上，光电子学和光子学其本质是一致的，只不过其强调的重点不一样，光电子学强调电子的作用，光子学强调光子的作用。

光电子学的出现是科学进步的体现，同时，科学进步又进一步促进了光电子学及光电子技术的发展。如随着科学进步，量子电子学、非线性光子学、光纤光学、导波光学、半导体集成光电子学、超高速光子学、声波与微波光学、薄膜光学、真空与表面分析科学、微光学元件技术等都得到了蓬勃的发展。

应该说，光电子学发展的巨大推动力是应用，而且光电子学的应用极为广泛，如图 1-1 所示。光电子学的应用技术被通称为光电子技术，表 1-1 列出了光电子技术的基本种类和产品。光电子技术包括光子的产生、传输、控制和探测。光电子技术的应用主要有两个方面：一方面是光子作为信息的载体，应用于信息的探测、传输、存储、处理和运算；另一方面是光子作为能量的载体，作为高能量和高功率的束流（主要是激光束），应用于材料加工、医学治疗、太阳能转换、核聚变等。针对这两种不同的应用，分别称为信息光电子技术和能量光电子技术。信息光电子技术包括光的产生、传输、调制、放大、频率转换、检测和光信息处理等，即各种光电子器件及其应用技术（图 1-2）。光电子技术主要有以下器件及技术：激光器及其应用、红外探测器及其应用、CCD 成像器件及其应用、光纤光缆、光电子器件及其应用、平板显示器件及其应用、光存储技术、集成光路和光电子集成技术。

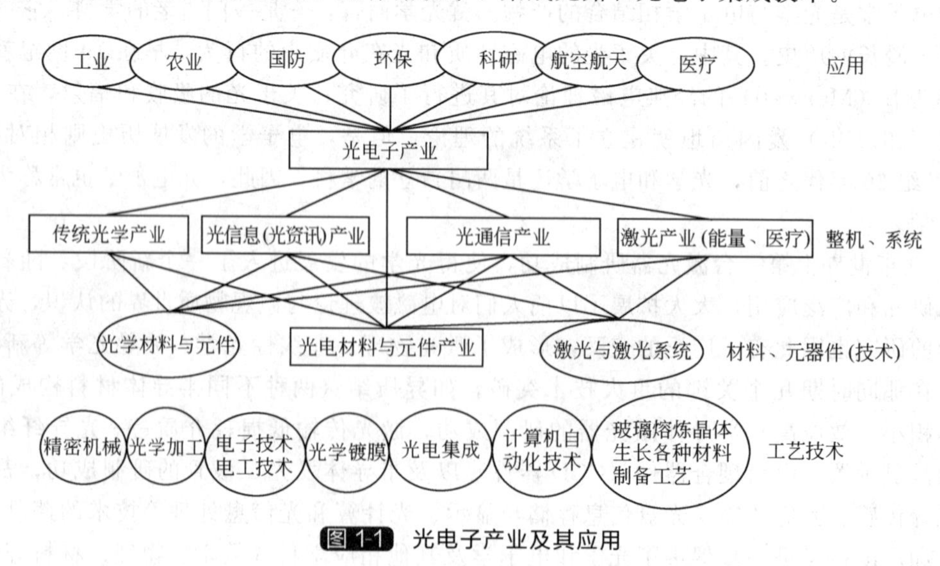

图 1-1 光电子产业及其应用

表 1-1 光电子技术的基本种类和产品

种类	产品
光纤通信设备	光源、放大器、有线电视分布网、光调制器、转换开关、光纤、波分复用器、连接器、发送和接收模块等
信息光学设备	光学处理装置、记忆存储器件、条形码、打印机、图像处理、互联网、传真、显示器
光导航与光显示设备	自动显示内部文件、交通控制系统、光导航设备、驾驶舱显示系统、光学陀螺仪等
工业与医疗设备	机器人视觉、光学检测和测量、激光加工、激光医疗设备、激光器等
军用设备	光纤地面和卫星通信系统、航空/航天侦察系统、激光雷达系统、光学陀螺仪、前视红外元件、夜视仪、军用导航系统、激光雷达测干扰系统、激光武器
家用设备	电视、视频照相机、CD/VCD/DCD 机、家用传真、显示屏、报警器等

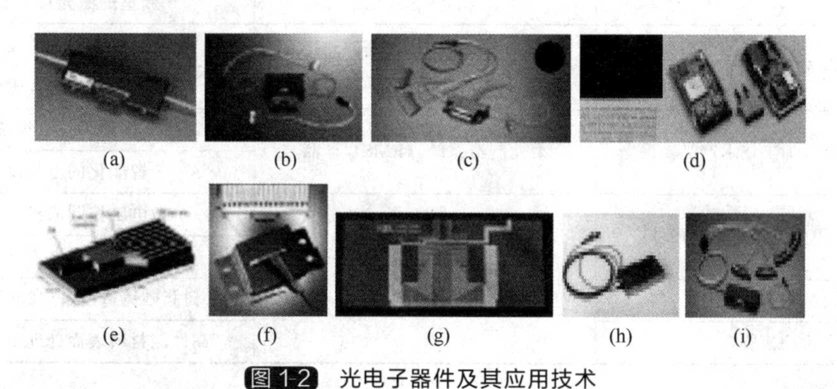

图 1-2 光电子器件及其应用技术

由此可见，光电子技术对推动 21 世纪信息技术的发展至关重要，光通信、光盘技术的成就已充分揭示出光子技术的巨大潜力。

这里应该强调的一点是，与光电子学和光电子技术一起发展起来的还有光机电一体化技术。光机电一体化技术是光电子技术向机械工业领域渗透过程中逐渐形成并发展起来的一门综合性交叉学科。经过几十年的发展，它已从最初的机械电子化、机械电脑化逐渐发展到光机电一体化，使得机电一体化的内涵和外延得到不断的丰富和拓宽。从某种角度讲，光电子技术是光机电一体化的一个重要组成与支撑部分。回顾机电一体化的发展历程，可以看到，数控机床的问世，揭开了机电一体化的第一页；微电子技术为机电一体化的发展带来蓬勃生机，可编程控制器和电力电子的发展为机电一体化提供了坚实的基础，而激光技术、信息技术使机电一体化技术整体上了一个新台阶。越来越多的光学元件被应用到机电一体化系统中，导致了机电一体化的一个重要分支——光机电一体化的诞生。

光机电一体化技术的特征如图 1-3 所示，它是在机电一体化概念的基础上强调了光、光电子、激光和光纤通信等技术的作用，属于 21 世纪应用领域更为宽阔的机电一体化技术。

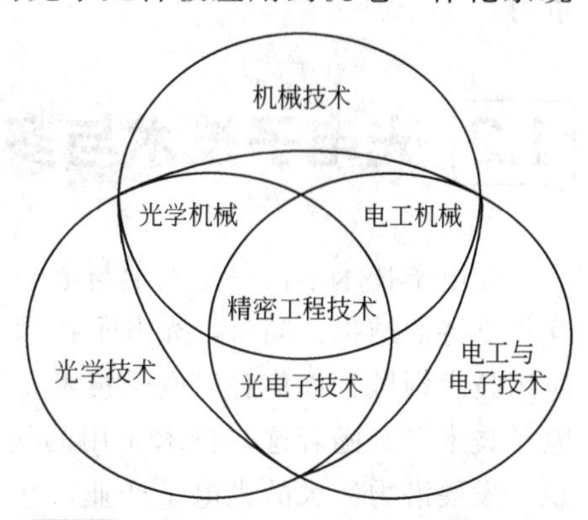

图 1-3 光机电一体化技术的多学科交叉

光机电一体化产业目前有四个主要领域：先进制造装备；仪器仪表装备；先进印刷装备；医疗装备。

其中，先进制造装备包括工业机器人、数控机床、激光加工设备、激光三维快速成形设备，表 1-2 给出了光机电一体化先进制造技术设备列表；仪器仪表装备包括激光测振仪、激光测速仪、电子经纬仪、GPS 接收机、微光夜视仪、扫描隧道显微镜等；先进印刷装备包括高速激光打印机、胶印机等；医疗装备包括 X 射线诊断仪、心血管造影系统、红外治疗设备、医用电子直线加速器等。

表 1-2　光机电一体化先进制造技术设备列表

<table>
<tr><th>元件、装置及产品</th><th>系统</th><th>设备</th></tr>
<tr><td rowspan="2">检测、传感</td><td rowspan="2">伺服控制系统及中高档数控系统</td><td>先进模具设计、制造设备</td></tr>
<tr><td>大型真空电子束焊设备</td></tr>
<tr><td rowspan="2">传动基础元件及产品</td><td rowspan="2">光电控制系统</td><td>可控气氛及真空热处理设备</td></tr>
<tr><td>新型的激光加工设备</td></tr>
<tr><td rowspan="2">柔性制造单元（FMC）</td><td rowspan="2">力、视觉系统技术产品
工业机器人产品</td><td>波长可调的强激光设备</td></tr>
<tr><td>激光脉冲功率技术设备</td></tr>
<tr><td rowspan="2">精密成形加工技术产品</td><td rowspan="2">柔性制造系统（FMS）产品</td><td>等离子技术设备</td></tr>
<tr><td>智能化的电气设备</td></tr>
<tr><td rowspan="2">机械产品开发用先进计算机软硬件产品</td><td rowspan="4">高性能数控机床（三轴以上联动）</td><td>微电脑控制的机械设备</td></tr>
<tr><td>智能化的电力设备</td></tr>
<tr><td>新型数显装置</td><td>树脂砂铸造设备（20t/h 以上）</td></tr>
<tr><td>变频调速装置</td><td>高性能材料表面处理及改性设备</td></tr>
</table>

机电一体化产业的关键技术既包括产业自身存在的需要突破的技术，也包括电力电子、激光等上游技术环节需要突破的技术，同时还包括：先进制造装备中的计算机辅助设计、计算机辅助制造、管理信息系统计算机辅助工艺过程设计；仪器仪表装备中的自动测试技术、信息处理技术、传感器技术、现场总线技术；先进印刷装备中的数字印刷技术、制版技术；以及先进医疗装备中的信息处理技术、图像处理技术、影像显示技术、医用激光技术。

光机电一体化技术使机械传动部件减少，因而使机械磨损、配合间隙和受力变形等所引起的动作误差大大减小，同时由于采用电子技术，反馈控制水平的提高并能进行高速处理，可通过电子自动控制系统精确地按预设量使相应机构动作，因各种干扰因素造成的误差，可通过自动控制系统自行诊断、校正、补偿去达到工作要求。不仅精度提高，而且功能增加。一旦产品实现光机电一体化，便具有很高的功能水平和附加价值，可提高企业的效益和竞争力。

1.2　光电子技术与多学科技术的结合

光电子技术不仅只是光学与电子学相结合的产物，而且是多学科互相融合、互相渗透、互相支持的结果。同时，光电子技术在各个科学领域的应用，又产生了一系列的交叉学科和应用技术领域，如信息光电子技术，通信光电子技术、生物科学和医用光电子技术、军用光电子技术等。随着这些技术应用的快速发展以及其他科技领域的渗透，形成了许多市场可观、发展潜力巨大的光电子产业，包括光纤通信产业、光显示产业、光存储-光盘产业、光电子材料产业、光电子检测产业、军用光电子产业以及光机电一体化产业。下面着重描述光电子技术与多学科技术的结合（图 1-4），即光电子技术与信息技术的结合、光电子技术与通信技术的结合、光电子技术与生物科学和医用技术的结合、光电子技术与材料科学技术的结合，以及光电子技术与军事技术和武器装备技术的结合。

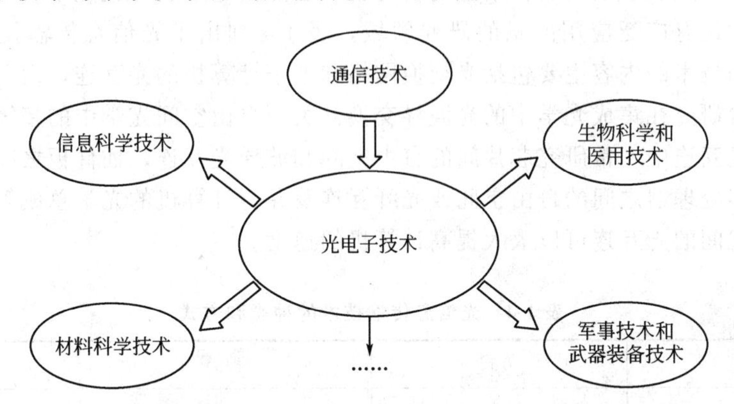

图 1-4 光电子技术与多学科技术的结合

1.2.1 光电子技术与信息技术的结合

目前，光电子学已经成为信息科学的重要发展方向之一。光电子技术不仅是新一代信息载体主流技术，而且它涵盖了信息的获取、通信、处理、存储、交换、读出与显示的完整过程，融入到信息流的各个环节中，渗透到信息领域的每个角落。

（1）光信息获取技术

光信息获取的方式多种多样，不胜枚举。表 1-3 粗略地列举了光信息的获取技术的方式和应用领域。其中，一些设备里的光纤传感器，就是打破传统的利用声光、电光、磁光等效应制作传感器的方法，而是将被测对象的状态转换成光信号进行检测的光学传感器。

表 1-3 光信息的获取技术的方式和应用领域

方式	应用领域/范围
望远镜	天文，陆地，空间
照相机	摄像机，固体摄像机
X-光透视，层析（Computer，Tomography，CT），衍射仪，NMR 技术	
显微镜	电子显微镜，隧道显微镜
光谱仪器	发射，吸收，荧光，拉曼，红外，紫外，傅里叶光谱术
综合孔径雷达	航天航空摄影，多光谱成像，遥感
高速摄影	
立体摄影	
全息照相	
内窥成像	
夜视仪器，红外成像	
编码彩色照	

（2）光信息传输技术

由于光子的速度比电子的速度快得多，光的频率比无线电（如微波）的频率高得多，所以，为提高传输速度和载波密度，信息的传输技术必然由电子发展到光子。光信息传输技术是在信息光学中最有广泛应用前景的研究领域，表 1-4 列出了光信息传输技术的种类和方式。光信息传输技术的内容主要包括光交换网络和电子计算机的光互连，而且在光交换网络的光互连中，常研究在集成光学中的光波导交换开关、自由空间光学中的多级交换网络；在电子计算机的光互连中，常研究芯片间的自由空间和波导光互连，插件板之间的自由空间和波导光互连，多处理器之间的自由空间或光纤互连及并行计算机的光学总成等，因为电子计算机处理芯片之间的光互连可以大大提高计算机的速度。

表 1-4　光信息传输技术的种类和方式

种类	方式	种类	方式
光通信	光纤，光缆，激光器	通信网络	
光纤通信技术及光电子器件		图文传真	光纤，光缆，激光器
光波通信中的多参量复用技术		卫星通信	

利用光波来传输和处理信息有许多优点：①光波的频率高（$3\times10^{11}\sim3\times10^{17}$ Hz），因此，可使用的频带宽，可携带的信息量大；②光的传播速度快，可以大大提高信息处理的速度；③光可以同时并行处理信息，特别是图像信息，比串行处理速度提高了 50 倍；④光波波长很短，可以聚焦成很小的光斑，因而存储的信息密度就可以很大；⑤光子是电中性的，相互之间没有作用，也不受外界电磁场的干扰，因此用光传输、处理信息抗干扰性强，保密性好；⑥光的幅度、相位、偏振都可以调制，这给信息的获取、调制、检测提供了很多方便。

（3）光信息的存储技术

光存储最早的形式为缩微照相，它经历了较长时间的发展，成为文档资料长期存储的主要方式。激光出现后，激光全息技术引人注目，因为它能实现三维图像存储，具有更大的存储容量，但是激光不能进行实时数据存取，光盘存储技术解决了这个问题。光盘作为存储介质和光子技术的使用，可大幅度提高存储容量。光存储器的存储密度的进一步提高，记录介质和写入光源是关键。光源的波长越短，会聚光斑的尺寸将越小，存储密度也就随之提高。应用 800nm 波长的激光来记录和读出波长，5in（1in＝25.4mm）直径光盘的信息存储容量为 650MB。利用目前已开发的新的刻录技术和红光半导体激光器（650nm 和 630nm）缩小记录点及其间距，可把现有光盘的记录密度提高 5～10 倍。目前 DVD 单面单层 5in 光盘的存储容量可达 4.7GB，双层和双面双层光盘可分别达 9GB 和 18GB。

光信息存储的形式有：胶片信息存储；磁带存储；光盘存储技术（如音频、视频）；光学全息存储技术。

光盘存储和读出信息具有以下优点：①表面存储密度很高；②在存储和读出信息过程中，载体和读出头之间没有机械接触，所以保真性好，没有磨损，寿命长、可靠性好、误码率低；③接入信号时间短；④可以多次平行处理信息，速度达几百兆比特/秒。

（4）光信息处理技术

全光计算机是光信息处理技术的重要应用。光学信息处理技术主要包括：光学模拟计算机（相干，非相干）；光计算与光互联；模式识别；人工神经网络。

若利用光的并行处理、互连能力，则有窄脉冲（10^{-15}s）、速度快、有载频能力大等优点，可克服电子计算机的瓶颈效应和时钟效应，有望获得10^{14}次/s计算速度的光子计算机和100GB的传输能力。串行电子计算机的极限计算速度是10^{10}次/s，而目前串行光子计算机的计算速度已达到10^{10}次/s。光处理器将能同时执行100万个平行任务，因此它能够同时处理而不用逐个处理复杂问题。在某些操作上，这种大量的平行的光处理器的能力估计是目前最大的电子计算机能力的1000倍。

(5) 光电显示技术

商用广告的光学显示牌和电视机是人们早已熟知的光信息显示装置。这种用光电转换技术将各种形式的信息（如文字、数据、图形、图像和活动图像）作用于人的视觉而使人感知的手段为光电显示技术。而对光电子技术有着重要影响的光显元件则是液晶显示器、电荷耦合器、半导体发光二极管。据报道，新近研制成功的纳米硅显像管，是最先进、最优异的光显示器件。

光电显示技术包括：CRT与彩色电视技术；液晶显示与微型电视；液晶大屏幕彩色投影电视；高清晰度电视；激光扫描电视；激光彩色复印机及印刷机；电影技术。

最常用的静止信息的显示手段有打印机、复印机、传真机和扫描机等，已成为大家熟知的光电输出和输入设备。为提高分辨率以及输入和输出的速度，需要发展高灵敏和稳定的感光材料和传感元件。

1.2.2 光电子技术与通信技术的结合

光电子技术与通信技术的结合是光电子技术的一个主要方面——光通信技术。光通信技术是当今光电子技术最具代表性的成就，人们曾乐观地估计，随着波分复用、码压缩等技术的应用，一根光缆所荷载的容量就足以满足全球的话音通信。在未来的信息化社会中，人们如何工作和生活，现在还难以想象得到，但可以预料诸如可视电话会议、全自动化无人操作工厂、全球信息联网必将到来。

从光纤通信系统的发展中可以明显地看到材料、器件和单元技术的关键作用。20世纪70年代由于解决了低损耗石英玻璃光纤（损耗小于20dB/km）和长寿命、高稳定砷化镓半导体激光器（寿命大于1万小时），使光纤通信系统得到实用化。

光波分复用技术是指将多个不同波长的信息光载波复接到同一光纤中进行传输，从而提高光纤传输容量的技术。光复用技术主要包括光波分复用技术（OWDM）、光时分复用技术（OTDM）、光码分复用技术（OCDMA）、光频分复用技术（OFDM）、光空分复用技术（OSDM）等，其中光波分复用技术、码分复用技术以及它们的混合应用技术发展速度很快。20世纪90年代采用了光纤放大器技术（EDFA，掺铒玻璃光纤放大器）和波分复用技术（WDM），建立了高信息量长距离光纤通信系统。目前，发展了高密度波分复用技术（DWDM）和信息打包（IP）分送和交换技术，使通信速度轻而易举地突破了太位每秒的速率。

为提高响应速度和灵敏度，发展探测器（如PIN/FET，TEMT，HBT等）始终是重要的任务。首先要将半导体激光器、探测器和电源、电路实现光电集成化，做成芯片和模块。高密度波分复用技术需要宽波段（C、L、S波段，1.3～1.6mm）的光纤放大器，因此制备掺不同稀土元素（Er、Tm、Pr等）的石英玻璃和复合氧化玻璃单模光纤就十分重要。半导体光放大器（SOA）将应用到探测器的前端和激光器的后端放大。无源器件主要包括分波/

合波器（OADM），可调谐光滤波器、光隔离器、光调制器以及色散补偿器等。光纤光栅（OGF）和列阵波导光栅（AWG）是最近新发展的主要无源器件。

光通信分无线光通信和光纤通信。无线光通信技术应用于空-空、地-空、地-地光通信以及星际光通信网，主要为军用和专业用。光纤通信技术在长距离和主干线应用上已趋完善，光纤通信主要应用于局域网络、计算机网络和多媒体通信进入家庭。

要建立全光通信网络，实现在密集波分复用的光纤通信上数据包的分送，光交叉交换器（OXC）和全光路由器（optical router）就十分重要。目前光网中路由器还是光-电-光形式，即光学互联和电子学作逻辑，因为电信号逻辑数字交换台分送和交换电信号的打包是成熟且廉价的。

1.2.3 光电子技术与生物科学和医用技术的结合

光电子技术与生物科学和医用技术的结合，也是光电子技术的一个重要研究领域和应用领域。如今生命科学是世界科技发展的热点之一，近年来，生物医学中的光电子技术研究十分活跃，发展十分迅速，它将开拓生命科学的一个新领域。

目前，生物科学中的光电子技术研究的主要内容包括：生物系统中产生的光子及其反映的生命过程；光子在生物学研究、农业、环境、食品质量检查等方面的重要应用；以及利用光电子技术对生物系统进行检测、治疗、加工与改造等。医用技术中光电子技术研究的主要内容是：医学光电子学基础和技术，包括组织光学、医学光谱技术、医学成像技术、新颖的激光诊断和激光医疗技术及其作用机理的研究。下面举例说明。

图1-5 胶囊型内窥镜的应用及其内部结构

1—光学圆盖；2—透镜固定环；3—透镜；4—照明发光二极管；5—互补金属氧化物半导体成像器；6—电池；7—专用集成电路；8—天线

（1）医学诊断

据报道，国外有一种胶囊型内窥镜，如图1-5所示。这种胶囊将光、机、电微系统集成在一个胶囊内。它与一般内窥镜比较，可完全避免病人在检查过程中所产生的痛苦。这种带有摄像机的胶囊型内窥镜其直径为0.9cm、长2.3cm，“胶囊”被患者吞服后，就会随消化道的不断蠕动向前推进，可在食道、胃、肠、十二指肠、小肠、大肠等处拍摄图像，胶囊型内窥镜完成摄像任务后，便随着排泄物排到体外。

胶囊型内窥镜使用CCD或CMOS摄像机，并通过微波技术把照片传送出来，8h内能向数据记录仪传送5万～6万幅图片。胶囊型内窥镜所需的电能由自身电池或从体外用微波形式输送，其运行速度和方向等均可以从体外控制。所拍摄的图像也用微波传送到体外的控制装置里，传送到记录、显示系统，或直接通过打印机获取图像，或者经过计算机进行图像处理，可获取更多的信息。

（2）激光医学诊断与治疗

这是一个很广阔的新领域，对不同的病例，采用不同的激光技术。诊断中采用激光成像和光谱技术，极小的相机可以看到人体内的病变部位。治疗中采用了光纤技术深入到病变部位。采用二氧化碳激光或准分子激光实施激光手术，而用近红外波段的激光作康复和理疗，同时要求有一定的穿透深度和一定的照射剂量。另外，还有一种激光针灸，它是激光与中医学结合的一种技术。

1.2.4 光电子技术与材料科学技术的结合

光电子技术与材料科学技术的结合是多方面的，下面仅以聚合物光电子学、硅（或锗）基光电子技术为例子，说明光电子技术与材料科学技术的相互渗透和紧密结合的关系。

（1）聚合物光电子学

由于有机聚合物的合成、加工、器件生产方面相对容易、价格低廉，而且它们有相对低的介电常数，因而有更高的调制频率和较低的驱动功率，并且容易与半导体器件和光纤传输集成，具有响应性能快、非线性光学系数大等优点，引起了人们的广泛兴趣。聚合物光电子材料的应用前景十分诱人。

（2）硅（或锗）基光电子技术

硅和锗是微电子学中最重要的基质材料，由于硅和锗都是发光效率低的材料，为了克服硅材料发光效率低的问题，实现在一块硅片上集成电子器件和发光器件，国外研究人员进行了不懈的努力，为提高硅（或锗）的发光效率，提出和研究了多种硅基发光材料，如掺铒硅、多孔硅、纳米硅、硅基异质外延、超晶格和量子阱材料等。在硅材料上发展起来的集成电路已对电子计算机、通信和自动控制等信息技术起了关键的作用。但是硅集成电路受到尺寸和硅质材料中电子运动速度的限制，很难满足信息技术的日益发展及对信息的传递速度、存储能力、处理能力提出的更高要求。如果能在硅芯片中引入光电子技术，用光波代替电子作为信息载体，则可大大地提高信息传输速度和处理能力。

有机发光材料是新一代的显示与照明技术，也是光电子技术与材料科学技术的结合的产物。与液晶相比，有机电致发光器件具有主动发光、超轻、超薄、对比度好、视觉宽、响应速度快、发光效率高、温度适应性好、生产工艺简单、驱动电压低、耗能低和成本低等显著特点。目前，世界上有多家大公司和许多科学研究机构在从事有机发光材料和器件的研究开发工作。

1.2.5 光电子技术与技术军事和武器装备技术的结合

在现代战争中，作战方式和作战手段与过去相比已经发生重大变革。光电子技术对于开发新一代武器装备和改进现有武器装备具有重要作用，国外军用飞机的光电装备和光电武器系统（表 1-5）就从一个侧面对此给予了充分的说明。目前，光电子技术已被诸多国家列为关键军用技术或重点开发技术。不仅如此，事实上，几乎所有的光电子技术开始研究时均出于军事应用目的，后来才逐渐应用于其他领域。所以，光电子技术与技术军事和武器装备技术的结合将在第 6 章中给出专题的描述。下面从战场信息获取、目标信息侦察、提高制导武器的精度、开辟夜战场四个方面来说明高尖端武器装备的每项技术都离不开光电子技术。

（1）战场信息获取

战场信息获取主要靠 3 类传感器：雷达、光电子和声学。它们有各自的优缺点，适于不同用途、不同对象。有时需将两种传感器结合起来使用，取长补短。例如可利用在轨卫星对军事行动进行严密监视，卫星上搭载的是各种信息获取仪器，其中图像获取仪器是重要的组成部分之一，由于卫星和其他航天器远离地球，各种图像信息都需转换成电信号并加载到微波上传达到地球上来，这都离不开各种光电子技术。

表 1-5 国外军用飞机的光电装备和光电武器系统

序号	名称	国别	光电装备	光电武器系统	基本能力
1	F-117A 单座双发动机隐形战斗轰炸机	美国	红外搜索跟踪系统；激光测距机/目标指示器系统；GPSC 全球定位系统；显示装置	GBU-27、GBU-10、GBU-101、GBU-12 激光制导炸弹，空-空导弹；900 公斤级激光制导滑翔弹；AGM-88 高速反辐射导弹；AGM-65“小牛”空地导弹，此外还可携带 B61 核弹	能在夜间以 50m 的低空飞往目标
2	F-111D、F-111E、F-111F 双座双发动机可变翼战斗轰炸机	美国	AN/AVQ-26“宝石平头钉”系统： ① AN/AAQ-9 前视红外系统 ② AN/AAQ-25 激光测距/目标指示系统	光电（激光、电视）制导炸弹；光电（红外、激光、电视）制导导弹；GBU-28	有夜战能力
3	F-15E 战斗轰炸机	美国	LANTIRN（蓝天）系统： ①AN/AAQ-13 导航吊舱； ② AN/AAQ-14 目标瞄准吊舱环形激光陀螺惯性导航系统	AIM-9L 响尾蛇导弹；红外制导“小牛”导弹；GBU-10，GBU-12 激光制导炸弹和集束炸弹	有夜战能力
4	“旋风”战斗轰炸机	英国	LRMTS 激光测距和目标寻的器；前视红外系统	外挂“响尾蛇”、“麻雀”空对空导弹，“小牛”空-地导弹和各种激光制导炸弹	
5	“美洲虎”超音速轻型攻击机	英国、法国	后期型机身下外挂自动跟踪激光照射系统（ATLLS）	激光制导炸弹；激光制导 AS-30L 空-地导弹	早期产品，性能不太先进
6	A-7“海盗”攻击机	美国	AAS-35“宝石便士”；AN/AAR-45/42 前视红外吊舱	SLAM 红外制导导弹；激光制导炸弹	有夜战能力
7	F-15C/D 和 F-16C/D 空中优势战斗机	美国	“蓝天”系统；AN/AAS-35“宝石便士”（F-16）	F-15C/D 可带 4 枚 AIM-9M、ATM-9L“响尾蛇”导弹，4 枚“麻雀”空-空导弹。F-16C/D 可携带 2～6 枚 AIM-9M/L 响尾蛇空-空导弹，“小牛”空-地激光、电视制导炸弹	有夜战能力
8	F/A-18 舰载单座双发动机多用途战斗机	美国	AN/AVQ-26“宝石平头钉”系统： ① AN/AVQ-5 激光测距/目标指示系统 ② AN/AVQ-9 前视红外系统 LST/SCAM 激光跟踪器/攻击照相机，AN/AAS-38 激光指示器/测距机	“响尾蛇”或“麻雀”空-空导弹，红外制导“小牛”空-地导弹；激光制导炸弹；集束炸弹和 SLAM 空-地导弹	具有昼夜全天候攻击能力
9	F-14 舰载双座双发动机“空中优势”战斗机	美国	AN/AXX-1TCS 电视摄像瞄准	“响尾蛇”空-空导弹；各种类型炸弹	
10	“幻影 2000”单座单发动机“空中优势”战斗机	法国	ATLIS 激光自动跟踪照射系统	激光制导炸弹，AS-30L 激光制导导弹；Magic2 红外制导空-空导弹	
11	A-10 单座双发动机近距支援攻击机	美国	AAS-35“宝石便士”激光跟踪器；“蓝天”系统	“响尾蛇”空-空导弹；红外制导“小牛”导弹；激光制导炸弹	有夜战能力

续表

序号	名称	国别	光电装备	光电武器系统	基本能力
12	A-6E 双座双发动机全天候重型舰载攻击机	美国	AN/AAS-33TRAM 目标识别和攻击多功能传感器	响尾蛇空-空导弹；"小牛"导弹；SLAM 红外制导导弹，激光制导导弹	具有昼夜攻击能力
13	AV-8B 垂直/短距起降攻击机	美国	AN/ASB-19ARBS 协调式投弹装置（包括前视红外和双模激光/电视跟踪器）	激光、红外制导"小牛"导弹；"响尾蛇"AIM-9L 空-空导弹；激光/电视制导炸弹	有夜战能力
14	B-52G/H 远程轰炸机	美国	激光测距/目标指示系统前视红外系统	激光制导炸弹	
15	AH-64 武装直升机	美国	TADS/PNVS 目标捕获指示瞄准	"地狱火"空-地激光制导反坦克导弹；空-空导弹	有夜战能力
16	"幻影 F-1"截击机	法国	TAN-38（或 TMV-630）激光测距机	激光制导导弹、炸弹	
17	F-4E 鬼怪式战斗机	美国	AN/AVQ-26"宝石平头钉"系统 A N/AAS-35"宝石便士"	激光制导导弹，炸弹；GBU-15（电视）	有夜战能力
18	米格 23、米格 27	俄罗斯	小型红外传感器，激光测距机	空-空导弹	
19	米格 29	俄罗斯	红外搜索跟踪系统，激光测距装置	AA-11 红外制导导弹	
20	SU-27 远程拦截机	俄罗斯	光电式搜索跟踪系统；激光测距装置	AA-8 红外制导导弹，AA-11 红外制导导弹	

（2）目标信息侦察

战场目标信息侦察主要来源于战场图像情报。战场图像情报是通过战场侦察传感器平台所获得的侦察图像，它包括白光、微光、红外的图像，各种平台的电视侦察图像，各种机载平台的合成孔径雷达（SAR）和逆合成孔径雷达的雷达图像，以及由地面人工侦察所获得的人工图像情报。其中，战场电视侦察获取视频图像情报具有直观、清晰、快速、实时传输等特点，能通过图像一目了然地观察到前沿敌方阵地地形、布设、武器装备、兵力部署、调动等情况。

光电侦察卫星具有高灵敏度、高分辨率、快速探测和识别目标的能力，其地面分辨率可达 0.1m 左右，激光测距精度优于 1m。

（3）提高制导武器的精度

在精确制导武器中，光电制导占有重要地位。采用激光、红外、紫外和电视制导技术的各类精确制导武器，具有打击精度高、毁伤效果好、附带损伤小等特点，可显著提高作战效能。最早使用的光电精确制导武器是 20 世纪 50 年代后期出现的红外制导空-空导弹，海湾战争中大量使用了红外和电视制导炸弹、激光制导炸弹。从战区外发射、低空飞行的巡航导弹也使用了激光测高和障碍回避光雷达等光电子技术。

（4）开辟夜战场

装有性能先进的脉冲多普勒火控雷达、前视红外系统、红外搜索跟踪系统、微光电视设备、激光测距/目标指示系统和激光目标自动跟踪系统的飞机，能在各种恶劣气候条件下作战，当然具有夜战能力。例如，F-117A 隐形飞机上装有红外搜索跟踪系统和激光测距/目标指示器，F/A-18 多用途战斗机上装有前视红外探测系统和激光跟踪器。总之，这些飞机不仅配备先进的夜战装备，还普遍装有被动探测系统，使飞机能在机载雷达关机处于无线电静默状态下完成攻击目标的战斗任务。

夜视侦察装备，如主动式红外夜视仪、微光夜视仪、红外成像仪等用于夜间侦察。用于战场侦察的合成孔径雷达主要是获取战场图像和地面活动目标信息，可在夜间和恶劣的气候条件下探测、搜索、跟踪敌方运动中的人员、车辆、舰船等，具有探测距离远、覆盖面积大、测量速度快、全天候、全天时工作的特点。

1.3 光电子技术的发展与展望

光电子技术正以无与伦比的速度迅速发展，1976 年美国在波士顿和华盛顿之间铺设了第一条光纤通信线路，全长 1200km，传输速率为 44Mbit/s。当时的第一根光纤仅可供两人通话，而现在世界上最先进的“波分复用”技术，已能使上亿人通过一对光纤实现同时通话。

大规模光纤用户网络方案是：①光纤到路边，然后用铜线连接到住宅的支线；②光纤到商业用户，然后用双绞线连接到用户；③光纤到家庭，这是光纤用户网的最终方案。这些就是“信息高速公路”建设的基础。光通信、光存储和光电显示技术的兴起和它们在近几十年来的飞快发展，已使人们认识到光电子学技术的重要性和它广阔的发展前景，并且成为光电子领域的支柱产业。

就信息高速传输而言，目前，实用化波分复用系统最大波道数已达 80 个，美国朗讯已推出 80 个波长的波分复用系统。从理论上讲，光纤全部可用频段达 25THz，为无线通信全部频段的 800 多倍，具有巨大的优势。在光连接器、光耦合器、光发射/接收器、光放大器等器件方面也取得了长足的进步。最近，光纤喇曼放大器成功地应用于高密度波分复用技术系统中，富士通在 211×10Gbit/s 的高密度波分复用技术系统中，使无中继传输距离从 50km 增加到 80km，系统传输距离达到 7200km。

在高速信息传输系统中，光交换器件也是关键部分之一。近年来，在光交叉连接（OXC）和光分插复用（OADM）中所必需的光交换器件，其性能不断提高，在插入损耗、隔离度、消光比、偏振敏感性、尺寸等方面均具有良好的性能。日本 NTT 的研究人员利用二维阵列实现了超过 1000 个输入通道的自由空间光交换实验系统。在光连接器和光耦合器技术上也已能满足高速的信息传输的要求。目前利用光子集成技术已制成了应用于光电系统的多波长激光器列阵、光探测器列阵、波导光栅路由器等器件，使用这样的集成芯片大大加强了光电系统的数据传输能力。

在光通信中，远距离和高比特率一直是人们努力追求的方向，而且正在为 21 世纪信息时代的需求研制各种新的光通信系统。在光纤通信领域中，波分复用系统及其技术的突飞猛进，使得宽频带大容量通信光纤系统达到技术高峰。大容量波分复用光纤通信系统样机，将是全球通信网的主要骨架。另一方面，光孤子通信系统的研究是目前光纤通信研究最活跃的领域。由于光孤子脉冲传输不变形的特性，再加上光放大和光脉冲压缩技术，将极大地提高传输速率和大幅度增加无中继的传输距离。

近年来，由于光电子技术不断地向前发展，出现了很多新的发展趋势和研究热点。在光互连和光计算领域的研究方面，国外的研究人员已经开始研究在路由器中用全光学矩阵开关来取代原有的电开关，并在光计算方面也取得了进展。在因特网迅速发展的今天，信息快速入网和出网的分派能力决定系统所传输的巨大信息量能实时利用的有效性。光纤通信和光子连接技术将更加成熟，光交换设备、光探测器和调制器将大大优化电子系统。这些光子元件将与电子元件一同制造在光电芯片上。其优点之一就是具有很高的输入输出能力，能够处理大量信息。而且，将来光子信息处理将有效地扩展和延伸到电子领域。

我们将看到靠光来控制光的新趋势，而它正是光子逻辑功能的关键。未来这种趋势将完全形成，光子逻辑功能也将完全成熟。非线性光器件使我们得以间接地用光来控制光。这些器件使我们能够用光来控制电子，进而在原子层上再用这些电子来控制光。在很多应用中，光子逻辑将比电子显示出更佳的特性。这种趋势显示了光子处理器能够广泛用于执行图像识别这类复杂任务上。可以预见这种处理器可用于诸如话音、图像处理等平行图形识别上。因此，现代信息载体技术经历了电子学、光电子学两个阶段的发展，第三阶段将步入光子学阶段，即光子技术将成为信息的载体技术。而不论是现在的光电子技术还是将来的光子技术，作为信息的载体，其发展的关键都是信息高速处理技术。这是信息载体技术发展的必然趋势，光电子将是今后电子技术与通信技术的核心。

随着光电技术及空间技术的发展，空间光通信又成为下一代光通信的重要发展领域。空间光通信包括星际间、卫星间、卫星与地面站以及地面站之间的激光通信和地面无线光通信等。在通信上，由于激光与微波相比具有独特的优点以及空间通信诸多问题的解决，可以预见激光通信将逐步取代微波通信成为星际通信的主要手段，而量子保密通信也将得到应用。美国、欧洲和日本均先后建立了星际间模拟通信系统。如美国麻省理工学院林肯实验室建立的 LITE 装置，采用 30mW LD 激光器、8in（20.3cm）口径望远镜，传输速率 200Mbit/s。模拟星际间通信距离 40000km。在空间光通信方面，国外目前卫星激光通信已经从理论研究进入到应用基础研究的试验阶段，发展日新月异。卫星激光通信的出现是现代信息社会对大容量、远距离、低成本通信的需求必然结果，而它的优点也表明了它能够承担此重任，但就目前技术水平来看还有许多技术关键尚待解决，要进入实用化阶段还有一段较长的时间。

激光研究正朝着前所未有的超快、超强、短波长、宽调谐和小型化的方向发展。在拓展波长上，如能在远紫外的 X 光波段研制成功新型光源或激光器，则在生物学、化学和物理结构等多方面的研究以及在半导体器件光刻应用开拓上将获得重大进展。可调谐激光主要以全固化宽调谐激光器为研究重点，理想的器件是波长可任意调谐和功率可任意控制，这类激光器在激光分离同位素、化学、生物学、材料科学及医学上有重要应用。

在军事光电子技术中，精确光电制导武器的发展正朝着防区外发射武器、直接碰撞动能拦截器、天基红外探测预警系统、机载红外反导探测系统方向发展。

（1）防区外发射武器

这种新一代精确制导武器除已研制完成并投入使用的 AGM-130、斯拉姆、陆军战术导弹系统外，正在发展的还有防区外发射多用途撒布器、反装甲战斧巡航导弹以及远射程火炮制导导弹等。在新型的精确制导武器发展中，大多数制导方案是用惯导/全球定位系统接收机作为中段制导，用红外成像或毫米波作为末制导。

（2）直接碰撞动能拦截器

所谓动能拦截器（KI），通常是指新一代高层拦截防空导弹的末级。国外在研的新一代具有反导能力的防空导弹大都采用动能拦截器技术，而且主要采用红外成像探测技术，包括中波（3～5μm）、长波（8～12μm）以及中、长波复合探测技术。例如，美国战区高空区域防御（T HAAD）系统导引头采用中波红外寻的器，而大气层外动能杀伤拦截器（ERIS）则采用长波红外寻的器，在大气层内外拦截器（EZI）采用中波与长波红外复合导引头。由于红外探测距离远、精度高，美国已把它视为反战术导弹的一种主要探测和跟踪手段。

（3）天基红外探测预警系统

红外预警卫星作为探测弹道导弹飞行轨迹，在现代立体战争中起着其他设备无法替代的作用。海湾战争中爱国者导弹成功地击落飞毛腿导弹，其主要的原因之一就在于美国国防支援计划（DSP）红外预警卫星及早地探测到导弹的发射。美国正在从海湾战争中美国国防支援计划卫星暴露出的许多问题（例如实时传输数据、对短程小导弹的探测能力等问题）入手，一方面改进国防支援计划系统，增设地面移动接收站；另一方面提出天基红外系统（SBIRS）计划，其目的是要代替美国国防支援计划卫星。

（4）机载红外反导探测系统

机载红外预警和监视系统方面红外搜索跟踪系统是迅速探测、预警、定位和识别红外威胁源的关键技术，而且将装备在现有的预警机上，成为机载反导红外探测预警系统。海湾战争期间，尽管美国国防支援计划预警卫星能够观察到飞毛腿导弹的发射和飞行方面，但不能知道导弹的落点。为此，美国一方面积极改进预警卫星；另一方面积极发展机载反导探测系统，其中包括：第一，用于机载激光拦截战术弹道导弹的助推段红外探测系统；第二，用于攻击战术弹道导弹发射车的红外探测系统；第三，用于巡航导弹发射的预警红外系统；第四，正在研究把预警卫星和机载红外焦平面阵列传感器的数据融合问题；最后，红外探测与激光测距相结合，提高定位精度。美国机载反导探测、跟踪、预警技术正在从单一雷达探测向红外、激光探测方向发展。

随着高技术武器装备的发展，从总体上看，光电子武器装备正朝着智能化方向发展。目前世界上智能化程度最高的武器装备，不仅能自动寻得攻击目标，还具有一定的逻辑判断、推理和识别能力。在实施攻击时，不仅可以准确的命中目标，而且还可以进行协助判断、多目标选择和自适应抗干扰，在选择命中点时，能自动寻找目标最易损最薄弱或最关键的部位，以获得极高的作战效能。除智能化方向外，无人驾驶战车、无人驾驶飞机和无人驾驶潜水艇等方向都是21世纪武器装备必将发展的方向。所有这些支撑技术都是光电技术，如红外热像仪、激光雷达、电视摄像机、光计算机、光神经网络等。美国机器人技术有限公司董事长罗伯特·芬克尔斯坦说："军用机器人的应用有可能改变战争的性质。"在地面作战中，可能会出现"机器人部队"。甚至有人设想，未来战争中的突击部队将是一支遥控的机器人装甲部队，跟随其后的才是由人组成的部队。

光子时代已经到来，光子技术将引起一场超过电子技术的产业革命，将给工业和社会带来比电子技术更为巨大的冲击，国际上光子信息处理器件的产值将达到可与电子信息器件产值相比拟的程度，到21世纪中期，光子产业将超过电子产业的规模和影响。所以说，光电子产业是21世纪的支柱产业。展望未来，光子学与电子学将更紧密合作，互为补充，相互促进，把未来信息社会推向新的发展阶段，为人类美好的未来做出更大的贡献。

Chapter 02

第2章 光电探测技术

2.1 概述

光电探测是在紫外（308～400nm）、可见光（0.4～0.7μm）、近红外（0.7～3μm）、中波红外（3～6μm）、长波红外（8～12μm）以及远红外（6～15μm）这些光学波段上展开的。首先把被测量的变化转换成光信号的变化，然后通过光电探测器变成电信号输出。虽然光电测量方法灵活多样，可测参数众多，但光电探测器的工作原理均是基于物质的光电效应。光电效应分为外光电效应和内光电效应，如表 2-1 所示。

表 2-1 光电效应分类

光电效应类型	效应	相应的探测器
外光电效应	光阴极发射光电子	光电管
	光电子倍增 打拿极倍增 通道电子倍增	光电子倍增管 像增强管
内光电效应	光导电	光导管或光敏电阻
	光生伏特 PN 结和 PIN 结（偏零） PN 结和 PIN 结（反偏） 雪崩 肖特基势垒	光电池 光电二极管 雪崩光电二极管 肖特基势垒光电二极管
	光电磁 光子牵引	光电磁探测器 光子牵引探测器

（1）外光电效应

在光的作用下，物体内的电子逸出物体表面向外发射的现象称为外光电效应。根据这种原理制成的光电探测器主要有真空光电管和光电子倍增管。

光子的能量为

$$E = h\gamma \tag{2-1}$$

式中，h 为普朗克常数，$6.625\times10^{-34}\mathrm{J\cdot s}$；$\gamma$ 为光波的频率，Hz。

一个光子的能量只能给一个电子，物体中的电子吸收了入射光子的能量，当足以克服逸出功 A_0 时，电子就逸出物体表面，产生光电子发射。如果一个电子想要逸出，则光子能量 E 必须超过逸出功，超过部分的能量表现为逸出电子的动能。根据能量守恒定理

$$h\gamma=\frac{1}{2}mv_0{}^2+A_0 \tag{2-2}$$

式中，v_0 为电子逸出速度；m 为电子质量。

由式（2-2）可知，光电子逸出物体表面时具有的初动能与光的频率有关，频率高则初始速度高，动能就高。由于材料具有逸出功，因而就存在一个红限频率，当入射光的频率低于该频率时，光强再大也不会产生光电子发射；反之，当高于该频率时，即使光线微弱，也会有光电子射出。材料的红限频率 γ_0 决定于其逸出功

$$\gamma_0=A_0/h \tag{2-3}$$

相应的波长为

$$\lambda_0=hc/A_0 \tag{2-4}$$

式中，c 为光在真空中的传播速度。

（2）内光电效应

光照射在物体上，没有产生光电子发射，但使物体内部的特性发生变化，这种现象称为内光电效应。利用内光电效应制成的光电探测器有光敏电阻、光生伏特探测器等。

原子是由原子核和核外电子构成。电子在原子中围绕原子核按一定轨道运动，而且只能有某些允许的轨道。最外轨道上的电子受原子核的束缚最小，具有的能量最大，原子能级最高；轨道越靠近原子核，轨道上的电子能量越低，原子能级就越低。由于电子运动的能量只能有某些允许的数值，这些所允许的能量值，因轨道不同，都是一个个的分开的，且是不连续的，把这些分立的能量值称为原子的能级。

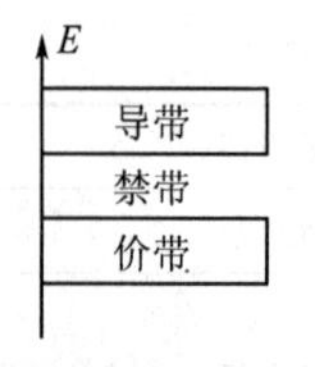

图 2-1　半导体的三能带结构

半导体材料中，处于原子最外层的价电子再也不局限于一定的原子，而为整个晶体所共有，因而孤立原子的能级将分裂成属于整个晶体的一系列相互之间相差极微的能级，成为一条连续的能级带，称为能带。一般情况下价电子处于价带能带，当价电子受到足够高能量外界光照射时将跃迁至导带，此电子及在价带相应产生的空穴统称为光生载流子。半导体的三能带结构如图 2-1 所示，在价带与导带之间的间隔称为禁带。

2.2 光电子学基础

2.2.1 辐射度学基本概念

在光电系统中，光是信息的携带者。产生光辐射的光源在系统中是必不可少的，光的光谱辐射能量（或强度）、频率、振幅均可携带和传播各种信息。光电系统中的辐射源其辐射光谱范围是紫外光波段、可见光波段和红外光波段。紫外光波段为 0.01～0.32μm，可见光波段为 0.32～0.78μm，红外光波段为 0.78～300μm。目前，光源和光电探测器所能覆盖的主要波段小于 40μm，光电系统广泛使用的波段小于 14μm。实际上没有一个光源能发出包括上述所有波长范围的辐射。实用光源只是其中某一波长或某一段光谱范围的辐射。所以，

实用光源的种类是很多的。

光电系统中所用的光源可简单地划分为自然光源和人造自然光源两类。自然光源组成被动光电系统。人造光源可组成主动光电系统，但是按照光源的工作机理分类更能突出其辐射性质和特点。这样光源可分为热辐射源、受激辐射源（激光器）、复合辐射源（电致辐射）、光致辐射源、化学发光源和生物发光源等。其中前三种光源应用最广泛。

早期主要研究的是电磁辐射中的可见光，就相应产生了光通量、光强、亮度、照度等光度学量，以描述不同情况下人眼对光的敏感程度。但是，由于这些光度学量是以人眼对可见光刺激所产生的视觉为基础的，所以它受到了主观视觉的限制，不是客观的物理学描述方法。在光电子技术及其应用中，经常要遇到的是包括可见光在内的各种波段电磁辐射量的计算和测量，显然不能再采用光度学量，必须采用不受人们主观视觉限制、建立在物理测量基础上的辐射度量学量，光度学量只能视为辐射度量学量的特例。下面是基本辐射量概念和定义。

① 辐射能 Q_e　辐射能是一种以辐射形式发射、传播或接收的能量，单位为 J。

② 辐射功率 P_e　辐射功率又叫辐射通量（Φ_e），它是发射、传播或接收辐射能量的时间变化率，单位是 W，其定义为

$$P_e=\Phi_e=\frac{dQ_e}{dt} \tag{2-5}$$

式中，Q_e 为辐射能，J。

③ 辐射出射度 M_e　辐射出射度又叫辐射通量密度，单位为 W/m^2。它是描写面源辐射特性的量，其数值是源的单位面积向半球空间发射的辐射功率，定义为

$$M_e=\frac{dP_e}{dA} \tag{2-6}$$

式中，A 为辐射源面积，m^2。

④ 辐射强度 I_e　辐射强度是点辐射源在单位球面角内发射的辐射功率，如图 2-2 所示。辐射强度定义为

$$I_e=\frac{dP_e}{d\Omega}\quad (W/sr) \tag{2-7}$$

式中，Ω 为点源所张的球面立体角，sr。

⑤ 辐射亮度 L_e　辐射亮度是为描述扩展源（指尺寸很大的辐射源）辐射功率在空间和源表面上的分布情况而引入的量。辐射亮度定义为辐射扩展源表面上一点处的一个小面积元 dA 在给定方向上的辐射强度 I_e 除以该面元在垂直于此方向上的正投影面积，如图 2-3 所示。

$$L_e=\frac{dI_e}{dA\cos\theta}=\frac{d^2P_e}{dA\,d\Omega\cos\theta} \tag{2-8}$$

辐射亮度的单位是 $W/(m^2 \cdot sr)$。

⑥ 辐射照度 E_e　以上讨论的各个辐射量都是描述辐射源发射特性的量。为了描述受照表面接收辐射功率的分布情况，引入辐射照度这个量。

假设辐射源投射到被照表面某点附近小面积 dA 上的辐射功率为 dP_e，则被照表面该点辐射照度 E_e 为

$$E_e=\frac{dP_e}{dA} \tag{2-9}$$

式中，E_e 为投射被照面上单位面积上的辐射功率，W/m^2。

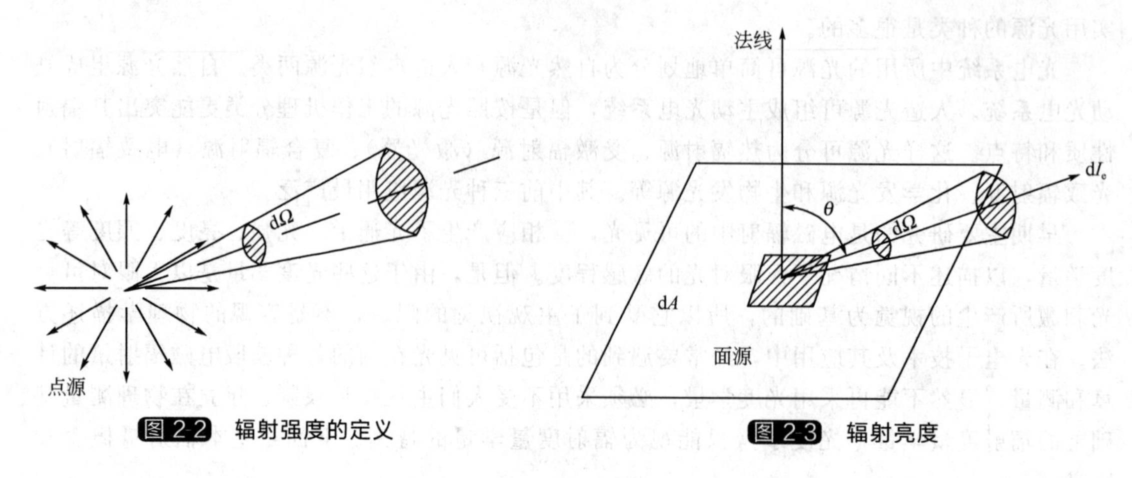

图2-2 辐射强度的定义　　图2-3 辐射亮度

虽然 E_e 与辐射出射度的单位相同，但两者的物理意义不同。

⑦ 光谱辐射量 $\Phi_e(\lambda)$　任何一个辐射源发出的辐射或投射到一个表面上的辐射通量 Φ_e 都有一定的频率分布特征，即光谱辐射量 $\Phi_e(\lambda)$。光谱辐射量是辐射通量 Φ_e 随波长 λ 的变化率，即

$$\Phi_e(\lambda)=\frac{d\Phi_e}{d\lambda} \tag{2-10}$$

对于所讨论过的其他基本辐射量均可定义类似的关系。

2.2.2 光度学基本物理量

光度学涉及的是电磁辐射中能引起视觉响应的那部分辐射场。所以光度学量是辐射度量学量的特例。在研究方法上和概念上基本相同，并且光度学量与辐射度量学量是一一对应的。

光通量用 P_v表示。由它出发，按与辐射度量学同样定义方法，可以定义出光度学中的其他量，如光出射度，用 M_v表示；光强度，用 $I_{\Omega v}$表示；光亮度，用 L_v表示，以及光照度，用 E_v表示。相应的定义式和单位分别为：

光出射度

$$M_v=\frac{dP_v}{dA}\quad(\mathrm{lx}) \tag{2-11}$$

光强度

$$I_{\Omega v}=\frac{dP_v}{d\Omega}\quad(\mathrm{cd}) \tag{2-12}$$

光亮度

$$L_v=\frac{d^2P_v}{dA\,d\Omega\cos\theta}\quad[\mathrm{lm/(m^2\cdot sr)}] \tag{2-13}$$

光照度

$$E_v=\frac{dP_v}{dA}\quad(\mathrm{lx}) \tag{2-14}$$

这里所选用的符号与辐射量相同，只是在右下方加了一个脚标 v。

实验证明，辐射功率相同但波长不同的光所引起的视觉响应（眼睛感到的明亮程度）是

不相同的。在可见光谱中，人眼对光谱中部的黄绿色（555nm）最敏感，愈取近光谱两端，愈不敏感，对于可见光区以外的其他波长的辐射不能察觉。

由于人眼的光谱响应特性，所以对于不同波长的单色光，要产生相同的视觉响应，就必须要有不同的辐射功率。在引起相同视觉响应条件下，若在波长 λ 附近所需要的光谱辐射功率为 dP_λ，而对 $\lambda=555nm$ 所得要的光谱辐射功率为 dP_{555}，则定义如下

$$V(\lambda)=\frac{dP_{555}}{dP_\lambda} \tag{2-15}$$

$V(\lambda)$ 为波长 λ 的视觉函数（相对光谱视觉函数），图 2-4 所示为视觉函数曲线。显然，人眼对波长为 555nm 的光的视觉函数为 1，其他波长的视觉函数值都小于 1，不可见区的视觉函数值都等于零。视觉函数值大的波长，表示对这种波长辐射的视觉灵敏度高，亦即视觉响应强。视觉函数曲线是正常人眼对不同波长光的光谱响应。

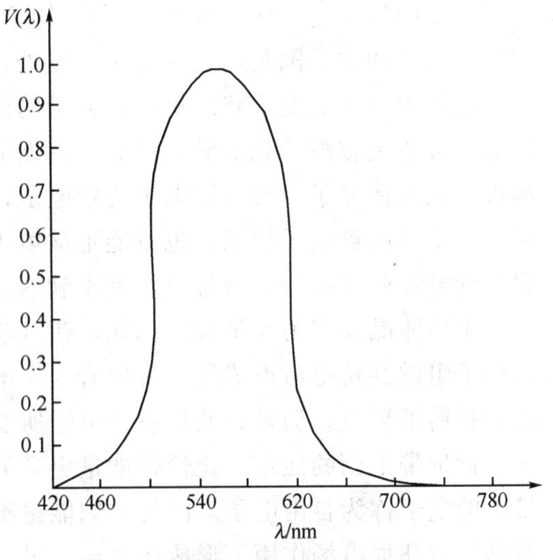

图 2-4 视觉函数曲线

2.2.3 晶体半导体能带模型

半导体材料一般为晶体，其电子运动状态与孤立原子中的电子状态有些不同。孤立原子的电子按照一定的壳层排列，每一壳层容纳一定数量的电子。而在晶体中大量原子集合在一起，彼此间距离很近，使得各个壳层之间有不同程度的交叠。尤其是最外面的电子壳层交叠最多，导致外层电子的状态有很明显的变化。壳层的交叠使电子不再局限于某个原子上，它可能转移到相邻原子的相似壳层上去，也可能从相邻原子运动到更远的原子壳层上去，这样电子有可能在整个晶体中运动。晶体中电子的这种运动称为电子的共有化运动。外层电子的共有化运动较为显著，而内层壳层因交叠少而共有化运动不十分显著。但是电子的共有化运动只能在原子中具有同一能级的同名壳层之间进行，没有获得外来能量或释放能量就不能跃迁到其他壳层上去。

电子共有化会使得本来处于同一能量状态的电子发生了能量微小的差异。例如，组成晶体的 N 个原子在某一能级上的电子本来都具有相同的能量，现在它们由于处于共有化状态而具有 N 个微小差别的能量，形成了具有一定宽度的能带，如图 2-5 所示。

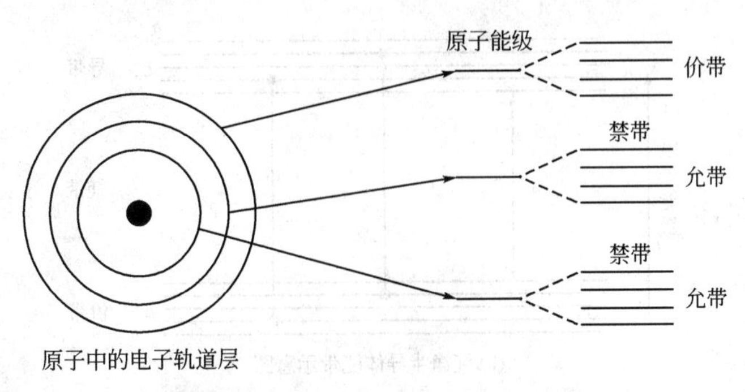

图 2-5 原子能级分裂成能带示意图

原子中每一电子所在能级在晶体中都分裂成能带。这些允许被电子占据的能带称为允带。允带之间的范围是不允许电子占据的，这一范围称为禁带。

晶体中电子的能量状态也遵守原子的能量最低原理和泡利不相容原理。内层低能级所分裂的允带总是被电子先占满，然后再占据能量更高的外面一层允带。被电子占满的允带称为满带。在晶体原子中最外层电子为价电子，相应地，最外层电子壳层分裂所成的能带称为价带。价带可能被电子填满，也可能不被填满。填满的价带也称为满带，满带电子不导电。金属具导电性就是因为其价带电子是不满的。

半导体晶体多为共价键。例如，锗（Ge）或硅（Si）原子外层有 4 个价电子，它们与相邻原子组成共价键后形成原子外层有 8 个电子的稳定结构。如图 2-6（a）所示。在绝对零度时，材料不导电。但是，共价键上电子所受束缚力较小，它会因为受到热激发而跃过禁带，去占据价带上面的能带。比价带能量更高的允许带称为导带。电子从价带跃迁到导带后，导带中的电子称为自由电子。因为它们能量很高，不附着于任何原子上，它们有可能在晶体中游动，在外加电场作用下形成净电流。另一方面，价带中电子跃迁到导带后，价带中出现电子的空缺称为自由空穴。在外电场作用下，附近电子可以去填补空缺，于是犹如自由空穴发生定向移动形成自由空穴运动，从而形成电流。所以说在常温下半导体有导电性。

由上述可知，与半导体导电特性有关的能带是导带和价带。所以通常用图 2-6（b）所示的能带示意图来表示纯净半导体的能带结构。图 2-6（b）中 E_v 和 E_c 分别表示价带、导带的能级，E_g 是两者能量差。在纯净半导体中，电子获取热能后从价带跃迁到导带，导带中出现自由电子，价带中出现自由空穴，出现电子-空穴对导电载流子。这样的半导体常称为本征半导体，而导电的自由电子和自由空穴统称为载流子。本征半导体导电性能高低与材料的禁带宽度有关。禁带宽度小者，电子容易跃迁到导带，因而导电性就高。

锗的禁带宽度比硅的小，所以其导电性随温度变化就比硅更显著。绝缘体因禁带宽度很大则呈现无导电性。

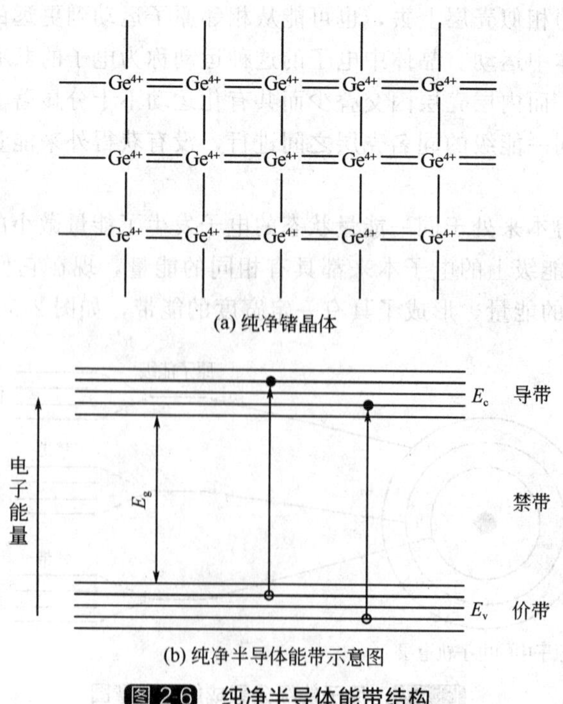

图 2-6 纯净半导体能带结构

半导体中人为掺入少量杂质形成掺杂半导体。杂质对半导体的导电性有很大的影响。如果在四价原子锗（Ge）或硅（Si）组成的晶体中掺入五价原子砷（As）或磷（P），在晶格中某个锗原子被砷原子所替代，如图 2-7（a）所示。五价原子砷用四个价电子与周围的锗原子组成共价键，尚有一个电子多余。这个多余电子受原子的束缚力要比共价键上电子所受束缚力小得多，它很容易被砷原子释放，跃迁到导带而形成自由电子。易释放电子的原子称为施主。施主束缚电子的能量状态称为施主能级，它位于禁带之中比较靠近材料的导带底，如图 2-7（b）所示。施主能级 E_d 和导带底 E_c 间的能量差为 ΔE_d，它称为施主电离能。这种由施主控制材料导电性的半导体称为 n 型半导体，如图 2-7（b）所示。在 n 型半导体中，自由电子浓度将高于自由空穴浓度。

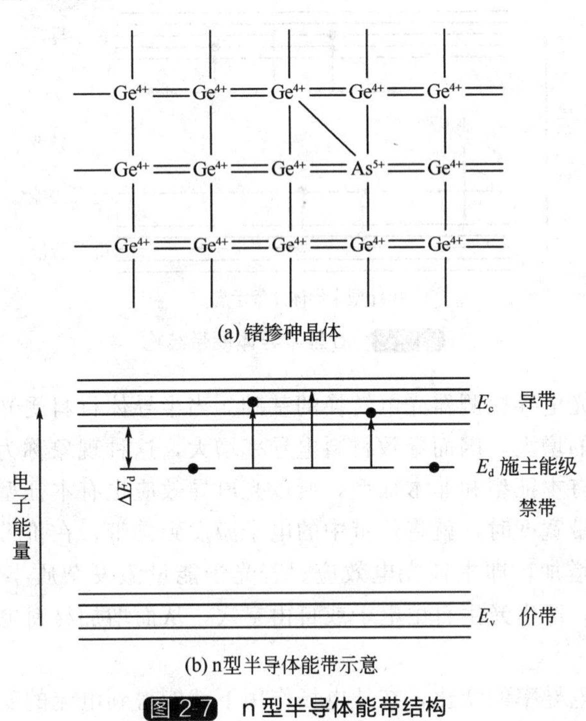

图 2-7 n 型半导体能带结构

另一种情况，在四价锗晶体中若掺入三价原子硼（B），就形成了 p 型半导体。晶体中某锗原子被硼原子所替代，硼原子的三个价电子和周围锗原子的四个价电子要组成共价键，形成八个电子的稳定结构尚缺一个电子，如图 2-8（a）所示。于是它很容易从锗晶体中获取一个电子形成稳定结构。这样就使硼变成负离子而在锗晶体中出现自由空穴。容易获取电子的原子称为受主。受主获取电子的能量状态称为受主能级。受主能级用 E_a 表示，如图 2-8（b）所示。它也处于禁带之中，位于价带顶 E_r 附近。E_a 与 E_r 能量之差 ΔE_a 称为受主电离能。受主电离能越小，价带中的电子越容易跃迁到受主能级上去，在价带中的自由空穴浓度也越高。在 p 型半导体中，自由空穴浓度将高于自由电子浓度。

掺杂半导体的导电性能完全由掺杂情况决定。通常称纯净半导体为本征半体，称掺杂半导体为非本征半导体。

2.2.4 半导体的光电效应

（1）光电导效应

光照物体时，光电子不逸出体外的光电效应是内光电效应。半导体的光电导效应就是一

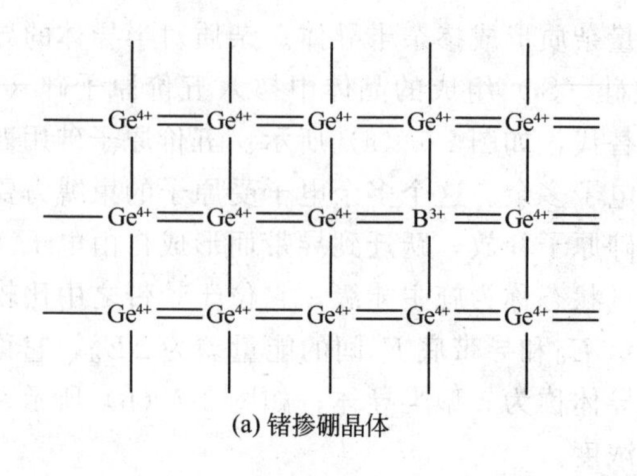

(a) 锗掺硼晶体

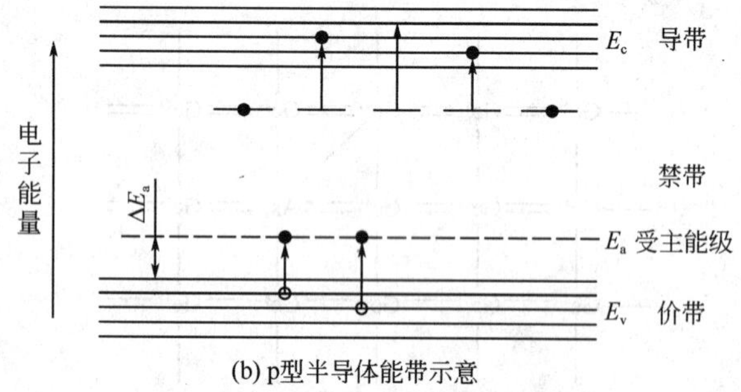

(b) p型半导体能带示意

图 2-8　p 型半导体能带结构

种内光电效应，也是光电导探测器光电转换的基础。当半导体材料受光照时，由于对光子的吸收引起载流子浓度的增大，因而导致材料电导率增大，这种现象称为光电导效应。

材料对光的吸收有本征型和非本征型，所以光电导效应也有本征型和非本征型两种。当光子能量大于材料禁带宽度时，就将价带中的电子激发到导带，在价带中留下自由空穴，从而引起材料电导率的增加，即本征光电效应。若光子能量激发杂质半导体中的施主或者受主，使它们产生电离，产生光生自由电子或自由空穴，从而增加材料电导率。这种现象就是非本征光电导效应。

材料受光照引起电导率的变化，在外电场作用下就能得到电流的变化。

① 稳态光电流　材料样品两端涂有电极，沿 x 方向加有弱电场，在 y 方向有均匀光照，如图 2-9 所示。当入射光功率 P_s 为常数（或单位面积接收的光功率为常数）时，所得的光电流称稳态光电流。而在无光照时，常温下的材料样品也具有一定的热激发载流子浓度，因而有一定的暗电流存在。

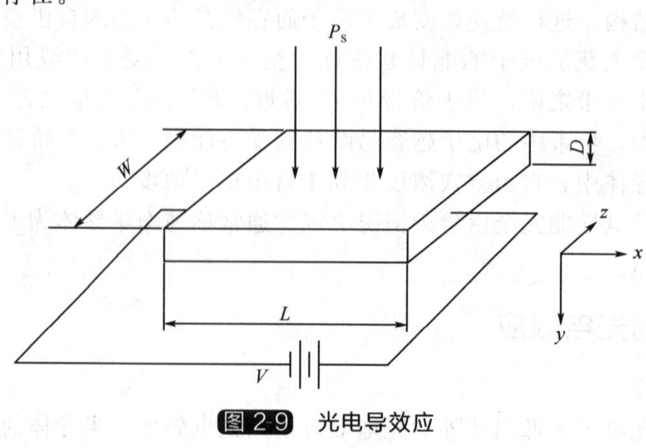

图 2-9　光电导效应

在恒定的光照下，光生载流子不断产生，同时也不断复合，稳定浓度为载流子产生率 g 与光生载流子寿命 τ 的乘积，即

$$\Delta p = g\tau \quad (\mathrm{m^{-3}}) \tag{2-16}$$

式中，τ 为光生载流子的寿命，s；g 为载流子产生率，与入射光功率 P_s（W）的关系为

$$g = \frac{P_s \eta}{h\nu(\mathrm{LWD})} \quad (\mathrm{m^{-3} \cdot s^{-1}}) \tag{2-17}$$

式中，η 为量子效率，代表一个入射光子可能使材料内部释放的电子数；$h\nu$ 为单个入射光子的能量，其中 h 是普朗克常数，ν 是光波频率；LWD 为图 2-9 所示的材料样品的体积，$\mathrm{m^3}$。

于是，式（2-16）可改写为

$$\Delta p = \frac{P_s \eta}{h\nu(\mathrm{LWD})}\tau \quad (\mathrm{m^{-3}}) \tag{2-18}$$

若沿 x 方向的全长 L 上都有均匀电场分布，则流过端面的总短路电流 Δi 为

$$\Delta i = \frac{qP_s \eta}{h\nu} \times \frac{\tau}{T_r} \quad (\mathrm{A}) \tag{2-19}$$

式中，T_r 为载流子在两极之间的渡越时间，s；q 为电子电荷量，C。

从式（2-19）中可以看出，因子（$qP_s\eta/h\nu$）为单位时间内由（$P_s/h\nu$）个入射光子所激发的电子电荷量，而材料外部获得的短路电流是它的 τ/T_r 倍，该倍数称为内部增益。

② 光电导的弛豫过程　光电导材料从光照开始到获得稳定的光电流是要经过一定的时间的。同样，当光照停止后光电流也是逐渐消失的。这些现象称为弛豫过程或称为惰性。规定光生载流子浓度上升到稳态值的 63% 所需的时间为光电探测器的响应时间；光照停止后，光生载流子下降到稳定值 39% 所需时间为下降时间；这两段时间都是 τ。

③ 光谱响应　是指与光波长对应的光电流输出。由于材料对较长光波吸收能力较小，一部分辐射会穿过材料厚度，导致入射的光子效率较低。随着波长减小，吸收能力逐渐增大，入射光功率几乎全被材料吸收，光电导率将达到峰值。当波长再减小时，吸收能力进一步增加，反而导致靠近材料表面附近光生载流子因密集而使复合机会增加，以及光生载流子寿命减低，光子效率随之下降，于是沿着波长变短的方向，光谱响应将下降，如图 2-10 所示。

（2）PN 结光伏效应

PN 结光伏器件的结构如图 2-11 所示，通常在基片（假定为 n 型）的表面形成一层薄 p 型层，p 型层上做一个的电极，整个 n 型底面为另一个电极，当光投向 p 型表面时，光子在近表面层内激发出电子-空穴对，其中少数载流子（电子）将向前扩散，到达 PN 结区并立即被结电场拉到 n 区，为了使 p 型层内产生的电子能全部被拉到 n 型区，p 型层的厚度应小于电子的扩散长度。光子也可能到达 n 型区内，在那里激发出电子-空穴对，其中空穴也将依赖扩散及结电场的作用进入 p 型区。所以，光子所产生的电子-空穴对被结电场分离，空穴流入 p 区，电子流入 n 区。这样，入射的光能就转变成流过 PN 结的电流，即为光电流。在弱光照射下，可以得出光电流和开路电压与入射光功率的关系分别为

$$i_s = \frac{qP_s \eta}{h\nu} \quad (\mathrm{A}) \tag{2-20}$$

$$V_s = \frac{P_s \eta}{h\nu} \times \frac{kT}{i_0} \quad (\mathrm{V}) \tag{2-21}$$

式中，P_s为入射光功率，W；q 为电子电荷量，C；η 为量子效率；$h\nu$ 为单个入射光子的能量，J；i_0 为 PN 结的反向饱和电流，A；k 为波耳兹曼常数，即 $k=1.38\times10^{-23}$ J/K；T 为热力学温度，K。

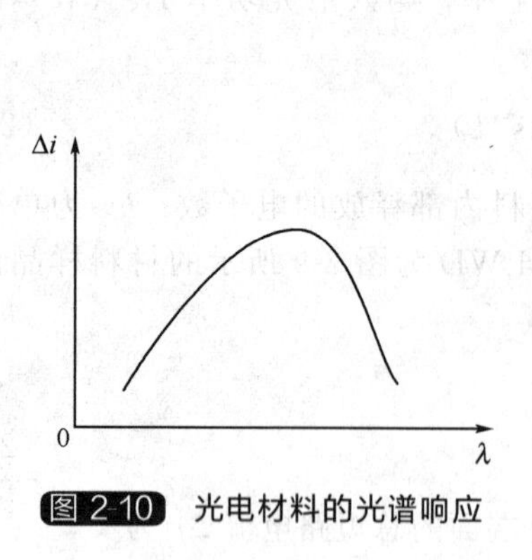

图 2-10 光电材料的光谱响应

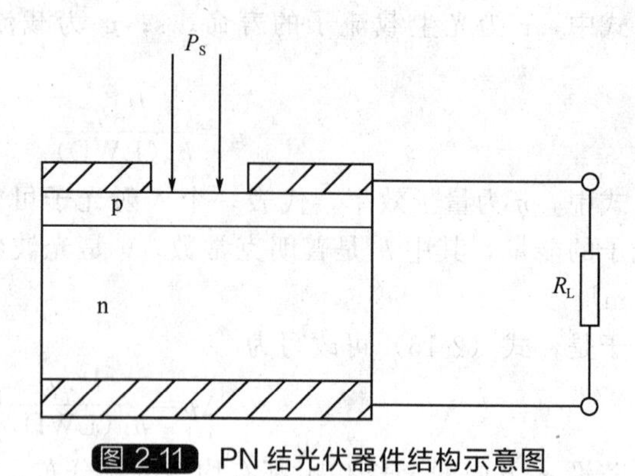

图 2-11 PN 结光伏器件结构示意图

2.3 光电探测器

2.3.1 光敏电阻

材料（或器件）受到光辐射后，电导率发生变化，称为光电导效应，光电导效应属于内光电效应。光敏电阻是最典型的光电导器件。利用具有光电导效应的半导体材料做成的光电探测器称为光敏电阻，光敏电阻是最典型的光电导器件。常用的光敏电阻有：硫化镉（CdS）和硒化镉（CdSe）光敏电阻；硫化铅（PbS）光敏电阻；锑化铟（InSb）光敏电阻和锗掺杂（$HgCd_{1-x}Te$）光敏电阻。CdS 光敏电阻是工业应用最多的；PbS 光敏电阻主要应用于军事装备。

光敏电阻与其他半导体光电器件相比具有以下特点。

① 光谱响应范围相当宽，根据光电导材料的不同，光谱响应范围可从紫外、可见光、近红外扩展到远红外，尤其是对红光和红外辐射有较高的响应度。

② 工作电流大，可达数毫安。

③ 所测的光强范围宽，既可测强光，也可测弱光。

④ 灵敏度高，光电导增益（由光照产生的外部电流与内部电流之比）远远大于 1，最大可达 10^5。

⑤ 偏置电压低，无极性之分，使用方便。

光敏电阻的不足之处是，在强光照射下光电转换线性较差，光电弛豫过程较长，频率响应很低。

下面将介绍光敏电阻的工作原理、主要特性参数和基本偏置电路等。

（1）光敏电阻的工作原理

最简单的光敏电阻原理图及其符号如图 2-12 所示，它是在均质的光电导体两端加上电极后构成的光敏电阻，两电极加上一定电压后，当光照射到光电导体上，由光照产生的光生载流子在外加电场作用下沿一定方向运动，在电路中产生电流，达到了光电转换的目的。

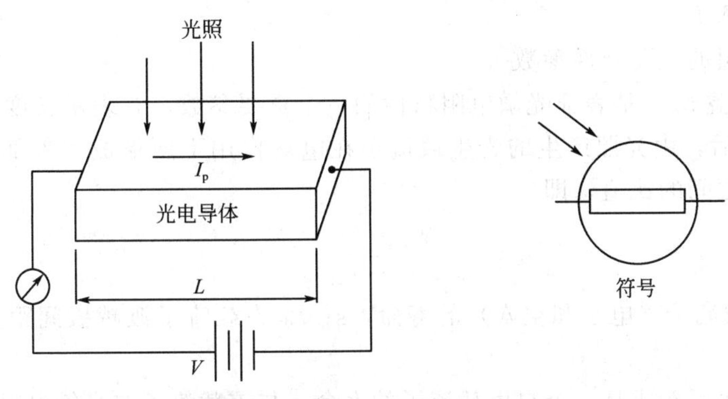

图 2-12 光敏电阻的原理图及其符号

根据半导体材料的分类，光敏电阻有两种类型，即本征型半导体光敏电阻和掺杂型半导体光敏电阻，其中本征型半导体光敏电阻只有当入射光子能量（$h\nu$）等于或大于半导体材料的禁带宽度时才能在外加电场作用下形成光电流，而掺杂型半导体（n 型或 p 型）光敏电阻只要入射光子的能量等于或大于杂质电离能，就能在外加电场作用下形成电流。从原理上说，p 型和 n 型半导体均可制成光敏电阻，但由于电子的迁移率比空穴的大，而且用 n 型半导体材料制成的光敏电阻性能较稳定，特性较好，故目前大都使用 n 型半导体光敏电阻。

光敏电阻按照它的光谱特性及最佳工作波长范围，基本上可分为三类。

① 对紫外光灵敏的光敏电阻，如硫化镉（CdS）和硒化镉（CdSe）等；

② 对可见光灵敏的光敏电阻，如硫化铊（TiS）、硫化镉（CdS）和硒化镉（CdSe）等；

③ 对红外光灵敏的光敏电阻，如硫化铅（PbS）、碲化铅（PbTe）、硒化铅（PbSe）、锑化铟（InSb）和锗掺杂等。

这其中，几种最常用光敏电阻都有各自的应用特点。

① 硫化镉（CdS）光敏电阻　是可见光波段内最灵敏的光电导器件，峰值波长为 $0.52\mu m$，广泛用于自动控制灯光，自动调光调焦和自动照相机中。

② 硫化铅（PbS）光敏电阻　是近红外波段最灵敏的光电导探测器件。它的主要缺点是响应时间过长，室温条件下为 $100\sim300\mu s$，在低温下（如 77K）可达几十毫秒。

③ 锑化铟（InSb）光敏电阻　可用来制作红外探测器。

④ 锗掺杂探测器　其特点是响应时间较短（$10^{-8}s\sim10^{-6}$），要求工作温度低，如果要求探测峰值波长很长的红外辐射，则必须工作在绝对温度 4.2K。锗掺杂探测器的探测波长可至 $130\mu m$，这是其他探测器所达不到的。

根据理论计算，由光的辐射作用致使光敏电阻电导率增加而产生的光电流 I_p 与光电导体横截面积成正比，与光电导体长度 L（图 2-13）的平方成反比，因此在设计光敏电阻时常设法使 L 减小。为了减小电极间的距离 L，一般光敏电阻中采用图 2-13 所示的梳状电极结构，这样既保证有较大的工作区，

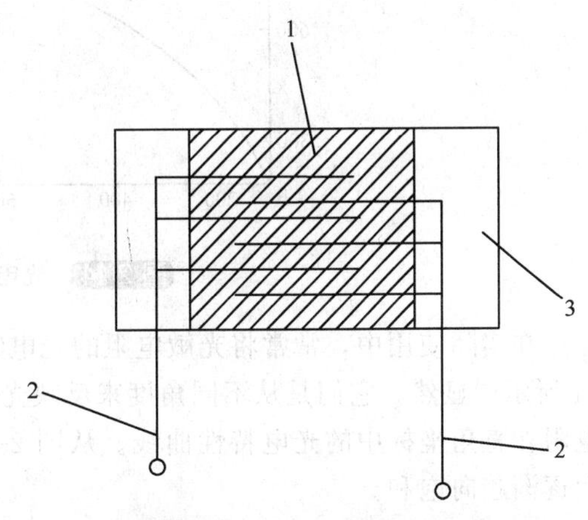

图 2-13 光敏电阻结构示意图

1—光电导体；2—梳状电极；3—绝缘基底

又减少了极间距离 L。

（2）光敏电阻的主要特性参数

① 光电导增益 M　是表征光敏电阻特性的一个重要参数，它表示长度为 L 的光电导体两端加上电压 V 后，由光照产生的光生载流子在电场作用下所形成的外部光电流与光电子形成的内部电流之间的比值，即

$$M=\frac{\tau}{t_{\mathrm{dr}}} \tag{2-22}$$

式中，τ 为载流子（电子和空穴）的寿命，s；t_{dr} 为载流子渡越极间距离 L 所需要的有效渡越时间，s。

由于增益系数可看成是一个自由载流子的寿命 τ 与该载流子在光敏电阻两极间的有效渡越时间 t_{dr} 之比，因此只要载流子的平均寿命大于有效渡越时间，增益就可大于 1。显然减小电极间的间距 L，适当提高工作电压，对提高 M 值有利。但是，如果 L 减得太小，使受光面太小，也是不利的，一般 M 值可达 10^3 数量级。

② 光电特性　光敏电阻的光电流与入射光通量之间的关系称光电特性，光电流 I_{p} 与入射单色辐射通量 $\Phi(\lambda)$ 之间的关系为

$$I_{\mathrm{p}}=q\,\frac{\eta\Phi(\lambda)}{h\nu}\times\frac{\tau}{t_{\mathrm{dr}}}\quad(\mathrm{A}) \tag{2-23}$$

式中，$\Phi(\lambda)$ 为入射单色辐射通量，W；λ 为入射的单色辐射波长，m；q 为电子电荷量，C；η 为量子效率；$h\nu$ 为单个入射光子的能量，J；τ 为光生载流子的平均寿命，s；t_{dr} 为载流子在光敏电阻两极间的有效渡越时间，s。

当弱光照时，τ 和 t_{dr} 不变，$I_{\mathrm{p}}(\lambda)$ 与 $\Phi(\lambda)$ 成正比，保持线性关系。但当强光照时，τ 与光电子浓度有关，t_{dr} 也会随电子浓度变大或出现温升而产生变化，使得 $I_{\mathrm{p}}(\lambda)$ 与 $\Phi(\lambda)$ 呈非线性。实验证明，当所加电压一定时，光电流 I_{p} 和照度 E 关系曲线如图 2-14 所示。

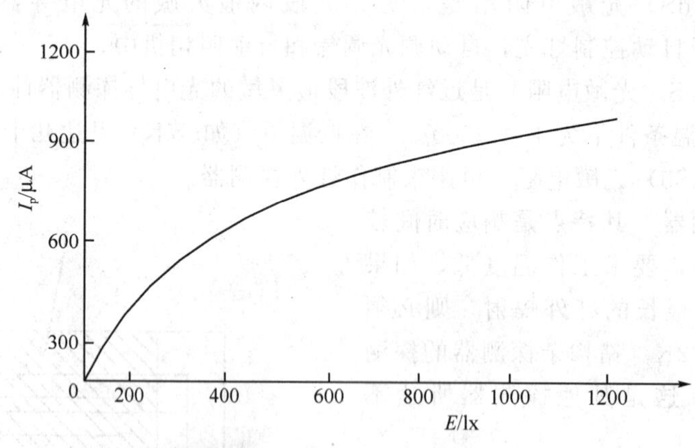

图 2-14　光电流和照度特性曲线

在实际使用中，常常将光敏电阻的光电特性曲线改画成电阻和照度的关系曲线，如图 2-14 所示。显然，它们是从不同角度来反映光敏电阻的光电特性，图 2-15 是典型的 CdS 光敏电阻在直角坐标中的光电特性曲线。从图 2-15 可见，随着光照的增加，阻值迅速下降，然后逐渐趋向饱和。

③ 时间常数　根据前面对光电导效应分析，光敏电阻在光照时的响应时间或弛豫时间可以反映光敏电阻的惰性程度，从前面的论述可知，响应时间等于光生载流子的平均寿命

τ。增大载流子的寿命可提高器件的响应率，但器件的响应时间却增加（影响器件的高频性能）。此外，光照、温度等外界条件的变化同样直接影响光敏电阻的响应率和响应时间。如PbS光敏电阻的响应时间，在室温时，一般为100～300μs，低温时则长到几十毫秒；PbSe光敏电阻的响应时间，在室温时为5μs，当温度低到干冰温度（195K）时，响应时间为30μs。

④ 温度特性　光敏电阻的特性参数受工作温度的影响较大，只要温度略有变化，它的光谱响应率、峰值响应波长、长波限等参数都将发生变化，而且这种变化没有规律。为了提高光敏电阻性能的稳定性，降低噪声和提高探测率，采用冷却装置就十分必要。

(3) 光敏电阻的基本偏置电路

光电导探测器作为一个支路与外电源组成的回路称为偏置电路，由外电源产生的电流和电压称为偏置电流（偏流）或偏置电压（偏压）。偏置电路是光电导探测器正常工作的必要基础。光敏电阻最基本的偏置电路如图2-16所示，R_p为光敏电阻；R_L为负载电阻；V_b为偏置电压。

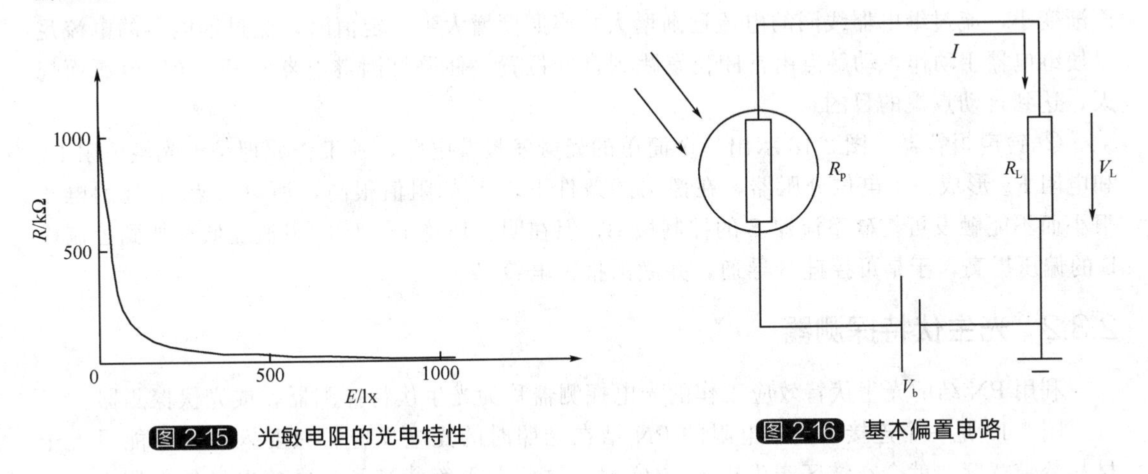

图2-15　光敏电阻的光电特性

图2-16　基本偏置电路

根据此偏置电路，可得出

$$I=\frac{V_b}{R_L+R_p}\quad (A) \tag{2-24}$$

$$V_L=\frac{R_L}{R_L+R_p}V_b\quad (V) \tag{2-25}$$

由以上两式得出，当光通量Φ发生变化$\Delta\Phi$时，亦即光敏电阻R_p有改变量ΔR_p时，相应的I和V_L的增量为

$$\Delta I=\frac{-\Delta R_p V_b}{(R_L+R_p)^2}\quad (A) \tag{2-26}$$

$$\Delta V_L=\Delta I\cdot R_L=\frac{-\Delta R_p V_b}{(R_L+R_p)^2}R_L\quad (V) \tag{2-27}$$

以上两式表明，ΔR_p越大，它输出信号电流ΔI和信号电压ΔV_L就越大。

(4) 光敏电阻应用实例

① 路灯自动点熄控制　图2-17为路灯自动点熄原理电路，由两部分组成：电阻R_L、电容C和二极管VD组成半波整流滤波电路；CdS光敏电阻和继电器组成光控继电器。路灯接在继电器常闭触点上，由光控继电器来控制路灯的点燃和熄灭。

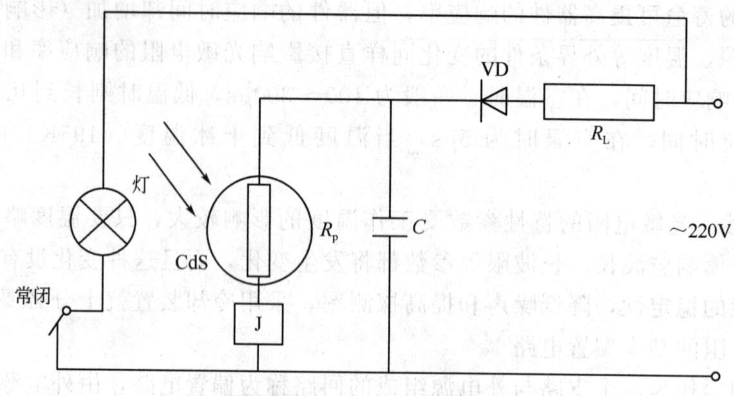

图 2-17 路灯自动点熄原理

晚上光线很弱，CdS 光敏电阻阻值很大，流过继电器线圈的电流很小，使继电器 J 不工作，路灯接通电源点亮。早上，天逐渐变亮，即照度逐渐增大，CdS 光敏电阻受光照后阻值逐渐变小，流过继电器线圈的电流逐渐增大，当照度增大到一定值时，流过继电器的电流足以使继电器 J 动作，动触点由常闭位置跳到常开位置，使路灯因继电器断开 220V 电源而熄灭，达到自动点熄的目的。

② 铃声报警器　图 2-18 示出一个简单的光触发报警电路，其工作原理是，光敏电阻 R_p 和电阻 R_2 形成一个电位分压器，在黑暗的条件下，R_p 的阻值很高，所以节点 A 处的电压很小而不能触发可控硅整流器 S 的控制极 B，但在明亮环境下，R 的阻值变低，加到控制极 B 的偏压提高，于是可控硅 S 导通，并激活报警电铃 W。

2.3.2 光生伏特探测器

利用 PN 结的光生伏特效应工作的光电探测器称为光生伏特探测器，或光伏探测器。

图 2-19 是一个连接了负载电阻的 PN 结在光照时的光电反应。只要入射光子能量大于材料禁带宽度，就会在结区产生电子-空穴对。这些非平衡载流子在内建电场的作用下，空穴顺着电场运动，电子逆电场运动，在开路状态，最后在 n 区边界积累光生电子，p 区边界积累光生空穴，产生了一个与内建电场方向相反的光生电场，即在 p 区和 n 区之间产生了光生电压 V_{oc}，这就是光生伏特效应。只要光照不停止，这个光生电压将永远存在。光生电压 V_{oc} 的大小与 PN 结的性质及光照度有关。

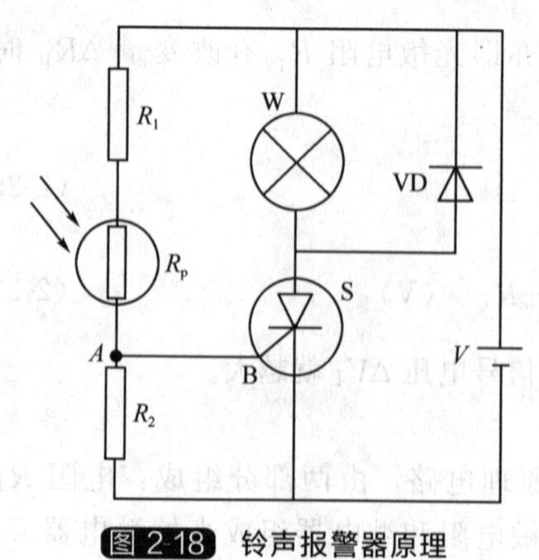

图 2-18 铃声报警器原理

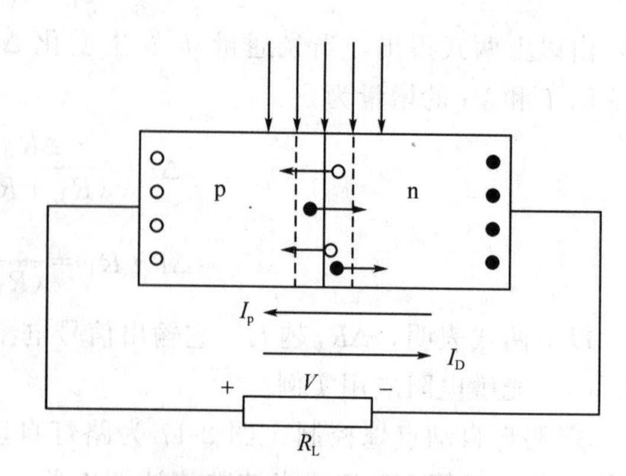

图 2-19 光照 PN 结工作原理

光生伏特效应与光电导效应同属于内光电效应，PN结型光伏器件与光电导器件（如光敏电阻）相比较，有以下一些主要区别。

① 产生光电变换的部位不同，光敏电阻任何部分受光，受光部分电导率就增大，而结型器件，只有PN结区或结区附近受光才产生光电效应。

② 光敏电阻无极性，工作时须外加电压，而结型光电器件有正负极性，没有外加电压下也可以把光信号转换成电信号。

③ 光敏电阻弛豫过程时间常数较大，频率响应较差；结型器件弛豫过程的时间常数相应较小，因此响应速度较快。

④ 与光敏电阻不同，光伏探测器的内电流增益等于1（但有些结型光电器件，如光电三极管、雪崩光电管等有较大的内增益作用），因此灵敏度较高，也可以通过较大的电流。

由于以上这些特点，使得这一类器件应用非常广泛，一般应用于精密光学仪器、光度色度测量、光电自动控制、光电开关、光继电器、报警系统、电视传真、图像识别等方面。

（1）光伏探测器的工作模式

PN结光伏探测器用图2-20（a）中的符号表示，它的等效电路为一个普通二极管和一个恒流源（光电流源）I_p的并联。光伏探测器可以有两种不同的工作模式，由偏压回路决定。在零偏压（即无外电源）时，称为光伏工作模式，如图2-20（b）所示；反向偏压（即外加p极为负，n极为正的电压）时，称为光电导工作模式，如图2-20（c）所示。对于另一种偏压形式（即正偏压），光伏探测器只相当于一个普通二极管的功能，呈单向导电性而无光电效应。

（2）光伏探测器的伏安特性

有光照时，若PN结外电路接上负载电阻R_L，在PN结内将出现两种方向相反的电流，如图2-20（b）所示：一种是光激发产生的电子-空穴对，形成的光生电流I_p，它与光照有关，其方向与PN结反向饱和电流I_0相同；另一种是光生电流I_D流过负载电阻R_L产生电压降，相当于在PN结施加正向偏置电压，从而产生正向电流I_D，总电流I_L是两者之差，即流过负载的总电流（以光电流方向为正向）为

$$I_L = I_p - I_D = I_p - I_0 (e^{qV/kT} - 1) \quad (A) \tag{2-28}$$

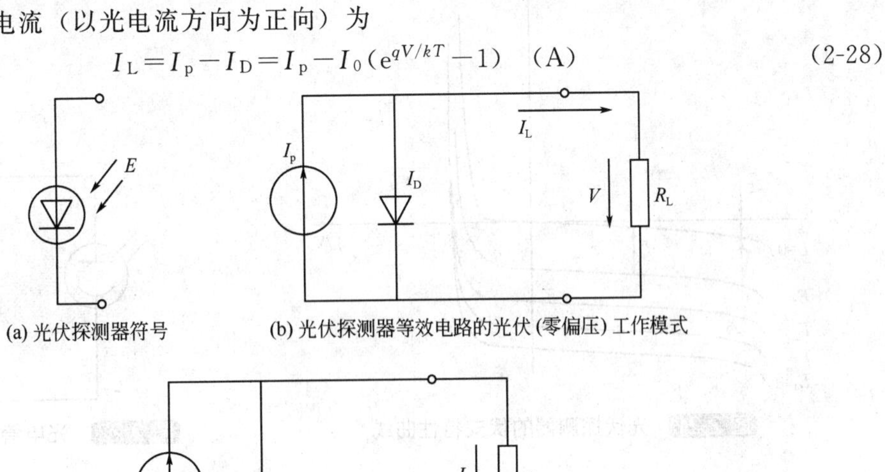

(a) 光伏探测器符号　　(b) 光伏探测器等效电路的光伏(零偏压)工作模式

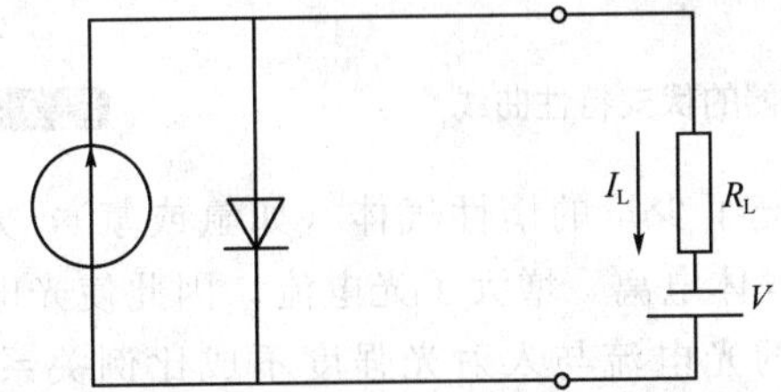

(c) 光伏探测器等效电路的光电导(反向偏压)工作模式

图2-20　光伏探测器带负载后工作原理

上式中的光电流 I_p 正比于与光照度 E，比例常数 S_E称为光照灵敏度，即

$$I_p = S_E E \quad (A) \tag{2-29}$$

当负载电阻 R_L断开时，$I_L=0$，称 p 端对 n 端电压为开路电压 V_{oc}，且由于 $I_p \gg I_0$，则近似地有

$$V_{oc} = \frac{kT}{q} \ln \frac{S_E E}{I_0} \quad (V) \tag{2-30}$$

当负载电阻 R_L短路时，$R_L=0$，称流过回路的电流为短路电流 I_{sc}，短路电流就是光生电流 I_p。I_p 与照度 E 或光通量 Φ 成正比，从而得到最大线性区，这在线性测量中被广泛应用。

如果给 PN 结加上一个反向偏置电压 V_b，外加电压所建的电场方向与 PN 结内建电场方向相同，使光生电子空穴对在强电场作用下更容易产生漂移运动，提高了器件的频率特性。

PN 结光电器件在不同的照度下的伏安特性曲线如图 2-21 所示，无光照（$E=0$）时，伏安特性曲线与一般二极管的伏安特性曲线相同，受光照后，光生电子空穴对在电场作用下形成大于反向饱和电流 I_0 的光电流 I_p，并与 I_0 同向，因此曲线将沿电流轴向下平移，平移幅度与光照度 E_i（$i=1$、2、3、…）的变化成正比，当 PN 结上加有反向偏压时，非光生的暗电流随反向偏压的增大有所增大，最后等于反向饱和电流 I_0，而光电流 I_p几乎与反向电压的高低无关。

2.3.3 光电管

光电管有真空光电管和充气光电管两种。真空光电管由一个阴极和一个阳极密封于真空玻璃管内构成。阴极通常是用逸出功小的光敏材料涂敷在玻璃管内壁做成，阳极通常用金属丝弯曲成矩形或圆形，置于玻璃管的中央。当光照在阴极上时，便有电子逸出，在外电场作用下飞向阳极形成电流，从而在电阻上形成压降输出，其工作原理如图 2-22 所示。

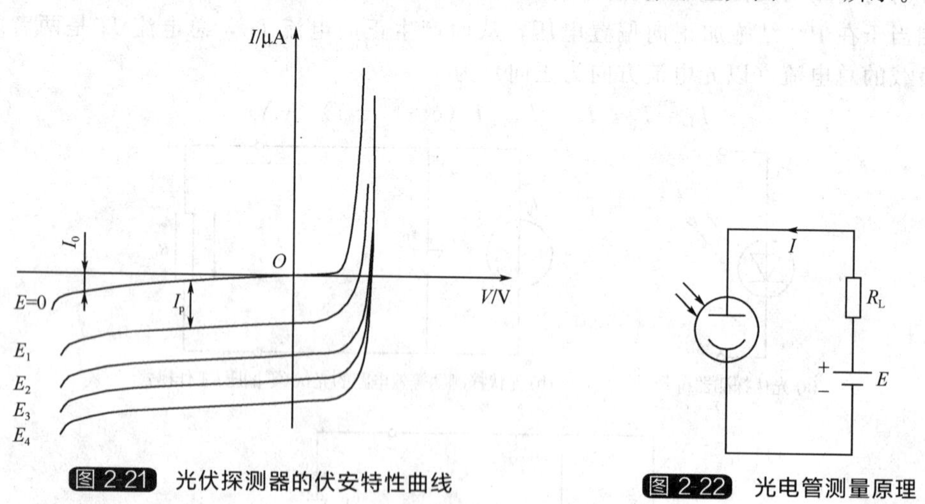

图 2-21　光伏探测器的伏安特性曲线

图 2-22　光电管测量原理

充气光电管在管子内部充了少量的惰性气体（如氩或氖），光电子在飞向阳极的途中，和气体的原子发生碰撞而使气体电离，增大了光电流，因此使光电管的灵敏度增加。但光电管内充气后，将导致光电管的光电流与入射光强度不成比例关系，从而使光电管稳定性变差、惰性增大、受温度影响大、容易衰老，因此，在自动检测等要求测量精确度较高的场合，一般都采用真空光电管。

光电管是典型的光伏探测器件，具有量子效率高、噪声低、响应快、线性工作范围大、耗电少、体积小、寿命长和使用方便等优点，最适合激光探测等应用。制造光电管的半导体材料有硅（Si）、锗（Ge）、砷化镓（GaAs）和磷砷化镓（GaAsP）等。其中用硅材料制造的光电管的暗电流很小，温度系数很低，性能稳定，目前在可见光区应用最多的是硅光电管，因而使用广泛。下面将主要介绍硅光电管的结构、工作原理和特性等。

（1）硅光电管结构及工作原理

硅光电管和光电池一样，都是基于 PN 结的光电效应而工作的，它主要用于可见光及红外光谱区。硅光电管通常在反向偏置条件下工作，即光电导工作模式。这样可以减小光生载流子渡越时间及结电容，可获得较宽的线性输出和较高的响应频率，适用于测量甚高频调制的光信号。硅光电管也可用在零偏置状态，即光伏工作模式，这种工作模式突出优点是暗电流等于零。后继线路采用电流电压变换电路，线性区范围扩大，得到广泛应用。

硅光电管在结构和工作原理上与硅光电池相似。如果应用于光伏工作模式，其机理与光电池基本相同，都是属于 PN 结型光生伏特效应。硅光电管与光电池的区别之处在于：

① 光电池衬底材料的掺杂浓度较高，为 $10^{16}\sim10^{19}/cm^3$ 原子数，而硅光电管掺杂浓度为 $10^{12}\sim10^{13}/cm^3$ 原子数；

② 光电池电阻率低，为 0.01～0.1Ω/cm，而硅光电管则为 1000Ω/cm；

③ 光电池在零偏置下工作，而硅光电管通常在反向偏置下工作；

④ 一般说来，光电池的光敏面面积比硅光电管的光敏面大得多，因此硅光电管的光电流小得多，通常在微安量级。

硅光电管在无光照条件下，若给 PN 结加一个适当的反向电压，则反向电压加强了内建电场，使 PN 结空间电荷区拉宽，势垒增大，流过 PN 结的反向饱和电流（称或暗电流）很小。反向电流是由少数载流子的漂移运动形成的。

当硅光电管被光照，且入射光子能量满足电子跃迁条件，即 $h\nu>E_g$ 时，则在结区产生的光生载流子将被内建电场拉开，光生电子被拉向 n 区，光生空穴被拉向 p 区，于是在外加电场的作用下形成了以少数载流子漂移运动为主的光电流。显然，光电流比无光照时的反向饱和电流大得多，光照越强，表示在同样条件下产生的光生载流子越多，光电流就越大，反之，则光电流越小。

当硅光电管与负载电阻 R_L 串联时，则在 R_L 的两端可得到随光照度变化的电压信号，从而完成了将光信号转变成电信号的转换，如图 2-22 所示。

（2）硅光电管的主要特性

① 光电特性　当光电管的阳极和阴极之间所加电压一定时，光通量与光电流之间的关系称为光电特性，其特性曲线如图 2-23 所示。曲线 1 表示氧铂阴极光电管的光电特性，光电流与光通量成线性关系；曲线 2 为锑铯阴极光电管的光照特性，它呈非线性关系。光电特性曲线的斜率称为光电管的灵敏度。硅光电管的光电流与照度之间的关系曲线，见图 2-24。从图 2-24 中可以看出，硅光电管的光照特性的线性较好。

② 伏安特性　当入射光的频谱及光通量一定时，对光电器件所加电压与阳极所产生的电流之间的关系称为光电管的伏安特性。真空光电管的伏安特性如图 2-25 所示。图 2-26 表示硅光电管的伏安特性曲线。

③ 温度特性　硅光电管的光电流 I_L 也随温度而变化，如图 2-27 所示，这不利于弱光信号的探测。对弱信号检测时要考虑温度的影响，要采取恒温或补偿措施。

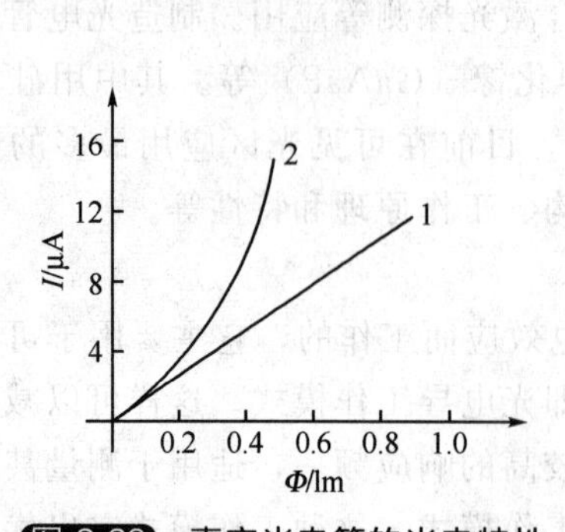

图 2-23　真空光电管的光电特性

1—氧铂阴极光电管的光电特性；2—锑铯阴极光电管的光照特性

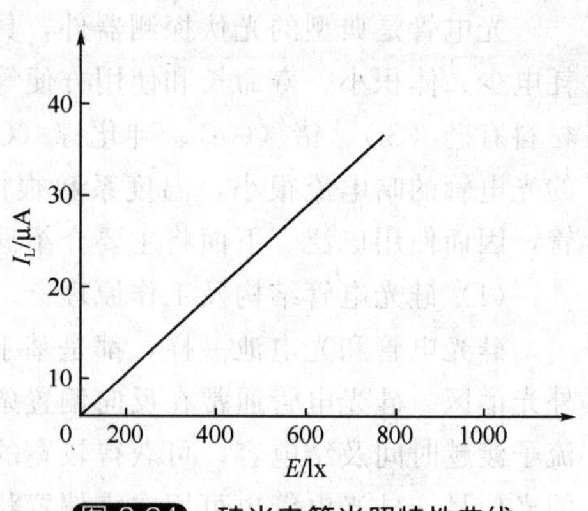

图 2-24　硅光电管光照特性曲线

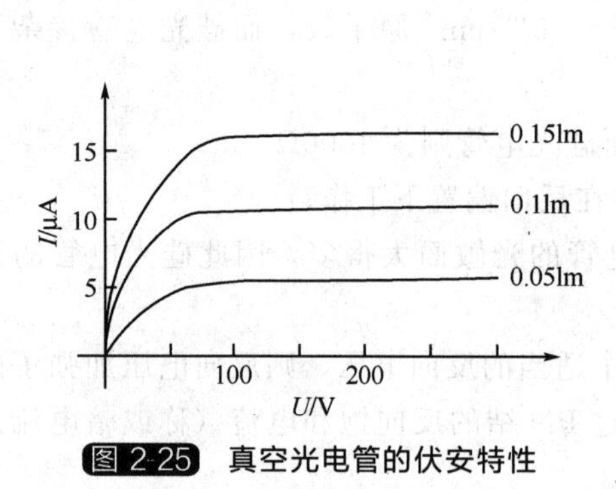

图 2-25　真空光电管的伏安特性

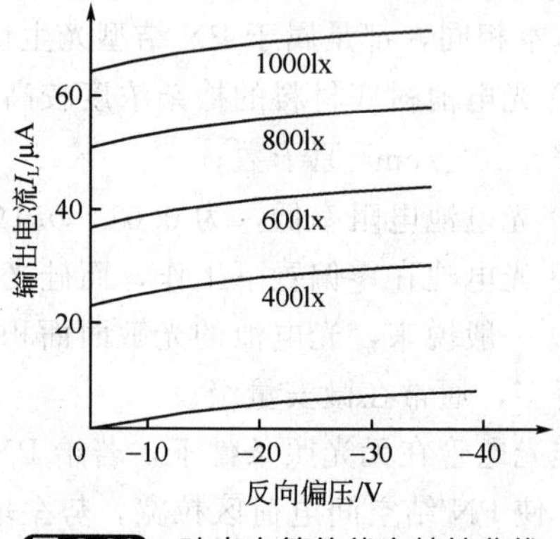

图 2-26　硅光电管的伏安特性曲线

④ 频率响应特性　硅光电管的频率特性主要决定于负载电阻 R_L。图 2-28 给出了硅光电管的响应时间与负载 R_L 的关系曲线，从图 2-28 中可以看出，当负载超过 $10^4\Omega$ 以后，响应时间增加得更快。

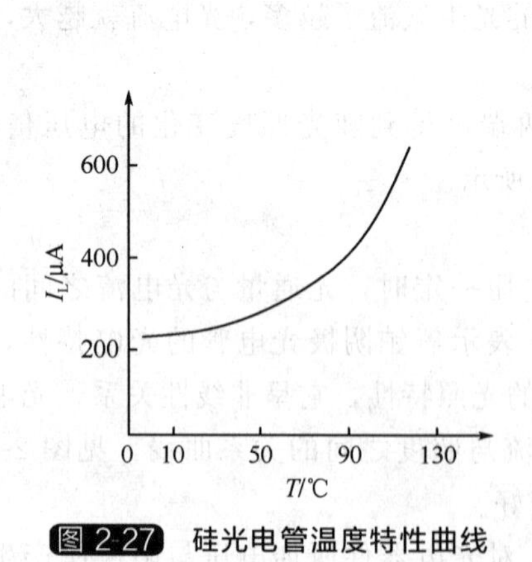

图 2-27　硅光电管温度特性曲线

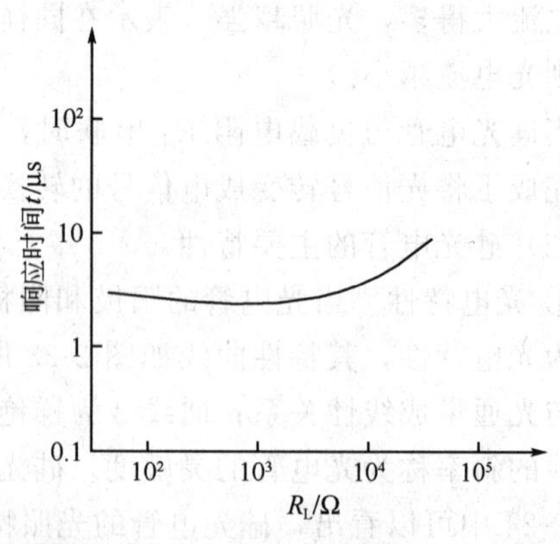

图 2-28　硅光电管的频率响应与负载曲线

⑤ 光电管光谱特性　由于光电阴极对光谱有选择性，因此光电管对光谱也有选择性。保持光通量和阳极与阴极之间所加电压一定时，光电管的灵敏度与入射光波长之间的关系称为光电管的光谱特性。真空光电管的光谱特性如图 2-29 所示。

2.3.4 光电变换电路

（1）硅光电池光电变换电路

图 2-30 所示电路中，硅光电池与运算放大器相连，硅光电池处于零偏置状态，由于运放倒向输入端与非倒向输入端为虚短路状态，相当于硅光电池零偏置电路的等效负载电阻为零，则运算放大器的输出电压即等于硅光电池短路电流 I_{sc} 与放大器反馈电阻 R_f 之乘积（$V_0=I_{sc}R_f$），因而输出电压 V_0 与入射光照度之间具有良好的线性关系。

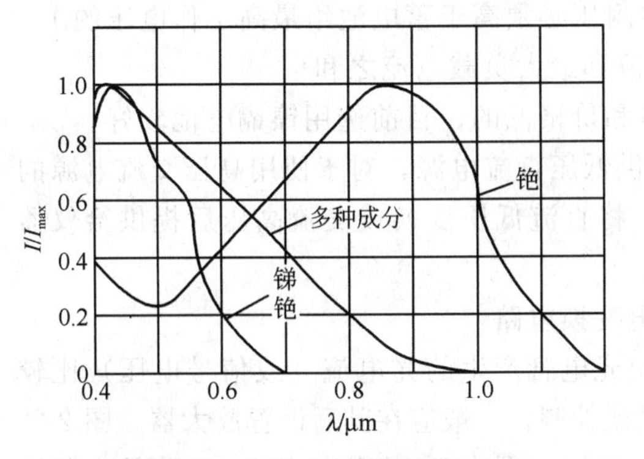

图 2-29 真空光电管的光谱特性

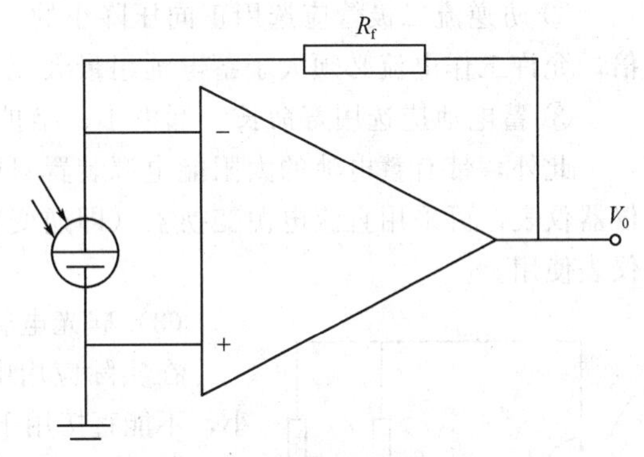

图 2-30 硅光电池光信号放大变换电路

（2）太阳能电源装置

光电池可将太阳光的能量直接转变成电能供给负载。但单片光电池的电压很低，输出电流很小，因此不能直接用作负载的电源。一般把很多片光电池组装成光电池组作为电源使用。由于在辐射照度一定的条件下，单片光电池的开路电压是定值，与光电池面积大小无关，而光电流的大小则是与光电池面积成正比的。因此，在用单片光电池组装成电池组时，可以采用增加串联片数的方法来提高输出电压，用增加并联片数的方法来增大输出电流。为了在无光照射时仍能正常供电，往往把光电池组和蓄电池组装在一起使用，这种组合装置称为太阳能电源。图 2-31 给出了太阳能电源的典型电路。光电池组有两种接线方式，图 2-31（a）所示的是把单片光电池分组串联后再并联；图 2-31（b）所示的是分组并联后再把各组串联

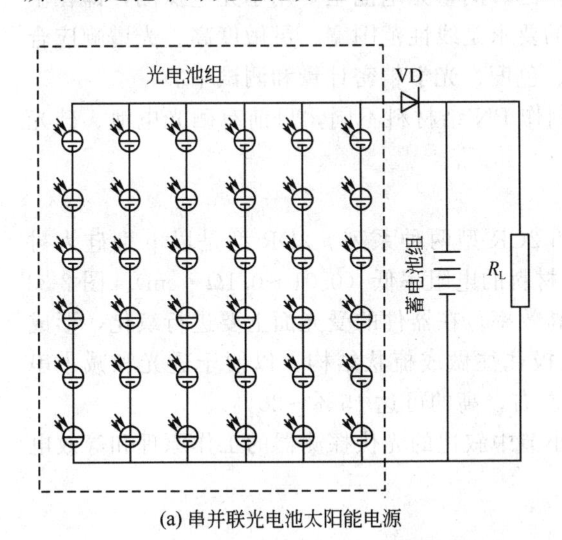

(a) 串并联光电池太阳能电源

(b) 并串联光电池太阳能电源

图 2-31 硅光电池太阳能电源

起来，此接线方式的优点是不会因一片光电池损坏而使整组元件不能工作。图 2-31 中，R_L 是负载电阻，VD是防逆流二极管。VD可以防止因辐射照度减弱而造成光电池组输出电压降低，从而使蓄电池对光电池放电。

在设计太阳能电源时，元件的选择应注意以下几点。

① 同一串联光电池组中各片光电池的面积应相等，并联的各组光电池中所串联的光电池片数必须相同，这样才能保证并联各支路的电压相同。此外，应尽可能选择开路电压和短路电流与温度的关系都相同的光电池。

② 防逆流二极管应选用正向压降小的、反向耐压必须高于蓄电池组最高工作电压的 1.2 倍，允许工作电流必须大于蓄电池组最大充电电流和最大负载电流之和。

③ 蓄电池应选用寿命长、漏电小、维护简单和价格低的，目前选用镍镉电池较好。

此外，带有蓄电池的太阳能电源装置只能提供低压直流电源，对于使用高压交流电源的仪器仪表，可采用直流电源变换器（即逆变器），将直流低压变换成交流高压后提供给仪器仪表使用。

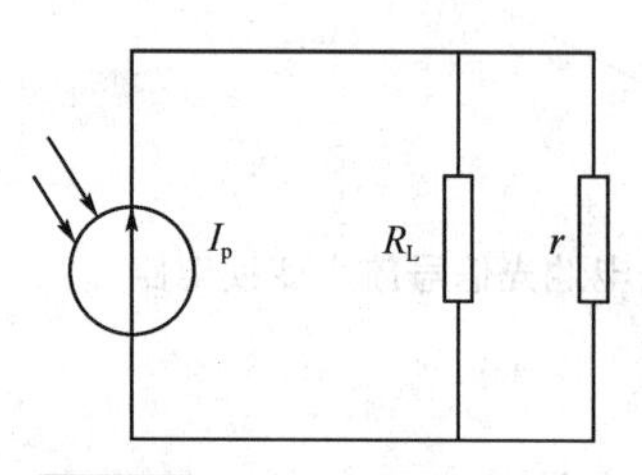

图 2-32 硅光电管低频光电变换等效电路

（3）硅光电管光电变换电路

在实际应用中，由光电管产生的光电流（或信号电压）比较小，不能直接用于测量或控制，一般应在其后设置放大器，图 2-32 为变换电路的低频等效电路。图中 R_L 为负载电阻；r 为放大器输入阻抗。总负载电阻 R_L' 为 R_L 与 r 的并联电阻，即 $R_L'=R_L/\!/r$。则输出电压信号由上式可知，当 $r \gg R_L$ 时，输出电压信号最大。所以光电管的前置放大器应具有很高的输入阻抗，如果采用运算放大器，则应选择场效应管型的运算放大器。

2.3.5 光电池

光电池是一种工作在零偏压模式的、将光能直接转换成电能的PN结光电器件。按光电池的用途可分为太阳能光电池和测量光电池两类。太阳能光电池主要用作电源，对它的要求是转换效率高、成本低，由于它具有结构简单、体积小、重量轻、可靠性高、寿命长、在空间能直接利用太阳能转换成电能的特点，应用广泛。测量光电池主要用于光电探测，即在不加偏置的情况下将光信号转换成电信号，对它的要求是线性范围宽、灵敏度高、光谱响应合适、稳定性好、寿命长，被广泛地应用在光度、色度、光学精密计量和测试中。

光电池的基本结构就是一个PN结，由于制作PN结材料不同，目前有硒光电池、硅光电池、砷化镓光电池和锗光电池四大类。

（1）光电池的基本结构和等效电路

以单晶硅为材料制造的光电池有 2DR 型和 2CR 型两种系列。2DR 型是以 p 型硅为衬底，进行 n 型掺杂，形成PN结，硅光电池衬底材料的电阻率低（0.01～0.1Ω·cm）。图 2-33 为常用硅光电池的结构示意图和符号，为了提高效率，在器件的受光面上要进行氧化，形成 SiO_2 保护膜，以防止表面反射光，并且正面电极往往做成梳状结构，以便于透光和减小串联电阻。单晶硅光电池的转换效率一般在10%左右，高的可达15%～20%。

硅光电池的工作原理和等效电路与前面两小节中叙述的光伏探测器的工作原理和等效电路相同。

（2）硅光电池的主要特性

① 光照特性　光电池的光生电压或光电流与入射光照度的关系称为光电池的光照特性。

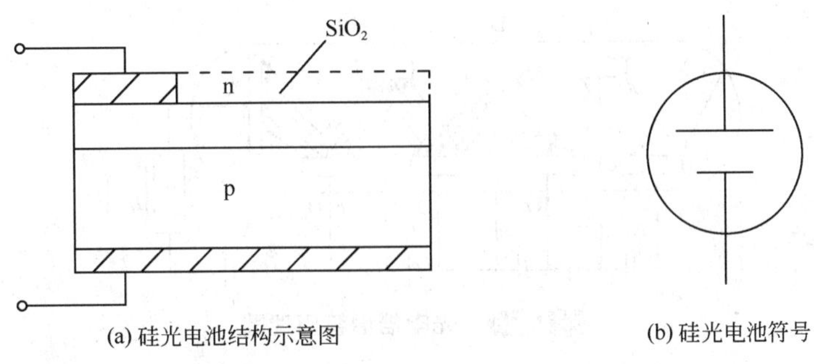

图 2-33 硅光电池的结构示意图和符号

由前面的讨论可知，开路电压与光照度成对数关系［见式（2-30）］，短路电流与光照度成线性关系［见式（2-29）］。因此，光电池作为测量元件时，负载电阻应尽可能取得小些，使之近似地满足“短路”条件。

② 光电转换效率　光电池的最大输出功率与输入光功率的比值称为光电转换效率。

③ 频率特性　对于PN结型光电器件，由于载流子在PN结区内的扩散、漂移，产生与复合都要有一定的时间，所以当光照变化很快时，光电流就滞后于光照变化。要得到短的响应时间，必须选用小的负载电阻 R_L。光电池面积越大，则响应时间越大。因为光电池面积越大，则结电容越大，故要求短的响应时间，必须选用小面积光电池。

总的来说，由于硅光电池光敏面大，结电容大，使得频响较低。为了提高频响，光电池可在光电导模式下使用，例如，只要加1～2V的反向偏置电压，则响应时间就会从1μs下降到几百纳秒。

④ 温度特性　光电池的参数都是在室温（25～30℃）下测得的，参数值随工作环境温度改变而变化。光电池光照时开路电压 V_{oc} 与短路电流 I_0 随温度变化，开路电压具有负温度系数，即随着温度的升高 V_{oc} 值反而减小，其值为2～3mV/℃，短路电流 I_0 具有正温度系数，即随着温度的升高，I_0 值增大，但增大比例很小，为10～10mA/℃。

当光电池接受强光照射时，必须考虑光电池的工作温度，如硒光电池超过50℃或硅光电池超过200℃时，它们因晶格受到破坏而导致器件的破坏。因此光电池作为探测器件时，为保证测量精度，应考虑温度变化的影响。

2.3.6 光电倍增管

（1）结构与工作原理

当入射光微弱时，普通光电管产生的光电流很小（零点几个微安以下），不易检测，这时常用光电倍增管对电流进行放大。其工作原理如图2-34所示，在光阴极和阳极之间装入许多次阴极（倍增电极），次阴极所用材料具有在一定能量的电子轰击下，能够产生更多的“次级电子”的特性。光电倍增管在使用时，各个倍增电极上均加上电压，且阴极电位最低，各个倍增电极的电位依次升高，阳极电位最高。由于相邻两个倍增电极之间有电位差，因此存在加速电场，对电子加速。从阴极发出的光电子，在电场的加速下，逐次打到倍增电极上，逐次引起二次电子发射，电子数量迅速递增，阳极最后收集到的电子数将达到阴极发射电子数的几万倍到几百万倍。因此在很微弱的光照时，它就能产生很大的光电流。

（2）主要性能

① 倍增系数　一个加速电子打到次阴极上将产生3～6个次级电子，这个数目称为次阴

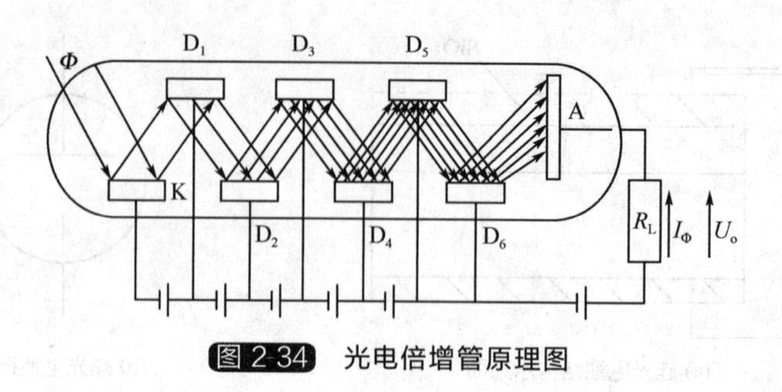

图 2-34 光电倍增管原理图

极的倍增系数，记为 σ。总共有 n 个次阴极，则总的倍增系数为

$$M=(c'\sigma)^n=c\sigma^n \tag{2-31}$$

式中，c' 为各次阴极的收集效率；c 为光电倍增管总的倍增系数。

如果电压有波动，倍增系数也会波动，因此所加电压越稳越好，这样可以减小统计涨落，从而减小测量误差。

② 光电阴极灵敏度和光电传增管总灵敏度　一个光子在阴极上能够打出的平均电子数称为光电阴极的灵敏度。入射一个光子在阴极上，最后在阳极上能收集到的平均电子数称为光电倍增管的总灵敏度。

③ 暗电流　在没有光信号输入时，光电倍增管加上电压后阳极仍有电流，这种电流称为暗电流。暗电流通常可以用补偿电路加以消除。

④ 光电倍增管的光谱特性　光电倍增管的光谱特性与相同材料的光电管的光谱特性很相似。

2.4 固体电荷耦合成像器件(CCD)

电荷耦合器件（简称 CCD）是一种 MOS（金属-氧化物-半导体）结构的新型器件。它具有光电转换、信号存储和信号传输（自扫描）的功能，在图像传感、信息处理和信息存储等方面应用广泛，因而发展非常迅速。

CCD 的突出特点是：以电荷作为信号，而不同于其他大多数器件是以电流或者电压为信号。CCD 的基本功能是电荷的存储和电荷的转移。因此，CCD 工作过程的主要问题是信号电荷的产生、存储、传输和检测。

CCD 有两种基本类型：一种是电荷包存储在半导体与绝缘体之间的界面，并沿界面传输，这类器件称为表面沟道 CCD（简称 SCCD）；另一种是电荷包存储在离半导体表面一定深度的体内，并在半导体体内沿一定方向传输，这类器件称为体沟道或埋沟道器件（简称 BCCD）。

2.4.1 CCD 工作的基本原理

以下将以 SCCD 为主对象来讨论 CCD 的基本工作原理。

（1）电荷存储

构成 CCD 的基本单元是 MOS 结构。如图 2-35（a）所示，在栅极 G 施加正偏压 U_G 之前，p 型半导体中的空穴（多数载流子）的分布是均匀的。当栅极施加正偏压 U_G（此时 U_G 小于 p 型半导体的阈值电压 U_{th}）后，空穴被排斥，产生耗尽区，如图 2-35（b）所示。偏压继续增加，耗尽区将进一步向半导体内延伸。当$U_G>U_{th}$时，半导体与绝缘体界面上的电势（常称为表面势，用E_s表示）会高得足以将半导体体内的电子（少数载流子）吸引到表面，形成一层极薄的（约$10^{-2}\mu m$）但电荷浓度很高的反型层，如图 2-35（c）所示，反型层电荷的存在表明了 MOS 结构存储电荷的功能。然而，当栅极电压由零突变到高于阈值电压时，掺杂半导体中的少数载流子很少，不能立即建立反型层。在此情况下，耗尽区将进一步向体内延伸。而且，栅极和衬底之间的绝大部分电压降落在耗尽区上。如果随后可获得少数载流子，那么耗尽区将收缩，表面势下降，氧化层上的电压增加。当提供足够的少数载流子时，表面势可降低到半导体材料费米能级E_f的两倍。例如，对于掺杂为$10^{15}cm^{-3}$的 p 型半导体，其费米能级为 0.3V。耗尽区收缩到最小时，表面势E_s下降到最低值 0.6V，其余电压降落在氧化层上。

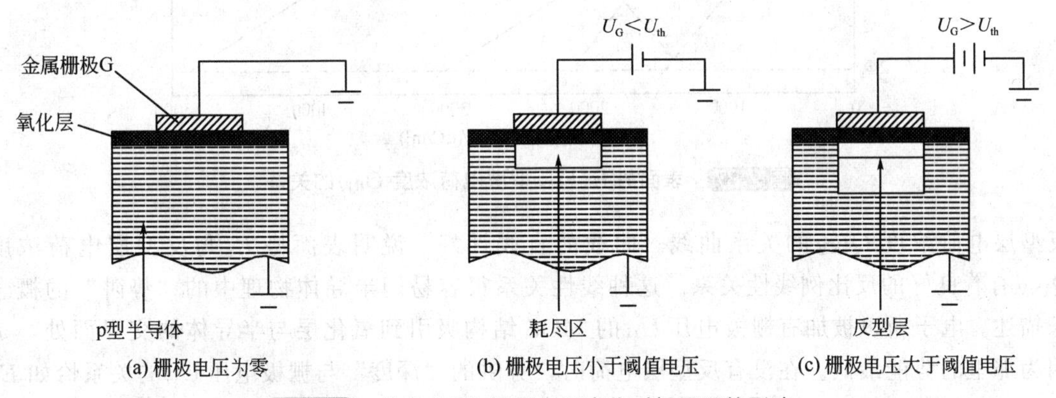

图 2-35 单个 CCD 栅极电压变化对耗尽区的影响

表面势E_s随栅极电压U_G和反型层电荷浓度Q_{INV}的变化如图 2-36 和图 2-37 所示。

图 2-36 是在掺杂为$10^{21}cm^{-3}$的情况下，对于氧化层的不同厚度在不存在反型层电荷时，表面势E_s与栅极电压U_G的关系曲线。图 2-37 为栅极电压不变的情况下，表面势E_s与

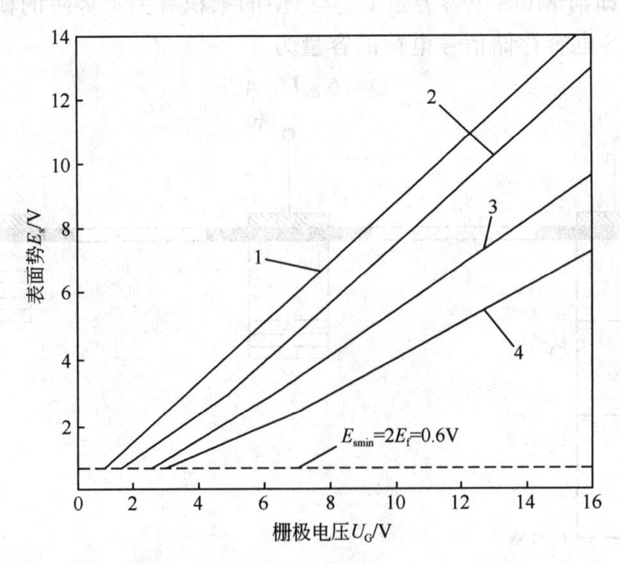

图 2-36 表面势E_s与栅极电压U_G的关系（反型层电荷浓度$Q_{INV}=0$）

1—$d_{ox}=0.1\mu m$，$U_{th}=1.0V$；2—$d_{ox}=0.3\mu m$，$U_{th}=1.4V$；

3—$d_{ox}=0.4\mu m$，$U_{th}=2.2V$；4—$d_{ox}=0.6\mu m$，$U_{th}=3.0V$

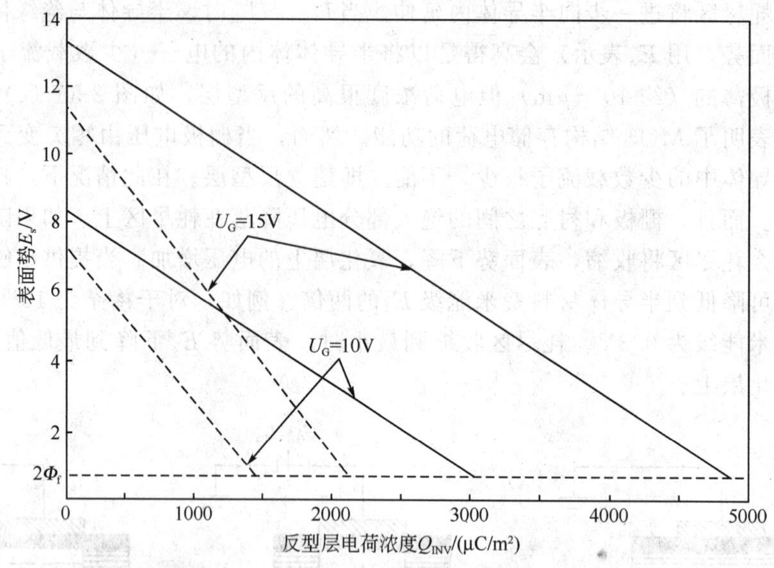

图 2-37 表面势 E_s与反型层电荷浓度 Q_{INV}的关系

反型层电荷浓度 Q_{INV}的关系曲线。曲线的直线性好，说明表面势 E_s与反型层电荷浓度 Q_{INV}有着良好的反比例线性关系。这种线性关系很容易用半导体物理中的“势阱”的概念来描述。电子所以被加有栅极电压 U_G的 MOS 结构吸引到氧化层与半导体的交界面处，是因为那里的势能最低。在没有反型层电荷时，势阱的“深度”与栅极电压 U_G的关系恰如 E_s与 U_G的线性关系。如图 2-38（a）空势阱的情况。图 2-38（b）为反型层电荷填充 1/3 势阱时，表面势收缩。表面势 E_s与反型层电荷量 Q_{INV}间的关系，如图 2-38（c）所示。当反型层电荷足够多，使势阱被填满时，E_s降到 $2E_f$。此时，表面势不再束缚多余的电子，电子将产生“溢出”现象。因此，表面势可作为势阱深度的量度。而表面势又与栅极电压 U_G、氧化层厚度 d_{ox}有关，即与 MOS 电容容量 C_{ox}与 U_G的乘积有关。势阱的横截面积取决于栅极电极的面积 A，MOS 电容存储信号电荷的容量为

$$Q=C_{ox}U_GA \tag{2-32}$$

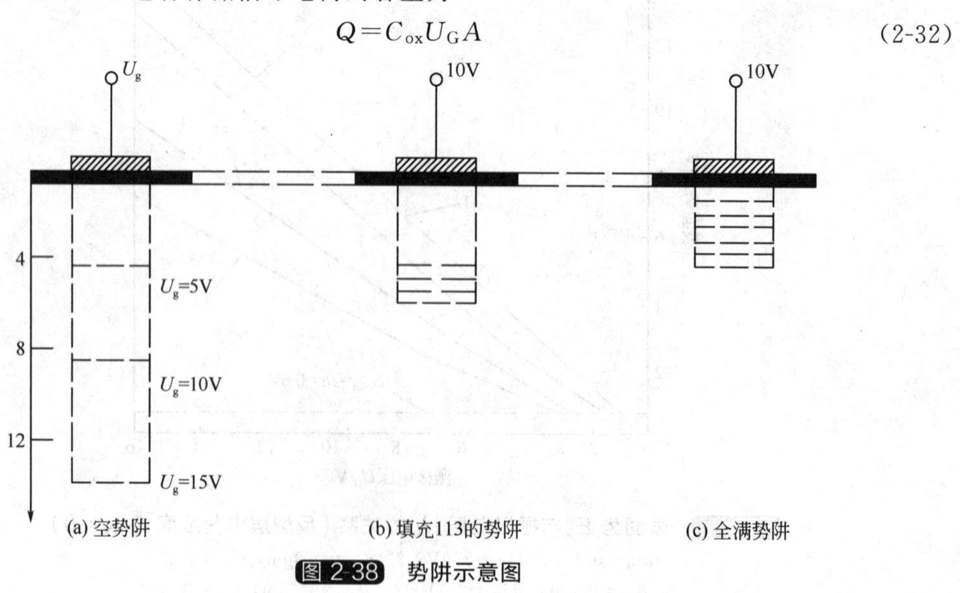

图 2-38 势阱示意图

（2）电荷耦合

图 2-39 通过对 CCD 中四个彼此靠得很近的电极的观察，说明了 CCD 中的势阱及电荷是如何从一个位置移到另一个位置的过程。假定开始时有一些电荷存储在偏压为 10V 的第二个电极下面的深势阱里，其他电极上均加有大于阈值的较低的电压（例如 2V）。设图 2-39（a）为零时刻（初始时刻），过 t 时刻后，各电极上的电压变为如图 2-39（b）所示，第二个电极仍保持为 10V，第三个电极上的电压由 2V 变到 10V，因这两个电极靠得很紧（间隔只有几微米），它们各自的对应势阱将合并在一起。原来在第二个电极下的电荷变为这两个电极下势阱所共有，见图 2-39（b）、（c）。若此后电极上的电压变为图 2-39（d）所示，第二个电极电压由 10V 变为 2V，第三个电极电压仍为 10V，则共有的电荷转移到第三个电极下的势阱中，见图 2-39（e）。由此可见，深势阱及电荷包向右移动了一个位置。

通过将一定规则变化的电压加到 CCD 各电极上，电极下的电荷包就能沿半导体表面按一定方向移动。通常把 CCD 电极分为几组，并施加同样的时钟脉冲。CCD 的内部结构决定了使其正常工作所需的相数。图 2-39 所示的结构需要三相时钟脉冲，其波形如图 2-39（f）

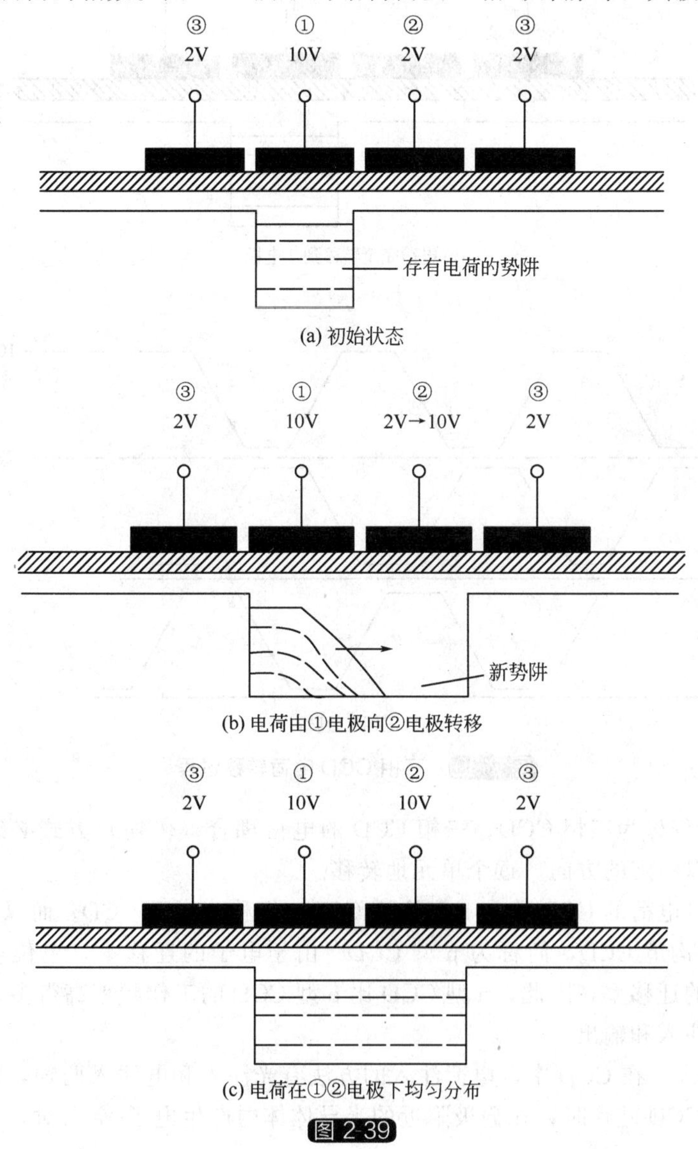

(a) 初始状态

(b) 电荷由①电极向②电极转移

(c) 电荷在①②电极下均匀分布

图 2-39

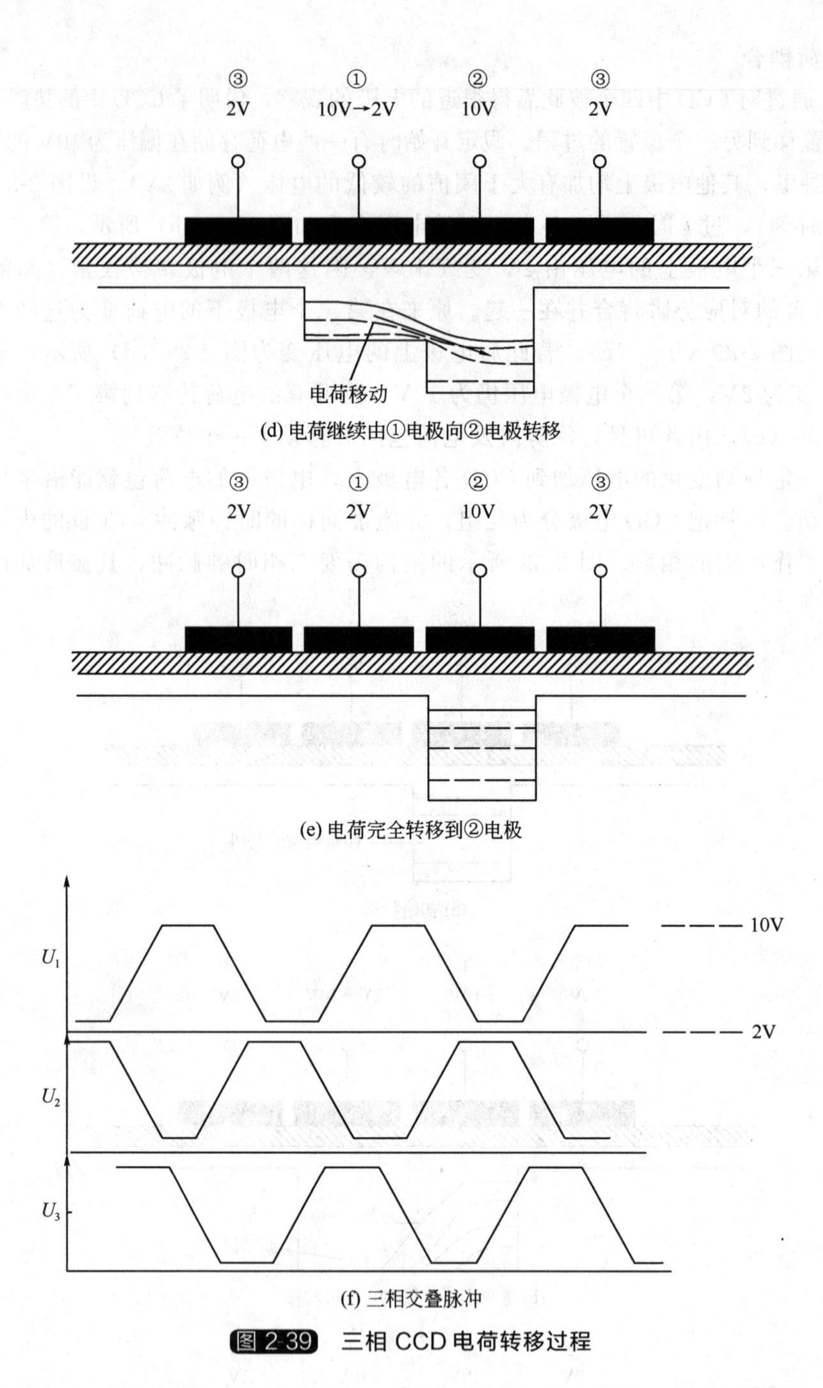

(d) 电荷继续由①电极向②电极转移

(e) 电荷完全转移到②电极

(f) 三相交叠脉冲

图 2-39 三相 CCD 电荷转移过程

所示，这样的 CCD 称为三相 CCD。三相 CCD 的电荷耦合（传输）方式必须在三相交迭脉冲的作用下才能以一定的方向，逐个单元地转移。

以电子为信号电荷的 CCD 称为 n 型沟道 CCD，简称为 n 型 CCD。而以空穴为信号电荷的 CCD 称为 p 型沟道 CCD，简称为 p 型 CCD。由于电子的迁移率（单位场强下的运动速度）远大于空穴的迁移率，因此，n 型 CCD 比 p 型 CCD 的工作频率高得多。

（3）电荷的注入和输出

① 电荷的注入　在 CCD 中，电荷注入的方法有光注入和电注入两种，这里介绍光注入方法。当光照射 CCD 硅片时，在栅极附近的半导体体内产生电子-空穴对，其多数载流子被

栅极电压排开，少数载流子则被收集在势阱中形成信号电荷。光注入方式又可分为正面照射式及背面照射式。图 2-40 所示为背面照射光注入的示意图，CCD 摄像器件的光敏单元为光注入方式。光注入电荷 Q_{IP} 为

$$Q_{IP}=\eta q\Delta n_{e0}AT_0 \tag{2-32}$$

式中，η 为材料的量子效率；q 为电子电荷量；Δn_{e0} 为入射光的光子流速率；A 为光敏单元的受光面积，m^2；T_0 为光注入时间，s。

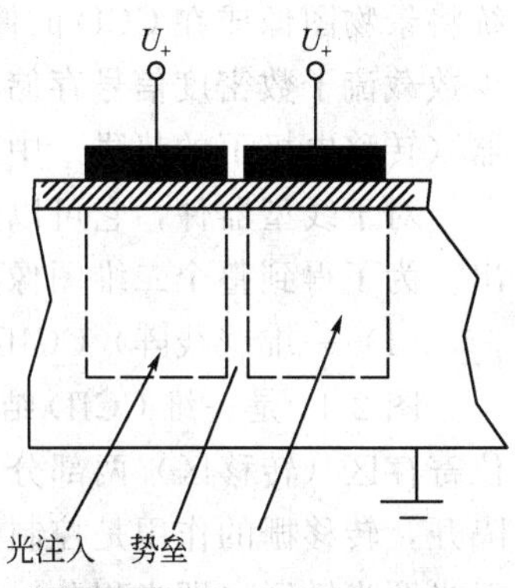

图 2-40 背面照射式光注入

② 电荷的输出　目前 CCD 的输出方式主要是电流输出、浮置扩散放大器输出和浮置栅放大器输出三种，其中前两种输出为破坏性一次输出，只有浮置栅放大器输出为非破坏性输出。

2.4.2 CCD 的特性参数

（1）转移效率 η 和转移损失率 ε

电荷转移效率 η 是表征 CCD 性能好坏的重要参数。把一次转移后，到达下个势阱中的电荷与原来势阱中的电荷之比称为转移效率。如在 $t=0$ 时，某电极下的电荷为 $Q(0)$，在时间 t 时，大多数电荷在电场作用下向下一个电极转移，但总有一小部分电荷由于某种原因留在该电极下，若被留下来的电荷为 $Q(t)$，则转移效率 η 和转移损失率 ε 就分别为

$$\eta=1-\frac{Q(t)}{Q(0)}=1-\varepsilon \tag{2-33}$$

$$\varepsilon=\frac{Q(t)}{Q(0)} \tag{2-34}$$

理想情况下 η 应等于 1，但实际上电荷在转移中有损失。所以 η 总是小于 1，常为 0.9999 以上。一个电荷 $Q(0)$ 的电荷包，经过 n 次转移后，所剩下的电荷为 $Q(n)=Q(0)\eta^n$。影响电荷转移效率的主要因素是界面态对电荷的俘获。为此，常采用“胖零”工作模式，即让“0”信号也有一定的电荷，以减少电荷每次转移的损失率。

（2）工作频率

为了避免由于热产生的少数载流子对于注入信号的干扰，注入电荷从一个电极转移到另一个电极所用的时间 t 必须小于少数载流子的平均寿命 τ，即 $t<\tau$。在正常工作条件下，对于三相 CCD，有

$$f>\frac{1}{3\tau} \tag{2-35}$$

式中，f 为工作频率的下限。

当工作频率升高时，若电荷本身从一个电极转移到另一个电极所需的时间 t 大于驱动脉冲使其转移的时间，将会使转移效率大大下降。为此，要求工作频率的上限为

$$f\leqslant\frac{1}{3t} \tag{2-36}$$

2.4.3 电荷耦合摄像器件(CCID)

电荷耦合摄像器件是用于摄像或像敏的器件，其功能是把二维光学图像信号转变为一维时序的视频信号输出。电荷耦合摄像器件有线型和面型两大类型，两者都需要用光学成像系

统将景物图像成在 CCD 的像敏面上。像敏面将照在每一像敏单元上的图像照度信号转变为少数载流子数密度信号存储于像敏单元（MOS 电容）中。然后，再转移到 CCD 的移位寄存器（转移电极下的势阱）中，在驱动脉冲的作用下顺序地移出器件，成为视频信号。

对于线型器件，它可以直接接收一维光信息，而不能直接将二维图像转变为视频信号输出。为了得到整个二维图像的视频信号，就必须用扫描的方法来实现。

（1）一维（线阵）CCID

图 2-41 是一维 CCID 结构原理，其中图 2-41（a）是一种单排结构，它包括光敏区和移位寄存区（转移区）两部分。移位寄存区被遮挡，每一光敏单元与移位寄存区之间用转移栅隔开，转移栅的作用是控制光敏单元所积累的光生信号电荷向移位寄存器转移，转移时间小于光照光敏区（即光积分）的时间。

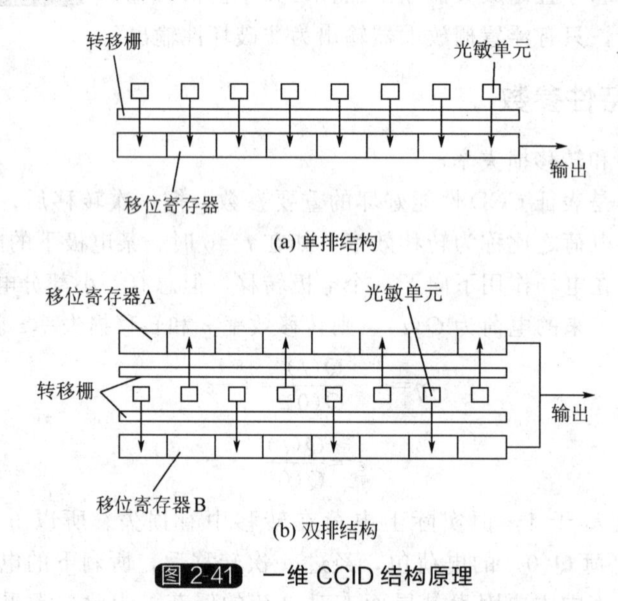

图 2-41 一维 CCID 结构原理

单排结构线阵 CCID 的基本工作过程是：当转移栅关闭时，光敏区在光照时间内所积累信号电荷的多少与一行图像中每个光敏单元所对应的图像的光强成正比，当积分周期结束，转移栅打开，每一光敏单元势阱内的信号电荷并行地转移到移位寄存器相应的单元内；接着转移栅关闭，光敏区开始对下一行图像信号进行积分。与此同时，移位寄存器将已转移到移位寄存器内的上一行信号电荷输出为视频脉冲信号。这种结构的 CCID 转移次数多、效率低，只适用于光敏单元较少的摄像器件。

双排结构的线阵 CCID 具有两列移位寄存器 A 和 B，分别在光敏区的两边，如图 2-41（b）所示。当转移栅开启时，其奇、偶光敏单元势阱内所积累的信号电荷分别移入 A、B 两列移位寄存器内，然后串行输出，最后合二为一，恢复信号电荷的原有顺序。显然，这种双排结构的 CCID 比单排结构的 CCID 的转移次数少了一半，因此大大地提高了传输效率，一般在大于 256 位的一维 CCID 中采用。

（2）二维（面阵）CCID

按照光敏区和暂存区的不同排列，二维 CCID 可分为两种结构。

① 帧传输结构　图 2-42（a）是二维 CCID 帧传输结构示意图。这种结构是由光敏区（成像区）、暂存区和水平移位寄存器三部分组成，光敏区由并行排列的若干个（设 m 个）电荷耦合沟道组成，各沟道间用沟阻隔开，使沟道内的电荷不能横向移动，但水平驱动电极

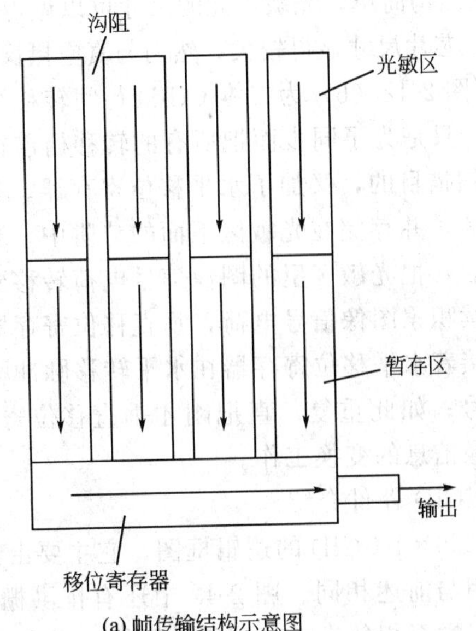

(a) 帧传输结构示意图

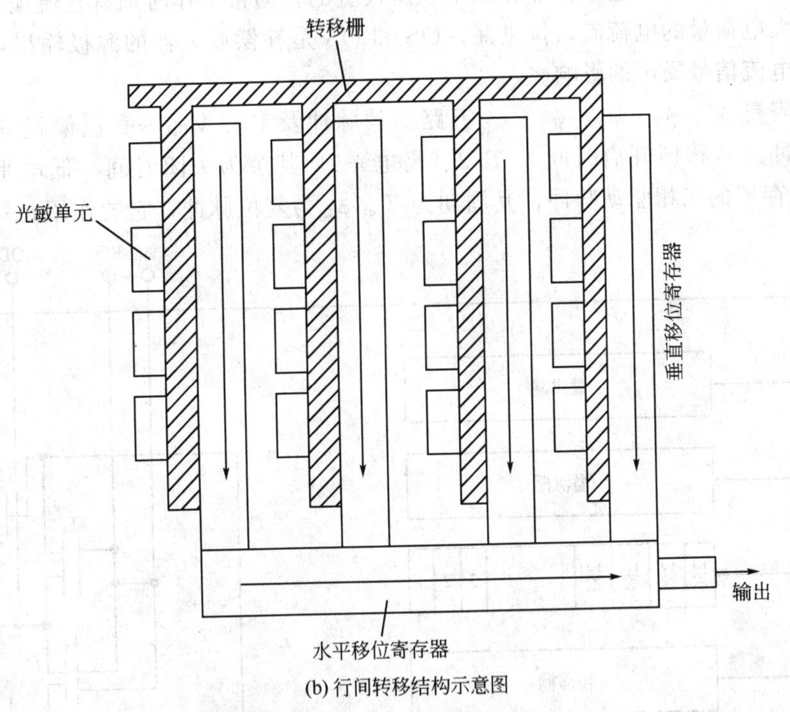

(b) 行间转移结构示意图

图 2-42 二维 CCID 的两种结构示意图

(图 2-42 中未画出) 横贯各沟道，每个沟道有 n 个光敏单元，因此整个光敏区有 $n \times m$ 个光敏单元。暂存区的结构和单元数与光敏区相同，而暂存区和水平移位寄存器是遮光的。工作过程如下：当光敏区接受图像照射后，经一定时间（积分时间），光敏区下的势阱内就积累和存储了一定的图像信号电荷，在光敏区和暂存区各自的转移栅脉冲的驱动作用下把电荷图像完整快速地移到暂存区；紧接着，光敏区开始积累第二帧图像信号电行，与此同时，暂存区的信号电荷在转移脉冲驱动下，一行一行地移至水平移位寄存器，并向外输出；一旦第一帧信号电荷全部读出，第二帧信号电荷又通过暂存区移入水平寄存器，实现连续地读出。

这种 CCID 的特点是结构简单，光敏单元的尺寸可以做得很小，但由于光敏区和暂存区的结构和光敏单元数一样，芯片尺寸显得较大，然而与真空摄像管相比，其体积仍显得很小。

② 行间转移结构　图 2-42（b）为二维 CCID 行间转移结构示意图，这种结构类似于单通道线阵 CCID 的组合，只是为了同步而把所有的转移栅连在一起，组成了一个垂直移位寄存器，为了达到二维自扫描目的，又加了水平移位寄存器。其工作过程是：光敏区接收图像照射后产生图像信号电荷，并存储在光敏区下面的势阱中，当积累到一定的信号电荷（经积分时间）时，转移栅开启，把光敏区里的图像信号电荷转移到各自的垂直移位寄存器；当转移栅关闭后，光敏区继续积累图像信号电荷，垂直移位寄存器中的信号电荷在垂直转移脉冲驱动下向下移一位，紧接着水平移位寄存器在水平转移脉冲驱动下以极快的速度送至输出端输出，构成一行视频信号；如此重复，直把刚才垂直移位寄存器中的所有信号电荷水平输出，此时才完成一帧图像信息的变换工作。

（3）三相驱动一维 CCID 器件介绍

图 2-43 是 DL40 型 256×1 CCID 的逻辑框图，它主要由光敏区、转移栅、移位寄存器、输出栅组成，它们的作用与前述相同。图 2-43 中还有排洪栅和排洪漏是为防止某些像元中电荷过载（如强光照射）溢至相邻光敏单元所设置的，通常工作时加有直流偏置，使超过光敏元件中最大电荷量的电荷流入排洪漏；OS 和 OS′是补偿放大器的源极输出，可以抑制视频信号和暗电流信号噪声的影响。

该器件需要 ϕ_s、ϕ_1、ϕ_2、ϕ_3、ϕ_R 五路驱动脉冲及 V_p、V_{BB} 等直流偏置电压。其中 ϕ_s 为转移栅脉冲。转移栅开启时间为 $T/2$（高电平），其余为关闭时间（低电平）。ϕ_1、ϕ_2、ϕ_3 为移位寄存器的三相驱动脉冲，其周期为 T。ϕ_R 为复位脉冲，它的作用是每输出一位信

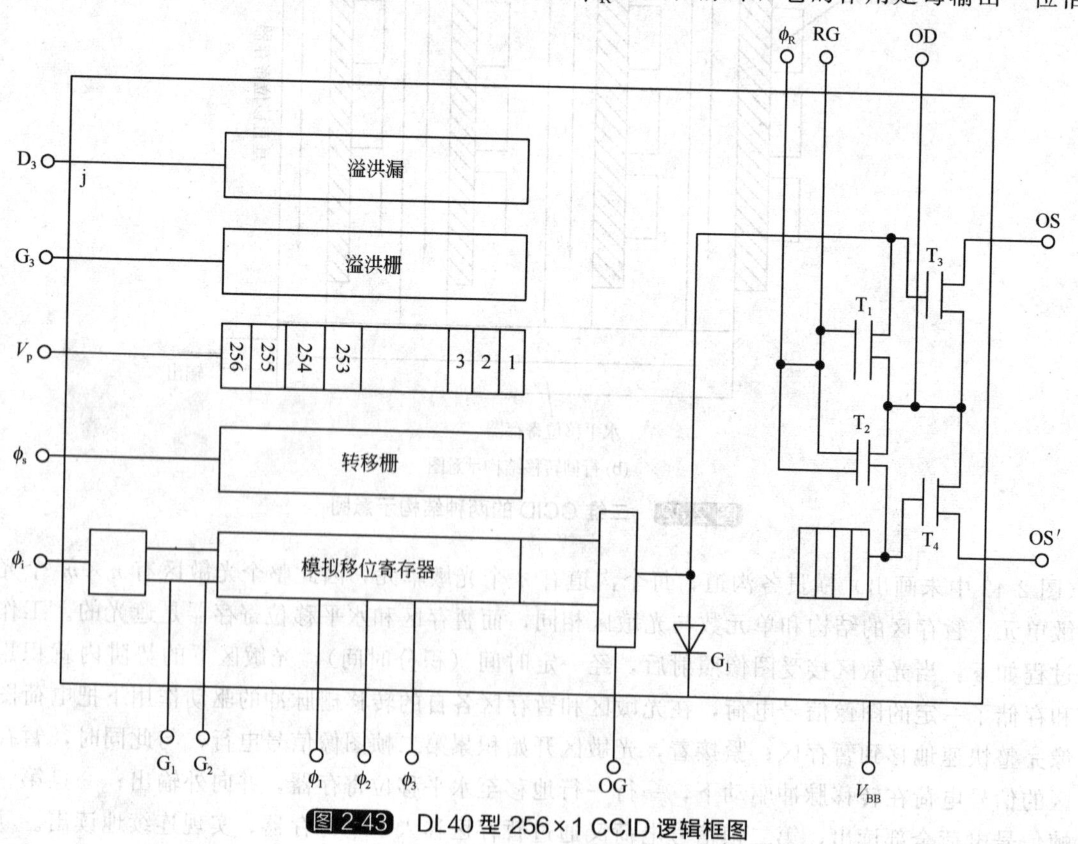

图 2-43　DL40 型 256×1 CCID 逻辑框图

号复位一次，因此周期也为 T。

当图像信息（已积累好）需要转移时，转移栅脉冲 ϕ_s 和接收信号电荷的移位寄存器都应为高电平，即转移栅开启，使光敏单元下势阱中积累的一行图像信号电荷通行无阻地进入已形成势阱的移位寄存器。当信号电荷进入移位寄存器后，ϕ_s 脉冲马上为低电平（关闭），此时阻止信号电荷再从光敏区流向移位寄存器，光敏区再进行光积分，与此同时，移位寄存器在三相驱动脉冲 ϕ_1、ϕ_2、ϕ_3 的作用下将 256 位光敏单元的信号电荷输出。

三相驱动一维 CCID 是在三相交叠脉冲 ϕ_1、ϕ_2、ϕ_3 的驱动下，一位位地转移，最后输出视频信号的，因此，三相驱动脉冲的产生非常重要。图 2-44（a）所示为用一片四联 D 触

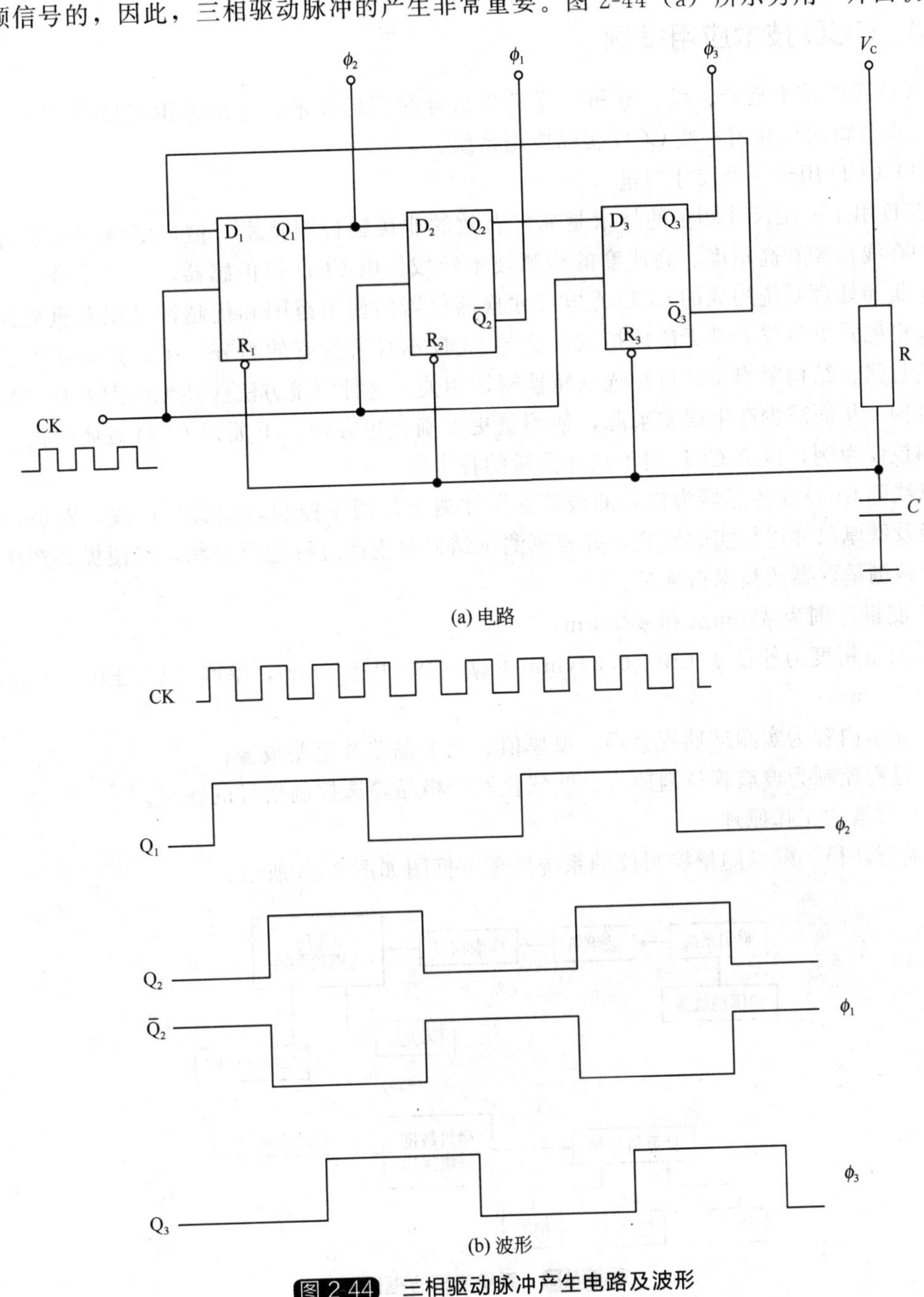

图 2-44 三相驱动脉冲产生电路及波形

发器产生三相驱动脉冲的电路。设 $D_1=\overline{Q}_3$、$D_2=Q_1$、$D_3=Q_2$，三个 D 触发器的时钟端 CK 连在一起，并将其接到振荡器的输出端，三个 D 触发器的复位端 R 也连在一起接至开机自动复位电路上。

当开机时，三个 D 触发器均处于自动复位（置零）状态，此时见 $D_1=1$、$D_2=0$、$D_3=0$，经过一段时间 t 后，电容 C 充电到高电平，复位端为“1”，不再复位，三个 D 触发器将从零开始接受时钟脉冲的作用，按 D 端的状态工作，产生如图 2-44（b）所示的波形，设 $\overline{Q}_2=\phi_1$，$Q_1=\phi_2$，$Q_3=\phi_3$，此时 $\bar{\phi}_1$，ϕ_2，$\bar{\phi}_3$ 为三相交叠脉冲。

2.4.4 CCD 技术应用举例

CCD 应用技术是光、机、电和计算机相结合的高新技术，应用范围很广，应用方法也很多。本节将简要介绍一些 CCD 实际应用系统。

（1）CCD 用于一维尺寸测量

CCD 用于一维尺寸测量的技术是非常有效的非接触检测技术，被广泛地应用于各种加工件的在线检测和高精度、高速度的检测技术领域。由 CCD 像传感器、光学系统、计算机数据采集和处理系统构成的 CCD 光电尺寸检测仪器的使用范围和优越性是现有机械式、光学式、电磁式测量仪器都无法比拟的。这与 CCD 本身所具有的高分辨率、高灵敏度、像素位置信息强、结构紧凑及其自扫描的特性密切相关。这种测量方法往往无须配置复杂的机械运动机构，从而减少产生误差来源，使测量更准确、更方便。下面以 CCD 玻璃管内、外径尺寸测控仪为例，讨论 CCD 用于尺寸测量的技术。

以线阵 CCD 像传感器为核心的玻璃管尺寸测控仪用于控制玻璃管生产线，对玻璃管外圆直径及壁厚尺寸进行实时监测，并根据测试结果对生产过程进行控制，以便提高产品的合格率。该测量仪器的技术指标是：

① 测量范围为 ϕ20mm 和 ϕ28mm；

② 测量精度为外径 ϕ（20±0.3）mm 和 ϕ（28±0.4）mm，壁厚（1.2±0.05）mm 和（2±0.07）mm；

③ 显示内容为实测玻璃管直径、壁厚值、上下偏差及超差报警；

④ 过程控制为玻璃管拉制速度、吹气量及合格品筛选控制信号的输出。

（2）仪器的工作原理

玻璃管外径、壁厚测量控制仪的系统原理方框图如图 2-45 所示。

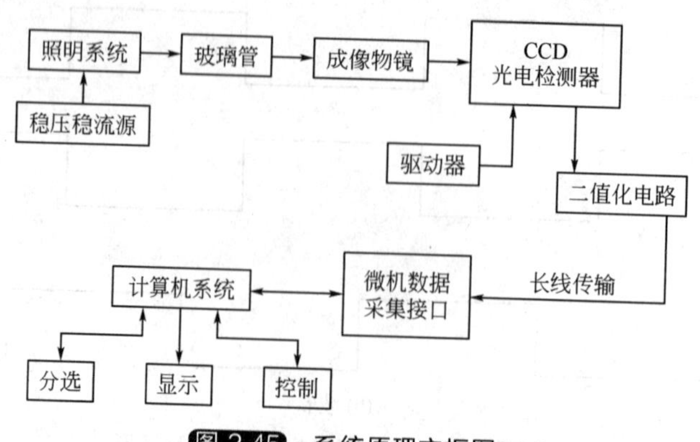

图 2-45 系统原理方框图

整个系统由照明系统、被测玻璃管夹持系统、成像物镜、光电检测系统和计算机测控系统构成。稳压稳流调光电源为远心照明系统提供稳定的照明光，被照明的玻璃管经成像物镜成像在线阵 CCD 的光敏阵列面上。由于透射率的不同，玻璃管的像在上下边缘处形成两条暗带，中间部分的透射光相对较强，形成亮带。两条暗带最外边的边界距离为玻璃管外径所成像的大小，中间亮带宽度反映了玻璃管内径像的大小，而暗带宽则是玻璃管的管壁所成的像。线阵 CCD 在驱动脉冲的作用下完成光电转换并产生如图 2-46 所示的视频信号。

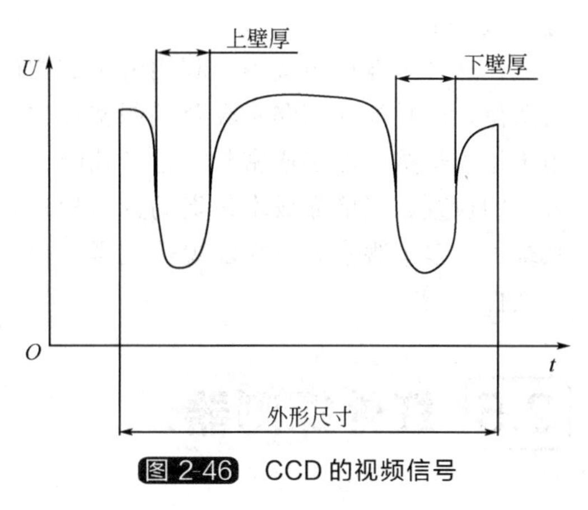

图 2-46 CCD 的视频信号

CCD 输出的视频信号需要经二值化电路进行二值化处理，以明确区分出外径和壁厚的信号。二值化处理是把图像和背景作为分离的二值图像对待。光学系统把被测对象成像在 CCD 光敏元上，由于被测物与背景在光强上的强烈变化，反映在 CCD 视频信号中所对应的图像尺寸边界处会有急剧的电平变化，通过二值比处理把 CCD 视频信号中图像尺寸部分与背景部分分离成二值电平。实现 CCD 视频信号二值化的处理由硬件电路完成，常采用电压比较器，即将视频信号与某一电平阈值比较，视频信号电平高于阈值的部分输出高电平，而低于阈值部分输出低电平，形成具有一定宽度的二值化电平的脉冲信号，如图 2-47 所示。

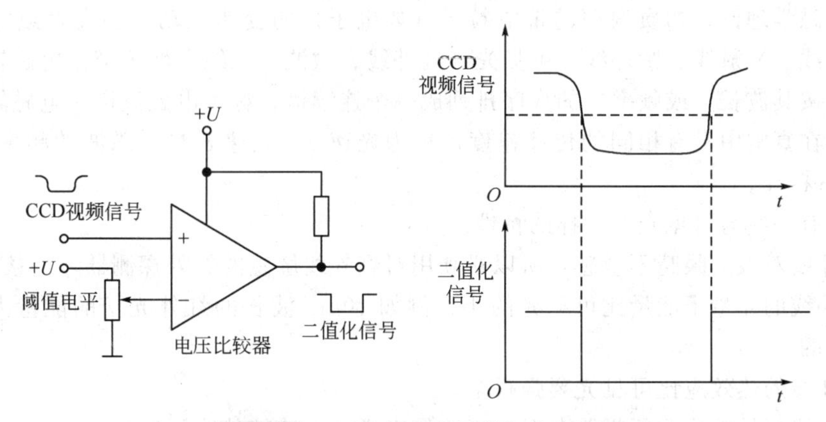

图 2-47 CCD 视频信号的二值化处理

该脉冲宽度对应被测对象尺寸大小。将外径、壁厚信号经长线传输到微机数据采集接口电路，计算机计算出外径和壁厚值，再将计算值与公差带值作比较得到偏差量。这时，一方面保存所测得的偏差量；另一方面根据偏差的情况给出调整玻璃管的拉制速度和吹气量等参数的调节信号，同时发出分选信号，选出超差的玻璃管和合格的玻璃管。

（3）工业内窥镜电视系统

在质量控制、测试及维护检验中，正确地识别裂缝、应力、焊接整体性及腐蚀等缺陷是非常重要的，但传统的光纤内窥镜的光纤成像却常使检查人员难于判断是真正的瑕疵，还是图像不清造成的结果。

运用 CCD 电子成像技术的工业内窥镜电视，可以在易于观察的电视荧光屏上看到一个清晰的、真实色彩的放大图像。根据这个明亮而分辨率高的图像，检查人员能快速而准确地进行检查工作。

在这种工业内窥镜中，利用电子成像的办法，不但可以提供比光纤更清晰及分辨率更高的图像，而且能在探测步骤及编制文件方面提供更大的灵活性。这种视频电子成像系统最适用于检查焊接、涂装或密封，检查孔隙、阻塞或磨损，寻查零件的松动及振动。在过去，内表面的检查，只能靠成本昂贵的拆卸检查，而现在则可迅速地得到一个非常清晰的图像。此系统可由多个观察人员在电视荧光屏上提供悦目的大型图像，也可制成高质量的录像带及照相文件。

2.5 红外探测器

2.5.1 红外辐射的基本知识

一切温度高于绝对零度的有生命和无生命的物体都在不停地辐射红外线。研究表明，红外线是从物质内部发射出来的，物质是由原子、分子组成的，它们按一定的规律不停地运动着，其运动状态也不断地变化，因而不断地向外辐射能量，这就是热辐射现象，红外辐射的物理本质就是热辐射。这种辐射的量主要由这个物体的温度和材料本身的性质决定。特别是，热辐射的强度及光谱成分取决于辐射体的温度，也就是说，温度这个物理量对热辐射现象起着决定性的作用。

根据电磁学理论，物质内部的带电粒子（如电子）的变速运动都会发射或吸收电磁辐射，如γ射线、X射线、紫外线、可见光、红外线、微波、无线电波等都是电磁辐射。可以把这些辐射按其波长（或频率）的次序排列成一个连续谱，称为电磁波谱。电磁辐射具有波动性，它们在真空中具有相同的传播速度，称为光速c。光速c与电磁波的频率ν、波长λ的关系是：$\nu\lambda=c$。

红外线有一些与可见光不一样的特性。

① 红外线对人的眼睛不敏感，所以必须用对红外线敏感的红外探测器才能接收到。

② 红外线的光量子能量比可见光的小，例如10μm波长的红外光子的能量大约是可见光光于能量的1/20。

③ 红外线的热效应比可见光要强得多。

④ 红外线更易被物质所吸收，但对于薄雾来说，长波红外线更容易通过。

在电磁波谱中，红外辐射只占有小部分波段。整个电磁波谱包括20个数量级的频率范围，可见光谱的波长范围为0.38～0.75μm，而红外波段为0.75～1000μm。因此，红外光谱区比可见光谱区含有更丰富的内容。

在红外技术领域中，通常把整个红外辐射波段按波长分为4个波段，见表2-2。

表 2-2　红外辐射波段

名称	波长范围/μm	简称
近红外	0.75～3	NIR
中红外	3～6	MIR
远红外	6～15	FIR
极远红外	15～1000	XIR

2.5.2 红外探测器分类

简单来说，用来检测红外辐射存在的器件称为红外探测器，它能把接收到的红外辐射转变成体积、压力、电流等容易测量的物理量。而且真正有实用意义的红外探测器，还必须满足两个条件：一是灵敏度高，对微弱的红外辐射也能检测到；二是物理量的变化与受到的辐射成比例，这样才能定量测量红外辐射。现代探测器大都以电信号的形式输出。所以也可以说，红外探测器的作用就是把接收到的红外辐射转换成电信号输出，是实现光电转换功能的灵敏器件。

众所周知，任何温度高于绝对零度的物体都会产生红外辐射。红外探测器的主要功用就是检测红外辐射的存在，测定它的强弱，并将其转变为其他形式的能量，多数情况是转变为电能，以便应用。按探测器工作机理区分，可将红外探测器分为热探测器和光子探测器两大类，如图 2-48 所示。

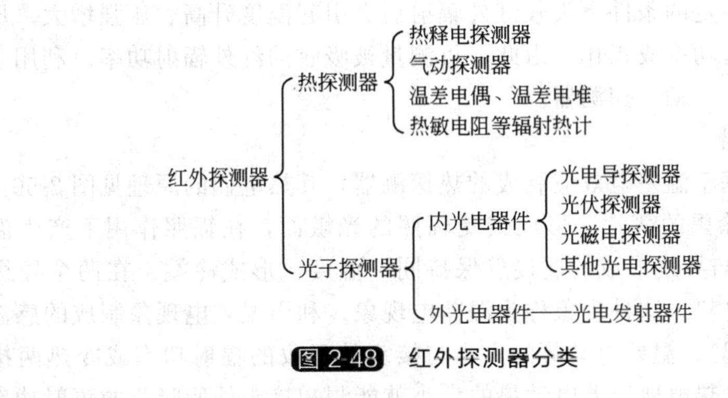

图 2-48 红外探测器分类

2.5.3 热探测器

热探测器吸收红外辐射后产生温升，然后伴随发生某些物理性能的变化，测量这些物理性能的变化就可以测量出它吸收的能量或功率，主要有以下 4 种常用热探测器，在吸收红外辐射后将产生相应的物理性能变化以供测量。

(1) 热释电探测器

电压电类晶体中的极性晶体，如硫酸三甘肽（TGS)、钽酸锂（$LiTaO_3$）和铌酸锶钡（$Sr\,l\text{-}x\,Ba_x\,Nb_2O_6$）等，具有自发的电极化功能，当受到红外辐照时，温度升高，在某一晶轴方向上能产生电压。电压大小与吸收的红外辐射功率成正比，这种现象被称为热释电效应。所以，称极性晶体为热释电晶体。热释电晶体自发极化的弛豫时间很短，约为 10^{-12}s。因此热释电晶体可响应快速的温度变化。利用这一原理制成的红外探测器叫热释电探测器，见图 2-49。给出了两种电极结构的热释电探测器示意图，即在切割成薄片的热释电晶体垂直于极轴两个平行平面（正面和侧面皆可）镀上电极，便构成热释电探测器的面电极结构［图 2-49 (a)］，或边电极结构［图 2-49 (b)］。如果受连续恒定辐射的照射，探测器由于温升会输出电量，但由于自由电子的中和作用，此电量会不断衰减直至消失。当用调制辐射照射探测器，只要调制周期小于中和时间，就会输出与调制频率相同的交变电量，这说明热释电探测器只能探测调制和脉冲辐射。热释电红外探测器探测率高，属于热探测器中最好的，因此得到了广泛应用。

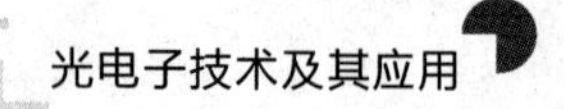

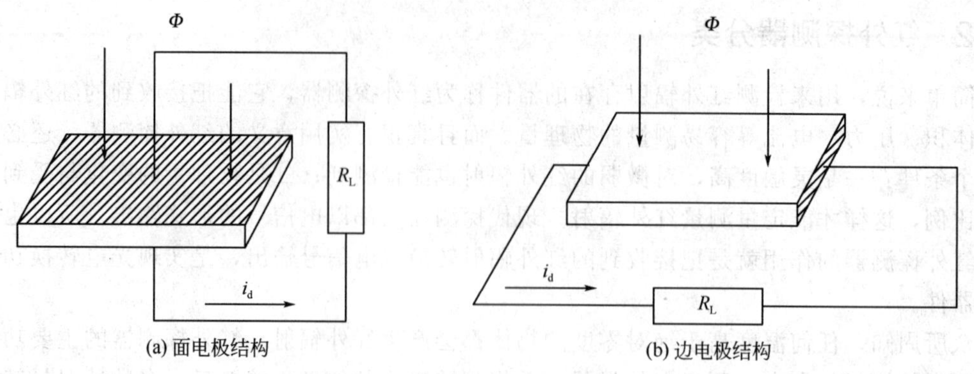

图 2-49 热释电探测器的两种电极结构

（2）气体探测器

气体在体积保持一定的条件下吸收红外辐射后会引起温度升高、压强增大。压强增加的大小与吸收的红外辐射功率成正比，由此，可测量被吸收的红外辐射功率。利用上述原理制成的红外探测器叫气体（动）探测器。

（3）测辐射热电偶

测辐射热电偶是基于温差电效应制成的热探测器，其热电偶的原理见图 2-50。在材料 A 和 B 的连接点上粘上涂黑的薄片，形成接受辐照的光敏面，在辐照作用下产生温升，称为热端。在材料 A 和 B 与导线形成的连接点保持同一温度，形成冷端。在两个导线间（输出端）产生开路的温差电势。这种现象称为温差电现象。利用温差电现象制成的感温元件称为温差电偶（也称热电偶）。温差电动势的大小与接头处吸收的辐射功率或冷热两接头处的温差成正比，因此，测量热电偶温差电动势的大小就能测知接头处所吸收的辐射功率，或冷热两接头处的温差。热电偶的缺点是热响应时间较长。

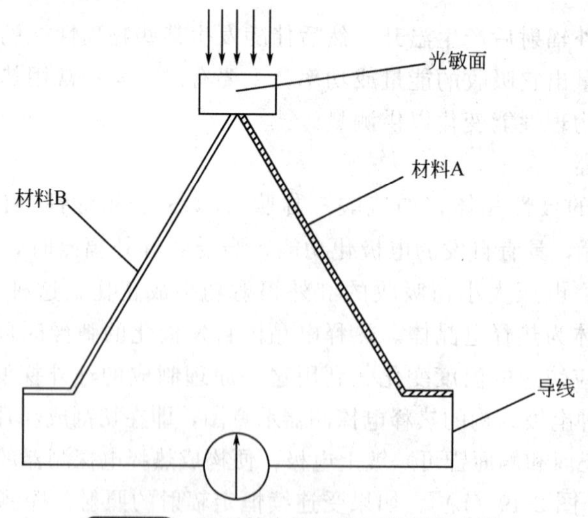

图 2-50 采用单个热敏电阻的测量电路

（4）热敏电阻

热敏物质吸收红外辐射后，温度升高，阻值发生变化。阻值变化的大小与吸收的红外辐射能量成正比。利用物质吸收红外辐射后电阻发生变化而制成的红外探测器叫热敏电阻。热敏电阻常用来测量热辐射，所以又常称为热敏电阻测辐射热器。

电阻测辐射热器，有半导体测辐射热器、金属测辐射热器和超导体测辐射热器。热敏电阻是一种半导体测辐射热器，常用 Mn、Co、Ni 的氧化物按一定比例混匀烧结成薄片，在吸收红外辐射的表面制备一层吸收层，引出电极，封装好后性能达到要求的即可使用（图 2-51）。热敏电阻的光敏面积一般为 10^{-2}mm^2 到几个平方毫米。

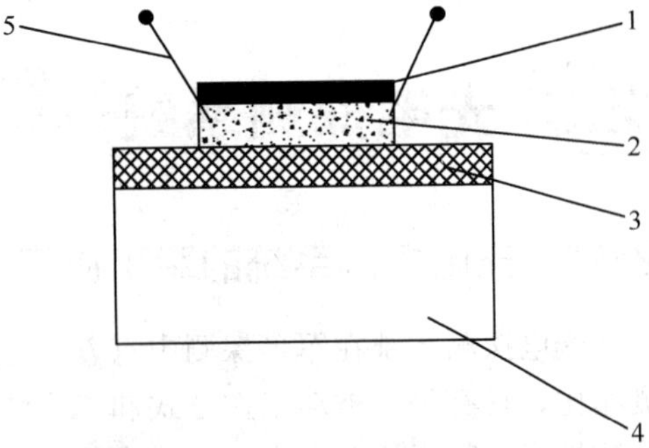

图 2-51 热敏电阻结构示意图

1—黑化吸收层；2—热敏电阻薄片；3—衬底；4—散热片；5—电极引线

2.5.4 光子探测器

光子探测器吸收光子后发生电子状态的改变，从而引起几种电学现象，这些现象统称为光子效应。测量光子效应的大小可以测定被吸收的光子数，利用光子效应制成的探测器称为光子探测器。光子探测器有下列 4 种。

① 光电子发射（外光电效应）器件　当光入射到某些金属、金属氧化物或半导体表面时，如果光子能量足够大，能使其表面发射电子，这种现象统称为光电子发射，属于外光电效应。利用光电子发射制成的器件称为光电子发射器件。

② 光电导探测器　利用半导体的光电导效应制成的红外探测器称为光电导探测器（简称 PC 器件），目前，它是种类最多、应用最广的一类光子探测器。已制出响应波段为 3～5μm 和 8～14μm 或更长的多种红外探测器。

③ 光伏探测器　利用光伏效应制成的红外探测器称为光伏探测器（简称 PV 器件）。如果 PN 结上加反向偏压，则结区吸收光子后反向电流会增加。从表面看，这种情况有点儿类似于光电导，但实际上它是由光伏效应引起的，这就是光电二极管。

④ 光磁电探测器　如图 2-52 所示，在样品横向加一磁场，当半导体表面吸收光子后所产生的电子和空穴随即向体内扩散，在扩散过程中由于受横向磁场的作用，电子和空穴分别向样品两端偏移，在样品两端产生电位差。这种现象称为光磁电效应。利用光磁电效应制成的探测器称为光磁电探测器（简称 PEM 器件）。

光磁电探测器实际应用很少。因为对于大部分半导体，不论在室温或是在低温下工作，这一效应的本质使它的响应率比光电导探测器的响应率低，光谱响应特性与同类光电导或光伏探测器相似，工作时必须加磁场又增加了使用的不便。

热探测器与光子探测器在使用场合上要有所区别。

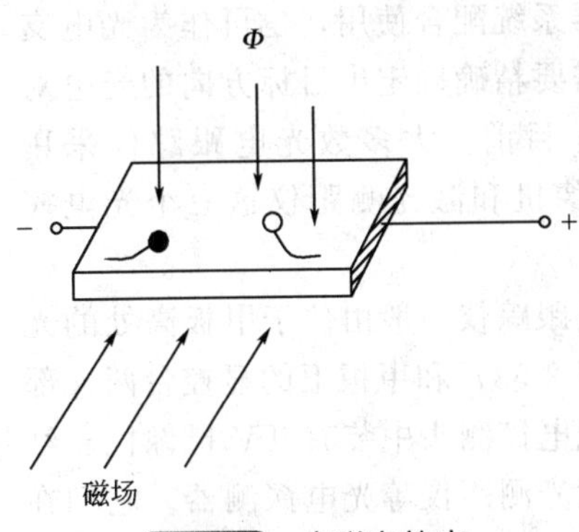

图 2-52 光磁电效应

① 热探测器一般在室温下工作，不需要制冷；多数光子探测器必须工作在低温条件下才具有优良的性能。工作于 1～3μm 波段的 PbS 探测器主要在室温下工作，但适当降低工作温度，性能会相应提高，在干冰温度下工作性能最好。

② 热探测器对各种波长的红外辐射均有响应，是无选择性探测器，而光子探测器只对短于或等于截止波长的红外辐射才有响应，是有选择性的探测器。

③ 热探测器的响应率比光子探测器的响应率低 1～2 个数量级，响应时间比光子探测器的长得多。

2.6 光电探测系统

2.6.1 光电探测系统的军事应用

光电探测系统在军事探测中有着广泛的应用，并占有十分重要地位。光电探测与雷达探测相比，具有采用被动工作方式和工作波长较短两大优点。由于它采用被动工作方式，因而隐蔽性好、防干扰能力强、图像直观；由于它的工作波长短，因而它的鉴别率远高于雷达，并且不存在由海面杂波造成的镜向效应。

同时，光电探测与声呐探测相比，也有如下优点。

① 战术机动性好，可装在飞机、水面舰船和潜艇中进行多层次探测。

② 搜索、探测速度快，例如，潜艇光电桅杆只用4s即可完成海面视距距离搜索，而用声呐系统，至少要在7s以上。

③ 对同样大面积水域探潜探雷，激光系统要比声呐系统快10倍以上。

④ 定向精度和分辨率更高。

⑤ 激光探测受水流、水温等因素影响较小，而且隐蔽性和抗干扰能力优于主动声呐系统。

当然，光电探测与雷达和声呐探测相比，也有一些缺点。在未来的高科技信息战中，电子通道、声学通道和光电通道三者并驾齐驱，相互补充，相得益彰，缺一不可，而且光电探测系统作为新兴的高科技装备，正处于日新月异的高速发展时期。

光电探测系统在军事应用中也起着重要的作用。最为常见的作用有侦察/搜索作用、瞄准/跟踪/火控作用、武器的制导/定向导航作用等战术作用。光电探测系统是综合C4I系统的一个重要组成部分，通过军用光电探测系统能建立中、近、远程光电攻防通道；能建立对空、对海、对陆目标光电打击通道；能建立潜艇攻防光电通道；能建立光电天文定位通道。特别是，建立潜艇攻防光电通道，在光电潜望镜和光电桅杆伸出水面执行侦察任务时，均具有快速周视搜索能力，加之在头部采取流线型结构、雷达波吸收材料等措施，极大减少了暴露电磁谱的概率等优点。

2.6.2 光电探测跟踪系统

光电探测跟踪系统有舰载和机载两种安装形式。舰用光电跟踪仪是一种典型的舰载光电探测跟踪系统，它已广泛应用于舰船上。光电跟踪仪和武器系统配合使用，也可作为光电支援措施，与需要精确确定出目标方向的光电对抗设备连用。目前，大多数光电跟踪仪采用TV、红外摄像机和激光测距仪这三个光电探测器件。

图2-53 光电跟踪仪与雷达配置在一起

舰用光电跟踪仪一般由位于甲板高处的光电探测头（图2-53）和甲板下的显控台两大部分组成。在光电探测头中装有TV摄像机、红外热像仪和激光测距仪等光电探测器。它们在显控台控制系统控制下可进行方位和俯仰旋转。在显控台面板上，装有图像显示器、键盘和各种操纵器件。显控台内部装有图像信号处理器、跟踪信号发生器、主控计算机以及随动系统等。

TV摄像机和红外热像仪的作用是相同的，实现对目标的捕获和跟踪。TV摄像机工作在可见光波段，主要在白天使用。红外热像仪主要供夜间和战场烟雾较大的白天使用。一般情况下，这两种成像器件在能见度较好的情况下，对0.2m^2小型掠海反舰导弹的探测和跟踪距离为5～10km，跟踪精度为0.1mrad左右，激光测距仪普遍采用工作波长为1.06μm的Nd：YAG激光器，测量距离达10km，精度为±(5～10)m。测距率为10～20次/s。

显控台是光电跟踪仪的控制、显示和计算中心，战术作用是对光电探测头的高度和方位旋转进行控制、图像处理和显示、选择跟踪方式、弹道预测和控制对接武器。光电跟踪仪在显控台控制下，对目标进行捕获、跟踪、目标坐标数据测量以及和武器对接等。

显控台内的图像信号处理器是光电跟踪仪的关键部件，它包括预处理器、特征提取和特征选择器、目标识别器和跟踪处理器几部分，其作用是提取出图像跟踪信号并通过主控计算机控制随动系统，并带动光电探测头跟踪目标。

在图像信号处理器中，预处理器用来对图像信号进行预先处理，以改善图像质量或减少运算量，大体分为去噪处理、图像校正、数据压缩和图像增强及补偿等步骤。特征提取和特征选择器是将从原始灰度图像中提取出图像描写的特征，然后根据图像识别及跟踪的需要，按照特征选择原则选取有用的特征进行运算，目标识别器是根据所选择的目标特征，按照一定的分类准则对目标进行分类识别，包括运用统计方式的光谱识别、运动参数识别、亮度识别等。跟踪处理器是成像跟踪系统的关键部分，通常采用的跟踪模式有形心跟踪、相关跟踪、对比度跟踪等多种。在实际工作中，根据情况可选用一种跟踪模式，亦可同时采用多种跟踪模式。跟踪器还具有跟踪状态的估计和状态的转换以及滤波和目标状态的预测等功能。除上述自动跟踪方式外，还可以由操纵手实现手控跟踪；在目标丢失情况下，光电跟踪仪根据目标预测数据，进行记忆跟踪。

根据需要，光电探测器件可灵活配置，亦可与雷达组合安装，见图2-53，从而形成光电跟踪仪多种配置结构。例如美国计划装在阿利·伯克级（DDG-5）宙斯盾导弹驱逐舰上的MK46Mod0光电跟踪仪则未装备激光测距仪，而法国的“红外眼镜蛇2000”型则加装4台光电探测器件：一台CCD TV摄像机、一台激光测距仪、一台3～5μm中波红外热像仪和一台8～12μm长波红外热像仪。另外，瑞典的9LV200系列光电跟踪仪还与跟踪雷达组装在同一跟踪座。21世纪舰用光电跟踪仪仍是最主要的舰用光电设备之一，其发展趋势是：广泛采用目视安全激光测距仪，例如工作波长为1.54μm的喇曼频移Nd：YAG激光测距仪；组装在沿海区域工作性能更佳的3～5μm热像仪；组装第二代红外焦平面阵列器件；逐步采用非致冷型热像仪，以便大幅度降低现役光电跟踪仪的体积和重量等。

2.6.3 红外搜索与跟踪系统

红外搜索与跟踪系统可承担探测导弹之类的威胁目标，可执行早期警戒、自动搜索、探测浮雷、识别远距离目标、夜间导航等多重任务。国外该装备有很多，主要有法国的Matra Defense和SAGEM公司的SAMIR（DDM），美国Cincinnati公司的AN/AAR-44，法国SAT和SAGEM公司的VAMPIR MB，荷兰Signal公司的SIRIUS（天狼星）等。

红外搜索与跟踪系统的关键技术是红外探测器和信号处理机。红外探测器选材和制作十分关键。因为热力学分析表明，接近环境温度的物体在8～12μm长波段的红外辐射较强，而温度较高的物体，例如目标发动机或羽烟，则在 3～5μm 中波段的红外辐射较强。8～12μm 红外辐射的主要问题是在大湿度地区衰减较大，致使探测距离锐减；而 3～5μm 红外辐射受此影响较小，尤其适合于沿海使用，但当空气温度低于 20℃时性能变差，并且受太阳反射光干扰较严重。为了使红外搜索与跟踪系统能在各种环境下探测各类目标，目前研制的红外搜索与跟踪系统多数采用双红外波段探测，并且采用新一代红外焦平面阵列器件。由于红外搜索与跟踪系统中的红外焦平面阵列探测器是在旋转中扫描工作，因此主要选用多排线阵型，例如 288×4 元阵列、300×10 元阵列等。红外探测器材料多选 HgCdTe 材料；对于 3～5μm 波段探测来说，也可考虑选用 InSb 材料。

研究并采用具备每秒上千亿次处理能力的数据处理机是红外搜索与跟踪系统成功的关键所在。因为信号处理机的作用是把微弱的目标信号与各种伪信号（如太阳闪光）和背景信号（如云）逐步分开，最终提取出真实目标信号。红外搜索和跟踪系统的信号处理十分复杂，主要技术包括空间处理、时间处理、空时处理、多频带处理、多频谱处理、极化处理和自适应处理等。为增加系统探测弱小目标和去除伪目标信号的能力，系统必须对几百万个像素逐个进行处理。这样，所需要的数据处理率就高达每秒上千亿次。

（1）SAGEM 旺皮尔（DIBV-1A）/旺皮尔 MB（DIBV-2A）

早期的“旺皮尔”系统（舰用防空周视红外系统）完全用于监视，之后法国海军建造技术局开始研制用于武器控制的红外搜索和跟踪（IRST）系统。现在第二代红外搜索和跟踪系统旺皮尔 MB 系统已经研制出来，并作为 DIBV-2A 投入使用。

旺皮尔 MB 系统是 OP3A（反导自防御改进计划）的一部分。法国海军舰船自卫系统（SSDS）已经安装在“乔治·莱格”级之一的驱逐舰让·德·维埃纳号上了，见图 2-54。

旺皮尔 MB 系统是提供周视监视的红外搜索和跟踪系统。它被用于探测、识别和指示空中和水面目标，并同时提供辅助导航性能。它包括直径为 550mm，高为 1.50m 的旋转传感器头以及显示系统，传感器头位于固定的传感器模块（包括信号处理装置、伺服控制和电源装置）上。它能够同时跟踪高达 50 个目标，据说，系统还能够在 27km（14.5 海里）的距离上探测导弹，在 25km（16 海里）距离上探测战斗型飞机。

图 2-54 旺皮尔红外搜索和跟踪系统

传感器头的孔径为 20cm，双轴陀螺稳定平面镜反射辐射到两个固定的平面镜上，接着通过二色分光镜到传感器模块上的光电子系统。红外系统包括在 3～5μm 和 8～12μm 波段工作的第二代红外电荷耦合器件（IRCCD）焦平面阵列（288×4）。传感器提供 360°的方位作用范围，在仰角方向提供了 5°的瞬时视场。系统的俯仰作用范围是－20°～＋45°。

数据呈带状制式出现在显示荧光屏上，根据三带，每波段显示景物和用于潜在威胁接近的 300m 性能。字母数字数据用于目标信息以及显示舰船方位信息。

旺皮尔 MB 系统通常在遥控方式下工作，监视和目标指示信息通过舰船作战系统自动地传递到武器系统。低效独立方式用于把数据直接传送到武器系统。表 2-3 列出了旺皮尔 MB 技术指标。

表 2-3　旺皮尔 MB 技术指标

类型	指标
探测器类型	第二代 IRCCD 焦平面阵列（288×4）
典型探测距离	亚音速导弹：9～16km 超音速导弹：14～27km 战斗机：10～25km 直升机：7～10km
虚警率	＜1/h（典型）
同时跟踪的目标数	50 个
提供的跟踪精度	最大 0.5 mrad
波段	3～5μm 和 8～12μm
方位作用范围	360°
瞬时视场	5°（俯仰）
旋转速度	1.4r/s
俯仰作用范围	－20°～＋45°
制冷	闭环斯特林
回转装置的质量	180kg
电压/频率	115V/60Hz 和 400Hz

（2）SIRIUS（天狼星）

SIRIUS 系统（图 2-55）是远程红外监视和跟踪系统（LR-IRST），用于加强对水面舰艇的水平搜索性能以防御掠海反舰导弹。SIRIUS 系统在任何情况下使用都能达到最佳的性能，不仅在地区防御中，而且在要点防御演习方案中。它能够与任何作战系统相结合，也能与任何传感器系统密切配合，例如从简单的跟踪雷达或自动近程武器系统到主动相控阵雷达。

一探测到目标，目标就被跟踪，然后获得证实的跟踪数据信息，供作战系统使用。进一步的跟踪和目标分类产生了警报，换言之属于威胁目标的目标跟踪信息被武器系统直接使用。它是一种完全三轴稳定双红外波段系统。

SIRIUS 系统预定与改进的“海雀”导弹系统一起工作，并且已被证实的红外搜索和扫描技术为基础。它增加了第二个探测器头，用来提供双波段的作用范围和提高红外信号处理以及信号判读算法，并且以 60r/min 的速度旋转。SIRIUS 回到原始的红外搜索和扫描原理，对完全稳定头部增加了 3～5μm 摄像机和 8～12μm 摄像机。探测器提供了具有时间延迟积分的 300×10 元和 300×8 元的阵列，也包括互补 CMOS 读出技术。在传感器头内使用了 16 位模拟/数字转换。使用信号公司的闭环斯特林机可以把温度冷却到 －196℃。系统的可达探测距离大约是 30km（16 海里）。表 2-4 列出了 SIRIUS 系统技术指标。

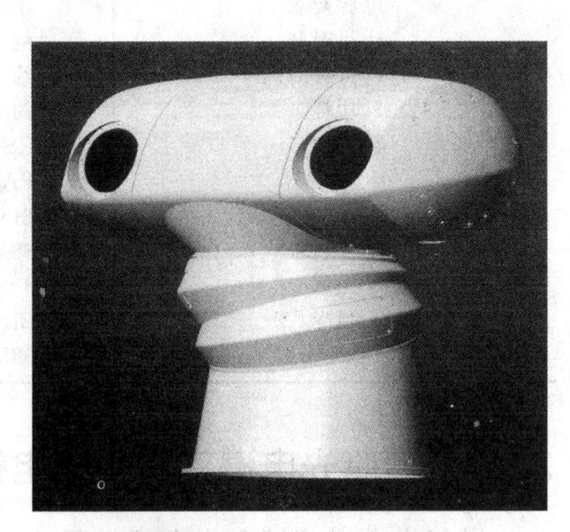

图 2-55　SIRIUS 双波段红外搜索和跟踪系统

表 2-4 SIRIUS 系统技术指标

类型	指标
探测器类型	300×10 元，300×8 元
典型探测距离	亚音速掠海导弹：21km 超音速掠海导弹：35km 战斗机：30km
波段	3～5μm 和 8～12μm
扫描速度	>60r/min
仰角范围	3.8°
制冷	闭环斯特林
甲板下设备质量	830kg
稳定传感器头部质量	180kg
功耗	8kV·A

(3) 红外监视远程热像仪

美国 Raytheon 公司研制了一种红外监视远程热像仪，主要用于前进观察员观察、识别目标和火炮射击指向，其主要性能见表 2-5。

表 2-5 美国 Raytheon 公司的红外监视远程热像仪技术指标

目标	视场	探测
人	宽视场 窄视场	1.4km 5.8km
坦克	宽视场 窄视场	3.1km 9.7km
放大倍率	13×（额定值）	
尺寸	高 15.2cm（6.0in） 宽 19.4cm（7.6in） 长 37.2cm（14.6in）带目镜盖 26.0cm（10.2in）无目镜盖	
质量（带电池）	小于 4.5kg（9.9 磅）	
工作温度	−32～+55℃（−25～+131℉）	
存储温度	−46～+71℃（−50～+160℉）	
防湿	浸水 1m	
电源要求	BB-2847/U 锂离子电池；外接车辆电源	
运行时间	约 6min 冷却，待机状态可随时启用	
运行持续时间	约 2.3h，每个电池连续运行	
功耗	约 16W，连续工作/32 W 致冷期间	
数字接口	RS-232/RS-422 遥控接口	
VCR 兼容	PAL CCIR 或 RS-170	
图像极性	白热/黑热	
探测器	384×256 元凝视 InSb 焦平面阵列（带 2×微扫）	
光谱	3～5μm	
制冷	闭路线性斯特林低温制冷机	
标准冲击数	5855-01-456-4878	

2.6.4 潜艇光电潜望镜和光电桅杆

潜艇光电潜望镜和光电桅杆是 20 世纪 80 年代以后发展起来的新一代潜望设备，与传统的光学潜望镜相比，不仅获取外部光学信息的手段更加丰富，而且降低了暴露给敌方电磁信息的概率。

光电潜望镜有攻击型和搜索型之分，其特点是：除保留传统的目视光学通道外，还可选装昼光/微光 TV（均有黑白和彩色两种制式）、红外热像仪和激光测距仪等光电传感器。微光 TV 的工作波长延展到近红外区，在黄昏、黎明和星光下有很好的图像效果。红外热像仪则使潜望镜的工作时间扩大到整个夜间，并且在有烟雾和小雨的白天，工作性能也较好。光电潜望镜的特点之一是：可选装几种光电探测器件，另外还可选装显控台。因此，光电潜望镜除具备光学潜望镜一样的作用外，还可借助显控台显示昼光、微光和红外图像，并对潜望镜进行遥控。

光电桅杆是在光电潜望镜基础上发展起来的潜望镜高级形式。它有以下几个特点：①TV 探测器件取代目视光学通道，并与热像仪与各种电子天线构成光电-电子传感器头；②用多级伸缩桅杆取代传统的潜望镜管；③用显控台完全取代了传统的潜望镜目镜观察头。由于显控台具有图像显示、控制和图像处理等多种功能，所以光电桅杆与光电潜望镜相比，可以认为是实现了探测的全光电化、控制的全自动化、显示的大屏幕化以及数据“融合”处理的全计算机化和信息传输的全光纤化。

光电桅杆主要有下列优点：①增强了获取信息的手段和能力，桅杆的光电头实际上是一个可置放各种光电/电子传感器的平台，因此指挥员通过它可获取大量的电磁频谱信息；②可昼夜工作，从而扩大了获取信息的时间；③可多人观看显控台大屏幕图像，集思广益，可进一步提取出更多的光电信息；④具有快速周视搜索能力，从而使光电潜望镜/光电桅杆在 4～6s 内，完成海空搜索，而用常规光学潜望镜，则至少要在 10～20s 才能完成，减少了潜艇暴露在水面的时间；⑤桅杆可做成流线型和涂覆雷达波吸收材料，增强了对抗能力；⑥与潜艇战斗系统连接，从而构成潜艇整个信息战的一个部分。

光电潜望镜/光电桅杆在潜艇中有多种配置方式。一种是光电攻击潜望镜和光电搜索潜望镜配对使用。例如德国研制的 SERO14 型/15 型光电搜索/攻击潜望镜已装在挪威“优拉”级潜艇中。另一种是光电潜望镜与光电桅杆配合使用。例如法国的 M90 光电潜望镜与 OMS 光电-雷达桅杆组合装在“凯旋”级弹道导弹核潜艇中。这种 M90 光电潜望镜有攻击和搜索双重功能。从光电潜望镜发展看，它的攻击性能和搜索性能的界线正逐步淡化。第三种可能的配置是只需一根光电桅杆。例如，英国皮尔金顿公司认为，在潜艇上只要安装该公司的一根 CM010 光电桅杆即可。但另一种看法并不赞成潜望全光电化，即要求至少保留一个直接目视光学通道，其理由是认为光电图像质量远不如光学图像的高，而且还存在可靠性问题。因此，在今后很长一段时间，会存在光电潜望镜和光电桅杆不同配置方案的情况。

(1) 86 型战术光电桅杆

86 型光电桅杆是美国科尔摩根公司的第一种非穿透性光电桅杆系列，采用模块化设计，它不仅装备有各种观测传感器，还配有 ESM、GPS 和通信天线，它将各种现代化的传感器都集成在单个桅杆上。86 型光电桅杆的头部结构见图 2-56，其主要性能见表 2-6。

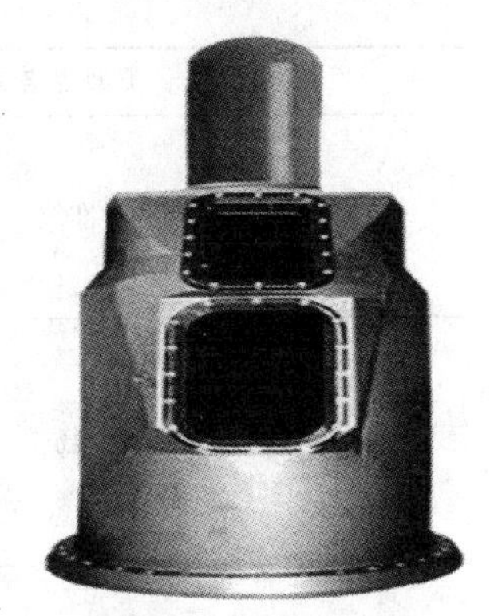

图 2-56 86 型光电桅杆的头部结构

86 型光电桅杆技术特征是：①完全可靠的电子摄像（电视摄像/热成像）；②眼睛安全型激光测距仪；③快速周视全景显示；④编程自动扫描模式；⑤电子放大；⑥数据记录和检索；⑦简易功能齐全的人机接口；⑧实时图像增强；⑨COMM/GPS/ESM 天线。

表 2-6　86 型光电桅杆技术指标

类型规格	指标
瞄准线	2 轴/35mrad 稳定 360°方位角 俯仰角 −10°～+74°（电视摄像机） 俯仰角 −10°～+74°（热像仪）
视场	彩色 CCD： 24°×32°（大视场） 9°×12°（中等视场） 3°×4°（小视场） 热像仪： 9°×9°（大视场） 3°×3°（中等视场） 1.5°×1.5°（小视场）
配套天线	ESM 预警天线 GPS/VPA/COMMS 天线
彩色 CCD	分辨率 700 电视线

图 2-57　PMP 光电桅杆系统

（2）PMP 光电桅杆系统

PMP 光电系统是美国科尔摩根公司研制的，之后用新的传感器、新的电子线路和遥控操纵台进行改装（图 2-57 为 PMP 光电桅杆的部分结构）。其主要性能见表 2-7。

PMP 光电桅杆系统技术特征是：①彩色电视摄像机；②黑白电视摄像机；③热像仪；④眼睛安全型激光测距仪；⑤全向的、测向（单脉冲）ESM；⑥COMMS/GPS。

（3）SERO 14/15 光电潜望镜

SERO 14/15 光电潜望镜是德国卡尔·蔡司公司（图 2-58）的，已经装备到了挪威的 ULA 级潜艇上，它们还装备到了德国和意大利的 212A 级潜艇上，其主要性能见表 2-8。

PMP 光电桅杆系统技术特征是：①目镜中数据显示；②光学测距仪；③激光测距仪；④数字接口监视器；⑤多种光学滤光镜；⑥红外摄像机。

表 2-7　PMP 光电桅杆技术指标

类型规格	指标
瞄准线	2 轴稳定 360°方位角 俯仰角 −15°～+74°（电视摄像机） 俯仰角 −15°～+55°（热像仪）
视场	彩色 CCD： 24°×32°（大视场） 9°×12°（中等视场） 3°×4°（小视场） 1.5°×1.5°（小视场）
传感器	红外热像仪 黑白电视摄像机 天线

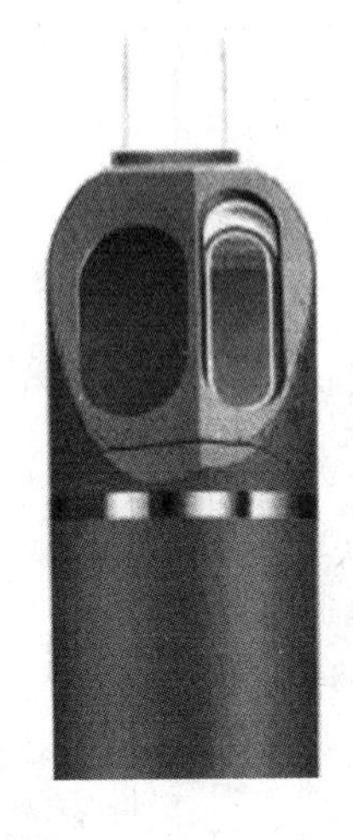

图 2-58 SERO 14 目镜头

表 2-8 SERO 14/15 光电潜望镜技术指标

类型规格	指标
瞄准线	2 轴稳定
双目镜观测	放大率可调（1.5 倍/6 倍） 或者（1.5 倍/6 倍/12 倍）
可选组件	电视摄像机 光电摄像机 监视器 天线（ESM-Omni，ESM-DF，GPS） 雷达吸收涂层

（4）CK038 搜索潜望镜和 CH088 攻击潜望镜

CK038 搜索潜望镜（图 2-59）和 CH088 攻击潜望镜（图 2-60）能够同现代所有的中型潜艇相兼容，可靠性高，具备武器系统的电子接口，模块化设计，光学元器件的性能高，具备夜视能力，数据和图像能同高级的光电桅杆 CM010 相接口，可升级改装并且维护成本低。其主要性能见表 2-9。

图 2-59 CK038 搜索潜望镜

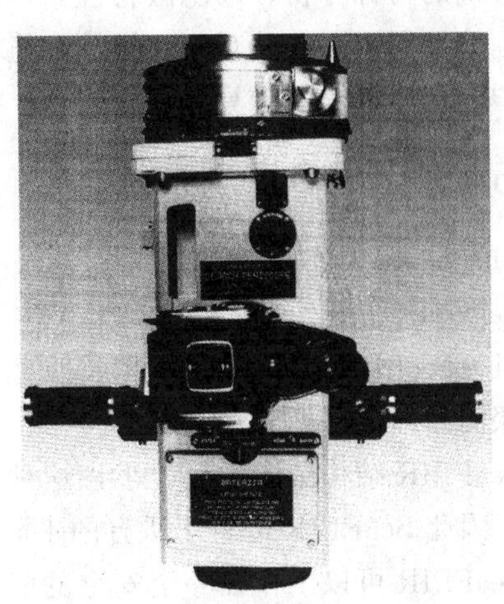

图 2-60 CH088 攻击潜望镜

表 2-9 CK038 搜索潜望镜和 CH088 攻击潜望镜技术指标

参数	CK038 搜索潜望镜	CH088 攻击潜望镜
镜管直径	190mm	190mm
结构长度	10990mm	10929mm
光学长度	10400mm	10400mm
双目观测	配备	配备
1.5 倍放大	配备	配备
3 倍电子放大	可选	可选
6 倍放大	配备	配备
12 倍电子放大	可选	可选
俯仰范围（瞄准线）	−10°～60°	−10°～30°
俯仰范围（视场边缘）	−26°～76°	−26°～46°
光学滤波器	配备	配备
热像仪	可选	可选
图像增强器	配备	配备
微光电视	配备	配备
彩色电视摄像机	可选	可选
35mm 静物摄像机	配备	配备
ESM 全向装置	可选	可选
GPS 装置	可选	可选
单轴稳定	可选	可选
两轴稳定	配备	配备
遥控	可选	可选
光电桅杆接口	配备	配备
目标距离计算器	配备	配备
视距测量	配备	配备
作员抬升/降低装置	配备	配备
内装测试功能	配备	配备

PMP 光电桅杆系统具有如下技术特征：①高性能的传感器：三轴稳定、逼真的高亮度彩色摄像机、所有传感器公用单窗口；②图像处理：实时图像处理、对实时摄录的图像进行快速准确的目标分析；③隐蔽特性：声学、可见光、雷达和热特征波形较小；④可编程操作模式。快速周视、连续观测、抓拍、桅杆暴露时间短；⑤先进的人机接口：易于操作，能适应用户的具体要求或者具体的操作台，操作员训练装置，支持潜望镜操作。

2.6.5 光电成像探测系统

（1）SeaFLIR 光电吊舱

SeaFLIR（图 2-61）能在海上工作，装有功能强大的陀螺稳定热像仪和远距离彩色 CCD 摄像机。SeaFLIR 是一种加固紧凑型组件，海上应用和空中应用的性能相同，提供远距离红外探测和彩色可见光探测能力。

SeaFLIR 结构紧凑，尺寸小，这种轻重量和小尺寸降低了结构载荷，提高了平台的稳定性，因此 SeaFLIR 适装于所有的水面舰船和飞机上，具有很好的成像能力。

SeaFLIR 可以工作在一个安全的隐蔽距离，并能在各种阴影甚至夜晚条件下清晰地观察到水天线。系统使用的是 3～5μm InSb 焦平面阵列，具有 10：1× 连续变焦。

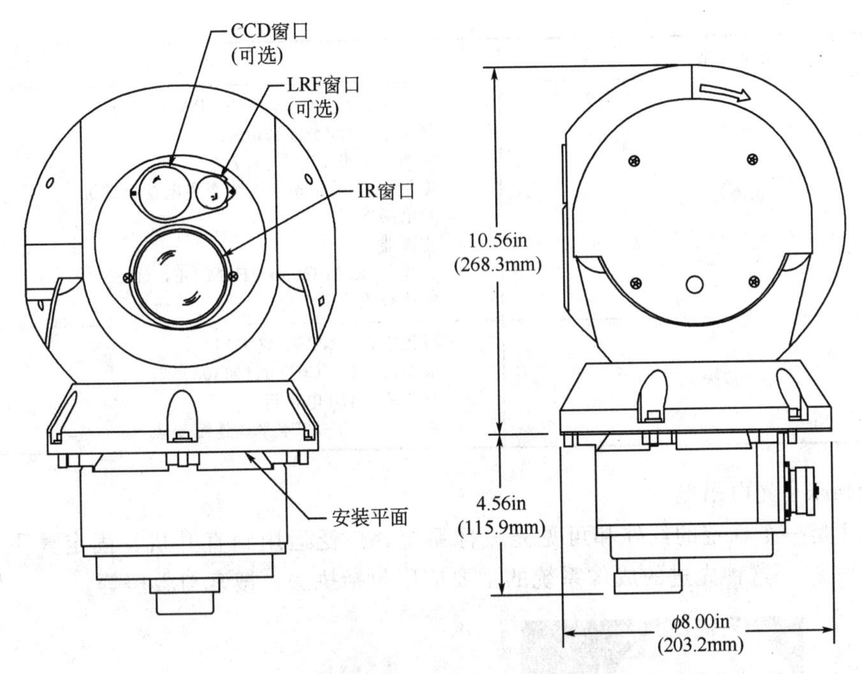

图 2-61 SeaFLIR 光电吊舱

SeaFLIR 的彩色 CCD 具有 10∶1 连续变焦能力，在昼光条件下具有很好的观察能力，还能在多尘的条件下工作。

按照军标 MIL-STD-461 和 801E 进行实地试验后证明，SeaFLIR 系统具有的防水密封、加固部件、特殊的耐腐蚀涂层以及内部加热装置都使系统满足了海上应用的要求。SeaFLIR 系统已在美国海军和美国海岸陆战队得到应用。

SeaFLIR 的标准特征是具有人机工程学手动控制器、三种模式跟踪和自动扫描。另外，SeaFLIR 的连续 360°旋转包括对天顶的自动成像能力。系统还能与一些其他的设备连接，如雷达、GPS 以及火控系统等。

SeaFLIR 的应用范围：海岸与港口巡逻、海上巡逻、侦察与监视、搜索与援救、探雷、反水面战、导航与态势告警、防撞、禁毒、环境监测、反恐怖等。SeaFLIR 的主要性能见表 2-10。

表 2-10 SeaFLIR 光电吊舱技术指标

类型规格	指标
塔台尺寸	22.9cm（直径）×38.6cm（高）
塔台质量	13.1kg
搜索范围	360°连续（方位与俯仰）
回转速度	可变，≤50（°）/s
控制	HCU，串行数字
环境	MIL-STD-810E，MIL-STD-461C
海上应用	密封壳体，HCU 和 ECU，塔台加热
双目镜观测	放大率可调（1.5 倍/6 倍） 或者（1.5 倍/6 倍/12 倍）

续表

类型规格	指标
热像仪	传感器 256×256 InSb FPA 3～5μm 分辨率 1.2～0.12mrad 视场 水平 17.6°～1.76° 焦距 25～250mm 连续变焦电视摄像机 光电摄像机 监视器 天线 （ESM-Omni，ESM-DF，GPS） 雷达吸收涂层
昼光成像	视频格式 NTSC 或 PAL 成像仪 1/3″CCD 811×608 分辨率 470 电视行 视场 2.2°～22°水平，连续变焦

（2）MarkⅡ光电吊舱

MarkⅡ是一个稳定的红外和可见光成像系统，广泛运用到直升机、固定翼飞机和无人机上（图 2-62）。这种先进的成像系统的主要应用包括执法、搜索与救援等。

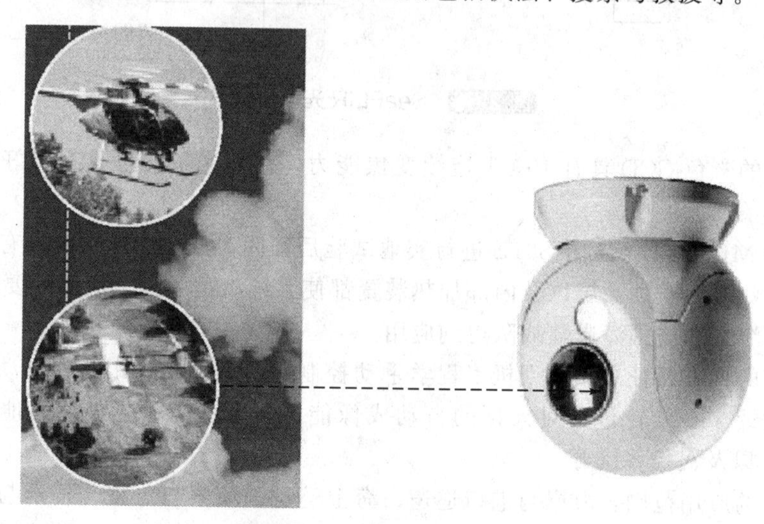

图 2-62 Mark Ⅱ光电吊舱

MarkⅡ成像系统使用了前视红外（FLIR）成像模块和昼光 CCD 摄像机。MarkⅡ的 FLIR 具有两个遥控放大倍率（1×和 6×），另外还具有一个瞬时光电变焦，提高热灵敏度，同时将图像放大 2 倍。彩色 CCD 摄像机包括一个自动光圈，能在变化的光照条件下保持良好的图像质量。CCD 摄像机也具有从 1.1×～7×的连续光学变焦能力。另外，MarkⅡ上装有满足军标的电子模块，能连接和控制其他机载电子系统，如探照灯、从动和自动跟踪系统等。

MarkⅡ的重量轻，飞行特性提高后，能为任务计划人员和机上人员提供更大的灵活性，装载更多燃油，增加其他任务载荷。加固型常平架系统也具有先进的陀螺稳定性，减少振动带来的图像模糊，提高目标跟踪能力。

MarkⅡ的人机工程学手持控制使操作员能方便地完成目标跟踪、聚焦、视场切换和图像处理。MarkⅡ系统还包括 RS-171 或 CCIR 输出，提供与 VCR 和图像数据链的接口，并能实现遥控。

MarkⅡ的应用范围是EMS、搜索与援救、环境监测、UAV，MarkⅡ的主要性能见表2-11。

表2-11　MarkⅡ光电吊舱技术指标

类型规格	指标
塔台尺寸	22.9cm（直径）×34.3cm（高）
塔台质量	12.68kg
搜索范围	360°连续（方位与俯仰）
热像仪	4元探测器TDI　HgCdTe 8～12μm
放大倍率	1.5× 3.0×（光电变焦） 6.0× 12×（光电变焦）
红外视场	18.6°（H）×14°（V） 9.3°（H）×7°（V） 4.7°（H）×3.5°（V） 2.3°（H）×1.75°（V）
视场（CCIR）	18.6°（H）×16°（V） 9.3°（H）×8°（V） 4.7°（H）×4°（V） 2.33°（H）×2°（V）
瞬时视场	1.2mR 1.2mR 0.3mR 0.3mR
MRT（C°@cy/mrR）	0.32°@0.375 0.222°@0.375 0.46°@1.5 0.25°@1.5
彩色CCD摄像机	放大倍率1.1×～7×连续变焦 视场　23.5°（H）×17.8°（V）连续变焦至4°（H）×3°（V）
昼光成像	像素分配　811（H）×508（V）（NTSC），795（H）×596（V）（PAL） 分辨率　4 RS 170或CCIR，445有效IR/TV 视场　23.5°（H）×17.8°（H）连续至4°（H）×3°（H） CCD灵敏度5.0lux@f/1.2 放大倍率1.1×～7×连续变焦
电子控制装置	尺寸　10.5in×9.5in×5.75in（26.67cm×24.13cm×14.61cm） 质量　5.0kg 功率/最大电流要求　18VDC至32VDC　输入/15A
其他可选功能	ARINC及其他非标准接口 SLASS接口和激光指向器

Chapter 03

第3章 光纤通信技术

3.1 概述

1880年，贝尔发明了第一个光电话，其原理是：将弧光灯的恒定光束投射在话筒的音膜上，随声音的振动而得到强弱变化的反射光束。这一大胆的尝试，可以说是现代光通信的开端。贝尔光电话和烽火报警一样，都是利用大气作为光通道，光波传播易受气候的影响，在大雾天气，它的可见度距离很短，遇到下雨下雪天也有影响。

光纤出现在1966年，英籍华人高锟（K. C. Kao）博士，当时工作于英国标准电信研究所，他发现了光在石英玻璃纤维中传输产生严重损耗的原因，当时世界上最优秀的光学玻璃衰减高达1000dB/km。1970年，美国康宁（Corning）公司首先研制成衰减为20dB/km的光纤，使光纤通信的实用化成为可能，自此掀起了世界范围内的光纤通信研究热潮。1980年，光纤衰减降低到0.2dB/km，接近理论值。

光纤通信是一种利用光导纤维为介质传输载有信息的光波进行通信的系统。它的发展是以1960年美国人Maiman发明的红宝石激光器和1966年英籍华人高锟提出利用SiO_2石英玻璃可制成低损耗光纤的设想为基础的。光纤通信的发展，和与之相关的关键元器件的发展是紧密相连的，除作为传输介质的光纤之外，光源和光电探测器也是光纤通信系统中的关键元器件。光纤通信系统中使用的光源经历了从发光二极管到半导体激光器的进步。

在20世纪60年代，半导体材料和工艺技术得到了迅速的发展，PN结光电二极管、Si-PIN光电二极管以及Si-APD（硅雪崩光电二极管）的制作工艺水平已相当成熟，完全可以用作光纤通信系统中的光电探测器。然而作为光纤通信系统光源的半导体激光器，是除光纤以外阻碍光纤通信发展的另一个大障碍。直到20世纪70年代末，研制出了工作寿命在百万小时以上、室温下能连续运转工作的半导体激光器，光纤通信才完全走上实用化、商业化的轨道。目前，半导体激光器不仅可以在室温下工作，而且其直接调制速率可以达到10Gbit/s乃至更高，逐渐满足了高效率、高速率、低噪声、大功率、长寿命等要求。光纤与光源的逐年进步解决了衰减和色散问题，其结果是增加了光纤系统的通信容量。光探测器也达到了GHz的响应灵敏度。

半导体激光器具有调制速度高、谱线窄、强度高的特点，因此特别适合于在长距离光纤通信系统中使用。然而对于中、短距离的光纤通信系统，半导体发光二极管则是一种很好的选择，半导体发光二极管的最大优点是寿命长、价格低、线性好。在光纤通信系统中究竟使用哪种光源，要根据系统的综合技术指标来考虑，以获得最佳的性能/价格比。

20 世纪 90 年代初，光放大器的问世引起了光纤通信技术的重大变革，这在光通信史上具有里程碑的意义。光放大器节省了光电变换的中继过程，而且实现了波长透明、速率透明和调制方式透明的光信号放大，从而诞生了采用波分复用（WDM）技术的新一代光纤系统商用化。

光纤通信最初的工作波段是在 0.85μm 附近，后来发现在 1.3μm 附近，光纤的损耗和色散都很低，特别是在 1.32μm 附近，是光纤的零色散点；而在 1.55μm 附近，是光纤的最低损耗点。因此，光纤通信自然而然地向 1.3～1.55μm 的长波长方向发展。同时，这也促进和推动光源和光电探测器向该波段的长波长方向发展。

另外，各种光纤放大器的研制成功，以及光纤损耗的不断降低，使光中继距离不断延长，更进一步促进了光纤通信的快速发展。

目前普遍使用的光纤通信系统，是如图 3-1 所示的数字编码、强度调制的直接检波通信系统。所谓强度调制，是指在发射端用信号直接去调制光源的光强，使之随信号电流呈线性变化；直接检波是指信号直接在接收机上检测为电信号。图 3-1 光纤通信系统示意方框图中电端机完成电信号的收、发和相应的处理。光发送端机将电信号变换成光信号，它通常采用半导体激光器（LD）或半导体发光二极管（LED）作为光源；光接收端机的功能是将光信号变换成电信号，它通常采用的光探测器是各类光电二极管；光缆完成发送端光信号至光接收端机的传输。

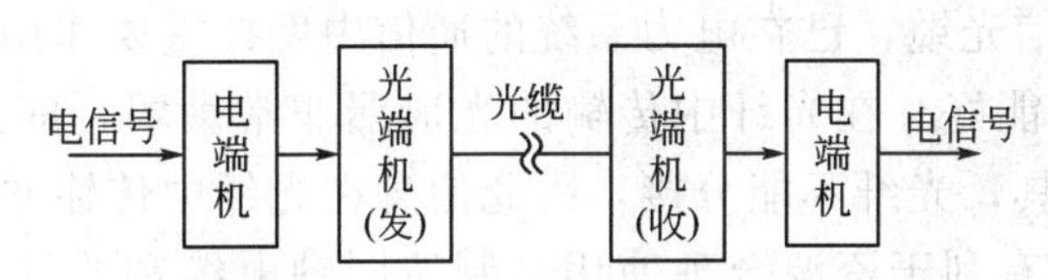

图 3-1 光纤通信系统示意方框图

由于光载波的频率可达 10^5～10^6GHz，约为微波载频的 10000 倍，所以光通信的容量非常大，具有非常诱人的发展前景。

3.2 光纤和光缆

3.2.1 光纤通信基本概念

光纤通信是以光为载波，以光纤为传输介质的通信方式。任何通信系统追求的最终技术目标都是要可靠地实现最大可能的信息传输容量和传输距离。通信系统的传输容量取决于对载波调制的频带宽度，载波频率越高，频带宽度越宽。光纤通信的载波是光波。

虽然光波和电波都是电磁波，但是频率差别很大。目前，光纤通信用的近红外光波长范围为 0.8～1.8μm，频率约 300 THz。光纤通信用的频带宽度约为 200THz，在常用的 1.31μm 和 1.55μm 两个波长窗口频带宽度也在 20THz 以上。由于光源和光纤特性的限制，目前，光强度调制的带宽一般只有 20GHz，因此还有 3 个数量级以上的带宽潜力可以挖掘。

光纤是由绝缘的石英（SiO_2）材料制成的，通过提高材料纯度和改进制造工艺，可以在宽波长范围内获得很小的损耗。

在光纤通信系统中，作为载波的光波频率比电波频率高得多，而作为传输介质的光纤又比同轴电缆或波导管的损耗低得多，因此相对于电缆通信或微波通信，光纤通信具有许多独特的优点。

① 容许频带很宽，传输容量很大　目前，单波长光纤通信系统的传输速率一般为 2.5Gbit/s 和 10Gbit/s。采用外调制技术，传输速率可以达到 40Gbit/s。波分复用和光时分复用更是极大地增加了传输容量。DWDM 最高水平为 132 个信道，传输容量为 20Gbit/s×132=2640Gbit/s。

② 损耗小，中继距离长　石英光纤在 1.31μm 和 1.55μm 波长，传输损耗分别为 0.50dB/km 和 0.20dB/km，甚至更低，因此中继距离长。目前，采用外调制技术，波长为 1.55μm 的色散移位单模光纤通信系统，若其传输速率为 2.5 Gbit/s，则中继距离可达 150km；若其传输速率为 10Gbit/s，则中继距离可达 100km。

传输容量大、传输误码率低、中继距离长的优点，使光纤通信系统不仅适合于长途干线网，而且适合于接入网的使用，这也是降低每公里话路系统造价的主要原因。

③ 重量轻、体积小　光纤重量很轻，直径很小。即使做成光缆，在芯数相同的条件下，其重量还是比电缆轻得多，体积也小得多。

④ 抗电磁干扰性能好　光纤由电绝缘的石英材料制成，光纤通信线路不受各种电磁场的干扰和闪电雷击的损坏。无金属光缆非常适合于存在强电磁场干扰的高压电力线周围和油田、煤矿等易燃易爆环境中使用。光纤（复合）架空地线（OPGW）是光纤与电力输送系统的地线组合而成的通信光缆，已在电力系统的通信中发挥重要作用。

⑤ 泄漏小，保密性能好　在光纤中传输的光泄漏非常微弱，即使在弯曲地段也无法窃听。没有专用的特殊工具，光纤不能分接，因此信息在光纤中传输非常安全。

⑥ 节约金属材料，有利于资源合理使用　制造同轴电缆和波导管的铜、铝、铅等为金属材料；而制造光纤的石英（SiO_2）在地球上基本上是取之不尽的材料。

总之，光纤通信不仅在技术上具有很大的优越性，而且在经济上具有巨大的竞争能力，因此其在信息社会中将发挥越来越重要的作用。

3.2.2 光纤和光缆的结构与分类

(1) 光纤的结构

光纤是光纤通信系统中的传输介质，是光纤通信系统中最重要的组成部分。如图 3-2 所示，光纤通常是由纤芯、包层和涂覆组成的一根玻璃纤维，是一多层介质结构的对称圆柱体。纤芯的折射率比包层的折射率略高，以保证光能量主要集中在纤芯内传播；包层外面还要涂一层涂料，以保护光纤不受外来的损害，同时增加光纤的机械强度。经过涂覆的光纤虽已具有一定的拉伸强度，但还是不能满足在各种敷设条件下和各种环境中的使用，因而必须把光纤与其他元件组合起来构成光缆，以使其具有优良的传输性能以及抗拉、抗冲击、抗弯、抗扭等机械性能，从而满足实际使用要求。

只包含一根光纤的光缆称为单芯光缆。除此之外还有包含多根光纤的光缆，光纤数量多的可达 3000 根以上，称为多芯光缆。多芯光缆中一般有加强芯，用于提高其强度，多芯光缆基本结构如图 3-3 所示。

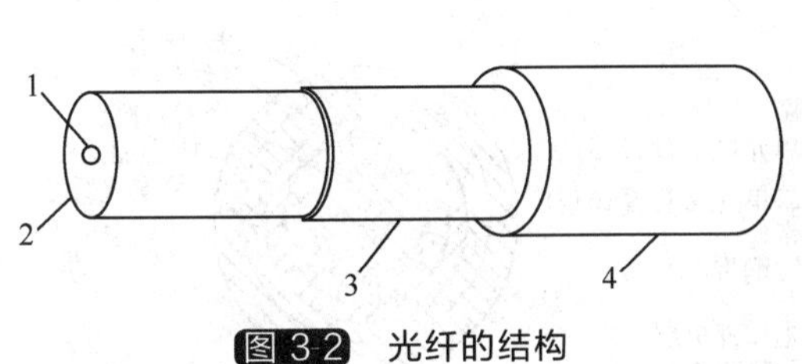

图 3-2　光纤的结构

1—芯；2—包层；3—涂覆层；4—外套

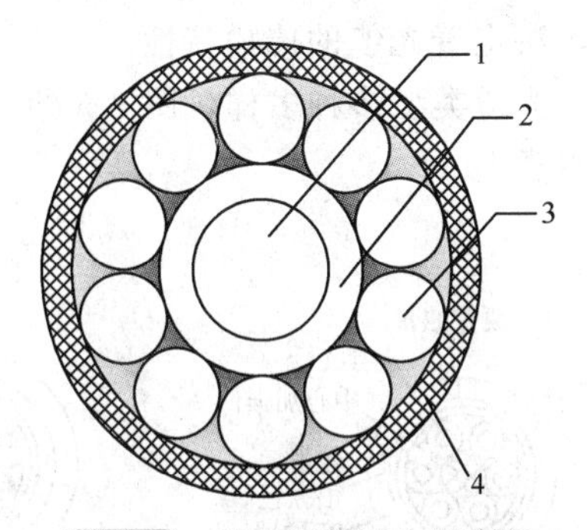

图 3-3　多芯光缆结构示意图

1—加强芯；2—塑料层；3—光纤；4—护层

光纤的结构一般用它的折射率分布函数来表征，而在光纤的横截面上，它的折射率通常都是对称分布的，只和径向坐标有关，因而通常用 $n(r)$ 来表示折射率分布函数，这种分布函数也被称为光纤的折射率剖面，光纤的特性在很大程度上是由折射率分布来决定的。普通光纤的折射率分布一般有两种类型：一种是光纤材料的折射率为均匀阶跃的，称为阶跃型，如图 3-4（a）所示，其中 n_1 为纤芯的折射率，n_2 为包层的折射率；另一种是纤芯材料的折射率沿光纤径向递减，称为梯度型，如图 3-4（b）所示。其中 $n(0)=n_1(0)$，为纤芯轴心处的折射率，n_2 为包层的折射率。其他几种常见光纤的折射率分布为环型、W 型等，如图 3-4（c）和（d）所示。突变型多模光纤（Step-Index Fiber，SIF）如图 3-4（a）所示，纤芯折射率为 n_1 保持不变，到包层突然变为 n_2。这种光纤一般纤芯直径 $2a=50\sim80\mu m$，光线以折线形状沿纤芯中心轴线方向传播，特点是信号畸变大。

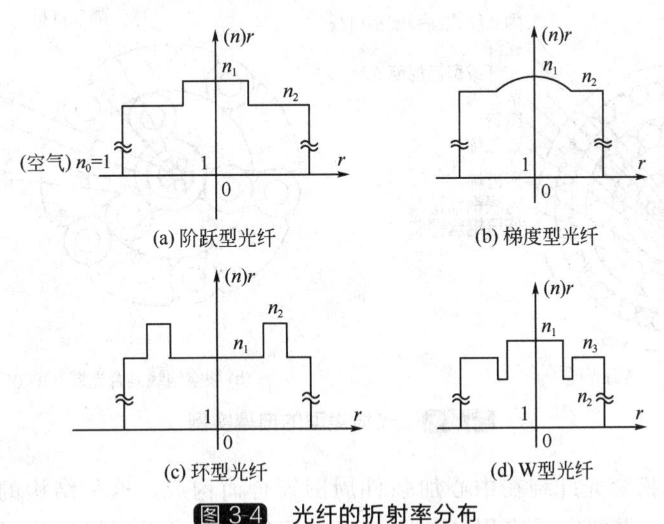

图 3-4　光纤的折射率分布

（2）光缆结构和类型

光缆一般由缆芯和护套两部分组成，有时在护套外面加有铠装。缆芯按结构不同分为中心束管式光缆、层绞式光缆和骨架式光缆；按敷设条件不同分为架空光缆、管道光缆、直埋光缆和水底光缆；按光缆中光纤的松紧状态不同分为紧结构光缆、松结构光缆和半松半紧结构光缆；按使用环境与缆中材料不同可分为金属加强构件光缆、非金属加强构件光缆、阻燃光缆、防蚁光缆、电力光缆。

① 缆芯　缆芯通常包括被覆光纤（或称芯线）和加强件两部分。被覆光纤是光缆的核

心，决定着光缆的传输特性。

光缆类型多种多样，图 3-5 给出若干典型实例。根据缆芯结构的特点，光缆可分为四种基本类型。

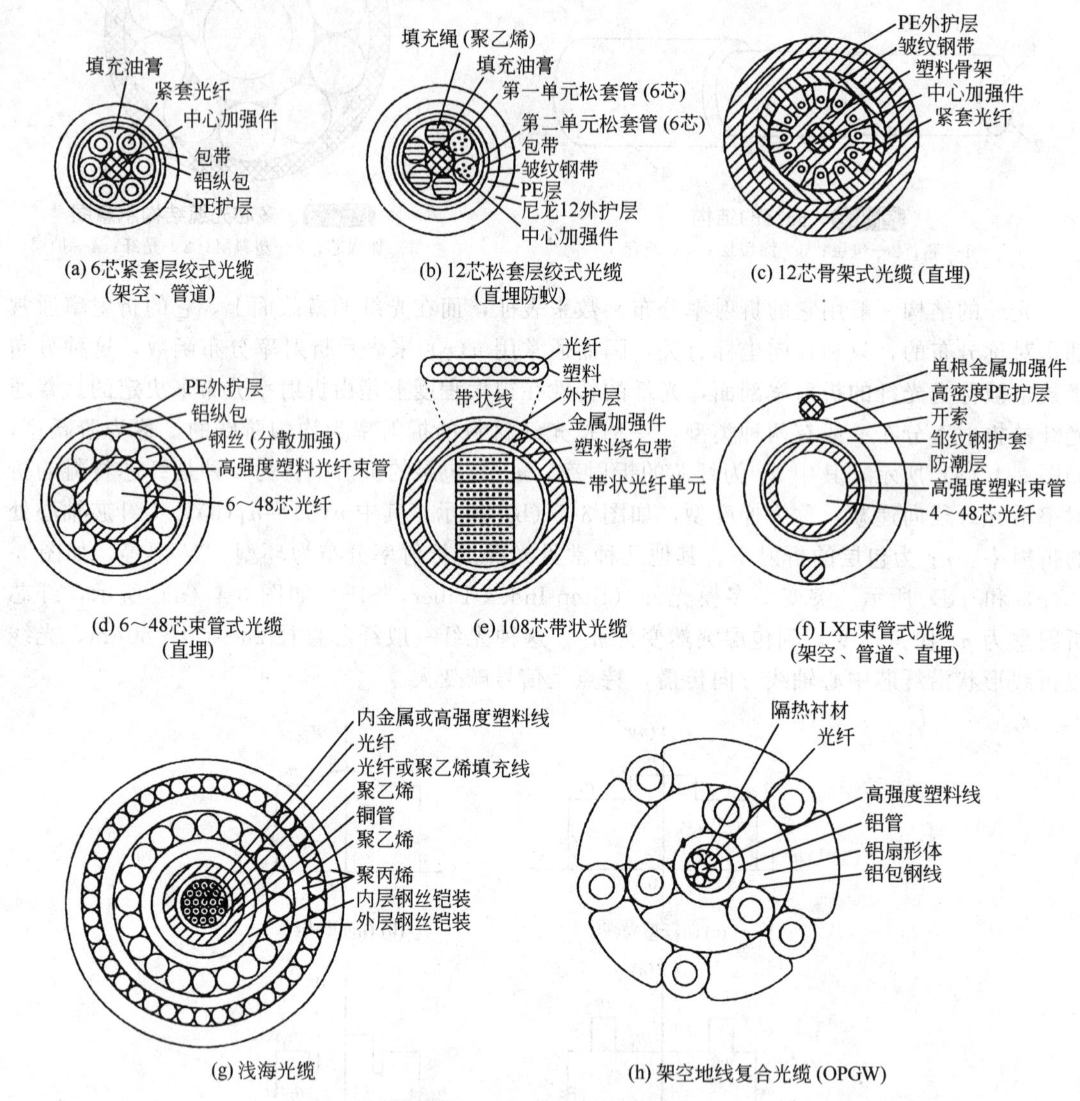

图 3-5 光缆类型的典型实例

a. 层绞式。把松套光纤绕在中心加强件周围绞合而构成。这种结构的缆芯制造设备简单，工艺相当成熟，得到广泛应用。采用松套光纤的缆芯可以增强抗拉强度，改善温度特性。b. 骨架式。把紧套光纤或一次被覆光纤放入中心加强件周围的螺旋形塑料骨架凹槽内而构成。这种结构的缆芯抗侧压力性能好，有利于对光纤的保护。c. 中心束管式。把一次被覆光纤或光纤束放入大套管中，加强件配置在套管周围而构成。这种结构的加强件同时起着护套的部分作用，有利于减轻光缆的重量。d. 带状式。把带状光纤单元放入大套管内，形成中心束管式结构，也可以把带状光纤单元放入骨架凹槽内或松套管内，形成骨架式或层绞式结构。带状式缆芯有利于制造容纳几百根光纤的高密度光缆，这种光缆已广泛应用于接入网。

② 护套　护套起着对缆芯的机械保护和环境保护作用，要求具有良好的抗侧压力性能及密封防潮和耐腐蚀的能力。护套通常由聚乙烯或聚氯乙烯（PE或PVC）和铝带或钢带构成。不同使用环境和敷设方式对护套的材料和结构有不同的要求。

根据使用条件，光缆又可以分为许多类型。一般光缆有室内光缆、架空光缆、埋地光缆和管道光缆等。

③ 光纤连接器　其作用是使两根光纤的纤芯对准，保证90%以上的光能够通过，光纤连接器内部结构如图3-6所示。光纤活动连接器是实现光纤之间活动连接的光无源器件，它还具有将光纤与其他无源器件、光纤与系统和仪表进行活动连接的功能。

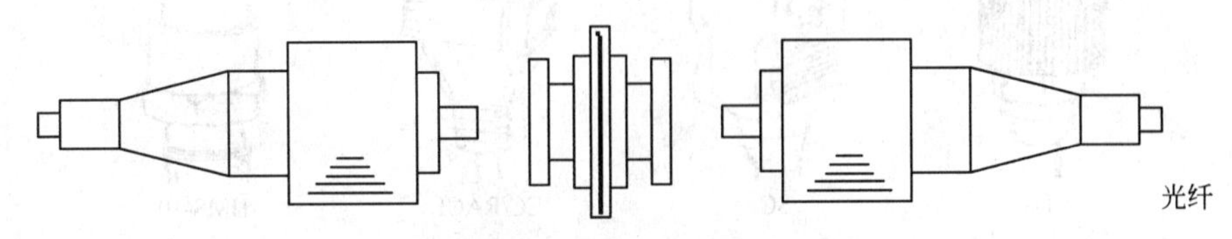

图3-6　光纤连接器内部结构

光纤连接器功能为光纤与器件、设备之间、设备和仪表之间或线路与测试仪表之间实现高质量活动连接可重复插拔。对光连接器的要求：低插损，小于0.3dB；高回损，大于50dB；重复性、互换性好：小于0.1dB；插拔寿命长：大于1000次；价格低。

光纤连接器常用结构有多种。套管结构：套管结构的连接器由插针和套筒组成。双锥结构：双锥结构连接器是利用锥面定位。V形槽结构：V形槽结构的光纤连接器是将两个插针放入V形槽基座中，再用盖板将插针压紧，利用对准原理使纤芯对准，见图3-7(a)。球面定芯结构：球面定心结构由两部分组成，一部分是装有精密钢球的基座，另一部分是装有圆锥面（相当于车灯的反光镜）的插针。透镜耦合结构：透镜耦合又称远场耦合，它分为球透镜耦合和自聚焦透镜耦合两种，见图3-7(b)、(c)。图3-8给出了不同结构的光连接器。

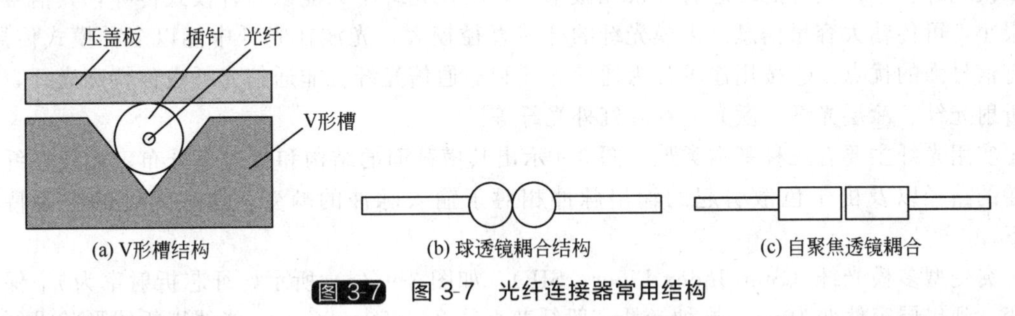

图3-7　图3-7　光纤连接器常用结构

光纤连接器性能指标：a. 光学性能，主要是插入损耗和回波损耗；b. 插入损耗，即连接损耗，因连接器的导入而引起的链路有效光功率的损耗，不大于0.5dB；c. 回波损耗，连接器对链路光功率反射的抑制能力，其典型值应不少于25dB；d. 互换性和重复性，指对同一类型光纤能任意组合使用，并可多次重复使用，由此而导入的附加损耗一般小于0.2dB；e. 抗拉强度，不低于90N；f. 工作温度，在−40～70℃的温度下能正常使用；g. 插拔次数，能插拔1000次以上。

(3) 光纤的分类

光纤的种类很多，而且千变万化，可以采用不同的方法进行分类，目前常用的分类方法如下：①按纤芯的折射率可分为阶跃型光纤、梯度型光纤、环型光纤、Ω型光纤、W型光

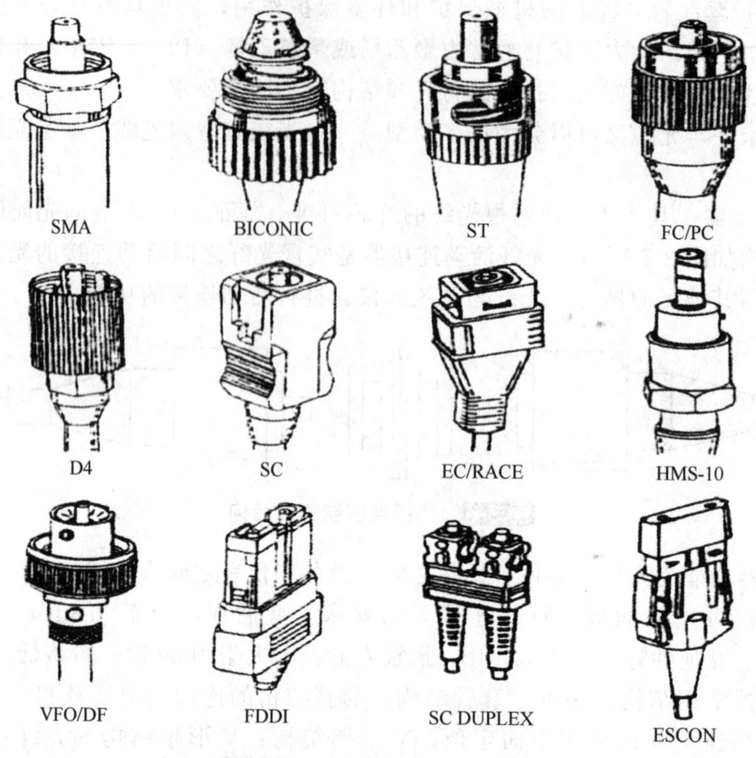

图 3-8 不同结构的光连接器

纤和凹陷包层等，不同的折射率分布可满足不同的光传输需要。②按构成光纤的材料可分为硅酸盐光纤（包括高纯石英光纤和多组分玻璃光纤等）、塑料光纤和液芯光纤等。硅酸盐光纤损耗很低，可用于长距离传输；塑料光纤的价格非常便宜。③按传导模式可分为单模光纤和多模光纤。单模光纤的纤芯直径仅几微米，光波在光纤中只能以一种模式传导，其信号畸变很小，可传输大容量信息。多模光纤的纤芯直径较大，光波在光纤中能以多种模式传导，具有信号强的优点。④按用途可分为通信光纤和非通信光纤。非通信光纤也称特殊光纤，有双折射光纤、涂层光纤、激光光纤和红外光纤等。

实用光纤主要有三种基本类型，图 3-9 示出其横截面的结构和折射率分布、光线在纤芯传播的路径以及由于色散引起的输出脉冲相对于输入脉冲的畸变，这些光纤的主要特征如下。

突变型多模光纤（Step-Index Fiber，SIF），如图 3-9（a）所示，纤芯折射率为 n_1 保持不变，到包层突然变为 n_2。这种光纤一般纤芯直径 $2a=50\sim80\mu m$，光线以折线形状沿纤芯中心轴线方向传播，其特点是信号畸变大。

渐变型多模光纤（Graded-Index Fiber，GIF），如图 3-9（b）所示，在纤芯中心折射率最大为 n_1，沿径向 r 向外围逐渐变小，直到包层变为 n_2。这种光纤一般纤芯直径 $2a$ 为 $50\mu m$，光线以正弦形状沿纤芯中心轴线方向传播，其特点是信号畸变小。

单模光纤（Single-Mode Fiber，SMF），如图 3-9（c）所示，折射率分布和突变型光纤相似，纤芯直径只有 $8\sim10\mu m$，光线以直线形状沿纤芯中心轴线方向传播。因为这种光纤只能传输一个模式，所以称为单模光纤。

那么怎样理解光纤模式的概念呢？光也是电磁波，电磁波是由交变的电场和磁场组成且满足一定的数学关系。光在光纤中的传播就是电场和磁场相互交替地变换传播，电场和磁场

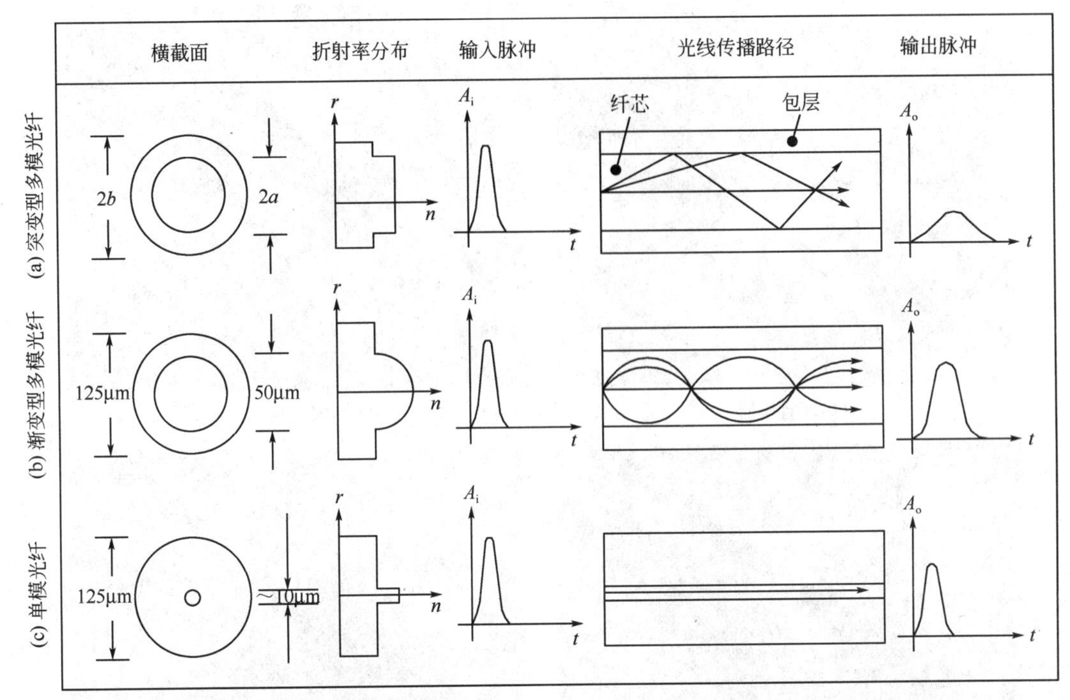

图 3-9　三种基本类型的光纤

不同的分布形式（满足特定的方程）就构成不同的模式。所谓单模光纤，就是指只传输HE11一种矢量模式。多模光纤则指能同时传输多种模式（例如HE11、TM01、TE01、HE12等矢量模式）的光纤。

渐变型多模光纤和单模光纤，包层外径 $2b$ 都选用 $125\mu m$。实际上，根据应用的需要，可以设计折射率介于SIF和GIF之间的各种准渐变型光纤。为调整工作波长或改善色散特性，可以在图3-9（c）常规单模光纤的基础上，设计许多结构复杂的特种单模光纤。

各种光纤，其用途也不同。突变型多模光纤信号畸变大，相应的带宽只有10～20MHz·km，用于小容量、短距离系统。渐变型多模光纤的带宽可达1～2GHz·km，适用于中等容量、中等距离系统。大容量（565Mbit/s～2.5Gbit/s）长距离（30km以上）系统要用单模光纤。色散平坦光纤适用于波分复用系统，这种系统可以把传输容量提高几倍到几十倍。外差接收方式的相干光系统要用偏振保持光纤，这种系统的最大优点是提高接收灵敏度，增加传输距离。

（4）光纤连接器实例

光纤连接器实例FC型光纤连接器是Ferrule Connector的缩写，表明其外部加强方式是采用金属套，紧固方式为螺纹连接紧固。最早，FC类型的连接器，采用的陶瓷插针的对接端面是平面接触方式（FC）。此类连接器结构简单，操作方便，制作容易，但光纤端面对微尘较为敏感，且容易产生菲涅尔反射，提高回波损耗性能较为困难。后来，对该类型连接器做了改进，采用对接端面呈球面的插针（PC），而外部结构没有改变，使得插入损耗和回波损耗性能有了较大幅度的提高。图3-10展示了四种类型的连接器。

SC型光纤连接器外壳呈矩形，所采用的插针与耦合套筒的结构尺寸与FC型完全相同，其中插针的端面多采用PC型或APC型研磨方式；紧固方式是采用插拔销闩式，不须旋转。此类连接器价格低廉，插拔操作方便，介入损耗波动小，抗压强度较高，安装密度高。

FC/PC连接器

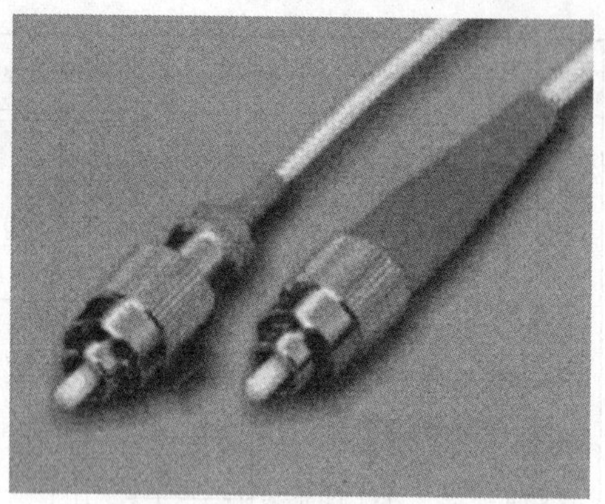

FC/APC连接器

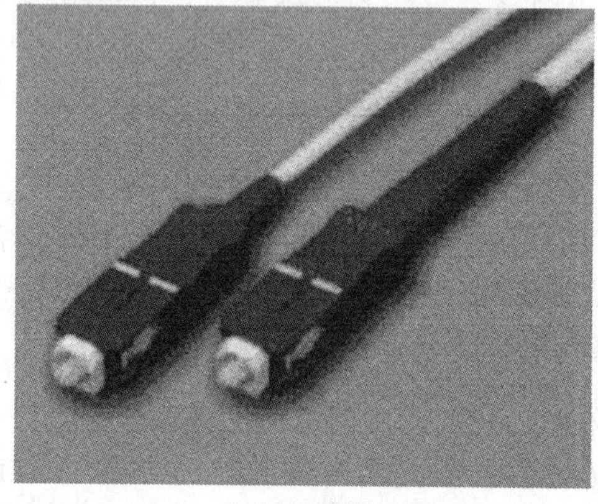

SC/PC连接器

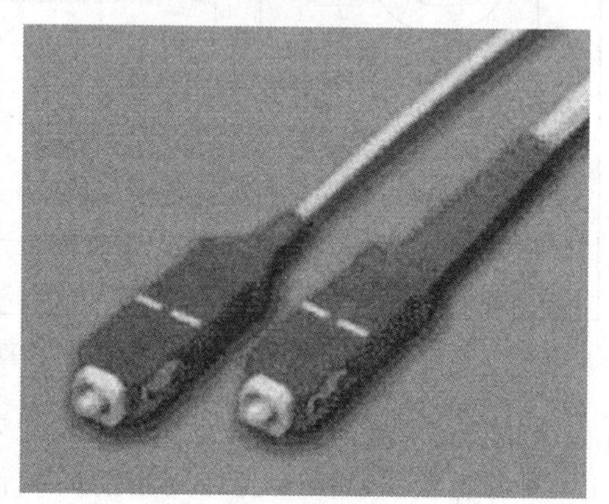

SC/APC连接器

图 3-10 四种类型的连接器

ST 型光纤连接器外壳呈圆形，如图 3-11 所示，所采用的插针与耦合套筒的结构尺寸与 FC 型完全相同，其中插针的端面多采用 PC 型或 APC 型研磨方式；紧固方式为螺纹连接紧固。此类连接器适用于各种光纤网络，操作简便，且具有良好的互换性。

MT-RJ 带有与 RJ-45 型 LAN 电连接器相同的闩锁机构，通过安装于小型套管两侧的导向销对准光纤，为便于与光信号收发机相连，连接器端面光纤为双芯（间隔 0.75mm）排列设计，是主要用于数据传输的高密度光连接器，如图 3-12 所示。

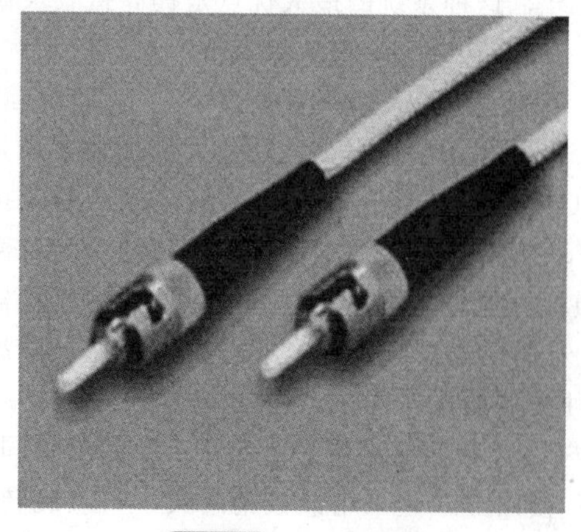

图 3-11 ST 连接器

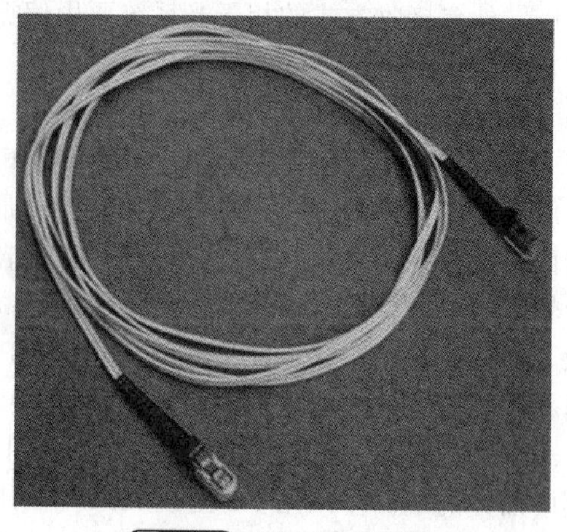

图 3-12 MT-RJ 连接器

LC 型光纤连接器是著名的 Bell 研究所研究开发出来的，采用操作方便的模块化插孔（RJ）闩锁机理制成（图 3-13）。该连接器所采用的插针和套筒的尺寸是普通 SC、FC 等所用尺寸的一半，为 1.25m，提高了光配线架中光纤连接器的密度。

目前，在单模 SFF 方面，LC 类型的连接器实际已经占据主导地位，在多模方面的应用也增长迅速。

MU（Miniature Unit Coupling）光纤连接器是以 SC 型连接器为基础研发的世界上最小的单芯光纤连接器（图 3-14）。MU 连接器系列包括用于光缆连接的插座型光连接器（MU-A 系列）、具有自保持机构的底板连接器（MU-B 系列）以及用于连接 LD/PD 模块与插头的简化插座（MU-SR 系列）等。该连接器采用 1.25mm 直径的套管和自保持机构，其优势在于能实现高密度安装。

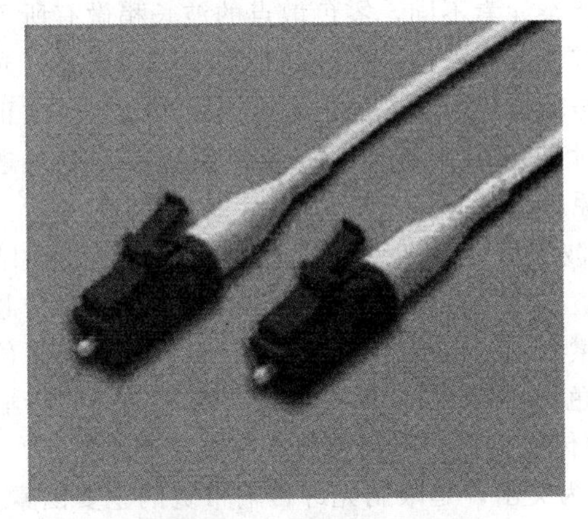

图 3-13 LC 型光纤连接器

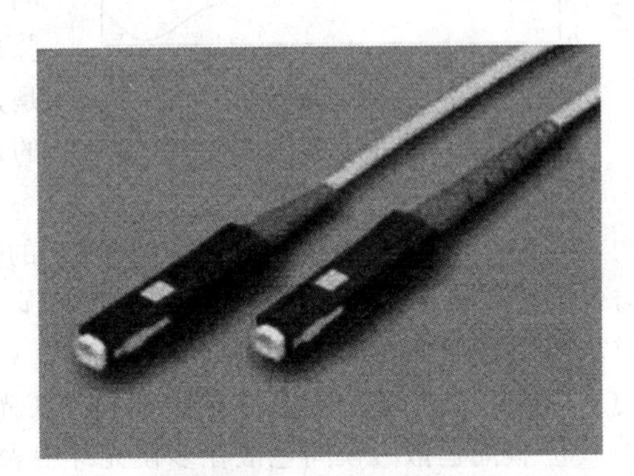

图 3-14 MU 光纤连接器

3.2.3 光纤传输特性

光信号经光纤传输后要产生损耗和畸变（失真），因而输出信号和输入信号不同。对于脉冲信号，不仅幅度要减小，而且波形要展宽。产生信号畸变的主要原因是光纤中存在色散。损耗和色散是光纤最重要的传输特性。损耗限制系统的传输距离，色散则限制系统的传输容量。本节讨论光纤的色散和损耗的机理和特性，为光纤通信系统的设计提供依据。

（1）光纤的色散

光纤的色散是指当光纤传输脉冲信号时，脉冲信号被展宽的现象。这种现象在数字通信中危害较大，一旦光脉冲频率很高（即提高通信容量）时，就有可能使得到达接收端的前后两个脉冲无法分辨开，使通信难以进行，如图 3-15 所示。要维持正常的通信，只有降低脉冲频率，这就意味着光纤的传输频带变窄。因此，光纤的色散或者说脉冲的展宽是光纤通信的第二个重要问题。

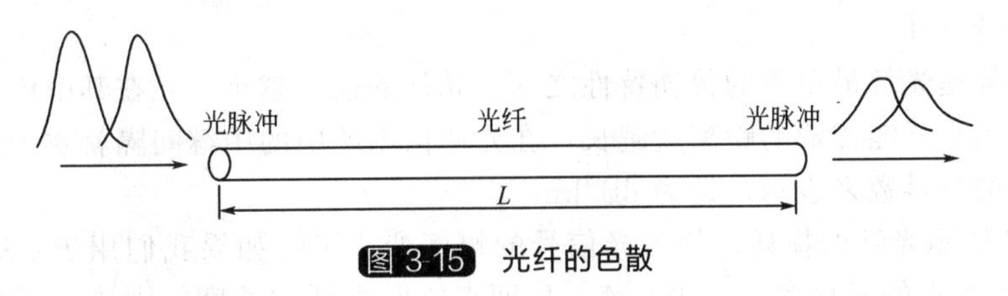

图 3-15 光纤的色散

光纤的色散主要分为材料色散、波导色散和模间色散。

① 材料色散　光在光纤中的传播速度为 $v=c/n_1(\lambda)$，式中 $n_1(\lambda)$ 为光纤芯的折射率，它是光波波长的函数，即同一材料对不同波长的折射率是不一样的。因此，当含有不同波长的光脉冲（非单色光）通过光纤传输时，其传输的速度就不一样，引起脉冲展宽而出现色散。

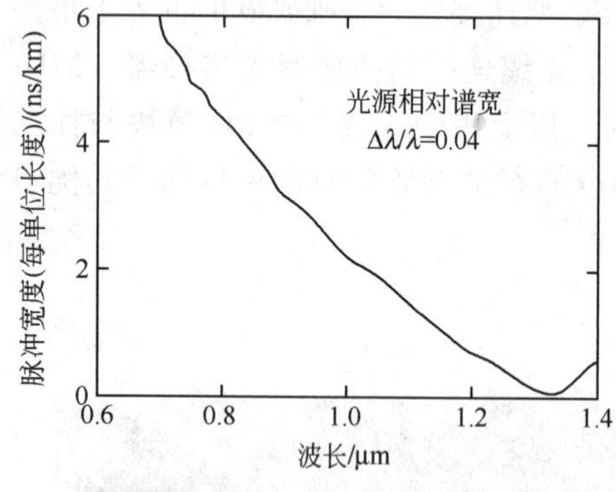

图 3-16　硅酸盐玻璃的材料色散所引起的脉冲展宽

图 3-16 表示硅酸盐玻璃的材料色散所引起的脉冲展宽，其光源的相对谱线宽度 $\Delta\lambda/\lambda=0.04$。由图 3-16 可以看出，材料色散程度随波长而变化，波长越短，由材料色散引起的脉冲展宽越严重。值得注意的是，在 1.3μm 附近，有一个零色散点，光纤的掺杂元素不同，零色散点的波长稍微有所不同。在零色散点附近，光纤的带宽变得相当宽，光脉冲在传输过程中引起的展宽变得可以忽略。这正是人们对 1.3μm 附近波长光通信系统特别感兴趣的重要原因之一。

② 波导色散　所谓波导色散，是由于波导结构，或者说是由于波导的尺寸大小所引起的色散。波导色散的大小与光纤的纤芯直径、纤芯与包层之间的相对折射率差、归一化频率 ν 等因素有关。波导色散不同于材料色散和模间色散，即使光纤是由无材料色散的玻璃制作（材料色散不存在），而我们又只考虑光纤中传输的一个模（无模间色散），不同波长的光在光纤中传播仍然会引起色散，造成脉冲展宽。

③ 模间色散　模间色散在多模光纤中表现最为突出，是限制光纤传输带宽的主要因素。在多模光纤中，即使同一波长的光，由于不同的模有不同的群速度，它们在光纤中传播时的渡越时间也就不一样。同一波长的输入光脉冲，不同的模将先后到达输出端，在输出端便形成了一个展宽了的脉冲波形，其脉冲展宽量为最快的模与最慢的模之间的渡越时间差。很明显，只有多模光纤才存在模间色散，单模光纤因只能传输一个模式，就无模间色散可言。这是人们对单模光纤感兴趣的原因之一。

可以利用几何光学来比较直观地说明模间色散问题。例如在阶跃光纤中，沿光纤轴芯传播的模式（基模）的传播途径最短：而其他入射角越大的光线，到达终端所经过反射的次数越多，所走的路径越长，因而所需时间也越长。在临界角上传输的光路最长。于是，本来同时进入光纤端面的一束光波，由于光波中各光线的入射角不同，到达终端就出现先、后时间差，造成光信号中各模式光波在时间上的延迟。光纤越长，则延迟越长。

总之，光纤的色散由上述三种色散之和决定。在多模光纤中，主要是模间色散和材料色散，对折射率分布适当设计可大大减小多模光纤中的模间色散影响。在单模光纤中，主要是材料色散和波导色散。在某一波长附近，模间色散和材料色散的极性不同，可互相抵消，因而可选择该波长光波作为光通信的载波。

（2）光纤的损耗

光纤的损耗是光纤最重要的传输特性之一。光纤的损耗越小，光在其中传播所受到的衰减就越小，光信号所能传输的距离就越长，在光通信系统中的中继间隔就越大。光纤的损耗通常用每千米的分贝数来表示，记为 dB/km。

如图 3-17 所示光纤的损耗，使得光信号的幅度变小了。如果我们用 P_A 表示 A 点的光功率，P_B 表示 B 点的光功率，L 表示 A、B 两点之间光纤的长度，则该光纤的损耗将由下

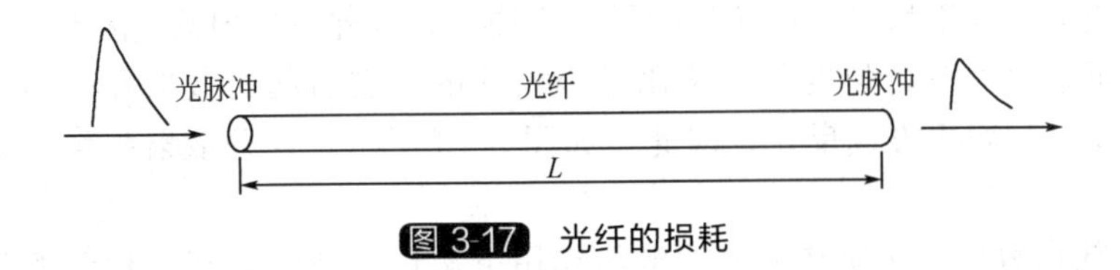

图 3-17 光纤的损耗

式来计算：

$$\alpha_P = -\frac{10\lg \dfrac{P_B}{P_A}}{L} \quad (\mathrm{dB/km}) \tag{3-1}$$

式中，α_P为每公里的光纤衰减系数。

光纤的损耗和波长有关。对于不同的波长，光纤有不同的损耗值，也就是说，光纤的损耗是波长 λ 的函数。光纤的损耗随波长变化的曲线称为光纤的损耗曲线，也称光纤的损耗谱。图 3-18 是一条有代表性的光纤的损耗谱曲线。

光纤损耗的来源大致可分为吸收损耗和散射损耗两大类。

① 吸收损耗　产生吸收损耗的原因来自以下三个方面。

a. 光纤材料的本征吸收。这是物质的固有的吸收，不是由杂质或者缺陷所引起的。光纤的基础材料是石英玻璃（SiO_2），它的 Si—O 键在波长 8～12μm 的红外区域里有振动吸收现象，从而造成损耗。但是这段区域的振动波长远离目前光纤通信的工作波长范围，所以 Si—O 键红外吸收损耗，对光纤通信的影响并不显著。尽管它的吸收损耗光谱底边已延伸至 $\lambda>1.2\mu$m 处，但是其损耗值已远低于 0.1dB/km，如图 3-18 所示。

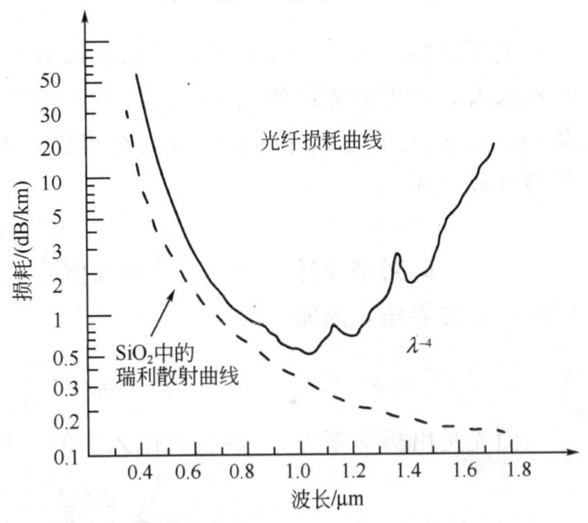

图 3-18 多模光纤的损耗谱曲线

在组成光纤材料的原子系统中，一些处于低能级状态的电子，会吸收电磁能量而跃迁到高能级状态。在这个过程中要造成损耗．电子转移造成的吸收损耗，其中心波长在紫外区的 0.16μm 处，吸收很强时，它的尾巴会拖到 0.7～1.1μm 波段。因此，短波长的光纤通信，紫外吸收造成的损耗会产生一定的影响。在 $\lambda>0.6\mu$m 时，紫外吸收损耗在 1 dB/km 左右，如图 3-18 所示。

b. 杂质吸收。玻璃中的金属离子被认为是杂质吸收的主要来源。跃迁金属如铁、铜、锰等，它们在可见光和近红外区的电子跃迁，就造成了在这一区域对光的吸收。它们有各自的吸收峰值和吸收带，且随它们的价状态不同而不同，就是相同的离子在不同的玻璃里所引起的作用也可能不同。在制作光纤时，要特别注意这些杂质的提炼。

c. 原子缺陷吸收。由于加热过程或者强烈的辐射，玻璃材料会受激而出现原子的缺陷，从而产生损耗。目前已选取受这种激励影响很小的石英玻璃作光纤材料，因此，由于原子缺陷吸收造成损耗的影响已经不大。

② 散射损耗　光纤的散射损耗主要包括三个方面。

a. 物质的本征散射。玻璃在加热过程中，由于热骚动使原子的压缩性不均匀而产生起伏，这使得物质的密度不均匀，进而使折射率不均匀。这种不均匀性或者起伏在冷却过程中被固定。这种折射率的不均匀度与波长比是小尺寸的，它引起的散射在光学上称为瑞利散射，它与光波波长的四次方成反比。因此，如图 3-18 所示，这种散射损耗随着波长加长而很快减小。

b. 非线性效应散射。物质在强大的电场作用下呈现非线性，即出现新的频率或输入的频率发生改变，也诱发出物质对入射波的散射。非线性效应散射损耗主要由受激的喇曼散射和布里渊散射引起，由于这部分散射损耗只有在强入射光功率激励下才表现出来，所以在光纤通信使用的弱入射光功率的情况下，其影响极微。

c. 波导效应散射。波导效应散射损耗是由于波导结构不规则而引起的辐射损耗。在制作光纤时，在芯与包层界面处的不规则，成缆时造成许多微弯都会引起损耗。在使用光纤时，如果光纤轴心弯曲到一定程度，光将向四周辐射，从而引起损耗，因此，光纤虽有弯曲性，但不要随便造成不必要的弯曲。

3.2.4 光纤的数值孔径 NA

光纤的数值孔径 NA 是光纤的重要参数之一，反映了光纤收集光的能力。从几何光学的观点来看，入射到光纤端面上的光线并不都能进入光纤内部进行传播，只有当入射角度小于某一个角 θ_m时，光线才能在光纤内部传播，如图 3-19 所示。θ_m角的正弦值就定义为光纤的数值孔径 NA：

$$NA=\sin\theta_m \tag{3-2}$$

下面以阶跃型光纤为例对光纤的数值孔径加以说明。在图 3-20 中，β_m为纤芯与包层之间的反射临界角，因而

$$\sin\beta_m=\frac{n_2}{n_1}\sin\frac{\pi}{2}=\frac{n_2}{n_1} \tag{3-3}$$

而光是由折射率为 n_0 的空气中入射的，根据折射定律可得

$$\frac{\sin\theta_m}{\sin\left(\frac{\pi}{2}-\beta_m\right)}=\frac{n_1}{n_0} \tag{3-4}$$

令 $n_0=1$，则

$$\sin\theta_m=n_1\sin\left(\frac{\pi}{2}-\beta_m\right)=n_1\sqrt{1-\sin^2\beta_m} \tag{3-5}$$

将式（3-3）代入可得

$$\sin\theta=n_1\sqrt{1-\left(\frac{n_2}{n_1}\right)^2}\approx n_1\sqrt{2\Delta}=NA \tag{3-6}$$

$$\Delta=\frac{n_1-n_2}{n_1}$$

式中，Δ 为光纤的相对折射率差。

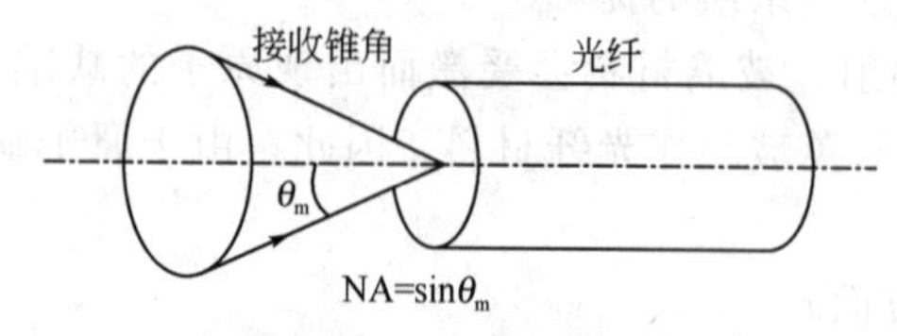

图 3-19 光纤的数值孔径

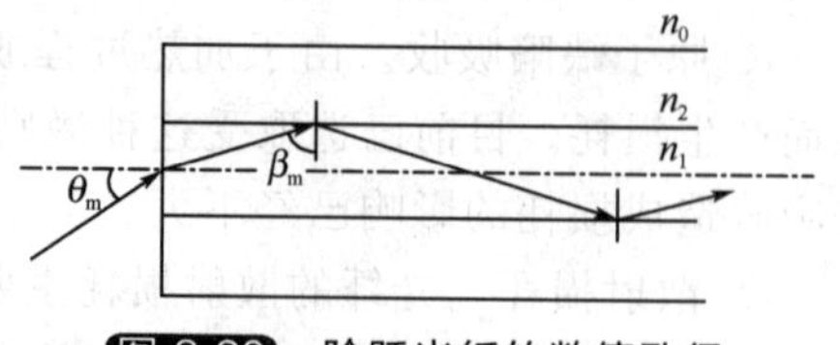

图 3-20 阶跃光纤的数值孔径

由式（3-6）可知，数值孔径NA仅由光纤的折射率决定，而与光纤的几何尺寸无关。这样，在制作光纤时可将其NA做得很大，而截面积却做得很小，使光纤变得柔软且可弯曲，使其在许多领域发挥了无比的优越性。

对于上述直径不变的光纤，其两端具有相同的光收集特性，也就是说光纤两端的NA相等。如果希望改变光纤的NA，可以利用光锥。光锥是有一定锥度的光纤，也称锥形光纤，如图3-21所示。光锥遵从下面极其重要的规律：

$$d_1 \sin\theta_1 = d_2 \sin\theta_2 \tag{3-7}$$

式中，d_1、d_2、θ_1、θ_2分别为光锥两端的直径和入射或出射角。

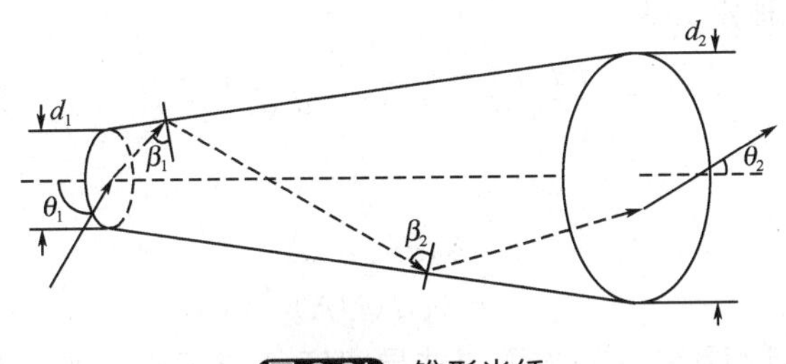

图3-21 锥形光纤

在图3-21中，β_1和β_2是在光锥侧面光线的入射角。因反射表面是光锥的侧面，它并不和光锥的轴线平行，所以$\beta_2 > \beta_1$。这表明当光线从光纤直径小的一端射入时，随着光纤直径越来越大，光线与光锥轴线间的夹角越来越小，光线变得越来越准直。反之，当光线从光锥直径大的一端射入时，随着光锥直径越来越小，光线的准直情况变得越来越差，光线与光锥轴线间的夹角将越来越大，甚至有可能发展到在光锥侧面的某一点入射角小于临界角，此时光线会从光锥的侧面穿出去。因此，虽然看起来光线似乎进入了光锥，但实际上在不一定能够传输到另一端。由此可见，光锥在直径小的端面有较好的光收集特性，即小直径端面的数值孔径较大。因而在实际应用中应当用光锥直径小的一端对着光源，光锥直径大的一端去对着光纤，以提高光源和光纤之间的耦合效率。

3.2.5 光纤中的模

光波是一种电磁波，光波在光纤中的传播，实际上就是电磁场在光纤中的传播。光纤中的模，指的就是电磁场在光纤中传播的模式。

光纤中的模，粗略地可分为两大类：一类叫传导模；另一类叫辐射模。传导模在光纤芯内传播，它从发射端传播到接收端，光纤通信的信息就靠这类模来传递。而辐射模则在传播途中会从光纤的包层辐射到光纤以外的区域，造成辐射损耗，引起多芯光纤之间的串音，一般情况下它不可能从发射端传输到接收端。我们所说的光纤中的模，指的就是传导模。

电磁场的传播遵从麦克斯韦方程，而在光纤中传播的电磁场，还必须满足光纤这样一种传播介质的边界条件。光波在芯包界面上来回地反射，当来回一次的相位变化为360°的整数倍时，就会在光纤中形成驻波。只有驻波才能在光纤中稳定存在，这就反映出光波在光纤中的传播模式是不连续的，离散的。理论分析进一步表明，光纤中能够存在的模式数N是有限的，其计算公式为

$$N = \frac{g}{g+2} \times \frac{\nu^2}{2} \tag{3-8}$$

式中，g为折射率分布因子，对于阶跃型光纤，$g \to \infty$，故所传导的模数为

$$N_{阶跃}=\nu^2/2 \tag{3-9}$$

对于抛物型光纤，$g=2$，故所传导的模数为

$$N_{抛物}=\nu^2/4 \tag{3-10}$$

由此可以看出，阶跃型光纤的传导模数是梯度型光纤（一般为抛物型光纤）的传导模数的两倍。

那么，传导模数对光纤通信有什么影响呢？传导模的数目越大，模间色散越大，相应地能传输的信息容量就越小。而信息容量大正是光纤通信的重要优点之一。要想增大信息容量，就必须要减小传导模数。

在式（3-8）中，ν 被定义为

$$\nu=\frac{2\pi d}{\lambda}\sqrt{n_1^2-n_2^2}=k_0 d\sqrt{n_1^2-n_2^2} \tag{3-11}$$

还可表示为

$$\nu=k_0 d n_1\sqrt{2\Delta} \tag{3-12}$$

$$\nu=k_0 d(\mathrm{NA}) \tag{3-13}$$

式中，ν 为一个无量纲量。它一方面与波导宽度 d 成正比，被称为归一化波导宽度；另一方面又与 $k_0=2\pi/\lambda=\omega/c$（$c$ 为光速）成正比，因而又称为归一化频率。这里的 ν 是光纤的一个重要参数，它将决定光纤中究竟能维持多少传导模。

可以看到，参数 ν 越小，光纤中能传输的模式就越少。也就是说，对于同样波导宽度的光纤，其相对折射率 Δ 越小，光纤中能传输的模式就越少；或者说，要限制光纤中传输的模式数目，而同时为了方便光纤的制造和连接，又要加大光纤的波导宽度，则可通过减小纤芯与包层的折射率差来实现。参数 ν 的取值分段对应不同的传导模式。对于阶跃型光纤，$0<\nu<2.405$ 时，只能传输基模，这样的光纤就是单模光纤；$\nu>2.405$ 时，才能传输多种模式，这样的光纤就被称为多模光纤。

3.2.6 光纤标准和应用

制订光纤标准的国际组织主要有 ITU-T 和 IEC（国际电工委员会）。应用情况一般为：G.651 多模渐变型（GIF）光纤，这种光纤在光纤通信发展初期广泛应用于中小容量、中短距离的通信系统。G.652 常规单模光纤，是第一代单模光纤，其特点是在波长 1.31μm 色散为零，系统的传输距离只受损耗的限制。目前世界上已敷设的光纤线路 90%采用这种光纤。G.653 色散移位光纤，是第二代单模光纤，其特点是在波长 1.55μm 色散为零，损耗又最小。这种光纤适用于大容量长距离通信系统。G.654 为 1.55μm 损耗最小的单模光纤，其特点是在波长 1.31μm 色散为零，在 1.55μm 色散为 17～20ps/(nm・km)，和常规单模光纤相同，但损耗更低，可达 0.20dB/km 以下。这种光纤实际上是一种用于 1.55μm 改进的常规单模光纤，目的是增加传输距离。此外还有色散补偿光纤，其特点是在波长 1.55μm 具有大的负色散。这种光纤是针对波长 1.31μm 常规单模光纤通信系统的升级而设计的，因为当这种系统要使掺铒光纤放大器（EDFA）以增加传输距离时，必须把工作波长从 1.31μm 移到 1.55μm。用色散补偿光纤在波长 1.55μm 的负色散和常规单模光纤在 1.55μm 的正色散相互抵消，以获得线路总色散为零损耗又最小的效果。G.655 为非零色散光纤，是一种改进的色散移位光纤。具有常规单模光纤和色散移位光纤的优点，是最新一代的单模光纤。这种光纤在密集波分复用和孤子传输系统中使用，实现了超大容量、超长距离的通信。表 3-1 给出了常用光纤命名与标准对照。

表 3-1　常用光纤命名与标准对照

光纤名称	ITU-T 标准	IEC 标准
多模光纤	G. 651	A1a、A1b
非色散位移光纤	G. 652A、B、C	B1. 1、B1. 3
零色散位移光纤	G. 653	B2
截止波长位移光纤	G. 654	B1. 2
非零色散位移光纤	G. 655A、G. 655B	B4

注：1. G. 652C（B1. 3）为全波光纤，G. 652B 有偏振色散要求，仍归于 B1. 1。
2. G. 654（B1. 2）为截止波长位移光纤（最低衰耗光纤）。

（1）光缆特性

光缆的传输特性取决于被覆光纤。对光缆机械特性和环境特性的要求由使用条件确定。光缆生产出来后，对这些特性的主要项目如拉力、压力、扭转、弯曲、冲击、振动和温度等，要根据国家标准的规定做例行试验。成品光缆一般要求给出上述特性。

（2）电力系统应用

电力特种光缆是适应电力系统特殊的应用而发展起来的一种架空光缆体系，它将光缆技术和输电线技术相结合，架设在 10～500kV 不同电压等级的电力杆塔上和输电线路上，具有高可靠、长寿命等突出优点，在我国电力通信领域普遍使用。就目前来看，电力特种光缆主要包括全介质自承式光缆 ADSS、架空地线复合光缆 OPGW、缠绕式光缆 GWWOP、捆绑式光缆 AD-LASH、相线复合光缆 OPPC，但主要使用的是 ADSS、OPGW。在电力线路上架设 OPGW、ADSS、GWWOP 等电力特种光缆以建立光纤通信网络。

① ADSS 光缆　目前世界上 ADSS 光缆的结构主要有 4 种类型，如图 3-22 所示。A 型：层绞式 ADSS 光缆；B 型：增强型 ADSS 光缆；C 型：中心束管式 ADSS 光缆；D 型：带状式 ADSS 光缆。其中 A 型与 B 型在电力系统中应用较广泛。

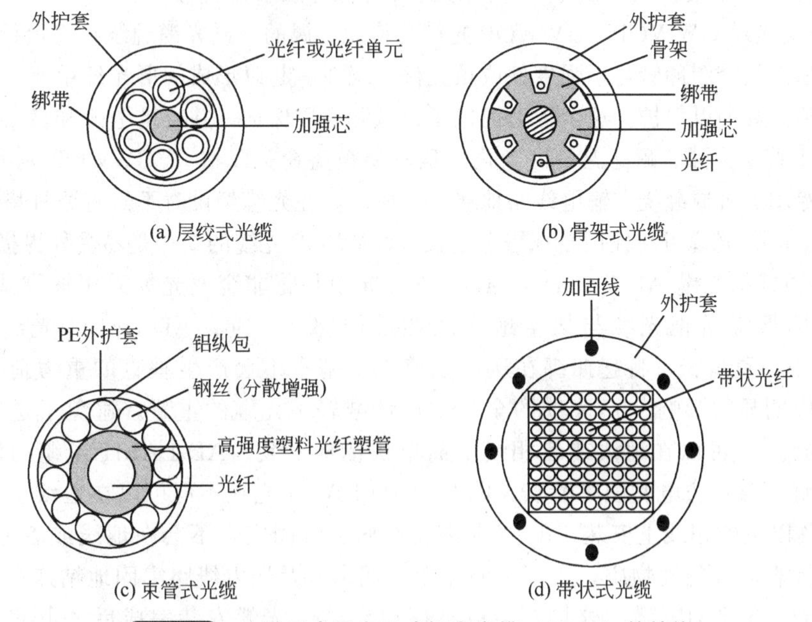

图 3-22　几种无金属自承式架空光缆（ADSS）的结构

其主要特点是：采用了具有高弹性模量的高强度芳纶纱作为抗张元件。芳纶纱弹性模量高、重量轻、具有负膨胀系数、有防弹能力。同时光缆几何尺寸小，缆重仅为普通光缆的

1/3，可直接架挂在电力杆塔的适当位置上，对杆塔增加的额外负荷很小；外护套经过中性离子化浸渍处理，使光缆具有极强的抗电腐蚀能力；光缆采用无金属材料，绝缘性能好，能避免雷击，电力线出故障时，不会影响光缆的正常运行；利用现有电力杆塔，可以不停电施工，与电力线同杆架设，可降低工程造价；运行温度范围宽，一般为－40～＋70℃；使用跨距范围为50～1200m。

② OPGW光缆的结构和特点　OPGW光缆是将光纤媒体复合在输电线路的架空地线里，地线和通信功能合二为一。OPGW光缆主要是由铝包钢线或铝合金线组成的外部绞线包裹着光纤缆、中心加强件等组成的，如图3-23所示。

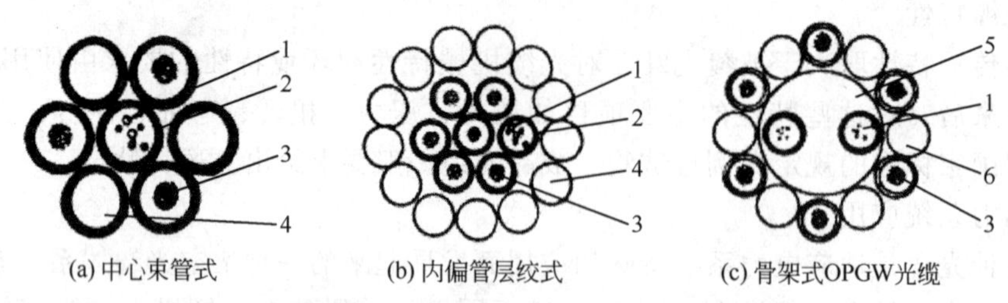

图3-23　几种OPGW光缆结构示意图

1—光纤；2—不锈钢钢管（铝管/塑管）；3—铝包钢线；4—铝合金线；5—螺旋型带槽铝合金骨架；6—镀锌钢管

OPGW按光纤与其外层束管的“紧密”程度分为“松套”和“紧套”两种类型，大多数厂家都采用松套结构。OPGW主要特点是：a. OPGW既可避雷，又可用于通信，不需要另外加挂光缆；b. 光缆位于OPGW中，外层有铝包钢线或铝合金线包裹，光缆受到保护，可靠性较高；c. OPGW是随着电力线架设的，因而节省了施工费；d. OPGW是架设在输电线路铁塔上的，这种铁塔比起邮电部门的通信电杆可靠、安全，且不易被盗窃。

目前电力系统主要使用如图3-23所示几种结构的OPGW光缆。

③ 缠绕式光缆GWWOP　GWWOP光缆是将无金属的介质光缆缠绕在已运行的输电线路地线上。它是由松套缓冲管与小强度件或填充件绞绕在一起以形成圆形光纤单元，光纤单元是用交联聚乙烯护套加以保护。这个护套提供了机械和环境保护，并且抗电弧和雷击。其主要特点是：a. 抗干扰能力强、耐高温、抗老化，且不易被盗窃；b. 由于GWWOP光缆重量很轻，而且是使用专用的机械缠绕在输电线路地线上，所以，在光缆架设时不需对原杆塔进行复核与改动即可施工；c. 光缆可在任何自承塔上熔接。GWWOP光缆的缺点是易受外界损坏。

④ 全介质捆绑光缆AD-LASH　AD-LASH光缆是将非金属光缆采用捆绑式架设方法，通过捆绑机用捆绑带把光缆与架空地线或相线捆绑在一起。AD-LASH光缆的特点是：a. 光缆直径小、重量轻，将它捆绑在送电线路上，基本不会产生垂直的重力荷载，不会对原有杆塔造成明显的影响。b. 光缆的全介质设计减轻了光缆的重量。避免了送电线路短路或者雷击影响。c. 可以在地线或者相线上简单快捷地安装。AD-LASH光缆的设计使得其外护套具有耐高温及防电腐蚀等特点，因此，AD-LASH光缆不但可以在地线上安装，也可以在35kV及以下的相线上安装。d. 光缆由黏性捆绑带固定，不会在地线或者相线上移动。光缆的捆绑带表面有黏性物质，它可以使光缆、捆绑带及送电线路牢固地粘连在一起，光缆不能左右移动，不会对光缆的外护套造成摩擦损伤。e. 光缆安装完成后，由捆绑带承受重量，光缆不会受永久性张力，不会由于张力而产生应力衰减。f. 光缆与地线或相线被平行地捆绑在一起，不会有环形状态产生。其缺点是易受外界损坏，且高压送电线路档距较大，杆塔较高，捆绑机施工比较困难。

⑤ 光缆应用中出现的问题和主要解决措施　随着电力通信网建设的加快，运行中ADSS和OPGW暴露出来许多问题，主要集中在ADSS外护套电腐蚀和OPGW雷击问题。针对ADSS外护套电腐蚀问题，国内有关单位已开始了大量研究工作，主要集中在电应力作用下ADSS损伤机理的研究、耐电痕护套材料的开发、抗电应力损伤的措施以及电腐蚀的测试方法等方面，并取得了大量的研究成果。在确保ADSS光缆质量的前提下，规范工程设计、施工和运行条件，ADSS的电腐蚀是可以控制的。

ADSS应用中的问题主要有：a. ADSS挂点的选择失误。b. “干带电弧”是造成ADSS表面产生电腐蚀的最主要原因。电弧产生的高热，使外护套表面的温度升高，产生树枝化的电痕，直至烧穿光缆的外护套，露出芳纶纱，最后造成断缆事故发生；c。ADSS光缆铝丝端部电晕放电引起的劣化，造成ADSS出现电腐蚀。解决ADSS腐蚀的主要措施有：ADSS外护套采用抗电应力损伤的新技术和新材料；采取措施降低ADSS光缆表面电场强度和电位差；减少放电电压的数值和均衡塔端的感应场强，如悬挂ADSS光缆的金具采用预绞丝结构并相应地安装均压环或防晕圈；在靠近杆塔的ADSS表面沿光缆方向安装半导体棒；优化ADSS的悬挂点等。而针对OPGW遭雷击问题，已采取了提高OPGW本身耐雷水平，在工程设计中提高OPGW防护水平等措施。

(3) 光缆的型号

光缆的型式代号是由分类、加强构件、派生（形状、特性等）、护套和外护层五部分组成，如图3-24所示。

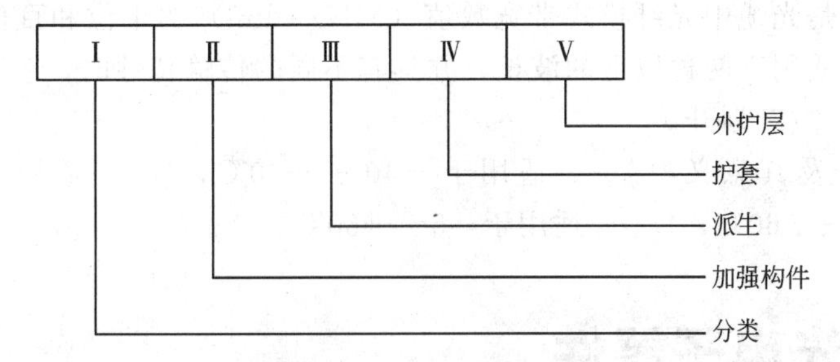

图3-24　光缆的型式代号

光缆的分类代号及意义：GY——通信用室（野）外光缆；GR——通信用软光缆；GJ——通信用室（局）内光缆；GS——通信用设备内光缆；GH——通信用海底光缆；GT——通信用特殊光缆；GW——通信用无金属光缆。加强构件的代号及意义：无符号——金属加强构件；F——非金属加强构件；G——金属重型加强构件；H——非金属重型加强构件。派生特征的代号及其意义：B——扁平式结构；Z——自承式结构；T——填充式结构；S——松套结构。注意：当光缆类型兼有不同派生特征时，其代号字母顺序并列。

护套的代号及其意义：Y——聚乙烯护套；V——聚氯乙烯护套；U——聚氨酯护套；A——铝、聚乙烯护套；L——铝护套；Q——铅护套；G——钢护套；S——钢、铝、聚乙烯综合护套。

外护层的代号及其意义：外护层是指铠装层及铠装层外面的外被层，参照国标GB/T 2952—2008的规定，外护层采用两位数字表示，外护层的代号及意义见表3-2。

光纤的规格代号：光纤的规格代号由光纤数目、光纤类别、光纤主要尺寸参数、传输性能和适用温度五部分组成，各部分均用代号或数字表示。光纤数目用光缆中同类别光纤的实际有效数目的阿拉伯数字表示。

表 3-2　外护层的代号及意义

代号	铠装层	代号	外被层
0	无	0	无
1	—	1	纤维层
2	双钢带	2	聚氯乙烯套
3	细圆钢丝	3	聚乙烯套
4	粗圆钢丝		
5	单钢带皱纹纵包		

光纤类别的代号及其意义：J——二氧化硅系多模渐变型光纤；T——二氧化硅系多模阶跃型（突变型）光纤；Z——二氧化硅系多模准突变型光纤；D——二氧化硅系单模光纤；X——二氧化硅纤芯塑料包层光纤；S——塑料光纤。

光纤的主要尺寸参数代号及其意义：用阿拉伯数字（含小数点）以 μm 为单位表示多模光纤的芯径/包层直径或单模光纤的模场直径/包层直径。

传输性能代号及其意义：光纤的传输特性代号是由使用波长、损耗系数、模式带宽的代号（分别为 *a*、*bb*、*cc*）构成。*a* 表示使用波长的代号，其数字代号规定为：使用波长在 0.85μm 区域；使用波长在 1.31μm 区域；使用波长在 1.55μm 区域。*bb* 表示损耗系数的代号，其数字依次为光缆中光纤损耗系数值（dB/km）的个位和十分位。*cc* 表示模式带宽的代号，其数字依次是光缆中光纤模式带宽数值（MHz·km）的千位和百位数字。单模光纤无此项。同一光缆适用于两种以上的波长，并具有不同的传输特性时，应同时列出各波长上的规格代号，并用“/”划开。

适用温度代号及其意义：A——适用于－40～＋40℃；B——适用于－30～＋50℃；C——适用于－20～＋60℃；D——适用于－5～＋60℃。

3.3 信息光电子器件

3.3.1 光源

光源是光发射机的关键器件，其功能是把电信号转换为光信号。目前光纤通信广泛使用的光源主要有半导体激光二极管［或称激光器（LD）］和发光二极管［或称发光管（LED）］。

3.3.2 光发射机

光发射部分的核心是产生激光或荧光的光源，它是组成光纤通信系统的重要器件。目前，用于光纤通信的光源包括半导体激光器 LD 和半导体发光二极管 LED，它们在光纤通信系统中的应用各具特色。下面首先介绍物质发光的基本原理。

光发射机的功能是把输入电信号转换为光信号，并用耦合技术把光信号最大限度地注入光纤线路。

光发射机完成把电信号转换为光信号（常简称为电/光或 E/O 转换），是通过电信号对光的调制而实现的。

(1) 光与物质的相互作用

光量子学说认为光是一种以光速运动的光子流。光子的能量为 $h\nu$，其中 $h=6.626\times10^{-34}\text{J}\cdot\text{s}$，称为普朗克常数，$\nu$ 是光波频率。当光与物质相互作用时，光子的能量作为一个整体被吸收或发射。

① 光的自发辐射　如图 3-25 所示，设原子的两个能级为 E_1 和 E_2，E_1 为低能级，E_2 为高能级。通常情况下，处在低能级的原子数总是大于处在高能级的原子数。处于低能级 E_1 的原子可以吸收光子或其他能量跃迁到高能级 E_2，而处在高能级的原子是不稳定的，会自发地跃迁到低能级，同时放出一个能量为 $h\nu$ 的光子，其大小为两个能级之差，即 $h\nu=E_2-E_1$。自发辐射所发射出光子的频率范围很宽，且发射方向和相位也是各不相同的，它们是非相干光。

② 光的受激辐射　处于高能级 E_2 的原子，当受到外来的能量为 $h\nu=E_2-E_1$ 的光子照射时，有可能受激发而跃迁到低能级 E_1，同时放出一个与外来光子完全相同的光子，如图 3-26 所示。这种原子的发光过程称为受激辐射。受激过程中发射出来的光子与外来光子是全同光子，即频率、相位、偏振方向、传播方向完全相同，受激辐射的光是相干光，受激辐射过程可以使光得到放大。

光的受激吸收是和受激辐射相反的过程。处于低能级 E_1 上的原子吸收了外来光子的能量 $h\nu=E_2-E_1$，而跃迁到高能级 E_2 上，这个过程称为受激吸收，如图 3-27 所示。在受激跃迁的过程中，并没有多余的能量放出来。

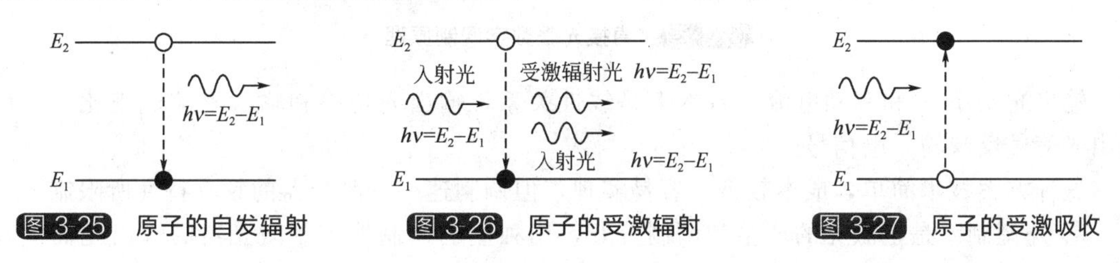

图 3-25　原子的自发辐射　　图 3-26　原子的受激辐射　　图 3-27　原子的受激吸收

自发辐射、受激辐射和受激吸收是光与物质相互作用的三种基本过程。通常，三种基本过程是同时存在、紧密联系的。在物质中有处于 E_2 能级的原子，就有自发辐射；而这种自发辐射产生的光子就成为其他原子受激辐射和受激吸收的激励光子。因此在自发辐射的同时总伴随着受激辐射和受激吸收，只是在不同的情况下，各过程所占的比例不同而已。例如，在普通光源中自发辐射起主导作用，在激光器工作过程中受激辐射起主导作用。

③ 粒子数反转分布与光放大　由物理学知道，正常状态下在热平衡系统中，低能级上的原子数总是多于高能级上的原子数。因而当光通过物质时，受激吸收的光子数总是大于受激辐射产生的光子数，也就是说，在热平衡条件下，物质不可能有光的放大作用。

要想物质能够产生光的放大，就必须使受激辐射作用大于受激吸收作用，也就是必须使 E_2 能级的原子数大于 E_1 能级的原子数。这种粒子数一反常态的分布，就称为粒子数反转分布，它是使物质产生光放大的必要条件。

(2) 两种调制方式

目前调制分为直接调制和外调制两种方式，如图 3-28 所示。

① 直接调制　是用电信号直接调制半导体激光器或发光二极管的驱动电流，使输出光随电信号变化而实现的。图 3-29 示出激光器（LD）和发光二极管（LED）直接光强数字调制原理，对 LD 施加了偏置电流 I_b。由图 3-29 可见，当激光器的驱动电流大于阈值电流 I_{th}

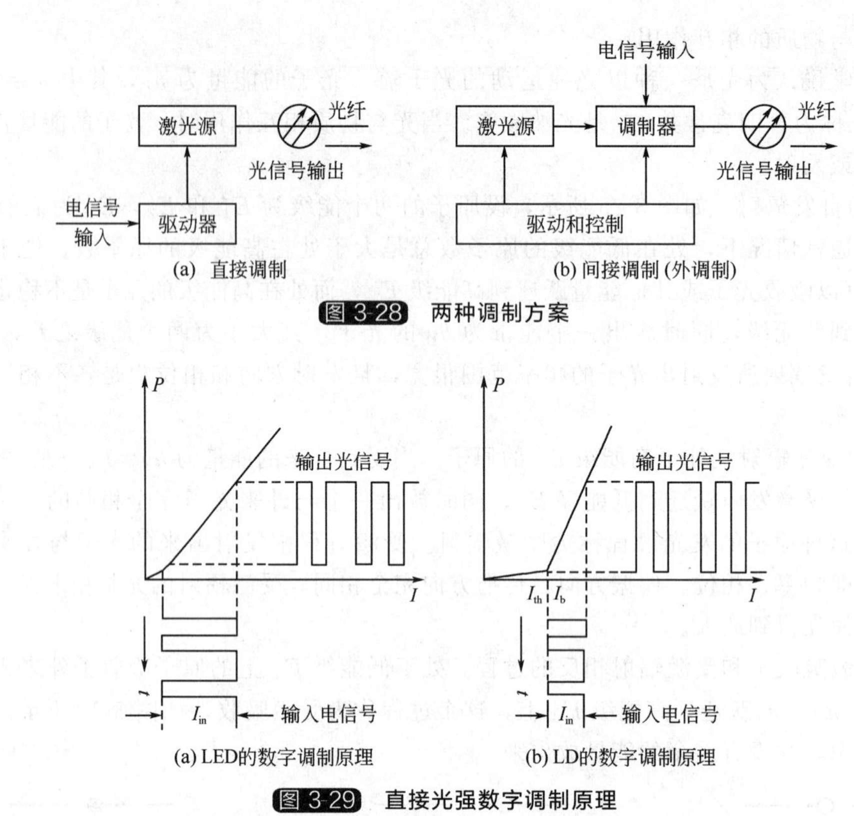

图 3-28 两种调制方案

图 3-29 直接光强数字调制原理

时，输出光功率 P 和驱动电流 I 基本上是线性关系，输出光功率和输入电流成正比，所以输出光信号反映输入电信号。

这种方案技术简单，成本较低，容易实现，但调制速率受激光器的频率特性所限制。

② 外调制　是把激光的产生和调制分开，用独立的调制器调制激光器的输出光而实现的。如图 3-29（b）所示，外调制器如图 3-30 所示。目前有多种调制器可供选择，最常用的是电光调制器。这种调制器是利用电信号改变电光晶体的折射率，使通过调制器的光参数随电信号变化而实现调制的。外调制方式虽然技术复杂，但是传输速率和接收灵敏度很高，在大容量的波分复用和相干光通信系统中使用，是很有发展前途的通信方式。

（3）光发射机基本组成

目前技术上成熟并在实际光纤通信系统得到广泛应用的是直接光强（功率）调制。直接调制。

光发射机由输入接口、编码电路、光源、驱动电路、公务及监控电路、自动偏置控制电路、温控电路等组成（图 3-31），其核心是光源及驱动电路。

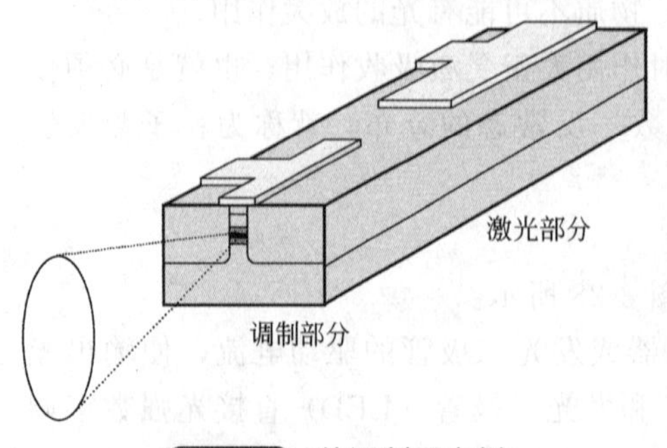

图 3-30 外调制器实例

工作过程是这样的：输入电路将输入的 PCM 脉冲信号进行整形，变换成 NRZ/RZ 码后送给编码电路，编码电路将简单的二电平码变换为适合于光纤传输的线路码，因为在光纤通信系统中，从电端机输出的是适合于电缆传输的双极性码。光源不可能发射负光脉冲，因此必须进行码型变换，以适合于数字光纤通信系统传输的要求。在

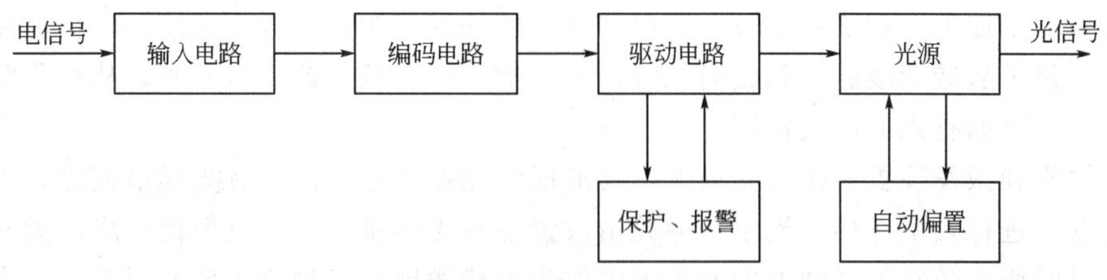

图 3-31 数字光发送机框图

光发射机中有编码电路，在光接收机中有对应的解码电路。

常用的光纤线路码有扰码、mBnB 码和插入码。线路码通过驱动电路调制光源。驱动电路要给光源提供一个合适的偏置电流和调制电流。为了稳定输出的平均光功率和工作温度，通常设置一个自动功率控制电路（APC）和自动温控电路（ATC）。此外，在光发射机中还有监控、报警电路，对光源寿命及工作状态进行监控与报警等。

（4）性能

数字光发射机最重要的性能指标为平均发送光功率和消光比。

① 平均发送光功率　光端机的平均发送光功率是指光端机在正常工作的情况下，由电端机输出 223-1 或 215-1 的伪随机码时，在光端机输出端测量到的平均光功率。平均发送光功率的功率值用 P_T（μW）表示，电平值用 L_T（dBm）表示，光功率值与电平值之间的关系是：

$$L_T = 10\lg\frac{P_T}{10^3} \tag{3-14}$$

对于一个实际的光纤通信系统，平均发送光功率并不是越大越好，虽然从理论上讲，发送光功率越大，通信距离越长，但光功率越大会使光纤工作在非线性状态，这种非线性状态会对光纤产生不良影响。

② 消光比　消光比是指光端机的电接口输入为全“1”码和全“0”码时的平均发送光功率之比，用 EXT 表示。

无输入信号时，光端机输出平均发送光功率 P_0，对接收机来说是一种噪声，会降低接收机的灵敏度，因此希望消光比越小越好。但是，对激光器 LD 来讲，要使消光比小就要减小偏置电流，从而使光源输出功率降低，谱线宽度增加。所以要全面考虑消光比与其他指标之间的矛盾。

（5）激光器

激光器是一个类似于电振荡器的激光振荡器，也必须具备完成光波放大、振荡与反馈功能的部件。因此它应包括激光物质、光谐振腔和激发装置三个部分，如图 3-32 所示。

激光物质是能够产生激光的工作物质，也就是可以处于粒子数反转分布状态的工作物质，这是产生激光的前提，并且这种工作物质必须有确定能级的原子系统，可以在所需要的光波范围内辐射光子。如果处于反转分布状态的激光物质的某一点发出频率为 $\nu=(E_2-E_1)/h$ 的自发辐射，则处于该点周围的其他激发态原子受到激励，相继发出相位、偏振方向、传播方向、频率都相同的光子，这些光子又会感应更多的激发态原子依次产生受激辐射。激光物质可以是固体、气体、液体等材料。

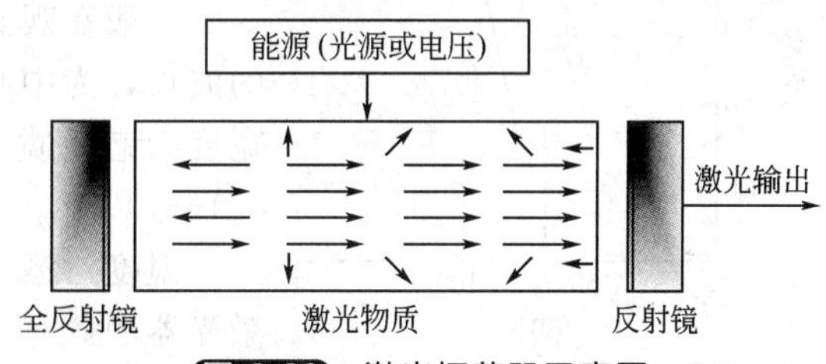

图 3-32 激光振荡器示意图

激发装置是使工作物质产生粒子数反转分布的外界能源，也称为泵浦源。物质在泵浦源的作用下，粒子从低能级跃迁到较高能级，使得物质产生粒子数反转分布，从而受激辐射大于受激吸收，因而有光的放大作用。

激光物质和激发装置只能使光放大，要形成激光振荡器还需要有光学谐振腔，以提供必要的反馈以及进行频率选择。光学谐振腔由放置于激光物质两端的反射镜构成，激光光轴方向垂直于反射镜。倾斜于光轴方向的受激辐射光直接逸出激光物质，变成损耗；只有那些发射方向与光轴真正平行的光子才能经过反复反射链锁式放大，结果使得增益超过损耗，产生振荡。为了从激光器振荡器取出振荡光，让一侧反射镜的反射率稍低，使光能够通过。光学谐振腔的作用在于提供光学正反馈，以便在腔内建立和维持自励振荡，调整腔的几何参数，可有效地控制光束损耗率、光束发散角、光斑、光输出功率等。

（6）半导体激光二极管

半导体激光二极管（LD）是有阈值的器件，它和发光二极管（LED）都是利用 PN 结将电能转换成光能。

半导体材料加进施主杂质时，成为含有大量自由电子的 N 型材料；当加进受主杂质时，成为含有大量空穴的 P 型材料。如果一块晶片采用不同掺杂工艺使一边形成 N 型半导体，另一边形成 P 型半导体，那么在两者交界处将形成 PN 结，电子在 PN 结附近与空穴复合时，将发出光子。较易产生辐射的材料称为半导体发光材料，在发光材料中电子与空穴自发复合的结果产生光的自发辐射，由于能参与辐射的载流子的能级很多，因此，自发辐射产生的光不具有相干性，通常称为荧光，发光二极管的发光就属于自发辐射。

当自发辐射产生的光子通过晶体时，一旦经过已激发的电子附近，该电子就以某种概率受到光子的激励，来不及自发辐射就和空穴复合放出新的光子。这种由光子诱导已激发的电子复合而放出新的光子的现象，成为受激辐射。如果外界注入电流足够强，形成粒子数反转分布，激光作用则开始，再加上反射反馈，便产生激光。

对于半导体激光器，当外加正向电流达到某一值 I_0 时，输出光功率将急剧增加，这时将产生激光振荡，这个电流值称为阈值电流。在阈值电流以下的区域半导体发出的是荧光，在以上的区域半导体发出的是激光，如图 3-33 所示。工作在荧光区的半导体光源称为发光二极管，工作在激光区的半导体光源称为激光二极管。为了使光纤通信系统稳定可靠地工作，希望阈值电流越低越好。

半导体激光器的光谱，随着激励电流而变化。当工作电流小于阈值电流时，发出的是荧光，因此，光谱很宽；当工作电流大于阈值电流时，发射光谱突然变窄，并且谱线中心强度急剧增加，表明发出激光。

激光器产生的激光有多模和单模，单模激光器是指激光二极管发出的激光是单纵模，它所对应的光谱只有一根谱线；当谱线有很多时，即为多纵模激光器，这种激光二极管只能用于多模光纤传输系统。

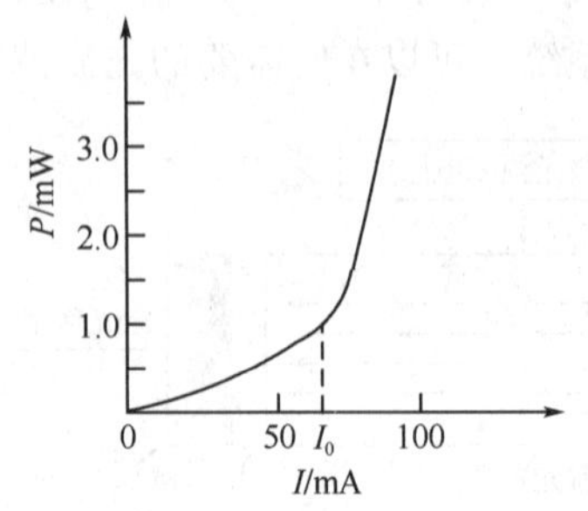

图 3-33　激光器输出特性曲线

一般在观测激光器光谱特性时，光谱曲线最高点所对应的波长，为中心波长，而比最高点光功率低 3dB 时曲线上的宽度为谱线宽度。目前，单模激光器的谱线宽度可以做到 0.1nm 以下。

温度对激光器的阈值电流影响很大，随着温度的升高，激光器的阈值电流加大。所以，为了使光纤通信系统稳定、可靠地工作，一般都要采用各种自动温度控制电路来稳定激光器的阈值电流和输出光功率。另外，激光器的阈值电流也和使用时间有关，随着激光管使用时间的增加，阈值电流也会逐渐加大，使激光器性能退化。

（7）半导体发光二极管

半导体发光二极管除没有光学谐振腔以外，其他方面与激光器相同，它是无阈值器件，它的发光只限于自发辐射，发出的是荧光。

发光二极管光谱较宽，与光纤的耦合效率较低，但发光二极管的线性好，随着注入电流的增加，输出光功率近似呈线性增加，因此，在进行调制时，其动态范围大，信号失真小。另外，发光二极管寿命长，温度特性好，并且价格低廉。因此，在中、低速率短距离光纤数字通信系统和光纤模拟信号传输系统中还是得到了广泛的应用。

3.3.3 光接收机

（1）光接收机基本组成

直接检测方式的数字光接收机方框图见图3-34，主要包括光检测器、前置放大器、主放大器、均衡器、时钟提取电路、取样判决器以及自动增益控制（AGC）电路。

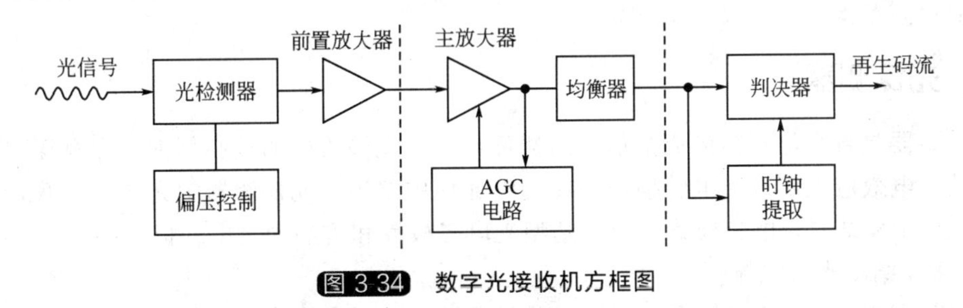

图3-34 数字光接收机方框图

① 光检测器　是光接收机实现光/电转换的关键器件，其性能特别是响应度和噪声直接影响光接收机的灵敏度。

② 放大器　前置放大器应是低噪声放大器，它的噪声对光接收机的灵敏度影响很大。主放大器一般是多级放大器，它的作用是提供足够的增益，并通过它实现自动增益控制（AGC），以使输入光信号在一定范围内变化时，输出电信号保持恒定。主放大器和AGC决定着光接收机的动态范围。

③ 均衡和再生　均衡的目的是对经光纤传输、光/电转换和放大后已产生畸变（失真）的电信号进行补偿，使输出信号的波形适合于判决（一般用具有升余弦谱的码元脉冲波形），以消除码间干扰，减小误码率。

再生电路包括判决电路和时钟提取电路，它的功能是从放大器输出的信号与噪声混合的波形中提取码元时钟，并逐个地对码元波形进行取样判决，以得到原发送的码流。

（2）光电集成接收机

为了适合高传输速率的需求，人们一直在努力开发而且已实现单片光接收机，即用“光电集成电路（OEIC）技术”在同一芯片上集成包括光检测器在内的全部元件。

（3）噪声特性

光接收机的噪声有两部分：一部分是外部电磁干扰产生的，这部分噪声的危害可以通过屏蔽或滤波加以消除；另一部分是内部产生的，这部分噪声是在信号检测和放大过程中引入的随机噪声，只能通过器件的选择和电路的设计与制造尽可能减小，一般不可能完全消除。下面讨论的噪声是指内部产生的随机噪声。

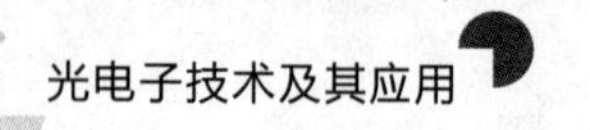

光接收机噪声的主要来源是光检测器的噪声和前置放大器的噪声。因为前置级输入的是微弱信号，其噪声对输出信噪比影响很大，而主放大器输入的是经前置级放大的信号，只要前置级增益足够大，主放大器引入的噪声就可以忽略。

（4）主要性能

① 灵敏度　灵敏度 P_r 的定义是，在保证误码率的条件下，光接收机所需的最小平均接收光功率 $P_{\min}$，并以 dBm 为单位。灵敏度是衡量光接收机质量的综合指标，它反映接收机调整到最佳状态时，接收微弱光信号的能力。灵敏度主要取决于组成光接收机的光电二极管和放大器的噪声，并受传输速率、光发射机的参数和光纤线路的色散的影响，还与系统要求的误码率或信噪比有密切关系。所以灵敏度也是反映光纤通信系统质量的重要指标。

② 动态范围　光接收机应具有一定的动态范围。由于使用条件不同，输入光接收机的光信号大小要发生变化，为实现宽动态范围，采用 AGC 是十分有必要的。

动态范围（DR）的定义是：在限定的误码率条件下，光接收机所能承受的最大平均接收光功率 $P_{\min}$ 和所需最小平均接收光功率 $P_{\min}$ 的比值，用 dB 表示。

动态范围是光接收机性能的另一个重要指标，它表示光接收机接收强光的能力，数字光接收机的动态范围一般应大于 15dB。

3.3.4　光探测器

光探测器是将光信号转换成电信号的器件，它是光接收机的核心部件。光电探测器是利用材料的光电效应来实现光电转换的，在光纤通信中常用的光探测器为光电二极管，它有三种类型，即 PN 结型光电二极管、PIN 结型光电二极管和雪崩型光电二极管。

（1）PN 结型光电二极管

光照射到半导体的 PN 结上，若光子能量足够大，则半导体材料中价带的电子吸收光子的能量，从价带越过禁带到达导带，在导带中出现光电子，在价带中出现光空穴，即产生光电子-空穴对，总起来又称光生载流子。光生载流子在外加负偏压和内建电场的作用下，在外电路中出现光电流，从而在外电路负载电阻上有信号电压输出，实现了输出电压跟随输入光信号变化的光电转换作用，如图 3-35 所示。

（2）PIN 结型光电二极管

载流子的扩散速度非常慢，并且在耗尽区外产生的光载流子必须扩散到耗尽区才能被 PN 结所收集。而 PN 结型光电二极管的 N 层很厚，使得光载流子耗费了很长的时间扩散，从而延长了 PN 结型光电二极管的响应时间，使得 PN 结型光电二极管很难满足快速光纤通讯系统的要求，因而 PIN 光电二极管应运而生。

为了缩短扩散时间，可在 PN 结中将 N 层减少掺杂，以至于看作本征半导体 I，再在末端加一 N 型重掺杂薄层，以制成低电阻的接触，这样就形成了 PIN 结。若在 PIN 结上加一定的反向电压，耗尽区便可在整个 I 区展开，光载流子扩散走过的区域被压缩，使 PIN 结型光电二极管的响应时间缩短。PIN 光电二极管的光电转换作用如图 3-36 所示。

（3）雪崩型光电二极管

由于普通光电二极管产生的电流不大，经过几十公里光纤的传输衰减，到达光接收机处的光信号将变得十分微弱，从而给后续的处理带来困难。雪崩型光电二极管克服了这种缺点，使输出电流大大增强。

雪崩光电二极管的工作是基于雪崩倍增效应，在二极管的 PN 结上加高反向电压（一般为几十伏或几百伏）在结区形成一个强电场。光生载流子在强电场作用下通过耗尽区高速向

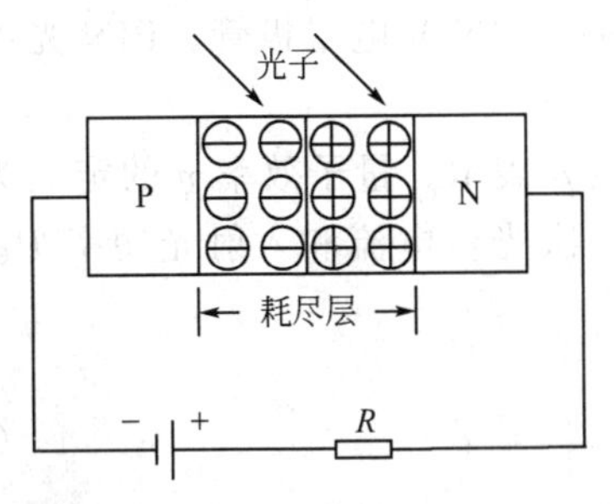

图 3-35 PN 结型光电二极管的光电转换

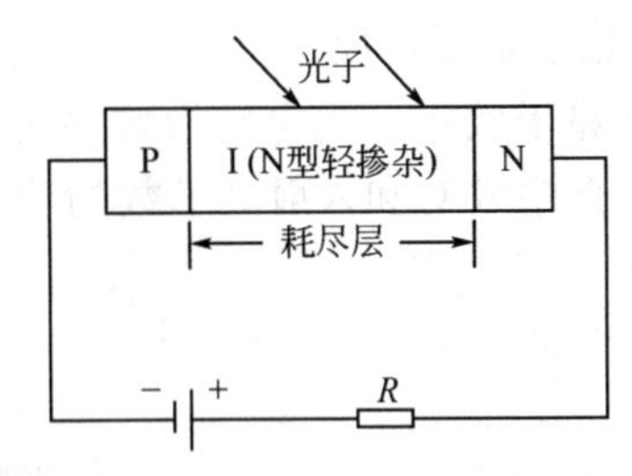

图 3-36 PIN 结型光电二极管的光电转换

两极移动，在移动过程中与晶格的原子发生碰撞，使价带的电子得到能量越过禁带到导带，产生了新的电子-空穴对，新产生的电子-空穴对在强电场中又被加速，再次碰撞，又激发出新的电子-空穴对……如此循环往复，像雪崩一样的发展，从而使光电流在管子内部即获得了倍增。

显然，雪崩光电二极管的雪崩倍增效应是有利方面，但它的不足之处是每次新增的电子-空穴对数是随机的，这种随机性将引入噪声。所以在设计雪崩光电二极管时应注意减小倍增随机性。

3.3.5 光检测器

光检测器（PD）是光接收机的关键器件，其功能是把光信号转换为电信号。目前光纤通信广泛使用的光检测器主要有 PIN 光电二极管和 APD 雪崩光电二极管。

（1）光电二极管工作原理

光电二极管（PD）把光信号转换为电信号的功能，是由半导体 PN 结的光电效应实现的。

如图 3-37 所示，当入射光作用在 PN 结时，如果光子的能量大于或等于带隙（$h_f \geqslant E_g$），便发生受激吸收，即价带的电子吸收光子的能量跃迁到导带形成光生电子-空穴对。在耗尽层，由于内部电场的作用，电子向 N 区运动，空穴向 P 区运动，形成漂移电流。

在耗尽层两侧是没有电场的中性区，由于热运动，部分光生电子和空穴通过扩散运动可能进入耗尽层，然后在电场作用下，形成和漂移电流相同方向的扩散电流。漂移电流分量和扩散电流分量的总和即为光生电流。当入射光变化时，光生电流随之作线性变化，从而把光信号转换成电信号。这种由 PN 结构成，在入射光作用下，由于受激吸收产生的电子-空穴对的运动，从而在闭合电路中形成光生电流的器件，就是简单的光电二极管。

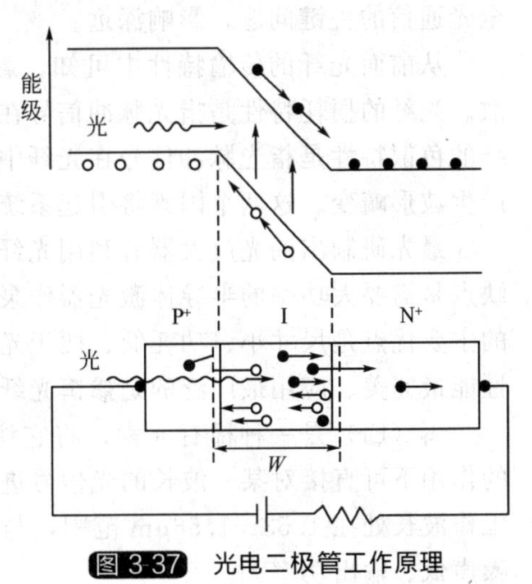

图 3-37 光电二极管工作原理

光电二极管通常要施加适当的反向偏压，目的是增加耗尽层的宽度。但是提高反向偏压，加宽耗尽层，又会增加载流子漂移的渡越时间，使响应速度减慢。为了解决这一矛盾，就需要改进 PN 结光电二极管的结构。

（2）PIN 光电二极管

为改善器件的特性，在 PN 结中间设置一层掺杂浓度很低的本征半导体（称为I层），这种结构便是常用的PIN光电二极管。PIN光电二极管具有如下主要特性。

① 量子效率　光电转换效率用量子效率 η 或响应度 ρ 表示。量子效率 η 的定义为一次光生电子-空穴对和入射光子数的比值，响应度定义为一次光生电流和入射光功率 P_0 的比值，即

$$\rho=\frac{I_{\mathrm{p}}}{P_0}=\frac{\eta e}{hf} \tag{3-15}$$

式中，hf 为光子能量；e 为电子电荷。量子效率和响应度取决于材料的特性和器件的结构。

② 响应时间和频率特性　光电二极管对高速调制光信号的响应能力用脉冲响应时间 τ 或截止频率 f_c（带宽 B）表示。

③ 噪声　噪声是反映光电二极管特性的一个重要参数，它直接影响光接收机的灵敏度。噪声通常用均方噪声电流（在1Ω负载上消耗的噪声功率）来描述。

光电二极管的噪声包括量子噪声、暗电流噪声、漏电流噪声以及负载电阻的热噪声。量子噪声是光通信中特有的最基本的噪声，量子噪声来源于光电流的本征起伏。光波虽然是一种电磁波，但是在光波频率波段，电磁场的量子效应已十分显著，入射到探测器上的光信号，实际上可以看成是由单个的光子（或光量子）所组成的。由于到达探测器上的光信号中所包含的光子以及由这些光子激发产生的光生载流子是随机的、离散的，因此造成了光电流的起伏（这是“光信号”所产生的光电流的起伏）。这种起伏就形成了量子噪声。暗电流噪声是当没有入射光时流过器件偏置电路的电流，它是由于PN结内热效应产生的电子-空穴对形成的。光电二极管中还有表面漏电流，表面漏电流是由于器件表面物理特性的不完善，如表面缺陷、不清洁和加有偏置电压而引起的。

3.3.6 光放大器

在光纤通信系统中，为了保证长途光缆干线可靠的性能指标，需在线路适当地点设立中继站。光缆干线上传统的是光/电/光转换形式的中继站，然而随着传输速率的增加，光/电/光中继方式的成本迅速增加。光放大器的研制成功是光纤通信发展史上的重要突破，解决了全光通信的关键问题，影响深远。

从前面光纤的传输特性中可知，影响线路最大中继距离的主要特性是光纤的损耗和色散。光纤的损耗特性是指光脉冲信号在光纤中随着传输距离的增加，脉冲幅度逐渐减小；光纤的色散特性是指光脉冲信号在光纤中随着传输距离的增加，脉冲宽度在时间上发生展宽，产生波形畸变。这两个因素将引起系统指标下降，影响系统的传输质量。

最先研制出的光放大器有利用光纤中非线性效应的光纤拉曼放大器（FRA），它的主要缺点是需要大功率的半导体激光器作泵浦源（约0.5W）。还有半导体光放大器（SOA），它的主要优点是尺寸小、功耗低、便于光集成，主要缺点是插入损耗大、对偏振态敏感。目前性能最完美、应用最广泛的是掺饵光纤放大器（EDFA）。

饵（Er）是一种稀有元素，将它注入到纤芯中，即形成了一种特殊光纤，它在泵浦光的作用下可直接对某一波长的光信号进行放大，因此称为掺饵光纤放大器。掺饵光纤放大器工作波长处在1.53～1.56μm范围，与光纤最小损耗窗口一致；它的泵浦功率低、增益高、噪声低、输出功率大。

由理论分析知道，铒离子 Er^{3+} 有三个工作能级：E_1、E_2 和 E_3，如图 3-38 所示。其中 E_1 能级最低，称为基态，E_2 为亚稳态，E_3 能级最高，称为激发态。Er^{3+} 在未受任何光激励的情况下，处在基态 E_1 上；当受到泵浦光源的激光不断地激发时，处于基态的粒子获得了能量就会向高能级跃迁，例如由 E_1 跃迁至 E_3。由于粒子在 E_3 这个高能级上是不稳定的，它将迅速以无辐射过程落到亚稳态 E_2 上，在该能级上，粒子相对来讲有较长的存活寿命，由于泵浦源不断地激发，则 E_2 能级上的粒子数就不断增加，而 E_1 能级上的粒子数减少，这样，在这段掺铒光纤中就实现了粒子数反转分布状态，就存在了实现光放大的条件。当输入光信号的光子能量正好等于 E_2 和 E_1 的能级差时，即：$E_2-E_1=h\nu$，则亚稳态 E_2 上的粒子将以受激辐射的形式跃迁回到基态 E_1 上，并辐射出和输入光信号的光子一样的全同光子，从而大大增加了光子数量，使得输入信号光在掺铒光纤中变为一个强的输出光信号，实现了光的直接放大。

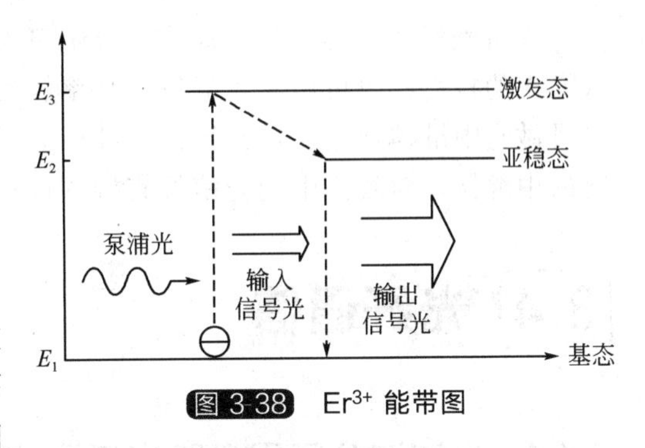

图 3-38 Er^{3+} 能带图

掺铒光纤放大器的基本结构如图 3-39 所示，它分为前向泵浦型、反向泵浦型和双向泵浦型，它主要由掺铒光纤、泵浦光源、光耦合器、光隔离器以及光滤波器等组成。光耦合器是将输入光信号和泵浦光源输出的光波混合起来的无源光器件，一般采用光波分复用器（WDM）；光隔离器是防止反射光影响光放大器的工作稳定性，保证光信号只能正向传输的器件；光滤波器的作用是滤除光放大器的噪声，降低噪声对系统的影响，提高系统的信噪比；掺铒光纤是一段长度为 10～100m 的光纤；泵浦光源为半导体激光器。

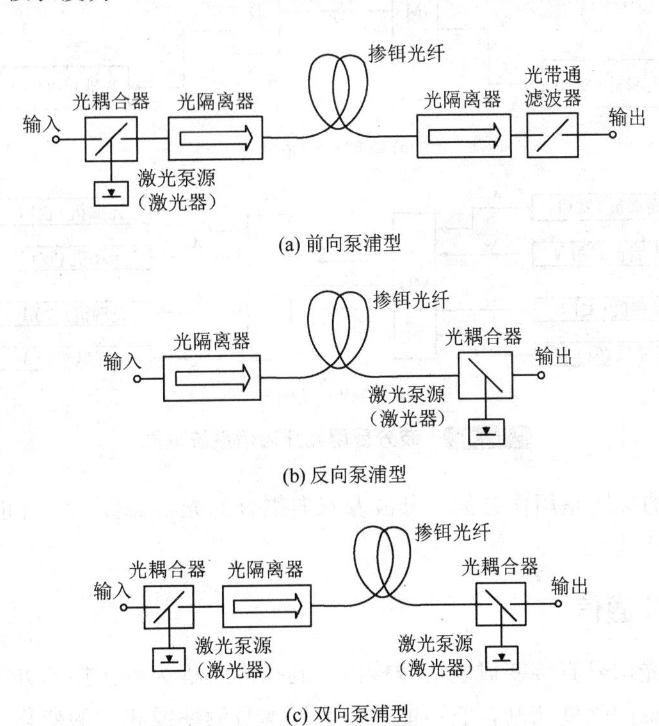

图 3-39 掺铒光纤放大器的基本结构

掺饵光纤放大器在光纤通信系统中可做接收机的前置放大器，此时要求它具有高增益、低噪声的特性；也可做光发射机的功率放大器，用来增加入纤光功率，延长传输距离；另外也可做光中继器使用，这是掺饵光纤放大器在光纤通信系统中的一个重要应用，它可代替传统的中继器，对线路中的光信号直接进行放大，使得全光通信技术得以实现。

3.4 光纤通信

3.4.1 光波波分复用多路光纤通信

多路复用是获得大容量通信的手段。所谓光波波分复用（Wavelength Division Multiplexing，WDM）是指在一根光纤上传输多种不同波长的光信号，传输方向可为单向也可为双向，波分复用原理如图 3-40 所示。图 3-40（a）为单向 WDM 系统，在发信端用合波器 M 将多个不同信道光端机所发射出的不同波长的光载波信号合起来，经由一根光纤传送到收信端，在收信端再用分波器 D 将不同波长的光载波信号分开，然后分别将它们送至相应光波长的光接收机，对各自所接收到的光信号作进一步处理。由于不同波长光的传输互不影响，也可让一根光纤在收发两个方向上同时进行光传输，双向 WDM 系统如图 3-40（b）所示。

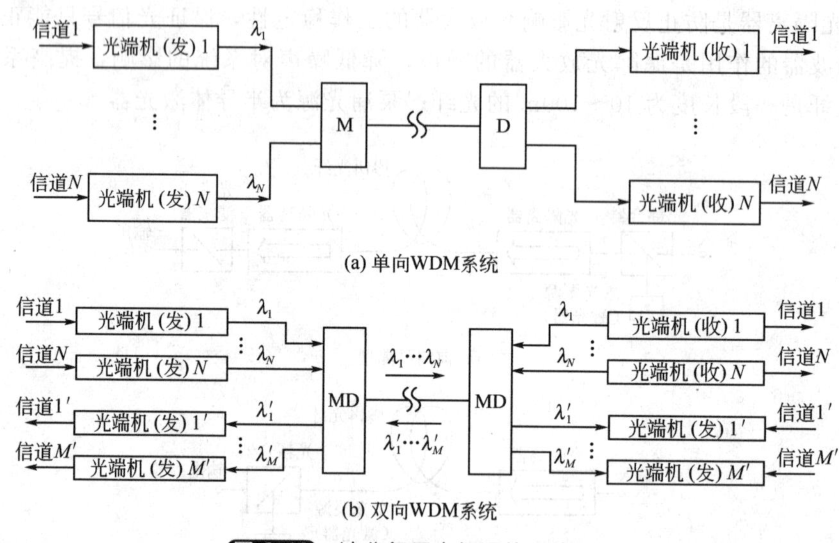

图 3-40 波分复用光纤通信系统框图

WDM 系统中的关键是用作合波、分波及双向耦合的光学器件，其性能决定了 WDM 系统能同时复用多少个光波。

3.4.2 相干光纤通信

光电探测器将光信号直接变成电信号输出，其探测过程为直接探测方式。直接探测相对应的调制方式是光源的强度调制，它不能响应光波本身频率或相位的变化，没有利用激光光波的相干特性。和直接探测完全不同的另一种探测方式是相干探测，采用相干探测方式实现的光通信称为相干光通信。在相干光通信中需要对光波本身的振幅、频率或相位进行调制，然后再通过相干探测解调出其中的调制信息，充分发挥激光相干性好的优点。

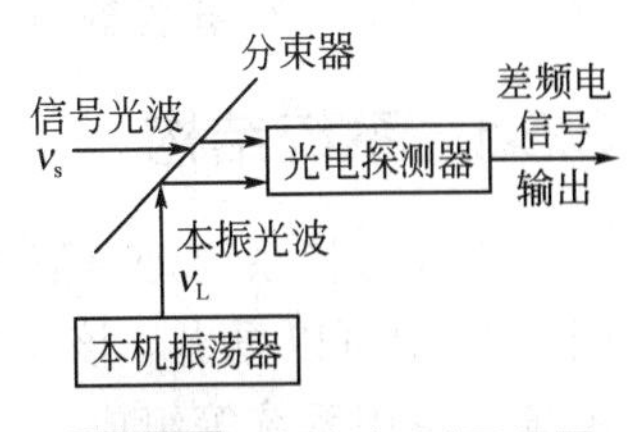

图 3-41 相干探测原理图

除调制而外，相干光通信的关键和重点是在相干探测。相干探测的基本原理如图 3-41 所示。分束器将远端（发射端）传送来的频率为 ν_s 的信号光波与接收端本机振荡器产生的频率为 ν_L 本机振荡光波合到一起，投射到光电探测器上，从而得到差频（$\nu_s-\nu_L$）电信号输出。远端传来的信号光波一般是相当微弱的，它被所需要传送的信号调制，或者振幅被调制，或者频率被调制，或者相位被调制。而本机振荡器实际上是接收端的一个高稳定度的单频光源（激光器），它输出的光波是等幅光波，频率和相位是恒定的，没有被调制。一般来说，本机振荡器输出的光波比远端传来的信号光波强得多，它的作用就是提高光电探测器输出的信号光电流成分的强度，这一点正是相干探测最吸引人的原因。

相干光纤通信近年来得到迅速发展，特别是对于超长波长（2～10μm）光纤通信来说，相干光纤通信极具吸引力，因为在超长波段，由瑞利散射所决定的光纤固有损耗将进一步大幅度降低（瑞利散射损耗与 λ^{-4} 成正比），因此，从理论上说，在超长波段可实现光纤跨洋无中继通信。而在超长波段，直接探测接收机的性能很差，于是，相干探测方式几乎自然而然地成为唯一的选择了。

相干光纤通信的进一步实用化发展，大体有以下几方面的技术问题待解决：①稳定作为光发射机载波振荡器和光接收机本地振荡器的半导体激光器的频率和减小它的谱线宽度；②进一步研究实用、简单的调制—解调技术；③解决由于接收端光信号的偏振态变化而引起混频效率变化的问题；④研制实用化的半导体激光放大器。

3.5 光纤通信系统

光纤通信是以光导纤维作为传输介质的光通信，其通信原理与激光通信一般原理及过程相似，只不过其传输介质为光纤。光纤通信系统主要由光源、调制器、耦合器、光纤、连接器、中继器、检测器等组成。与无线电波、微波通信比较，光纤通信具有以下特点。

① 传输容量大。光波的频率比超短波频率高几百万倍，比微波也要高出一千倍左右，可用于动态图像和大量数据的传输。计算表明，光通路可同时传送的信息，比无线电通路传送的信息多 20000 倍。

② 中继距离远。同轴电缆在传送 1000 路电话时，总计距离近 1.5km，而若用光纤传送 15000 路电话，中继距离可达 100km。

③ 抗干扰、使用安全、保密性好。光纤不受电磁、射频和核电磁脉冲的干扰，不存在一般同轴电缆中的接地和线路串音问题，还可在易爆、易炸环境中使用。

④ 体积小、重量轻、结构简单。一根 1km 长、直径 1.25μm 的光纤仅重 30g。光纤柔软易弯，铺设方便，从而可大大简化通信系统的维护保障，提高部队的机动性。

⑤ 成本较低。相同的传输容量，使用光纤要比同轴电缆便宜 30%～50%或更多。

光纤通信已成为指挥自动化系统的重要组成部分，在战略通信与战术通信两大方面均发挥着特定的作用。作为军事通信实现一体化、自动化、综合化、数字化必不可少的手段，光纤通信在远距离战术通信系统、中短距离局部通信系统、空中布缆以及飞机、舰船、雷达、导弹、卫星等军事装备内部的短距离信息传递和联络中，均发挥着重要作用。

3.5.1 系统结构

光纤通信系统是通信网的一个组成部分。典型的光纤通信系统结构如图 3-42 所示。从图 3-42 中可以看出，该系统是由发射端机（电/光）、接收端机（光/电）、光中继器、监控系统、备用系统等组成。

图 3-42 光纤通信系统示意图

传统的光中继器采用光-电-光的转换形式，即先将受到的微弱光信号用光检测器转换成电信号后进行放大、整形和再生后，恢复出原来的数字信号，然后再对光源进行调制，变换为光脉冲信号后送入光纤继续传输。

自光纤放大器实用化以来，光纤放大器开始代替传统的光中继器，特别是在高速光纤通信系统中。光放大器能直接放大光信号，对信号的格式和速率具有高度的透明性，使得整个系统更加简单、灵活。

3.5.2 系统的主要指标

（1）光纤传输系统发送指标

工作波长（λ）：850nm、1310nm、1550nm（S、C、L 波段），线路传输特性与系统工作波长密切相关。

平均发送光功率（P_s）：功率单位 mW、μW 应用于制造、购买光源；dBm 应用于设计、施工、测量。

$$\mathrm{dBm}=10\lg P_s/\mathrm{mW} \tag{3-16}$$

光谱特性（$\Delta\lambda$）：信号脉冲包含的波长范围。

边模抑制比（SMSR）：$\mathrm{SMSR}=P_{\mathrm{main}}/P_{\mathrm{side}}\geqslant 30\mathrm{dB}$。

消光比（EXT）：$\mathrm{EXT}=P_0/P_1\times100\%<10\%$ 或 $10\lg P_1/P_0>10\mathrm{dB}$，式中，$P_0$ 为全零码的光功率值；P_1 为全 1 码的光功率值。

（2）光纤传输系统接收指标

接收灵敏度（P_r）：在保证系统误码指标的条件下，光接收机所需要的最小光功率值：

$$P_r=10\lg P_{\min}/\mathrm{mW}\quad(\mathrm{dBm}) \tag{3-17}$$

P_r 值决定于系统传输速率、码型以及光探测器的类型。

接收动态范围（D）：在保证系统误码指标的条件下，光接收机所需最小光功率值与所允许的最大光功率值之差，即：

$$D=10\lg P_{\max}/P_{\min}(P_r)\quad(\mathrm{dB}) \tag{3-18}$$

光纤工作波段如表 3-3 所示。对于不同工作条件下的接收灵敏度，表 3-4 给出了灵敏度与系统误码指标相关。

① 误码性能。光纤数字传输系统的误码性能用误码率 BER 来衡量。误码的定义即在特定的一段时间内所接收的错误码元与同一时间内所接收的总码元数之比。

表 3-3　光纤工作波段

工作窗口	波段	标称波长/nm	波长范围/nm
第一窗口		850	770～910
第二窗口	O 波段	1310	1280～1360
	S 波段	1550	1460～1530
第三窗口	C 波段	1550	1530～1565
第四窗口	L 波段	1550	1565～1625
第五窗口	E 波段	波长扩展	1360～1460

表 3-4　灵敏度与系统误码指标相关

速率等级	2Mb/s	STM-4	STM-16	STM-64
误码指标 BER	10^{-9}	10^{-10}		10^{-12}
接收灵敏度 P_r/dBm	−50	−32	−28	−20

误码发生的形态和原因主要有两类：一类是随机形态的误码，即误码主要是单个随机发生的，具有偶然性；另一类是突发的、成群发生的误码，这种误码可能在某个瞬间集中发生，而其他大部分时间无误码发生。误码发生的原因是多方面的，如数字网中的热噪声、交换设备的脉冲噪声干扰、雷电的电磁感应、电力线产生的干扰等。误码性能的评定方法包括平均误码率、劣化分、严重误码秒和误码秒。

② 抖动性能。抖动是数字信号传输中的一种瞬时不稳定现象。抖动的定义即数字信号的各有效瞬间对其理想时间位置的短时间偏离，称为抖动。图 3-43 为定时抖动的图解定义。

抖动可分为相位抖动和定时抖动。相位抖动是指传输过程中所形成的周期性的相位变化。定时抖动是指脉码传输系统中的同步误差。

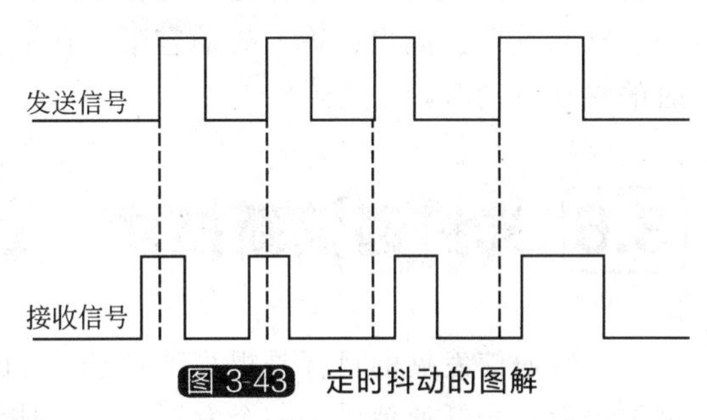

图 3-43　定时抖动的图解

抖动的大小或幅度通常可用时间、相位或数字周期来表示。目前多用数字周期来表示，即“单位间隔”，用符号 UI（Unit Interval），也就是 1 比特信息所占有的时间间隔。例如码速率为 34.368Mbit/s 的脉冲信号，$1UI=1/34.368\mu s$。

抖动产生的原因主要有四类：a. 数字再生中继器引起的抖动。由于再生中继器中的定时恢复电路的不完善及再生中继器的累计导致了抖动的产生和累加。b. 数字复接及分接器引起的抖动。在复接器的支路输入口，各支路数字信号附加上码速调整控制比特和帧定位信号形成群输出信号。而在分接器的输入口，要将附加比特扣除，恢复原分支数字信号，这些将不可避免地引起抖动。c. 噪声引起的抖动。由于数字信号处理电路引起的各种噪声。d. 其他原因。由于环境温度的变化、传输线路的长短及环境条件等也会引起抖动。

抖动的类型：一是随机性抖动。在再生中继器内与传输信号关系不大的抖动来源称为随机性抖动。这些抖动主要由于环境变化、器件老化及定时调谐回路失调引起。二是系统性抖动。由于码间干扰，定时电路幅度-相位转换等因素引起的抖动。

抖动的容限分为三种类型：a. 输入抖动容限：是指数字段能够允许的输入信号的最低抖动限值，即加大输入信号的抖动值，直到设备由不误码到开始误码的这个分界点。此时的输入信号上的误码即为最大允许输入抖动下限。b. 输出抖动容限：在数字段输入信号无抖动时，由于数字段内的中继器产生抖动，并按一定规律进行累计，于是在数字段输出端产生抖动。ITU-T 提出了数字段无输入抖动时的输出抖动上限，即为输出抖动容限。c. 抖动转移特性：由于输入口数字信号的抖动经设备或系统转移后到达输出口，从而构成了输出抖动的另一个来源。为了保证数字网抖动的总质量目标，ITU-T 建议抖动转移增益不大于 1dB。

（3）光纤通信系统接口指标

一个完整的光纤通信系统的具体组成如图 3-44 所示。

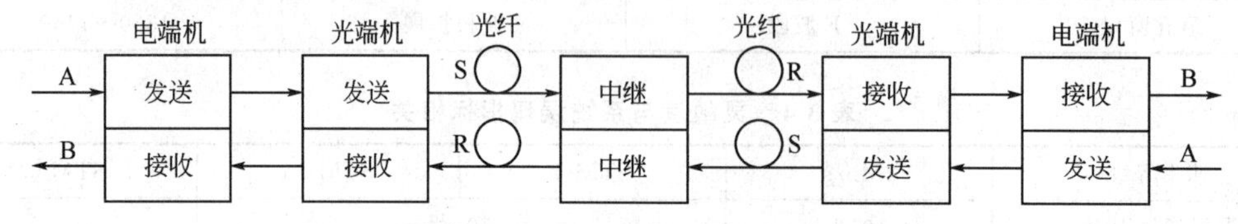

图 3-44 光纤通信系统的具体组成

把光端机与光纤的连接点称为光接口。光接口有两个：一个由 S 点向光纤发送光信号；另一个由 R 点从光纤接收信号。光中继器两侧均与光纤相连，所以它两侧的接口均为光接口。光接口是光纤通信系统特有的接口。在 S 点的主要指标有平均发送光功率和消光比，在 R 点的主要指标有接收机灵敏度和动态范围。

图 3-44 中的 A、B 点为电接口。通常把 A 点称为输入口，B 点称为输出口。在输入口和输出口都需要测试的指标是：比特率及容差、反射损耗。在输入口测试的指标有输入口允许衰减和抗干扰能力、输入抖动容限；在输出口测试的指标有输出口脉冲波形、无输入抖动时的输出抖动容限。

3.6 光纤通信新技术

光纤通信发展的目标是提高通信能力和通信质量，降低价格，满足社会需要。进入 21 世纪以后，光纤通信成为一个发展迅速、技术更新快、新技术不断涌现的领域。这里主要介绍一些已经实用化或者有重要应用前景的新技术，如光放大技术、光波分复用技术等。

3.6.1 光放大器

光放大器有半导体光放大器和光纤放大器两种类型。半导体光放大器的优点是小型化，容易与其他半导体器件集成；缺点是性能与光偏振方向有关，器件与光纤的耦合损耗大。光纤放大器的性能与光偏振方向无关，器件与光纤的耦合损耗很小，因而得到广泛应用。

20 世纪 80 年代末期，波长为 1.55μm 的掺铒（Er）光纤放大器（Erbium Doped Fiber Amplifier，EDFA）研制成功并投入使用，把光纤通信技术水平推向一个新高度，成为光纤通信发展史上一个重要的里程碑。

（1）掺铒光纤放大器工作原理

光信号为什么会放大？在掺铒光纤（EDF）中，铒离子（Er^{3+}）有三个能级：其中能级 1（4I15/2）代表基态，能量最低；能级 2（4I13/2）是亚稳态，处于中间能级；能级 3（4I11/2）代表激发态，能量最高。当泵浦（Pump，抽运）光的光子能量等于能级 3 和能级 1 的能量差时，铒离子吸收泵浦光从基态跃迁到激发态（1→3）。但是激发态是不稳定的，

Er^{3+}很快返回到能级 2。如果输入的信号光的光子能量等于能级 2 和能级 1 的能量差，则处于能级 2 的 Er^{3+}将跃迁到基态（2→1），产生受激辐射光，因而信号光得到放大。

如图 3-45 所示，这种放大是由于泵浦光的能量转换为信号光的结果。为提高放大器增益，应提高对泵浦光的吸收，使基态 Er^{3+}尽可能跃迁到激发态。

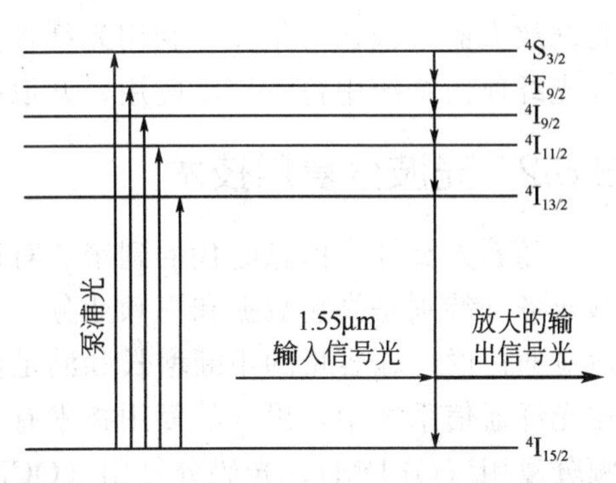

图 3-45　Er^{3+} 与泵浦光、信号光作用机理

（2）EDFA 的结构

EDFA 的结构由于采用的泵浦方式不同而有三种，如图 3-46 所示。图 3-46（a）为前向泵浦结构，图 3-46（b）为后向泵浦结构，图 3-46（c）为双向泵浦结构。光隔离器的作用是提高 EDFA 的工作稳定性，如果没有它，后向反射光将进入信号源（激光器）中，引起信号源的剧烈波动。波分复用器件（WDM）把不同波长的泵浦光和信号光融入掺铒光纤 EDF 中。

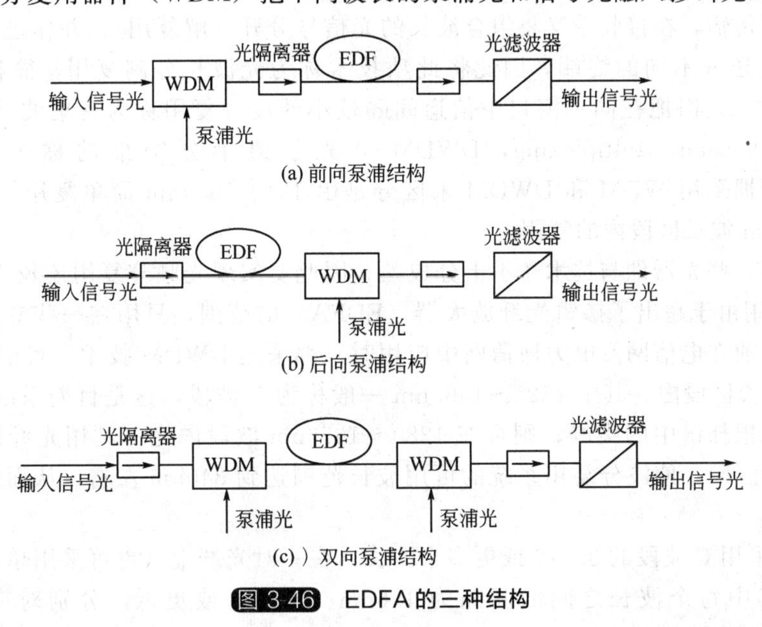

图 3-46　EDFA 的三种结构

光滤波器的作用是从泵浦光和信号光的混合光中滤出信号光。在前向泵浦结构中，泵浦光和信号光同向注入 EDFA 的输入端。在反向泵浦结构中，泵浦光和信号光相向注入 EDFA 的两端。而在双向泵浦结构中，两束泵浦光同时从 EDF 的两端注入。

（3）掺铒光纤放大器的优点和应用

EDFA 有许多优点，并已得到广泛应用。EDFA 的主要优点有：①工作波长正好落在光纤通信最佳波段（1500～1600 nm）；其主体是一段光纤（EDF），与传输光纤的耦合损耗很小，可达 0.1dB。②增益高，为 30～40dB；饱和输出光功率大，为 10～15dBm；增益特性与光偏振状态无关。③噪声指数小，一般为 4～7dB；用于多信道传输时，隔离度大，无串扰，适用于波分复用。④频带宽，在 1550nm 窗口，频带宽度为 20～40nm，可进行多信道传输，有利于增加传输容量。

如果加上 1310 nm 掺镨光纤放大器（PDFA），频带可以增加一倍。所以“波分复用+

光纤放大器”被认为是充分利用光纤带宽增加传输容量最有效的方法。1550nm EDFA 在各种光纤通信系统中得到广泛应用，并取得了良好效果。

3.6.2 光波分复用技术

随着人类社会信息时代的到来，对通信的需求呈现加速增长的趋势。发展迅速的各种新型业务（特别是高速数据和视频业务）对通信网的带宽（或容量）提出了更高的要求。为了适应通信网传输容量的不断增长和满足网络交互性、灵活性的要求，产生了各种复用技术。在光纤通信系统中，出现的复用技术有光波分复用（OWDM）、光时分复用（OTDM）、光频分复用（OFDM）、光码分复用（OCDMA）以及副载波复用（SCM）技术。

（1）光波分复用（OWDM）

光纤的带宽很宽。光波分复用（Wavelength Division Multiplexing，WDM）技术是将光纤的低损耗窗口可使用光谱带宽划分为若干极窄的子带宽，信号经强度调制后，调制在子带宽的中心波长上，在子带宽内传输，即在一根光纤中同时传输多波长光信号的一项技术。其基本原理是在发送端将不同波长的光信号组合起来（复用），并耦合到光缆线路上的同一根光纤中进行传输，在接收端又将组合波长的光信号分开（解复用），并作进一步处理，恢复出原信号后送入不同的终端，因此将此项技术称为光波长分割复用，简称光波分复用（WDM）技术。人们把在同一窗口中信道间隔较小的波分复用称为密集波分复用（Dense Wavelength Division Multiplexing，DWDM），光信道十分密集的称为光频分复用（OFDM），习惯采用 WDM 和 DWDM 来区分是由 1310/1550nm 简单复用（双波长复用）还是在 1550nm 波长区段内的复用。

由于目前一些光器件与技术还不十分成熟，因此要实现光频分复用还较为困难。1310/1550nm 的复用由于超出了掺铒光纤放大器（EDFA）的范围，只用在一些专门场合，在这种情况下，目前在电信网及电力通信网中应用时，都采用 DWDM 技术。目前 DWDM 都是在 1550nm 波长区段内。其中 1525～1565nm 一般称为 C 波段，这是目前系统所用的波段，若能消除光纤损耗谱中的尖峰，则可在 1280～1620nm 波段内充分利用光纤的低损耗特性（称之为全波光纤），使波分复用系统的可用波长范围达到 340nm 左右，从而大大提高传输容量。

DWDM 采用 C 波段的 8、16 或更多个波长，在一对光纤上（也可采用单光纤）构成光通信系统，其中每个波长之间的间隔为 1.6nm、0.8nm 或更低，分别对应约 200GHz、100GHz 或更窄的带宽。目前一般系统应用时所采用的信道波长是等间隔的，即 $k=0.8$nm，k 取正整数。人们正在研究与开发的波段是 L 波段（1570～1620nm）和 S 波段（1400nm）的 DWDM 系统。DWDM 技术对网络的扩容升级、发展宽带业务（如 CATV、HDTV 和 B-ISDN 等）、充分挖掘光纤带宽潜力、实现超高速通信等具有十分重要的意义，尤其是 DWDM 加上掺铒光纤放大器（EDFA）更是对现代信息网络具有强大的吸引力。

（2）光时分复用（OTDM）

OTDM 即光时分复用是另一种光复用技术。它避开了在电域进行更高速率复用所受到的限制，采用光脉冲压缩、光脉冲时延、光放大、光均衡、光色散补偿、光时钟提取、光再生等一系列技术实现在时域的复用和去复用。

光时分复用（OTDM）是用多个电信道信号调制具有同一个光频的不同光通道（光时隙），经复用后在同一根光纤传输的技术。光时分复用是一种构成高比特率传输的有效方法，它在系统发送端对几个低比特率数据流进行光复用，在接收端用光学方法把它解复用出来。

（3）光码分复用（OCDMA）

光码分复用（OCDMA）是一种扩频通信技术，不同用户的信号用互成正交的不同码序列来填充，这样经过填充的用户信号可调制在同一光载波上在光纤信道中传输，接收时只要用与发方向相同的码序列进行相关接收，即可恢复原用户信息。由于各用户采用的是正交码，因此相关接收时不会构成干扰。这里的关键之处在于，选择适合光纤信道的不同的扩频码序列对码元进行填充，形成不同的码分信道，即以不同的互成正交的码序列来区分用户，实现多址。

适合于光纤信道的扩频序列码称为单极性正交码。OCDMA 所用的单极性扩频序列是在二值域（1，0）上取值且满足具有尖锐的自相关峰和弱的互相关性。OCDMA 通信是采用光纤信道，利用单极性扩频码序列对信息进行编解码，使低速率的数据信息复用成高速率的光脉冲序列传输或解复用，实现多用户共享信道、随机异步接入、高速透明的通信方式。

OCDMA 是一种有发展潜力的光复用技术。无论 DWDM 还是 OTDM 本身，由于技术的限制，都不可能将信道数做到无限大，因此总容量和总速率受到一定的限制。对于光纤来说，可以获得的带宽资源达 100Tbit/s。所以要充分利用这一资源，只用 OTDM/WDM 方式还达不到，如果在每个时隙采用 OCDM，然后进行 OTDM，最后进行 DWDM，即 OCDM/OTDM/DWDM 的方式，则总速率可达数十 Tbit/s 以上，就相对接近光纤可利用带宽了。

3.6.3 实现光联网

上述实用化的波分复用系统技术尽管具有巨大的传输容量，但基本上是以点到点通信为基础的系统，其灵活性和可靠性还不够理想。如果在光路上也能实现类似 SDH 在电路上的分插功能和交叉连接功能的话，无疑将增加新一层的威力。根据这一基本思路，光联网既可以实现超大容量光网络和网络扩展性、重构性、透明性，又允许网络的节点数和业务量的不断增长、互连任何系统和不同制式的信号。

由于光联网具有潜在的巨大优势，发达国家投入了大量的人力、物力和财力进行预研，特别是美国国防部预研局（DARPA）资助了一系列光联网项目。光联网已经成为继 SDH 电联网以后的又一新的光通信发展高潮。建设一个最大透明的、高度灵活的和超大容量的国家骨干光网络，不仅可以为未来的国家信息基础设施（NJJ）奠定一个坚实的物理基础，而且也对我国下一世纪的信息产业和国民经济的腾飞以及国家的安全有极其重要的战略意义。

3.6.4 开发新一代光纤

传统的 G. 652 单模光纤在适应上述超高速长距离传送网络的发展需要方面已暴露出“力不从心”的态势，开发新型光纤已成为开发下一代网络基础设施的重要组成部分。目前，为了适应干线网和城域网的不同发展需要，已出现两种不同的新型光纤，即非零色散光（G. 655 光纤）和无水吸收峰光纤（全波光纤）。其中，全波光纤将是以后开发的重点，也是现在研究的热点。从长远来看，BPON 技术无可争议地将是未来宽带接入技术的发展方向，但从当前技术发展、成本及应用需求的实际状况看，它距离实现广泛应用于电信接入网络这一最终目标还会有一个较长的发展过程。对光纤通信而言，超高速度、超大容量、超长距离一直都是人们追求的目标，光纤到户和全光网络也是人们追求的梦想。

3.6.5 向超大容量WDM系统演进

采用电的时分复用系统的扩容潜力已尽，然而光纤的200nm可用带宽资源仅仅利用率低于1%，还有99%的资源尚待发掘。如果将多个发送波长适当错开的光源信号同时在一级光纤上传送，则可大大增加光纤的信息传输容量，这就是波分复用（WDM）的基本思路。基于WDM应用的巨大好处及近几年来技术上的重大突破和市场的驱动，波分复用系统发展十分迅速。目前全球实际铺设的WDM系统已超过3000个，而实用化系统的最大容量已达320Gbit/s（2×16×10Gbit/s），美国朗讯公司已宣布将推出80个波长的WDM系统，其总容量可达200Gbit/s（80×2.5Gbit/s）或400Gbit/s（40×10Gbit/s）。实验室的最高水平则已达到2.6Tbit/s（13×20Gbit/s）。预计不久的将来，实用化系统的容量即可达到1Tbit/s的水平。

3.6.6 全光通信系统

全光通信系统是指在整个光纤通信的信道上传输的均为纯光信号，也就是说，中继器全部采用光放大器构成的光纤通信系统。在全光光纤通信系统的传输信道上，因为无需经过“光—电—光”的转换过程，可望提高通信质量、简化中继器的结构，以减少通信系统的故障率。不过，就目前光放大器的成熟程度来看，全光光纤通信系统一时还难以实用化。如果光放大器的噪声系数不能优于电子器件放大器的噪声系数指标，全光光纤通信是没有实际意义的。因此，研制实用化的光放大器具有重大意义。

目前全光网络（AON）的发展引人注目。全光网是指信息从源节点到目的节点的传输完全在光域进行，即全部采用光波技术完成信息的传输和交换的宽带网络。它包括光传输、光放大、光再生、光选路、光交换、光存储、光信息处理等先进的全光技术。

WDM全光通信网是在现有的传送网上加入光层，在光上进行交叉连接（OXC），或进行光上/下路的光分插复用器（OADM），则在原来由光纤链路组成的物理层上面就会形成一个新的光层。

在这个光层中，相邻光纤链路中的波长通道可以连接起来，形成一个跨越多个OXC和OADM的光通路，完成端到端的信息传送，并且这种光通路可以根据需要灵活、动态地建立和释放。这个光层就是新一代的WDM全光网络，如美国的MONET网。MONET是“多波长光网络”的简称，该项目是由AT&T、Bellcore和朗讯科技发起的，参加单位有Bell亚特兰大、南Bell公司、太平洋Telesis#、NSA（美国国家安全局）和NRL（美国海军研究所）。

Chapter 04

第4章 条形码技术

随着现代科学技术的飞速发展，信息已经渗透至人类社会的一切领域，信息之重要如同空气之于人。在被称为信息化社会的今天，信息量猛增，信息的“裂变”速度已到了令人惊叹的地步。据统计，近20多年来人类社会所积累的信息量已超过了以往两千年所积累信息量的总和；科技文献每隔7～10年就要翻一番，而尖端科技文献每隔两三年就要增加一倍。随着商品经济的发展，流通领域日益扩大，商业活动节奏大大加快，商品经济的信息量成倍地增长。总之，各种各样的信息正汇集成浩瀚的信息海洋。

为了迎接信息时代的挑战，人们要求对社会上各个领域的信息进行正确、有效、适时的管理。计算机技术的出现，提高了人们处理信息的速度和能力。然而面对浩如烟海、瞬息万变的信息流，在有限的时间里如何捕捉所需要的信息成为人们普遍关注的问题。

在利用计算机自动识别技术采集数据的方法中，条形码扫描技术由于其快速、准确、成本低、可靠性高等优点受到越来越多的人们的青睐，被广泛地应用在商业、图书管理、仓储、邮电、交通和工业生产过程控制等领域。目前，条形码技术为世界各国纷纷采用，不仅在国际范围内为商品提供了一套可靠的代码标识体系，而且为产、供、销等生产及贸易的各个环节提供了通用的“语言”，为实现商业数据的自动采集和电子数据交换（EDI）奠定了基础，并引起了世界流通领域里的巨大变革。

4.1 条形码技术发展概述

条形码的研究始于20世纪40年代，到20世纪50年代美国就出现了关于铁路车辆采用条形码标识的报道，美国从20世纪60年代开始将条形码的研究集中在食品行业，并于1965年发表了一项食品零售业采用计算机条形码扫描结算技术的调查报告。1966年美国的两家计算机公司率先推出了他们的第一个条形码扫描系统。

1970年，美国的食品工业委员会认真、系统地研究了条形码技术及POS系统（Point of Sale System）即自动销售管理系统的应用问题，选择食品杂货业进行了条形码应用的尝试，而通用产品代码UPC码首先在杂货零售业中试用，这为以后条形码的统一和广泛采用奠定了基础。次年布莱西公司研制出布莱西码及相应的自动识别系统，用以库存验算，这是条形码技术第一次在仓库管理系统中的实际应用。1972 年蒙那奇·马金（Monarch Marking）等研制出库德巴码，到此美国的条形码技术进入新的发展阶段。

1973 年美国统一代码委员会（简称 UCC）建立了 UPC 条形码系统，实现了该码制标准化。同年，食品杂货业把 UPC 码作为该行业的通用标准码制，为条形码技术在商业流通销售领域里的广泛应用，起到了积极的推动作用。1974 年 Intermec 公司的戴维·阿利尔（Davide Allair）博士研制出三九条形码，很快被美国国防部所采纳，作为军用条形码码制。三九条形码是第一个字母、数字式相结合的条形码，后来广泛应用于工业领域。

UPC 条形码系统在美国和加拿大超级市场上的成功应用给人们以极大的鼓舞，尤其是欧洲人对此产生了很大的兴趣，欧洲共同体（简称欧共体）专门研究了在欧洲建立统一商品编码体系的可能性。经过几年的摸索，在吸取 UPC 码经验的基础上，终于开发出了与 UPC 码兼容的欧洲物品编码系统（European Article Number System），简称 EAN 码。并于 1977 年 2 月签署了 EAN 协议备忘录，正式成立了欧洲物品编码协会（European Article Number Association），欧洲物品编码协会的建立，加速了条形码在欧洲乃至全球的应用进程。

欧洲物品编码协会会员国数量迅速增加，会员范围不断扩大并很快超出了欧洲区域，为了体现该组织已经形成的国际地位，发挥其在统一全球物品标识系统中的作用，欧洲物品编码协会于 1981 年改名为国际物品编码协会（International Article Number Association），仍简称 EAN。

EAN 自建立以来，始终致力于建立一套国际通行的全球跨行业的产品、运输单元、资产、位置和服务的标识标准体系和通信标准体系，即“全球商务语言——EAN·UCC 系统”（在我国称为 ANCC 全球统一标识系统，简称 ANCC 系统）。其目标是向物流参与方和系统用户提供增值服务，提高整个供应链的效率，加快实现包括全方位跟踪在内的电子商务进程。

目前 EAN 的会员已遍及六大洲九十多个国家和地区，全世界已有约百万家公司、企业通过各国或地区的编码组织加入到 EAN·UCC 系统中来。从 20 世纪 90 年代起，为了使北美的标识系统尽快纳入 EAN·UCC 系统，EAN 加强了与美国统一代码委员会的合作，先后两次达成 EAN/UCC 联盟协议，以共同开发、管理 EAN·UCC 系统。2002 年 UCC 和加拿大电子商务委员会（ECCC）正式加入国际 EAN，使 EAN·UCC 系统的全球统一性得到进一步的巩固和完善。

4.2 条形码技术及其特点

条形码技术是在计算机技术与信息技术基础上发展起来的一门集编码、印刷、识别、数据采集和处理于一身的新兴技术。条形码技术的核心内容是利用光电扫描设备识读条形码符号，从而实现机器的自动识别，并快速准确地将信息录入到计算机进行数据处理，以达到自动化管理之目的。条形码技术主要包括符号技术、识别技术和应用系统设计技术。

（1）符号技术

条形码是由一组按特定规则排列的条和空及相应数据字符组成的符号，是一种信息代码，不同的码制，条形码符号的构成规则不同。目前较常用的码制有 EAN 条形码、UPC 条形码、二五条形码、交插二五条形码、库德巴条形码、九三条形码、一二八条形码等。

符号技术的主要内容是：研究各种码制条形码的编码规则、特点及应用范围；条形码符号的设计及制作；条形码符号印刷质量的控制等。只有按规则编码，符合质量要求的条形码符号才能最终被识读器识别。

（2）识别技术

条形码识别技术主要由条形码扫描和译码两部分构成。条形码扫描是利用光束扫读条形码符号，将反射光信号转换为电信号，这部分功能由扫描器完成。译码是将扫描器获得的电信号按一定的规则翻译成相应的数据代码，然后输入计算机，这个过程由译码器完成。

（3）应用系统设计技术

条形码应用系统由条形码、条形码阅读器、电子计算机及通信系统组成。应用对象及范围不同，条形码应用系统的配置不同。

系统设计主要需考虑条形码设计、印刷设备选择以及条形码阅读器的选择。条形码设计包括确定条形码信息元、选择码制和符号的版面设计。条形码印制质量对系统能否顺利运行关系重大，如果条形码本身质量高，即使性能一般的识读器也可以顺利地读取。虽然操作水平、识读器质量等因素是影响识读质量不可忽视的因素，但条形码本身的质量始终是系统能否正常运行的关键。因此，在印制条形码符号前，要做好印刷设备选择，以获得合格的条形码符号。条形码阅读设备种类很多，如光笔、CCD 阅读器、激光枪、台式扫描器等，各有优缺点，在设计条形码应用系统时，必须考虑到条形码阅读设备的使用环境和操作状态，以做出正确的选择。

条形码识别技术与其他识别技术相比具有如下的优势。

① 简单。条形码符号制作容易，扫描操作简单易行。

② 信息采集速度快。普通计算机的键盘录入速度约为每分钟 200 字符，而利用条形码扫描录入信息的速度是键盘录入的 20 倍。

③ 采集信息量大。利用条形码扫描，一次可以采集几十位字符的信息，而且可以通过选择不同码制的条形码增加字符密度，使录入的信息量成倍增加。

④ 可靠性高。键盘录入数据，出错率为三千分之一，而采用条形码扫描录入方式，误码率仅有百万分之一，首读率可达 98%以上。

⑤ 设备结构简单、成本低。

4.3 条形码的编制

4.3.1 条形码的基本概念及构成

条形码由条形码符号（图形）和人工识读字符代码两大部分构成，如图 4-1（a）所示。条形码符号分为左侧空白区、起始符、数据符、校验符、终止符和右侧空白区六部分。条形码符号是一种信息代码，如图 4-1（b）所示，它用特殊的图形来表示数字、字母信息和某些符号，是供条形码阅读器识读的图形符号。供人工识读的字符代码是一组字串，一般包括 0～9 十个阿拉伯数字、26 个英文字母以及一些特殊的符号。目前，已经研制出能表示 128 个全 ASCII 码的条形码。条形码常用术语如下。

条形码符号：由空白区和一组条形码字符组合起来的图形，用以表示一个完整数据的符号。

条形码字符：用以表示一个数字、字母及特殊符号的一组条形码元素。

左侧空白区	起始符	数据符	校验符	终止符	右侧空白区

人工识读字符代码

(a) 基本结构

(b) 实图

图 4-1 条形码的基本构成

条形码元素：用以表示条形码的条和空，简称为元素。

条：在条形码符号中，反射率较低的元素。

空：在条形码符号中，反射率较高的元素。

位空：在条形码符号中，位于两个相邻的条形码字符之间且不代表任何信息的空。

空白区：条形码左右外侧与空的反射率相同的限定区域。

起始符：位于条形码起始位置的若干条与空。

终止符：位于条形码终止位置的若干条与空。

校验符：在条形码符号中，表示校验码的条形码字符。

4.3.2 条形码的种类

条形码的种类，主要是由条形码字符符号及其人工识读字符代码的编码结构决定的。从字符代码的长度来分，可分为定长和可变长两种；从标准字符的覆盖面分，可分为纯数字型、数字字母混合型和全 ASCII 码型；从图形符号的排列方式分，可分为连续型和非连续型；从校验方式分，又可分为自校验型和非自校验型等。

目前，国际上流行的条形码有十几种，它们产生于各个领域对信息处理自动识别的不同要求。也正是由于这种不同应用的需求，使这些条形码各具特色、各擅其长、相对独立、并行发展。这些条形码基本上可以归结为具有世界统一编码信息结构的全开放型条形码和没有世界统一编码信息结构的局部开放型条形码。前者是世界流通领域广泛采用的 EAN、UPC、ITF 及其标准附加码 EAN-128；后者则是其他领域里使用的三九条形码、九三条形码、二五条形码、交叉二五条形码、code 一二八条形码。

4.3.3 编码的基本原则及常用条形码码制

编码的基本原则如下。

① 唯一性：一个编码对象可能有很多不同的名称，也可按各种不同方式对其进行描述。但是在一个分类编码标准中，每一个编码对象仅有一个代码，而一个代码也只唯一表示一个编码对象。

② 合理性：代码结构要与分类体系相适应。

③ 可扩充性：必须留有适当的后备容量，以适应不断扩充的需要。

④ 简单性：代码结构应尽量简单，长度尽量短，以便节省机器存储空间和减少代码的差错率，同时提高机器的效率。

⑤ 适用性：代码要尽可能反映编码对象的特点，有助记忆，便于填写。

⑥ 规范性：在一个信息分类编码标准中，代码的类型、代码的结构以及代码的编写格式必须统一。

（1）UPC码

1973年，美国率先在国内的商业领域中使用了UPC码（Universal Product Code），之后加拿大也在商业领域中采用了UPC码，UPC码的应用大大提高了商业管理的自动化水平。

UPC码是一种长度固定的连续型数字式代码，其字符集为数字0～9。它采用四种元素宽度，每个条或空是1、2、3或4倍单位元素宽度。UPC码有五种类型，其中应用最广泛的UPC-A码为通用商品代码，UPC-E为短码。

UPC-A码表示12位数据，图4-2为其符号结构。UPC-A码符号的第一位数为系统字符，用以指示后面10位字符表示的商品类型。例如“0”和“7”表示它们后面的10位数字均用以标识规则包装的商品；“2”则指明它后面的10位数字标识随机质量的商品，只能作为店内码。接下去的5位数字组成的代码用于确认产品的制造商，再接下去的5位数组成的代码代表此产品的代码，用以确认产品的特征、属性等。这些代码均由编码机构和制造商统一分配。最后一位数是校验字符。UPC-A码由其中间隔离条分成前6位字符和后6位字符。前6位字符称左手字符，后6位字符称右手字符。

左侧空白区	起始符	系统符1位数字	左侧数据符5位数字	中间符	右侧数据符5位数字	检验符1位数字	终止符	右侧空白区

图4-2 UPC-A码符号结构

UPC码每个字符有两个条和两个空，共7个单位元素宽度。表4-1给出了UPC-A码的20个编码字符及相应的逻辑值。

表4-1 UPC-A码编码结构

数字字符	值	左手奇字符		右手偶字符	
		编码结构	逻辑值	编码结构	逻辑值
0	0		0001101		1110010
1	1		0011001		1100110
2	2		0010011		1101100
3	3		0111101		1000010
4	4		0100011		1011100
5	5		0110001		1001110
6	6		0101111		1010000
7	7		0111011		1000100
8	8		0110111		1001000
9	9		0001011		1110100

由表4-1可知，UPC-A码符号的左手字符与右手字符的编码规则是不同的，其左手字符为奇字符，即两个条的宽度之和是3个或5个单位元素宽；其右手字符为偶字符，即两个条的宽度之和是2个或4个单位元素宽。UPC-A码符号的警戒条和中心隔离条通常比其他条的印刷高度要高，这样可增大被允许的扫描倾斜角。

UPC-E码的数字字符由相应的UPC-A码的数字字符经消零压缩处理得到，并且其系统字符总是为“0”。具体地说，UPC-E码的6位数据符是由UPC-A码除去系统字符和校验字符以外的10位数据经消零压缩处理得到。图4-3是一个UPC-E码的符号结构。

左侧空白区	起始符	数据符6位数字	终止符	右侧空白区

图 4-3　UPC-E 码的符号结构

UPC-E 码的系统字符和校验字符与消零压缩前的 UPC-A 码相同，扫描识读时仍还原为相应的 UPC-A 码。UPC-E 码和 UPC-A 码消零压缩与扫描还原具有确定的对应关系。UPC-A 码的校验字符位于数据字符的后面，它用于提高数据的可靠性，校验字符位的计算应遵从相应的标准。而 UPC-E 码的校验字符则沿用了消零压缩前的 UPC-A 码的校验字符。

（2）EAN 码

1977 年，欧洲经济共同体各国按照 UPC 码的标准制定了欧洲物品编码 EAN 码，它与 UPC 码兼容，而且两者具有相同的符号体系。EAN 码的字符编码结构与 UPC 码相同，它也是长度固定的、连续型的数字式码制，其字符集是数字 0～9。它采用 4 种元素宽度，每个条或空是 1、2、3 或 4 倍单位元素宽度。

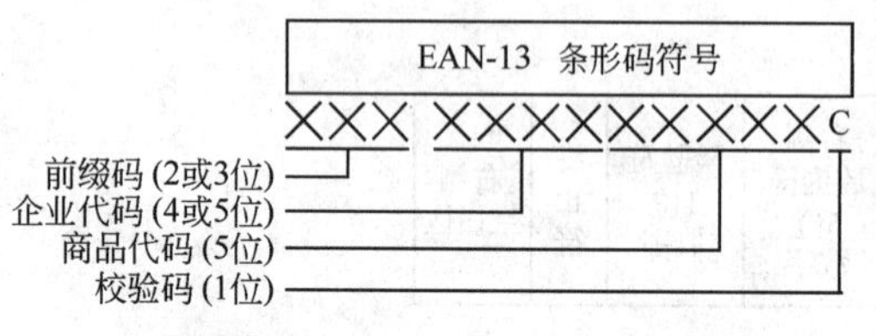

图 4-4　EAN-13 码的代码结构

EAN 码有两种类型，即 EAN-13 码和 EAN-8 码。EAN-13 码表示 13 位数据，EAN-8 码表示 8 位数据。图 4-4 是 EAN-13 码的代码结构，它与 UPC-A 码符号的结构相同，前 2 位数（或 3 位数）是前缀码，用于标识此产品生产的国家或地区，由 EAN 总部赋予；接下去的 5 位数（或 4 位数）是企业代码，用于标识此产品的制造商，由国家或地区的物品编码机构赋予；再接下去的 5 位数为商品代码，用以确认此产品的特征、属性等，由企业赋予；最后一位是校验码。

EAN-13 码符号与 UPC-A 码符号一样，都是分为两部分，前 6 位字符称为左手字符，后 6 位字符称为右手字符。左手字符具有奇偶性，而右手字符均为偶性。表 4-2 给出了 EAN-13 码的编码规则。

表 4-2　EAN-13 码的编码规则

数字字符	值	左手奇字符		左手偶字符		右手偶字符	
		编码结构	逻辑值	编码结构	逻辑值	编码结构	逻辑值
0	0		0001101		0100111		1110010
1	1		0011001		0110011		1100110
2	2		0010011		0011011		1101100
3	3		0111101		0100001		1000010
4	4		0100011		0011101		1011100
5	5		0110001		0111001		1001110
6	6		0101111		0000101		1010000
7	7		0111011		0010001		1000100
8	8		0110111		0001001		1001000
9	9		0001011		0010111		1110100

EAN-13 码符号与 UPC-A 码符号具有相同的元素个数，只是比 UPC-A 码多了一个第 13 位数。此位数不被编码成条形码字符，它的值隐含在左手字符的奇偶性排列组合中。

EAN-8 码也分左手字符和右手字符，左手字符是 4 个奇字符，右手字符是 4 个偶字符，左右手字符之间由中间隔离条分开，左手奇字符和右手偶字符的编码规则分别与EAN-13码的左手奇字符和右手偶字符的相同。EAN-8码符号的前2位是前缀码，代表此产品的生产国家或地区，接下去的5位数为商品代码，最后一位为校验字符。

EAN码的校验字符位于数据字符的后面，它用于提高数据的可靠性，校验字符位的计算应遵从相应的标准。

（3）其他码制

① 三九条形码　是一种条、空均表示信息的非连续型、非定长、具有自校验功能的双向条形码。它的每一个条形码字符由9个单元组成，5个条单元和4个空单元，其中3个单元是宽单元（用二进制“1”表示），其余是窄单元（用二进制“0”）。

三九条形码最大的特点是表示的字符集中字符较多，有43个，包括10个数字、26个大写字母和一些特殊字符。三九条形码是一种等比码，在等比码中各字符里“1”和“0”的个数的比例保持恒定，因而它可以检测所有非对称性的错误，即宽单元错成窄单元或窄单元错成宽单元这类数目不相等的错误。虽然检测不出对称性错误，但是这种对称性错误的概率是非常小的。由于三九条形码具有自校验功能，一般情况下不使用校验字符，为满足特定应用场合数据准确性的要求，可采用附加校验字符。

三九条形码在条形码领域中占据着很重要的地位，它被广泛应用于工业、图书以及票证自动化管理上。如美国国防部已将三九条形码作为标识文件、容器、包裹等物品的条形码标准。目前，我国也将三九条形码标准化，它将对我国各行各业使用条形码管理起到很大的作用。

② 库德巴条形码（Codabar Bar Code）　库德巴条形码是一种条、空均表示信息的非连续型、非定长、具有自校验功能的双向条形码。每个条形码字符由7个单元组成，4个条单元和3个空单元，其中2个或3个单元是宽单元（用二进制“1”表示），其余是窄单元（用二进制“0”表示）。库德巴条形码字符集包括数字0～9、字母A～D和6个特殊字符。

库德巴条形码自1972年推出以来，在一些领域的应用取得了很大成功，如1977年，美国血液委员会ABC（American Blood Commission）采用库德巴条形码作为输血用血袋上的标记，另外在图书馆和照相业务中，也广泛使用库德巴条形码。目前，我国也将库德巴条形码标准化，库德巴条形码将在我国各个领域中发挥巨大的作用。

③ 四九条形码　产生于1987年，是一种多行的、连续型的、非定长的条形码。它不同于以往传统的码制，主要适用于小物品标签上的高密度符号编码。四九条形码可将ASCII码的128个字符全部编码，字符集中没包含的ASCII码将作为一个双字符被编码，在双字符中第一个字符是shift1或shift2。每个四九条形码包含有2～8个相邻的行，每两行之间由一窄元素宽度的条分隔开。每行均由18个条和17个空构成，它包含有4个词。每行有一个起始符和一个终止符，每行还有一个行号，最后一行含有指示该码中共有多少行的信息。

四九条形码的条高可以有不同的尺寸以便适应需要。也就是说，四九条形码允许由2～8行构成，这样，它垂直方向的长度变化范围就较大，表达的信息量大，空间占有尺寸又可伸缩，所以是一种很有前途的码制。

4.4 条形码阅读器

4.4.1 条形码阅读器的组成和工作原理

条形码阅读器是条形码技术的最重要组成部分，它的作用是将条形码标签上的信息通过光电转换元件变换成可由计算机接受的电子信息。条形码阅读器由两部分组成，即条形码符号光电扫描器和译码器。其中光电扫描器由光学系统、光电转换器及信号整形电路组成；译码器主要由信号输入接口、译码电路和信号输出接口组成。条形码阅读器的结构如图 4-5 所示。

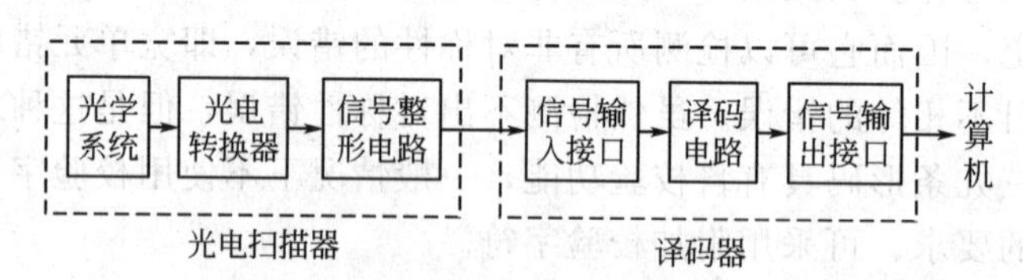

图 4-5 条形码阅读器的结构

光电扫描器在条形码技术中是一个主要的硬件设备。条形码数据的自动采集、光电信号的转换都是由光电扫描器来完成的。光电扫描器的种类繁多，但它们的工作原理基本相同，均是利用光学系统获取条形码符号，由光电转换器将光信号转换成电信号，并通过电路系统对电信号进行放大和整形，最后以二进制脉冲信号输出给译码器。为了实现对条形码符号的自动扫描，有些光电扫描器还设计了光束自动扫描运动机构。光电扫描器虽小，但它是光、电、机技术相结合的产物。

译码器实际上是一个专用的单片机系统，它将光电扫描器扫描条形码符号所输出的脉冲数字信号解译成条形码符号所表示的数据，并传输给计算机。

条形码阅读器的光电扫描器和译码器两个装置既可以是独立的，也可以是一体的。由于各类阅读器的译码器的功能基本上是一样的，但扫描装置却各有特色，因此也可以认为条形码阅读器主要就是条形码扫描器。

4.4.2 条形码符号的光学特性

在日常生活中，人们可以看到各种形状和各种颜色的物体。无论是平面的图像，还是立体的物品，都是以光的特性将这些事物的信息反映出来的。人们之所以能够看见这些物体，是因为有光照射到物体上，物体反射光的缘故。当光照射到表面光滑的物体上时发生单向反射，当光照射到表面粗糙的物体上时，发生漫反射。

不同颜色的物体，其反射的可见光的波长不同。例如：黄色物体只反射波长为 560～590nm 的可见光，红色物体只反射波长为 620～780nm 的可见光。白色的物体能反射各种波长的可见光，而黑色的物体对各种波长的可见光均不反射，即吸收各种波长的可见光。这些性质对研究条形码光电扫描器是非常重要的。

条形码符号是由宽度不同、反射率不同的条和空，按照一定的编码规则组合起来的一组代码。常见的条形码是由黑条和白空（也叫白条）印制而成的。这是因为黑条对光吸收性好，其反射率最低，而白空对光的反射率最高。当光照射到条形码符号上时，黑条与白空产生较强的对比度，光电扫描器正是利用黑条和白空对光的反射率不同来获取条形码数据的。

条形码符号不一定必须印刷成黑色和白色，也可以印制成其他颜色，但两种颜色必须有不同的反射率，并保证有足够的对比度。印制条形码符号所选择涂料的反光特性应与光电扫描器光源的选择相匹配。条形码符号的印制技术、光电扫描器的光源和光电转换器之间存在着内在的联系。

条形码符号还可以利用光的漫反射现象来制作。将条形码符号制成光滑与粗糙相间的条，当光照射到光滑的条上时发生单向反射。在设计光电扫描器时使光电转换器避开单向反射的光。这种情况就相当于无反射光，与光照射到黑条上是等效的。而当光照射到粗糙的条上时发生漫反射，这种情况就有反射光，与光照射到白色条上是等效的。

4.4.3 光电扫描器的结构及功能

光电扫描器通常是一种有源（自身带有光源）系统。它是由光学系统和电路系统组成的。光学系统的主要作用是当扫描器扫描时获取瞬间光信号，电路系统的主要作用是将光学系统获取的光信号转换成电信号，然后进行放大和整形，并输出给译码器。

光学系统主要由光源、透镜和光阑等元器件组成。电路系统主要由光电转换器、放大电路、整形电路和接口电路组成，如图 4-6 所示。

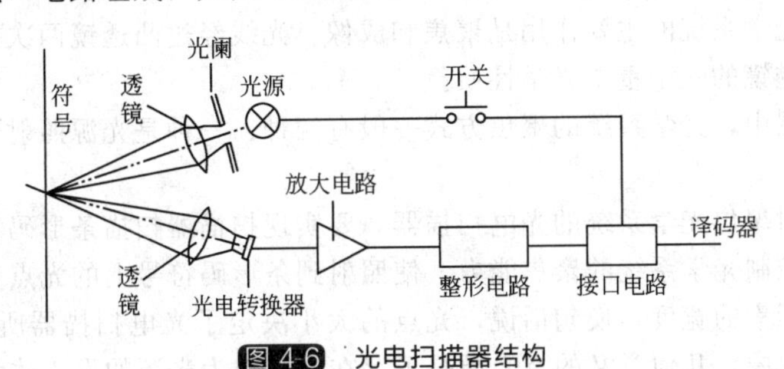

图 4-6 光电扫描器结构

光电扫描器对条形码符号的扫描有两种方式：一种是手动扫描；另一种是自动扫描。手动扫描比较简单，手持扫描器在条形码符号上相对移动，即完成了扫描过程。自动扫描比较复杂，方法有多种，但经常见的有两种：第一种是选择自动扫描的光电转换器，如 CCD 扫描元件；第二种是在光电扫描器中增加扫描光束运动机构，如旋转棱镜等。采取第二种自动扫描的光电扫描器由于增加了自动扫描机械运动系统，因此机构比较复杂。

光学系统是光电扫描器的关键，它关系到光电扫描器的整体性能和主要的技术指标。

（1）光电扫描器的光源

光电扫描器（简称扫描器）的光源与元器件制造技术和条形码符号的印刷技术有着密切的联系。早期的扫描器使用的是波长 900nm 的红外光光源，条形码符号采用碳基涂料印刷。这种印刷材料对于所有波长的可见光和红外线都可以获得满意的对比度。但是有些印刷技术还不能在红外光区域中给出足够的对比度。因此，在选用印刷技术或印刷材料时要充分地考虑扫描器的光源性能。

扫描器的光源还与所选用的光电转换器件有关。也就是说，所采用光源发射光的波长应与所选用光电转换器的响应波长相匹配。半导体光电转换器所具有的光谱响应范围在 400～1100nm 之间，其峰值波长在 900nm 左右，在这个波长附近，光电转换器的光谱灵敏度最高。在选择光源时，要充分考虑光电转换器的这些光电特性，即要求光源发光的峰值波长尽量与光敏元件的峰值波长接近。

多数扫描器的工作波长是单一的，实际上是工作在以某一波长为中心的一定频带上。而有些扫描器却能工作在多种波长上，这与所采用的光电转换器件的频率响应范围有关。对于使用这种光源的扫描器来说，其光路中都加有滤光器，以获取单色光。

扫描器由于使用的光源不同，其工作波长也不相同，常见的光源主要有以下几种。

① 氦氖激光。采用氦氖激光器作为光源的扫描器，其工作波长为633nm。

② 白炽灯。采用白炽灯作为光源的扫描器在光路中加有滤光片。其工作波长通常在600～650nm的范围内，具体工作波长取决于滤光片。

③ 闪光灯。采用闪光灯作为光源的扫描器，其工作波长在550～650nm的范围内，具体工作波长取决于光路中所加的滤光片。

④ 可见光LED。用可见光LED作为光源的扫描器，其工作波长在630～700nm范围内，具体波长取决于所使用的可见光LED器件。

⑤ 红外LED。用红外LED作为光源的扫描器，其工作波长取决于所使用的红外LED器件。

⑥ 半导体激光器。工作波长为640～680nm。

（2）光电扫描器的聚焦方式

光电扫描器光学系统的主要作用是聚焦和成像。光线经过凸透镜两次折射将在光轴焦点处聚焦，这是凸透镜的一个重要光学性质。

在光电扫描器中，光学系统的聚焦方式一般有两种：一种是光源照射聚焦；另一种是反射光接收聚焦。

采用光源照射聚焦光学系统的光电扫描器，要实现扫描器扫描条形码符号所要达到的分辨率，关键在于控制光学系统的聚焦能力，使照射到条形码符号上的光点直径小于或等于条形码符号中最窄元素的宽度。换句话说，光点的大小决定了光电扫描器所能达到的分辨率。在实际应用的光源中，几何意义的点光源是不存在的。作为光源的发光体，都是具有一定尺寸的实体。根据几何光学原理可知，对于普通光源（相对于激光光源），由于其方向性不好，即使是经过透镜的聚焦也很难获得一个理想的光点（或叫像点）。为此通常在光源与透镜之间加一个光阑（孔隙）来限制照射光束。光阑的通光孔径相当小，这样就可以把透过光阑孔径的光看作是光阑发出的光，光阑孔径处可近似地看成为点光源。当光束通过透镜后，在透镜的焦点处就能获得一个理想的光点。照射聚焦就是根据这一原理设计的，如图4-7（a）所示。

在照射聚焦方式中，如果采用激光作光源，由于激光方向性好，所发射激光光束近似于平行光束，经过透镜聚焦后能获得一个非常理想的光点，因此激光光源不需要加光阑。

反射光接收聚焦是在光电转换器的接收窗口与透镜之间加一个光阑，以限制反射光的光束直径，如图4-7（b）所示。根据光阑的可逆性，加上光阑后，就等同于将照射到条形码符号上的光束的一个点成像到光电转换器的接收窗口上。这个光点直径的大小也就决定了扫描器所能读取的条形码符号最窄元素的宽度，也就是扫描器所能达到的分辨率。

在接收聚焦方式中，或者是光源发出的光，或者是外界较强的光照射到条形码符号上，扫描器扫描的感应区域是条形码符号上的聚焦光点。通常把这种光路称为接收聚焦光路，在这种光学系统中，对光源照射光路要求不十分严格，仅要求在接收聚焦光路所形成的光点处聚焦成一个较大一些的光面。

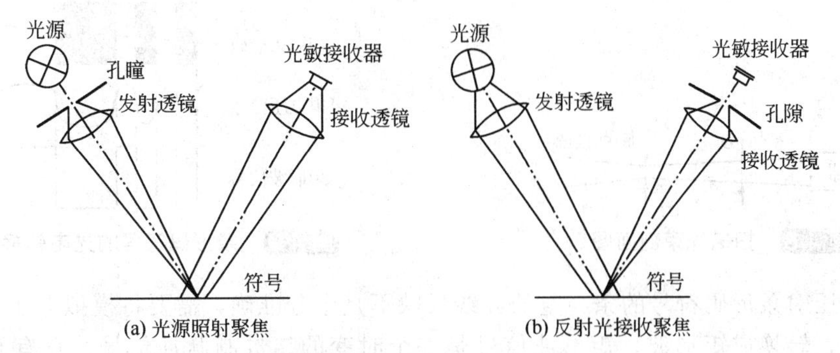

图 4-7 光学系统的聚焦方式

（3）光电扫描器的分辨率

光电扫描器的分辨率是指能够分辨条形码符号中最窄元素的宽度。它与扫描器光源经聚焦后照射到条形码符号上的光点（实际上是一个足够小的光面）尺寸有关。分辨率的大小取决于光学系统的聚焦能力。在理想情况下，光点直径应不大于符号中最窄元素的宽度，但也有一些类型的扫描器允许使用稍大一些的光点。

光电扫描器的分辨率并不是越高越好，一方面它会使产品的成本增加，另一方面如果光点的直径比条形码符号中最窄的元素宽度要小得多的话，那么条形码符号中由于印刷质量而产生的污点、孔隙和粗糙不匀的边缘等缺陷，都有可能在扫描时被误识为条或空，从而将导致扫描器的首读率下降、误码率上升。为尽量减少由印刷缺陷产生的错误信息，通常在扫描器设计中，要求光点的直径（椭圆形的光点是指短轴尺寸）与所扫描的条形码符号中最窄元素的宽度相对应，一般应满足以下公式：

$$D=kx \tag{4-1}$$

式中，D 为光点的直径；x 为条形码符号中最窄元素的宽度；k 为经验系数，通常取 0.8～1。

x 值是由所扫描的条形码符号决定的，各种条形码符号均有规定的标准，包括最窄元素 x 值的大小。在设计或选用光电扫描器时可以参考所规定的标准。

（4）扫描景深

任何一种非接触式扫描器与条形码符号之间都有一定的扫描距离范围，以便成功地收集反射光，进行测量、转换、译码，这一范围称为扫描景深，通常用 DOF 表示。扫描景深确定了一个最窄元素宽度可以使用的扫描距离范围。

扫描景深与扫描器的光学系统设计有关。如图 4-8 所示，扫描器在其光源发出的光束方向上，不可能产生一个具有恒定直径的光束，也就是说光束直径在被称为腰点或焦点处具有最小值 d，随着距腰点距离的增加，光束的直径 D 增加。光束直径在其腰点两边发散的速率决定于光束波长和腰点直径。

扫描景深还与条形码符号的最窄元素 x 有关。x 值大，则扫描景深也大；反之，x 值小，则扫描景深也小。

（5）光电信号的转换

当扫描器对条形码符号进行扫描时，由扫描器光源发出的光通过光学系统照射到条形码符号上，条形码符号反射的光经光学系统成像在光电转换器上，光电转换器接收光信号后，产生一个与扫描点处反射光强度成正比的电信号。这个电信号经过电流电压转换电路、放大电路，得到一个与扫描光点处的反射率成正比的模拟电压信号，如图 4-9 所示。

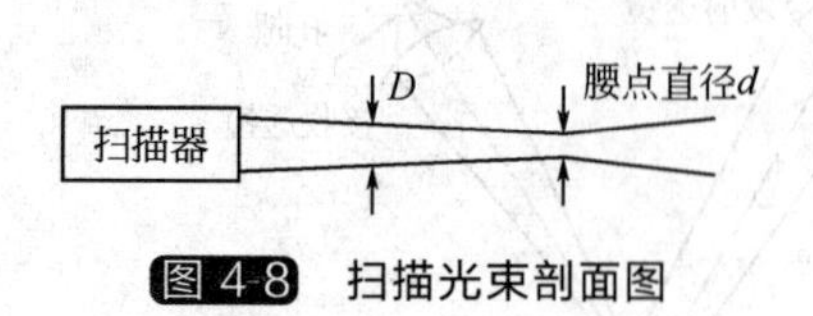

图 4-8　扫描光束剖面图

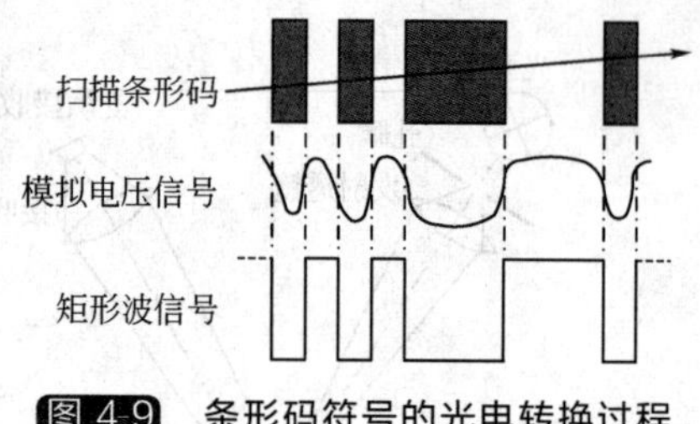

图 4-9　条形码符号的光电转换过程

模拟电压对条形码符号的条与空的界线反映不是十分准确，需要将模拟电压通过整形电路进行整形，转换成矩形波。矩形波信号是一个时变的二进制脉冲信号，它有开关两种状态。扫描器将整形后的二进制脉冲信号输出给译码器，由译码器将二进制脉冲信号解译成计算机可以直接采集的数字信号。

4.4.4　光电扫描器的种类

人们根据不同的用途和需要设计了各种类型的光电扫描器。可按物理形式（如形状、操作方式等）和扫描机理（如扫描方式、光电特性等）把光电扫描器分成几类，如图 4-10 所示。

光电扫描器主要分为手持固定光束接触式、手持固定光束非接触式、手持移动光束式、固定安装固定光束式、固定安装移动光束式。一般移动光束均属非接触式。当强调扫描器的光源和光电转换特性时又可以分为普通光式、激光式和 CCD 式，下面分别介绍。

（1）手持固定光束接触式扫描器

由其名称便可知道，这种扫描器的光束是相对固定的，靠手动接触条形码符号才能完成扫描动作。由于扫描器的光学系统设计都有一定的扫描景深，因此允许使用透明薄膜保护条形码符号。这种扫描器没有可以自动移动的机构，光束相对于它的物理基座是固定的，扫描动作是靠操作者手动来实现的。从外形上看，这种扫描器通常有两种形状：杆状和手枪状。

扫描器制成什么样的形状，主要考虑使用是否方便。如图 4-11 所示，杆状扫描器与普通的钢笔相似，其操作方法也类似于钢笔的使用方法，因而这种扫描器通常被称作光笔。其接触符号的头部是由坚固的材料制作的，如人造宝石球等，具有较好的耐磨性和透光性。

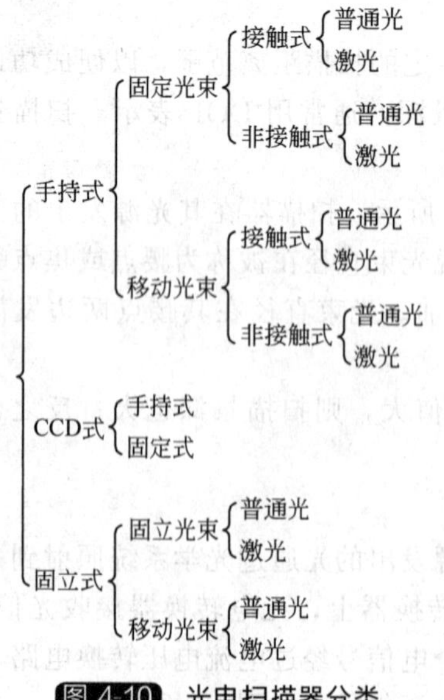

图 4-10　光电扫描器分类

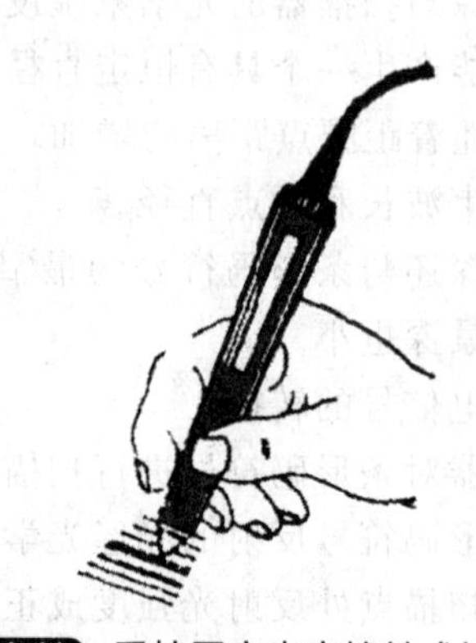

图 4-11　手持固定光束接触式扫描器

手持固定光束接触式扫描器由于其体积小，通常是以可见光发光二极管为光源。在使用这种扫描器之前，需要对操作者进行培训，掌握扫描速度和扫描方法。操作也很简单，一般只需要几分钟的时间就可以学会。

（2）手持固定光束非接触式扫描器

这种扫描器也是靠手动实现扫描的，其扫描光束相对于它的物理基座是固定的。在扫描时，扫描器不直接与条形码符号接触，而是与条形码符号有一定的距离，因而特别适合于软体物品或表面不平物品上的条形码符号的扫描，同时也能对具有较厚保护膜的条形码符号进行扫描。由于这种扫描器受扫描景深的限制，操作者在使用时必须使扫描器与被扫描的条形码符号保持在一定的距离范围内。与接触式扫描器相比，其操作难度要大些。对于没有经验的操作者来说，除会出现接触式扫描器出现的问题外，还会出现操作者掌握不好距离的问题。因此，操作者在使用前都应进行培训，以便熟悉并掌握扫描操作的方法和测距经验。为便于操作，通常将这种扫描器设计成手枪形。

这种扫描器可装有阅读成功指示器，如LED指示灯或微型蜂鸣器。每次扫描后，操作者都可以通过指示器是否发出提示信号来判断扫描是否成功。这种扫描器的电路开关被设计成手枪的扳机，便于操作。也有些扫描器与译码器制成一体，这样体积将大一些。

由于这种扫描器存在一定的工作距离范围，这就要求扫描器的光源有较强的发光强度。它以光学系统严格控制光束的直径和方向，因而这种扫描器常用白炽灯做光源，也有用发光二极管作光源的。一般情况下，采用接收聚焦光路控制光点尺寸。如果需要较大的扫描景深或较大工作距离时，可利用激光做光源，因为激光发散角小，光强度高。激光二极管是一种理想的激光光源。

（3）手持移动光束式扫描器

这种扫描器一般采用非接触式，扫描动力由扫描器内装的机电系统提供，通过转动或振动多边形棱镜等反光装置实现自动扫描。扫描频率大约每秒40次左右。这种扫描器的外形结构类似于手枪，主要特点是操作方便，对操作者的技术要求不高，只要对准条形码符号就可以实现自动扫描。它的扫描首读率和精度较高，原因是自动扫描机构可在快速的多次扫描中选择一个正确的结果作为扫描的最终结果。

这种扫描器的电路开关设计成手枪的扳机，便于操作。光学系统采用聚焦照射和聚焦接收光路，光源通常使用氦氖激光器或半导体激光器。这种扫描器的不足之处是条形码符号的长度受光学系统的限制，并与扫描器到条形码符号的距离有关。

（4）固定安装固定光束式扫描器

由其名称便可知道这是一种安装在某一固定位置的扫描器，一般采用非接触式扫描。它的光束相对于物理机座是固定的，利用条形码符号相对于扫描器的相对运动来实现扫描。由于它是非接触式扫描，因而具有一定的工作距离和扫描景深。对于被扫描的条形码符号来说，它必须在有效的扫描景深和距离范围内从扫描窗口前移动，才能有效地实现扫描。固定安装固定光束式扫描器常用于自动流水线上，用来扫描传送带上运动的物品。在这种工作条件下，由于扫描机会只有一次，这就要求首读率高。因此，它们通常采用非对称的光点，其中多为椭圆形光点，同时还要求物品上条形码符号的印刷质量要高，这样才能获得较高的首读率。

固定安装固定光束式扫描器通常使用的光源是发光二极管或白炽灯光源，也有采用激光光源的，所用的光源通常都是可见光。

使用这种扫描器，应调整好扫描距离，并要求条形码符号印刷在物品的合适位置上，这样才能进行有效地扫描。这种扫描器有自动完成扫描的，也有手持条形码符号人工完成扫描的。卡式扫描器就是由人工来手持卡片（在卡片上印有条形码），通过移动卡片来完成扫描。这种卡式扫描器常用于考勤和保安系统。

（5）固定安装移动光束式扫描器

这种扫描器安装在固定的位置上，其工作方式类似于手持移动非接触式扫描器，扫描动作由其内部的机电系统提供。通常是利用转动或振动多边棱镜而实现自动扫描的。扫描频率一般为每秒 40 次左右。这种扫描器常用于无人操作的环境中，用来对流水生产线和自动传送带上的物品进行分类或对数据进行自动采集。通过扫描器内扫描机构的高速运动，实现对条形码符号的扫描。

为了有效地实现扫描，对于扫描宽度、扫描速率、条形码高度及传送带速度等这些参数都要考虑。应将这些参数设置在能使扫描器对被扫描的条形码符号至少有 4～5 次扫描机会。通常这种扫描器都装有光栅适配器。它是控制扫描器的扫描光束沿着垂直于扫描运动方向移动的装置。光栅适配器可以使得扫描光束能够扫描到条形码符号的更大区域，增加了扫描的成功率。

（6）CCD 式扫描器

这种扫描器与前面介绍的几种扫描器的扫描机理不同，其主要区别是采用了 CCD 电荷耦合装置。CCD 元件是一种电子自动扫描的光电转换器，也叫 CCD 图像感应器。它可以代替移动光束的扫描运动机构，不需要增加任何运动机构，便可以实现对条形码符号的自动扫描。

CCD 式扫描器通常有两种类型：一种是手持式 CCD 式扫描器；另一种是固定式 CCD 式扫描器。这两种扫描器均属于非接触式，其扫描机理和主要元器件完全相同，只是形状和操作方式不同。扫描景深和操作距离取决于照射光源的强度和成像镜头的焦距。图 4-12 是手持式 CCD 式扫描器。

CCD 元件采用半导体器件制造。通常选用具有电荷耦合性能的光电二极管或 MOS 电容制成。可将光电二极管排列成一维的线阵和二维的面阵。用于扫描条形码符号的 CCD 式扫描器通常选用一维的线阵，而用于平面图像扫描的通常选用二维的面阵。

在 CCD 元件中，光电二极管阵列的排列密度和长度将决定 CCD 式扫描器的分辨率和扫描的条形码符号的长度。其排列密度要保证条形码符号最窄的元素至少应被 2～3 个光电二极管所覆盖，以保证扫描的可靠性，提高扫描精度和首读率。常见的光电管阵列数有 1024、2048、4096 等。

CCD 式扫描器操作非常方便，只要在有效景深的范围内，光源照射到条形码符号即可自动完成扫描。对于不易接触的物品，如表面不平的物品、软质物品、贵重物品、易损伤的物品等、均能方便地进行阅读。

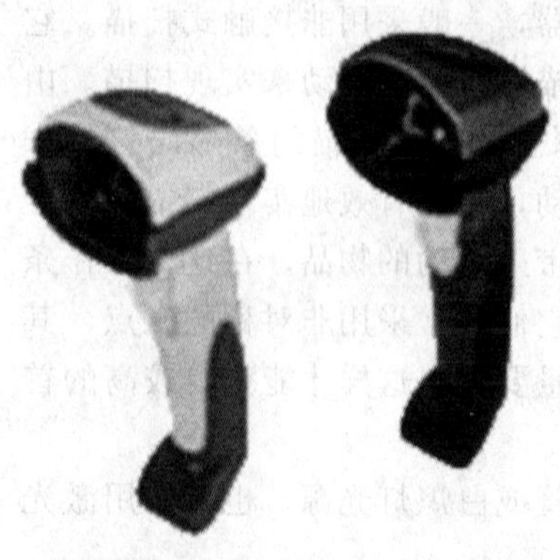

图 4-12 手持式 CCD 式扫描器

CCD 式扫描器无任何运动部件，因此性能可靠，使用寿命较长。可内设译码电路，将扫描器和译码器制成一体。与激光枪相比，具有耗电省、可用电池供电、体积小、便于携带等优点。CCD 式扫描器的不足之处是阅读条形码符号的长度受扫描器的 CCD 元件尺寸限制，不如采用激光器作光源的扫描器景深长。

4.4.5 条形码扫描器的选择原则

用户在设计自己的条形码应用系统时，选择哪种识读设备应视具体情况而定，不同的应用场合对识读设备有着不同的要求，用户必须综合考虑，以达到最佳的应用效果。在选择识读设备时，应考虑以下几个方面。

（1）与条形码符号相匹配

条形码扫描器的识读对象是条形码符号，所以在条形码符号的密度、尺寸等已确定的系统中，必须考虑扫描器与条形码符号的匹配问题。例如对于高密度条形码符号，必须选择高分辨率的扫描器。当条形码符号的长度尺寸较大时，必须考虑扫描器的最大扫描尺寸，否则可能出现根本无法识读的现象。当条形码符号的高度与长度尺寸比值小时，最好不选用光笔，以避免人工扫描的困难。如果条形码符号是彩色的，就得考虑扫描器的光源波长，否则可能出现对比度不足的问题。

（2）首读率

首读率是条形码系统的一个综合指标，要提高首读率，除提高条形码符号的质量外，还要考虑扫描设备的扫描方式等因素。当手动操作时，首读率并非特别重要，因为重复扫描会补偿首读率低的缺点。但对于一些无人操作的应用环境，要求首读率为100%，否则会出现数据丢失现象。为此最好选择移动光束式扫描器，以便在短时间内有几次扫描机会。

（3）工作空间

不同的应用系统都有特定的扫描操作空间，所以对扫描器的工作距离及扫描景深有不同的要求。对一些日常办公条形码应用系统，对工作距离及扫描景深的要求不高，选用光笔、CCD式扫描器这两种较小扫描景深和工作距离的设备即可满足要求。对于一些仓库、储运系统，大都要求离开一段距离扫描条形码符号，所以要求有一定工作距离的扫描器，如激光枪等。对于某些扫描距离变化的场合，则需要大扫描景深的扫描设备。

扫描设备的选择不能只考虑单一指标，而应根据实际情况全面考虑。

Chapter
05

第5章 光电对抗技术与对抗系统

5.1 概述

光电对抗技术可以追溯到古代。在古代战场上，侦察和武器的使用都依赖于目视。作战双方为了隐蔽作战企图和作战行动，经常采用各种伪装手段，如在战车上放置假人等，还利用不良天气、扬尘等来隐匿自己，以达到干扰、阻止对方对己方进行目视侦察、瞄准打击的目的。这也就是人类最初采用的光电对抗技术。

光电对抗技术在两次世界大战中得到了广泛的应用。在第一次世界大战期间，各参战部队为了避免目标和军事行动的暴露，除利用地形、地物、植被外，还利用烟幕等进行伪装，以降低目视或光学器材对目标的发现和识别能力，干扰敌侦察行动并降低敌使用武器的效果。在第二次世界大战期间，德国首先研制并使用了步枪红外瞄准镜；美军也研制出了供轻武器使用的红外瞄准镜，并在其1945年夏的冲绳登陆作战中首次使用，为美军肃清日本守军发挥了重大作用。同样，烟幕作为第二次世界大战期间可见光对抗的主要手段也取得了十分显著的效果。例如在1943～1945年间，苏军对其战役纵深内重要目标使用烟幕遮蔽，使德国飞行员无法发现目标，投弹命中率极低。

特别是，1960年第一台激光器的出现，使光电对抗技术有了新的内涵。光电对抗技术有了诸如激光测距、激光制导、激光致盲等新武器技术以及激光侦察告警、激光干扰机、激光压制、激光防护等激光对抗技术。

光电对抗是一种软杀伤武器。它不像硬杀伤武器那样，需采用复杂、昂贵的武器系统，经过探测、捕获和目标跟踪，最终将其摧毁，而是通过做大量辅助性的工作，使敌方光电侦察设备探测失效、光电制导武器失灵、通信指挥控制系统失控、激光武器系统效能降低，打击敌人，保护自己。与硬杀伤相比，软杀伤武器有时更实用，更经济。在许多情况下，往往都是采用硬、软杀伤相结合的作战体制。比如，仅用硬杀伤武器这种方式尚不能有效地对付新一代机动飞行的导弹，就需要软杀伤办法来辅助。

光电对抗属于电子对抗的范畴，是敌对双方夺取电磁频谱的战争，其实质是电磁波向光波段的延伸。尽管光电对抗自古就有，但光电对抗在电子对抗领域中应用起步还是较晚，直到20世纪60年代以后，经过越南战争的考验，各国才逐步认识到它的作用。国外军事家分析和预言：在未来战争中，谁失去制谱权，谁就必将失去制空权、制海权，就处于被动挨打、任人宰割的悲惨境地。各国对光电对抗方面的投资逐年上升，如美国在20世纪60年代中期对光电对抗的投资已经超过了对微波对抗的投资。在最近的伊拉克战争、海湾战争、科索沃战争和阿富汗反恐战争中，美军广泛使用了光电对抗武器，范围遍及陆、海、空、天，并取得了显著的战果。

5.2 光电对抗的概念与分类

5.2.1 基本概念

光电对抗技术作为一门新的学科分支，它是侦察、干扰、削弱或破坏对方光电设备有效使用，保障己方人员和光电设备正常发挥效能而采取的综合技术措施。光电对抗是信息战的重要组成部分，是电子战斗的一种作战形式。应该说，光电对抗在现代战争中的作用越来越突出，无论是进攻还是防御，它都是必不可少的作战手段。

光电对抗主要表现在敌对双方在光波段的抗争。它涉及紫外、可见光、红外以及激光诸多谱段领域，其波长范围在$10\sim10^{6}$ nm之间，比雷达的微波段波长（1mm～1m）小很多，频率高很多。光电对抗即敌对双方利用光电设备或器材，截获、识别对方光电辐射源，进而削弱敌方光电设备的效能，并保证己方光电设备的正常工作。

在GJB 3510—1999《区域综合电子信息系统术语》中，光电对抗的术语描述是："采用专门的光电设备和器材，对敌方光电设备进行侦察、干扰、削弱或破坏其有效使用，并保障己方人员和光电设备正常工作的各种战术技术措施的总称。按光波的性质主要分为可见光对抗、红外对抗、紫外对抗和激光对抗。"

经过长时期的发展，光电对抗技术变得更加成熟与完善，光电对抗手段变得更加多样化和更加灵活。光电对抗的主要手段是光电侦察和光电干扰。

光电侦察是指利用光电技术手段获取对方光电武器情报和侦察监测器材的工作状态、配置状况、技术特点等参数，以便及时提供情报或报警，为有效地实施干扰和反干扰做准备。光电侦察有主动侦察和被动侦察两种方式。主动侦察是指利用敌方光电装备的光学特性而进行的侦察，即先向敌方目标发射光束，然后再对反射回来的光信号进行分析、处理和识别，从而获得敌方的情况；被动侦察是指利用各种光电测试系统截获和跟踪敌方光电装备的光辐射，然后对其进行分析、处理和识别，获取目标信息。

在GJB 3510—1999《区域综合电子信息系统术语》中，光电侦察的术语描述是："对敌方光电设备辐射或散射的光谱信号进行搜索、截获、定位及识别，并迅速判明威胁程度，以获取情报的电子侦察。"光电侦察的实质就是己方利用光电技术和手段获取敌方有效情报，为己方掌握敌情、实施光电干扰提供技术支持和保障，做好有效干扰的一种军事行动。

光电干扰是指通过采取某些光电技术使敌方的光电装备不能正常工作，从而达到削弱或降低其效能的目的。光电干扰分为有源干扰和无源干扰两种方式。有源干扰是指利用己方光电装备，发射或转发某种与敌方光电装备相应波段的光波，以压制或欺骗其光电装备。无源干扰是指利用一些并不发射光波的材料吸收、分散敌方光波辐射的能量，或人为地改变己方目标的光学特性，使敌方光电装备的效能降低或受骗失效。烟幕干扰是目前使用较多且有效的一种手段，红外抑制、伪装和涂层等则是人为改变己方目标光学特性的措施之一。

在 GJB 3510—1999《区域综合电子信息系统术语》中，光电干扰的术语描述是："利用辐射、漫射，吸收特定的光波能量，或改变目标的光学特性，破坏或削弱敌方光电设备的正常工作能力，以达到保护己方目标的一种干扰。"光电干扰的实质就是己方利用光电技术和手段，破坏敌方光电侦察设备不能正常工作，破坏、削弱或降低敌方光电设备作战效能的一种军事行动。

光电对抗包含光电侦察与光电干扰、光电反侦察与光电反干扰四大类。光电侦察和光电干扰（以及光电反侦察和光电反干扰）是相互矛盾、相互制约、相互促进、此长彼短的两个对立面，一方的发展必然促进了另一方的进步，一方新技术的出现，必然导致另一方对抗措施的提高。

5.2.2 基本分类

由于光电对抗是敌对双方在电磁波的光波段上，利用光电设备、器材或其他光电设施进行的电磁频谱的斗争，所以它是电子对抗的一个重要组成部分。光电对抗的敌对双方在作战时，首先利用己方的光电侦察探测设备，获取敌方的工作信息，为实施干扰提供可靠信息，然后，再根据敌方目标的特性、威胁程度等，采取各种有效措施破坏或削弱敌方武器的作战效能，从而保护己方人员和设备能够正常工作。

为了对光电对抗的技术领域有一个全面的理解和详细的认识，现从光电侦察、干扰、反侦察、反干扰四大方面，对光电对抗技术进行分类，如图 5-1 所示。

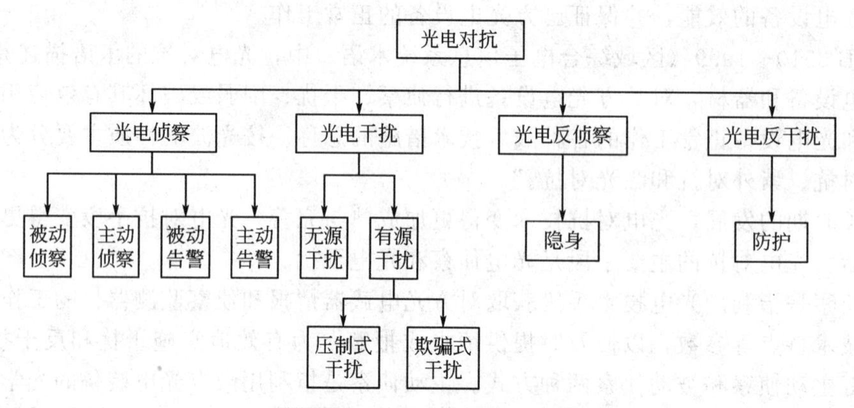

图 5-1 光电对抗的技术分类

光电对抗包括光电侦察与反侦察、光电干扰与反干扰两个方面的内容。每个方面又都涉及可见光、红外、激光三个技术领域。具体而言，光电侦察技术主要有光电侦察和光电告警，分为红外侦察告警、激光雷达等；光电干扰包括有源干扰和无源干扰技术，有源干扰技术有压制式干扰和欺骗式干扰，无源干扰技术的主要手段有烟幕、光箔条；光电反侦察技术主要有涂料、伪装、热抑制和改变目标光学特性；光电反干扰技术主要有多光谱技术、编码技术、抗干扰电路、背景辐射鉴别和复合制导等。

（1）按战术分类

根据光电对抗是电子对抗的一个组成部分这一概念，将光电对抗按电子对抗的分类原则来分，光电对抗可分为侦察和干扰、反侦察和反干扰四大类。光电侦察包括红外侦察告警、紫外侦察告警、激光侦察告警、电视可见光侦察告警及各种其他侦察告警措施等；光电干扰包括烟幕遮蔽干扰、红外诱饵干扰、激光干扰和致盲、涂料和伪装及其他各种干扰措施等；光电反侦察包括隐身措施、烟幕、涂料、伪装及各种反侦察措施；光电反干扰包括编码技术、自适应技术、背景辐射光谱技术及各种其他反干扰措施。

（2）按学科专业分类

将光电对抗技术按光学学科专业来分，可分为可见光/微光对抗技术（波长 390～770nm）、红外对抗技术（波长 770～10^6nm）、激光对抗技术、紫外对抗技术（波长 10～390nm）。

（3）按作战功能分类

将光电对抗技术按其作战功能来分，可分为光电侦察告警技术、光电干扰技术、光电隐身技术、光电制导技术等。

5.2.3 基本特性

光电对抗的作战对象主要是对付敌方光电侦察设备和来袭光电制导武器。光电对抗的有效性主要取决于它的基本特性，光电对抗的基本特性是频谱匹配性、视场相关性和系统快速反应性。

（1）频谱匹配性

光电频谱匹配性是指干扰的光电频谱必须覆盖或等同被干扰目标的光电频谱。例如，对于有明显红外辐射特征的动目标（如飞机），一般容易受到红外制导导弹的攻击，则采用红外干扰弹或红外有源干扰机与之对抗。如果没有明显红外辐射特征的地面重点目标，则采用相应波长的激光欺骗干扰和激光致盲干扰手段对抗敌方激光威胁。

（2）视场相关性

光电干扰信号的干扰空域必须在敌方装备的光学视场范围内，尤其是激光干扰，由于激光波束窄、方向性好，使其对抗难度大。例如，在激光欺骗干扰中，激光假目标必须布设在激光导引头视场范围内。

（3）系统快速反应性

光电对抗系统具有快速反应能力。因为战术导弹末端制导距离一般在几千米至十千米的范围内，而且导弹速度很快，马赫数一般在 1～2.5，从告警到实施有效干扰必须在很短的时间内完成，否则敌方来袭导弹将在未受到有效干扰前就已命中目标，因此要求光电对抗系统具有快速反应能力。

目前，除激光制导武器、激光雷达、激光目标指示器、激光测距机等激光设备外，光电设备的主要工作方式是采用“静默”工作方式。由于战场严峻的光电武器威胁，光电对抗装备应满足如下要求。

① 对抗波长范围为 0.37～14μm；动态范围中，方位角应为 360°，俯仰角一般为－30°～＋75°。

② 发现概率一般优于 99%；虚警率一般小于 1%。

③ 能快速发现、识别目标。

④ 能远距离迅速、准确传递信息。

⑤ 能进行“软”杀伤；能提高“硬”杀伤武器威力。

⑥ 能全天候作战。

⑦ 反侦察、抗干扰性能强。

⑧ 便于组成系统和体系。

⑨ 有自检、故障判断功能。

⑩ 可靠性好，方便维修；效费比最佳等。

5.2.4 发展趋势

光电子技术不仅在信息获取、存储、传输、处理等方面起着重要作用，同时也直接用于武器控制，提高打击精度和促进武器的智能化、无人化，所以激光和光电子技术在未来的十几年中仍将占有重要的地位。光电对抗技术的发展趋势如下。

（1）红外对抗和激光对抗

这主要原因是红外制导导弹和激光制导导弹不仅数量大，而且难以侦察和干扰。据统计，目前有 70%的导弹都采用了红外制导技术，而且从 1991 年以来各种局部战争表明，红外制导导弹对飞机和舰船有很大的杀伤力，特别是小体积、高机动飞行的反舰红外制导导弹对舰船构成了严重的威胁。从海湾战争和科索沃战争可以看出，激光制导武器对各类目标，特别是地面目标威胁极大。

美国国防部导弹防御局（MDA）已计划实施的激光器技术研制项目有 6 个，新增加的项目旨在开发用于未来“天基激光器”的高能激光器技术。同时，还将开发用于跟踪、武器制导和成像的低能激光器及其相关组件技术，这些技术对改进和支持 MDA 的“碰撞杀伤”拦截弹项目都具有巨大的潜力。而且红外侦察技术将以红外 CCD 成像技术为核心，拓宽探测器频谱响应范围，最大限度地降低虚警率，提高多目标处理与识别能力。

（2）无源干扰技术

将会对烟幕气溶胶相关领域（如粒子生长与控制机理、气溶胶力学、固态异相反应、吸收光谱学、材料科学与高分子科学等）进行深入研究；进一步改进可见光、近红外烟幕，发展中、远红外烟幕，完善干扰 1016μm CO_2 激光的水雾烟幕；分类发展遮蔽烟幕、迷盲烟幕、欺骗烟幕等。

5.3 光电侦察技术

光电侦察技术是通过各种光电手段对敌方各种设备进行侦察，探测其技术参数，确定其位置的技术。它是对敌方进行攻击与实施有效干扰的基础。其机理是利用光源在目标和背景上的反射或目标、背景本身辐射电磁波的差异，来探测、识别目标，判断目标威胁程度，为光电告警提供依据。它具有精度高、分辨率高、抗电磁干扰能力强等优点。

从功能上看，光电侦察技术是利用光电器材搜索、监视目标，并对其瞄准、跟踪和测距，以便查明敌方光电器材的类型、性能和坐标数据等信息，为实施有效光电干扰提供依据。从工作方式上看，光电侦察技术可分为光电主动侦察和光电被动侦察两种。光电主动侦察主要包括激光测距仪和探测光学窗口的激光侦察仪。广义地讲，光电侦察技术涉及的内容极宽，微光、红外夜视、电视侦察、多光谱照相、红外遥感及激光主动侦察等都属于这一范畴。

5.3.1 激光侦察

激光侦察技术是光电对抗作战的重要技术之一。激光侦察技术可分为主动、被动两种。激光主动侦察是利用对方装备的光学特性而进行的有源侦察，即向对方发射光束，再对反射回来的光信号进行接收、分析与识别，从而获得敌方目标信息；激光被动侦察是光电设备被动地探测、截获敌方激光设备在大气中的激光辐射、散射，通过分析接收到的信号，判断识别其波长、周期、编码、威胁等级等特征，确定威胁源类型和方位，发出告警和威胁信息信号。

激光主动侦察技术研制开始于20世纪60年代初，20世纪70年代中期就研制成功一种能在数千米外获得图像并测距的地面主动激光侦察系统；激光被动侦察系统研制迟于激光主动侦察技术，它开始于20世纪70年代，如导弹逼近红外告警系统和激光告警器等。

激光主动侦察的原理是：利用“猫眼效应”原理，来探测目标的存在（图5-2）。我们知道在夜间，人们看不到猫的身体，却能够通过两只猫眼的存在判断猫所在的位置，原因就是猫眼的晶状体能够将入射光线会聚到眼底又反射出来，这使人们明显感觉到夜间两只猫眼的存在。图5-2中，L是透镜变换面，其像方焦点为F，焦面上有分划板G（或光探测器）。若有激光束沿AA'方向射至L，经L使之沿$A'F$射向G，经过G的反射，一部分光能沿FB'返回L，经L后沿$B'B$射出。同理，沿BB'射来的激光束经过光学系统后会有一部分沿$A'A$方向射出。由于透镜L的聚焦功能和G的镜面反射，系统产生了光学“准直”作用。由于这种作用，反向传播的激光回波能量密度比其他目标（或背景）的回波能量密度高得多。一般光电装置都装有透镜、光电传感器，透镜具有猫眼晶状体会聚光线的功能，光电传感器表面对猫眼眼底的光具有反射特性。当激光雷达发射激光波束扫描，一旦照射到敌方传感器上，激光雷达便可探测到其反射光束，检测到它的存在及位置。

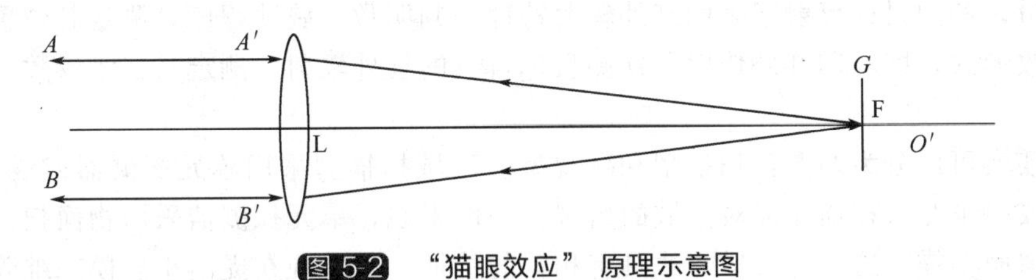

图5-2　“猫眼效应”原理示意图

激光光学窗口侦察仪的工作原理也是基于“猫眼效应”。一般光电设备的探测器表面，如同猫的眼底一样也会把投射光线反射回来。从光电设备反射回来的光也特别强，这就是该光电设备的光学窗口。

能探测光学窗口的激光侦察仪一般由脉冲激光器、激光发射和接收光学系统、光束扫描器和信号采集处理器组成。其工作过程是：利用高重复频率的脉冲激光束对目标区域进行扫描。当扫描到光学窗口时，由于“猫眼效应”，光学窗口对入射激光产生的后向反射要比漫反射目标强得多。然后，激光侦察仪通过对回波信号幅度特性的分析，包括与存入数据库的各种光电装置回波信号幅度特性进行比较，抑制掉非光学窗口的回波信号，从而确定是否有光学窗口以及是什么类型的光学窗口。

这种利用“猫眼效应”的激光侦察仪是侦察光电设备的一种新技术，目前已得到应用。由于激光侦察仪的扫描角度很小，因此通常不能独立使用。它必须由跟踪雷达或全景扫描系统提供目标指示，然后在小范围内进行光机扫描以便捕捉到光学窗口。该系统还可与具有定向功能的干扰机配合使用。例如美国研制的某致盲型光电对抗系统在工作时，首先启动1.06μm的高重频低能激光器，对目标区域进行扫描。一旦发现光学窗口，立即启动大功率激光对敌方光电设备进行致盲干扰。在海湾战争中，美军就曾使用这种光电对抗武器。

激光主动侦察与激光致盲武器配合使用，探测到敌目标后，立即启动激光致盲武器，照射敌光电设备或人眼，使光电设备的探测器饱和损坏，人眼致眩致盲，失去作战能力。激光主动侦察设备有美国制造的 Stingray 车载激光致盲武器，它是集主动侦察和致盲于一体的激光对抗武器；还有美国 AN/PLQ-5 激光对抗装置和 AN/VLQ-7 实战防护系统。

5.3.2 激光雷达

激光主动侦察也可以说是小型的激光雷达。因为在防空作战中，当激光雷达发射的激光波束扫描敌方空域时，一旦照射到一个敌方光电传感器，激光雷达便可探测到其反射光束而检测到它的存在及方位。有了这样的侦察探测数据，便可成功地引导己方高能激光束攻击它。用这样的方法，可以搜索到装有光电设备的敌机、光电制导的导弹等。

在对抗中，可用具有“猫眼效应”的激光雷达搜索敌方的光电设备、光电制导武器的导引头，引导激光致盲武器进行准确攻击。激光雷达的原理、结构在激光武器中有详细的描述，这里就不再赘述。

5.3.3 红外侦察

红外侦察技术发展迅速，它主要经历了蒸发式热像仪、红外变像管、分立探测器的光机扫描系统、非光机扫描成像器件、快速时间响应探测器件、热释电摄像管、成像 CCD 等几个发展阶段，它主要通过热成像技术实现，具有可较好地穿透烟雾霾雪、不受战场强光干扰而致盲、作用距离远等特点。红外侦察有两种形式：一种是主动探测形式，即向敌方发射红外辐射能量，利用目标反射回来的红外辐射特性，判明敌方威胁程度，测定其位置；另一种是被动接收形式，即利用红外传感器探测目标自身的红外辐射、测定其技术参数、判断目标类型。

红外侦察可以分为两类：扫描型和凝视型。区域扫描型采用单元探测器或线列探测器，通过二维或一维光机扫描完成对空域的监视。一般来说，单元探测器采用物面扫描，线列探测器采用像面扫描。这两种扫描方式具有相辅的特征。所以现在提出小规模二维阵列探测器件和机械扫描相结合的方式。这种系统不仅可实现大视场监视，而且在使用较小探测器情况下获得较高的分辨率。凝视型系统的特点是采用多个凝视型红外焦平面阵列相结合完成 360°全景告警，而每个凝视型红外焦平面阵列探测器只监视整个视场的一部分。该系统由于连续覆盖整个 360°视场，因而不会漏掉短持续事件，它有利于对某些类型导弹的识别和假目标的抑制。

典型的舰载红外侦察系统是美国和加拿大联合研制的 AN/SAR-8IRST 系统，该系统采用全景红外探测器进行全方位扫描，探测空中目标，产生水面舰艇和海岸线的地形特征红外图像，实施告警、瞄准、传送、监视和战斗态势评估。

5.4 光电告警技术

光电告警技术是在光电侦察技术基础上，对敌方光电设备的战术技术进行性能分析、识别判断，并依据它对己方的威胁程度发出告警的技术。告警是对敌方进行攻击和实施有效干扰的基础。光电告警设备以体积小、重量轻、角分辨率高（可达微弧量级）、无源工作而不易被敌探测到、成本低等优点，而备受青睐。目前，已经形成装备的光电告警设备，有激光告警器、红外告警器、紫外告警器、光电复合告警器等。

5.4.1 激光告警技术

激光告警主要针对战场上激光测距机、激光制导武器等激光威胁源发出警告信号。在现代化战争中，激光的威胁是越来越大。这种威胁来自多个方面。首先一个方面是敌方的激光测距仪，为其火控系统提供目标距离数据。其次一个方面是敌方激光制导导弹所用的目标指示激光束。还有一个方面是敌方激光武器发射的激光。一个军事目标一旦被敌方发射的激光照射，无论是被激光测距机照射还是被激光制导的目标指示器照射，就意味着马上会被炮弹、导弹或炸弹命中。激光告警器应能区分照射激光的威胁等级和照射的方向，以便立即做出反应。因此，激光告警成为保存自己的必不可少的装备。

激光告警设备的战术性能应满足如下几点要求。

① 能探测出来自方位360°和一定俯仰角范围内（可达90°）各方向的激光威胁。角鉴别率最高可达1mrad。

② 应能识别出激光波长，鉴别率应达到10～100nm。

③ 应有很大的动态范围（10^6 以上）。

④ 误警率低于 10^{-3}。

激光告警以主、被动的方式及时准确地探测敌方激光辐射，确定其来袭方向，发出警报，以便及时施放烟幕，实施激光有源干扰和激光致盲干扰。更准确地说，激光告警设备要完成的战术使命是当作战平台受到敌方激光照射时，能探测并识别出敌方发射的激光，发出音频或视频告警，指示出激光源的方位、波长和使用方法等，以便采取适当的对抗措施，例如施放烟幕等。多种激光告警装置见表5-1。

表5-1　多种激光告警装置

型号	性能及特点
RL1	多平台载，由5个硅PIN光电二极管作探测器，9个发光二极管作方向显示，工作波长为0.66～1.1μm，覆盖空间中方位为360°，角分辨率为45°，$P_t \leqslant 10^{-3}$/h
RL2	由一个硅PIN光电二极管作探测器，视场360°，不能分辨激光入射角，只能报警
SAVIOUR	车载，与雷达告警器组合共用处理显示器，激光告警传感头工作波长0.66～1.1μm，覆盖360°（方位），−22.5°～+90°（俯仰）
453	多平台载，若干个分散的半球传感器，直径小，深处激光信号由光纤传感器传送到中央处理装置。工作波长为0.3～1.1μm。覆盖空间中，360°（方位），180°（俯仰），角分辨率为45°
1220	多平台载，工作波长为0.35～1.1μm。覆盖空间中，360°（方位），−15°～+40°（俯仰），角分辨率为±22.5
AN/AVR-2	直升机载，与雷达告警器组合共用显示器，采用4套F-P干涉滤波器探测激光，覆盖空间360°，MTBF1800h，重7.5kg
AN/ALR−89（V）	机载，与雷达报警器组合，4个激光传感器，一个激光分析器，威胁参数显示在76.2mm显示器上，声响报警信号送入载机的通信系统中
ADELIE	机载，4～8个传感器覆盖360°方位，工作波长为0.69～1.06μm，与雷达告警器共用显示屏
ALBERICH	与雷达报警器组合，激光工作波长为0.66～1.1μm
COLDS	多平台载，覆盖空间360°（方位），±45°（俯仰），角分辨率中方位±3°，俯仰任选，工作波长为0.4～2.0μm
LWS-20	直升机载，与雷达告警器组合，用于SPS-65机载自保护系统中，共用76.2mm机载显示屏，4个双激光传感器

更具体地说，激光告警设备得到了对方激光的脉冲特性或波长之后，必须迅速判断出探测到的激光束是什么类型的激光束。激光报警接收机的反应速度必须足够快，才能在极短的时间内采取相应的对抗措施。由于不知道对方激光束什么时候会从什么方向射来，因此警戒接收机的视场要相当大，最好能凝视监视整个半球空域，如果不能，则要对警戒空域进行扫描。为了能准确地实施火力对抗，还需要警戒接收机能对激光器精确定位。

激光告警类型多种多样，按不同的原则有不同的分法，激光告警类型按其精度可分为三类；按其工作方式可分为两类；按其探测原理可分为光谱探测型、相干探测型、成像探测型、全息探测型四类；按其工作原理可分为三类。此外，激光告警也可按图 5-3 所示分类。

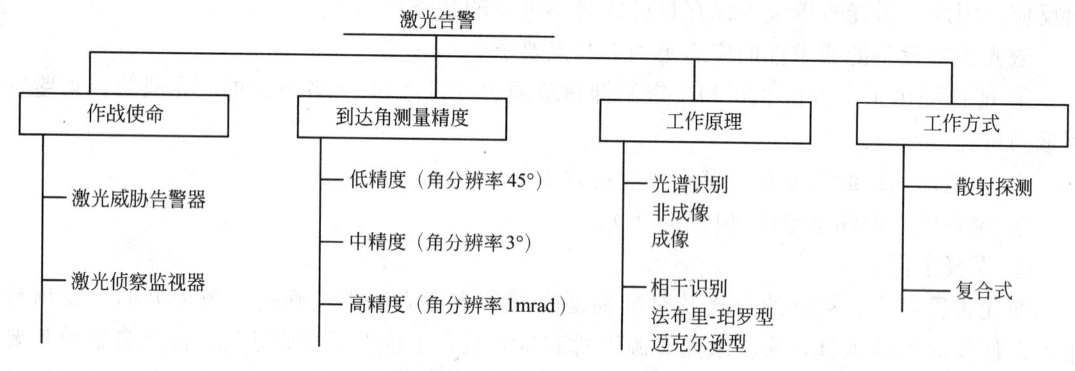

图 5-3 激光告警分类示意图

激光告警按激光束到达角度测量精度（即按角度分辨率）的不同，可分为低（45°）、中（3°）、高（1mrad）三类精度的激光告警。这三种精度激光告警装置被应用于不同的场合。低精度激光告警装置只能概略方向，角分辨率一般为 45°，主要用于与无源对抗系统相交联的自卫系统；中等精度的激光告警装置测向精度为 3°左右，主要用于激光情报侦察；高精度激光告警装置的测向精度优于 1mrad，主要用于与有源对抗系统相交联的自卫系统。

激光告警按工作方式分为主动工作方式和被动工作方式两类。在被动工作方式中，又可分为光谱识别型和相干识别型激光侦察告警。光谱识别型激光侦察告警装置有成像与非成像两种。前者使用一个或多个光电二极管作为探测器，其视场大、灵敏度高、结构简单、成本低，但方向分辨性差；后者利用广角远心鱼眼透镜和 CCD 摄像器件，视场大、角分辨率高，但光学系统复杂，只能单波长工作，且小型化困难、成本高。相干识别型激光告警装置解决了不能探测激光波长的困难，它识别能力强、虚警率低，但工艺复杂、造价高。

激光告警设备按工作原理可分为光谱识别非成像型、光谱识别成像型和相干识别型三类。

光谱识别非成像型又分为直接接收和散射接收两种，其中直接截获接收激光告警，也称光电二极管阵列式，是应用最多、最普遍的一种，目前大多数激光告警器均属于这种类型。它由若干个光电接收单元，按一定的形式均匀地排成阵列，接收不同方位的激光辐射，每两个光电接收单元间互相重叠，避免接收死角。例如对由 12 个激光探测器件组成的激光告警装置来说，如果每个探测器件的视场为 45°，那么整个告警装置的鉴别角可达 15°。如果再采用三个光电二极管对。5°角进行细分，最终鉴别角可达 3°。这种接收机探测灵敏度高，结构简单，但分辨率较低。为了提高这种类型的探测精度，近年来开展了许多研究，其中光纤前端技术是应用较多的一种，如光纤延迟激光告警，使激光告警器精度得到了较大提高。散射接收告警器的探测视场向下、向外展开，像一个锥形的罩子，当激光穿越“罩子”时，大气气溶胶散射的激光被顶部探测器接收，发出告警信号。这类告警器不能准确探测激光方向。此类设备有美国的坦克载激光探测器。

光谱识别成像型是将激光威胁源信号成像在CCD面阵上，亮点显示在屏幕上，根据来袭激光成像的像点位置计算出激光束的方向。特点是探测视场较小，精度可达1mrad左右，但光学系统复杂。

相干识别型激光告警器是利用激光的时间相干性来探测和识别激光辐射，通过干涉技术分析入射光，确定激光源的特性，如波长、入射方向等。相干识别型又分法布里-珀罗干涉仪和迈克尔逊干涉仪，如美国的AN/AVR-2型激光告警接收机、多传感器警戒接收机激光警戒装置就属于此种类型。法布里-珀罗干涉仪型激光告警装置的工作原理是：在这种干涉仪中，装有一核心部件，即法布里-珀罗标准具。该部件具有这样的特性：当它绕与光轴垂直的方向旋转时，可调制激光，即产生相干辐射。具体地讲，当法布里-珀罗标准具旋转时，激光辐射的入射角随之变化。当入射角为某些值时，入射的激光辐射产生相长干涉；而在另外一些值时，则产生相消干涉。而非相干辐射光则不是这样。由此可区分出是相干辐射还是非相干辐射。根据透射曲线可知，相干辐射在垂直入射点两侧是完全对称的，从而确定出激光源的方位。另外，根据输出波形的频率与相干辐射波长成正比这一关系，可以检测出相干辐射激光的波长。

相干识别型激光告警装置与前两种相比的最大特点是不仅可识别出激光存在，而且可以解算出激光方位和波长。相干识别型激光告警装置不仅可区分出激光和非相干光，而且可识别出入射激光的参数。其测向精度虽然低于光谱识别成像型装置，但却远远高于非成像型装置，足以满足绝大多数海上信息战激光对抗系统的需要。表5-2给出了多种类型激光告警装置比较。

表5-2 多种类型激光告警装置比较

类型	光谱识别		相干识别		散射探测
	成像型	非成像型	法布里-珀罗型	迈克尔逊型	
优点	结构简单 无需光学系统 视场大 灵敏度高 成本低	视场大 可凝视监视 虚警较低 角分辨率较高	灵敏度高 虚警低 能测激光波长 视场较大	虚警较低 角分辨率高 能测激光波长	无需直接拦截激光束 灵敏度较高 可凝视监视
缺点	角分辨率低 不能测激光波长 虚警较高	不能测激光波长 成本高 要用窄带滤光片	角分辨率较低 成本高 工艺难度大	视场小 成本较高 灵敏度低	光学系统难加工 要用窄带滤光片 不能分辨方向 对中远红外难以奏效

5.4.2 红外告警技术

红外告警是利用目标自身红外辐射特性进行被动探测告警，主要是探测导弹的主动段发动机尾焰（3～5μm）和高速弹体气动加热（8～14μm）的红外辐射。按照探测方法，又可分为利用瞬间光谱、利用时间特性、利用光谱与时间相关进行探测鉴别等类型。但主要是按工作原理分，分为扫描型和凝视型。扫描型的红外探测器采用线列器件，靠光机扫描装置对特定空间进行扫描，发现目标。凝视型采用了红外焦平面阵列器件，通过光学系统直接搜索特定空间。有的能跟踪和识别导弹的发射，及时通报来袭导弹的位置，并能自动引导和控制干扰发射，具有边搜索边跟踪处理和对付多个导弹威胁的能力。

区域扫描红外告警系统多用在侦察机对海/地面战术目标的侦察上。例如，在反潜巡逻机 P-3C 上，装有一个 AN/AAS-36 红外告警系统，可用于夜间探测水上舰船、潜艇通气管和其他目标，搜索范围 3 方位±200°，俯仰 16°～80°，采用 HgCdTe 红外探测器，可产生复合的 TV 信号和 878 条 RS-343 信号。

全景扫描型系统的特点是：采用多排线列中波红外和（或）长波红外焦平面阵列器件完成 360°全景扫描，而线列探测器的像元数决定了全景扫描中的瞬时扫描俯仰角。如配备简单的俯仰扫描镜，则可经多圈 360°方位旋转，完成对所要求俯仰高度的空域扫描。该系统的作用距离在 10km 以上，目标指示精度为 1mrad，因而可直接与某些有源红外对抗措施（如诱饵弹）和某些无源红外对抗措施（如烟幕弹）对接使用。全景凝视型系统多用于机载近程红外告警。例如美国海军的“蝇眼”红外告警系统就是一个有代表性的系统。

红外告警技术是靠检测威胁目标发出的红外信号来探测和定位目标的。红外告警在识别目标时有多种机理形式。

① 利用目标瞬时光谱和光谱能量分布特性识别和检测目标。海湾战争中，美军用导弹预警卫星探测伊拉克“飞毛腿”导弹的发射就是利用这一原理。

② 利用目标红外辐射的时间特性进行鉴别。如导弹在刚发射时红外辐射能量很高，助推阶段有所减弱，惯性阶段则更弱。这是导弹飞行过程中红外辐射特性随时间变化的一种规律，利用此规律可以判别导弹的飞行状态。

③ 采用红外成像探测器进行成像探测。将目标的红外图像从背景环境中分离出来，虚警概率低，识别能力显著提高。

红外告警系统通常由光学探测、信号放大与处理、显示报警三部分组成。它通常工作在 3～5μm 中红外波段和 8～12μm 长红外波段两个大气窗口。温度达几百度的目标，中红外波段的红外辐射较强。利用这一特点，可对目标的热源（羽烟机和发动机部位等）进行红外告警。接近环境温度的目标，远红外波段红外辐射较强。利用这一特点，可对接近环境温度的目标（例如导弹、飞机的蒙皮等）进行告警，中、远红外综合告警不仅可得到更多的目标红外信息，而且会大大降低虚警率，从而进一步增加光电干扰的效果。与其他告警手段相比，具有如下优点。

① 被动探测，十分隐蔽，不易暴露己方意图。

② 探测的是目标自身固有的红外特征。

③ 告警灵敏度高，可侦察到红外寻的导弹和涂有“隐身”涂料的导弹。

④ 能透过烟、雾、雨，可全天候工作。

⑤ 大气穿透能力很强。

红外告警技术正朝着如下方向发展。

① 用电扫描或多元并行处理代替机械扫描的全景凝视接收前端。

② 研制高探测率、高分辨率的探测器；利用体积小、功能强的微处理技术代替微机软件。

③ 注重功能模块的通用性。

④ 研制多光谱综合光电告警系统。

红外告警设备有美国 AN/AAR-34 红外告警接收机、AN/AAR-43/44 红外告警接收机、DDM-Prime 焦平面阵列红外探测器、俄罗斯 SR-7/9 红外告警器、美国和加拿大联合研制的 AN/SAR56 红外搜索与跟踪系统等。

5.4.3 紫外告警技术

紫外告警采用紫外波段，工作在太阳的日盲区，它利用“太阳光谱盲区”（波长在220～280nm 的紫外波段）对空紫外探测背景噪声极低的特性，从而避开了最强大的自然光源太阳所造成的复杂背景，大大减轻了信号处理的负担，在实战中能低虚警地探测出导弹的火焰与尾焰，检测出目标，向被保护平台发出告警。

由于在“太阳光谱盲区”这一波段，太阳辐射（紫外辐射的主要来源）的光波几乎被地球的臭氧层所吸收，所以“太阳光谱盲区”的紫外辐射变得很微弱。如果出现导弹羽烟的“太阳光谱盲区”紫外辐射，就能在微弱的背景下探测出导弹。因此，“太阳光谱盲区”的紫外告警就为导弹逼近告警提供了一种极其有效的手段。

紫外告警是通过探测导弹羽烟的紫外辐射和探测导弹发射平台，提供针对各类短程战术导弹的近程防御。紫外告警实时性要求很高，对低空、超低空高速突防来袭目标都能有效探测。由于探测距离近，此类告警称为导弹逼近告警，它可作为引导定向红外干扰机的理想手段。

紫外告警分概略型和成像型两种。概略型紫外告警是用光电信增管作为检测器件，具有体积小、重量轻、虚警低和功能低等优点，缺点是角分辨率和灵敏度均较低。这种告警方式可使用于方向精度要求较低的对抗措施，例如红外诱饵弹配合使用。成像型紫外告警采用成像面阵探测器件，可精确探测出导弹羽烟的紫外辐射，并通过所形成的紫外图像识别出威胁源类别。这种器件的优点是角分辨率高、探测能力强、识别能力强，因此除可与红外诱饵弹对抗措施交连使用外，还可与定向要求较高的红外干扰机配合使用。美国的 AN/AAR-54 型紫外告警器就属这类装置，其角分辨率低于1°。

紫外告警与红外告警相比，紫外告警具有体积小、重量轻、虚警率低、不需扫描、不需低温冷却等优点。利用紫外波段进行导弹探测有如下几个优点。

① 紫外探测有极其灵敏的探测器。

② 紫外探测器结构简单，不制冷，不扫描，体积小。

③ 在紫外区，空间紫外背景辐射减少，紫外区位于太阳盲区，信号检测容易，虚警下降。

④ 紫外告警可在多威胁状态下，以威胁程度快速建立多个优先级，并提出最佳对抗决策建议。

但紫外告警的缺点是：距离较近，角分辨率低。

美国洛勒尔公司于 1988 年研制的 AV/AAR-47 型紫外告警器是世界上第一台紫外告警器，主要供海军直升机、C-130S 飞机、F-3S 运输机导弹告警使用。这种紫外告警器在海湾战争中曾装在英国的几种直升机和侦察机上试用。AN/AAR-47 紫外告警器采用 4 个探测器，一部处理器，总重 14kg。4 个探测器可覆盖 360°空域。探测器采用非制冷型光电倍增管，并使用滤波器降低虚警率。该报警装置，可在攻击导弹到达前 2～4s，通过听、视报警器，向飞行员发出警报，并能自动引导释放红外干扰弹。当探测红外干扰弹为哑弹时，可在1s 内重新释放第二枚干扰弹。

目前，美国已对这种紫外报警装置进行第二代的开发研究。研制的第二代导弹逼近紫外告警系统是以多元或面阵器件为核心探测器，其角分辨率高、探测能力强，可对导弹进行分类识别，具有优异的技术性能。如德国宇航公司研制的“米尔兹”，重 6kg，探距 5km，采用高灵敏度、高分辨率的紫外传感器，反应时间仅为 0.5s，角分辨率仅为 1°。

5.4.4 光电复合告警技术

随着光电探测设备和光电制导武器的工作模式向多个光波波段复合的方向发展，传统的单一波段工作模式的干扰设备往往难以发挥有效的对抗干扰作用，因此，必须向多种干扰手段相复合的方向发展。光电复合告警技术是在激光告警、红外告警和紫外告警技术基础上发展起来的复合高级告警形式。这种告警器采用一体化的探测红外、激光和紫外等主要威胁光源的综合告警技术，应用多波段光电传感器的综合和多种光电探测信息的融合技术，是小型化、模块化和具有通用功能的综合告警结构，使各类告警技术优势互补，资源共享，从而更好地发挥综合效能。例如，英、法合作研究的“女巫”系统，集红外诱饵弹、箔条诱饵弹、雷达/红外诱饵弹与有源干扰设备于一体，形成一套综合性的诱饵对抗系统。

光电复合告警技术工作在0.3～14μm的各种波长范围内，它不但能探测激光辐射的主光斑，还能探测并定位激光的散射光，并能实时地识别威胁信号的类型、波长、重频、编码等特征，以应付各个波段、各个方向的光电制导武器和复合制导武器的袭击。

在未来的复合干扰中，激光器作为干扰源，将会日益受到重视，但由于在使用中也有局限性（如易受烟幕反干扰），因此，必须与其他干扰手段互补使用，才能收到好的干扰效果。

5.5 光电干扰技术

光电干扰的目的是使敌方光电武器装备失灵，以削弱、压制、扰乱甚至破坏其作战能力。光电干扰手段是否有效，必须符合光电频谱匹配性、干扰视场相关性、干扰时机实时性和最佳距离有效性这四个基本特征。光电干扰技术主要有无源干扰、有源干扰和复合干扰三种方式。

无源干扰是一种非常有效的干扰手段，主要作用在于改变目标光学特性和改变目标光学传输特性两方面，主要手段包括烟幕遮蔽和水幕干扰、红外辐射抑制、激光吸收涂层、伪装网和平台外假目标等，其基本原理是在目标周围布防光的反射体或吸收体，减少目标和其周围环境的辐射差别，以假乱真，达到的目的是保护己方不被敌方光电设备探测到；同时，降低敌方光电侦察和制导系统的作战效能。伪装网阻止红外、微波波段传感器的探测，如海湾战争中，伊拉克布置了大量的充气假飞毛腿导弹发射架，达到了有效干扰迷惑敌军的作用。

有源干扰又可分为欺骗式干扰和压制式干扰两类。应用欺骗式干扰技术的主要有红外干扰机、红外干扰弹、激光干扰机等。欺骗式干扰的主要问题是，必须产生具有明显多普勒频移的可信目标，即必须产生一个长时间前后移动和具有真实感的令对方相信的假目标。计算机速度的迅速提高、体积的不断减小、重量的不断减轻，为欺骗式干扰机的发展奠定了技术基础，从而出现了大量应用新趋势。

5.5.1 烟幕干扰

烟幕遮蔽技术是目前较有效的光电无源干扰技术之一，也是光电对抗中最实用、最有效的手段之一。烟幕通常由烟（固体微粒）和雾（液体微粒）组成，属于气溶胶体系，是光学不均匀介质，其分散介质是空气，而分散相是具有高分散度的固体和液体微粒，如果分散相是液体，这种气溶胶就称为雾；如果分散相是固体，这种气溶胶就称为烟。有时气溶胶可同时由烟和雾组成。烟幕干扰技术就是通过在空中施放大量气溶胶微粒，以改变电磁波介质传输特性来实施对光电探测、观瞄、制导武器系统干扰的一种技术手段。

烟幕可以显著削弱现代光电侦察设备和光电制导武器的效能，同时烟幕器材的成本也相对较低。它向空间施放大量气溶胶颗粒，遮蔽住被保护的目标，改变光电信号的传播特性，达到干扰效果。

（1）烟幕干扰特性

一般烟幕具备的5个特性。

① 消光与辐射特性，对入射光的反射、散射和吸收，使通过的可见光和红外光衰减，起到消光作用，同时也会发出一定的辐射。

② 物理运动的特性，受气象和地理条件的影响而随空气一起运动。

③ 化学特性，可能污染环境和损害人员及装备。

④ 双向同性特性，与烟幕的消光和辐射特性、化学特性在光线传播的正向和逆向具有相同的性质，如使用不当会引起“自伤”。

⑤ 形成多样化，烟幕可用多种方法形成。

（2）烟幕对抗机理

烟幕对抗的机理主要是利用烟幕（或称遮蔽气溶胶）中的微粒的吸收和散射来衰减激光辐射。烟幕干扰的机理就是利用烟幕可以形成干扰屏障，可见光、红外辐射和激光在通过烟幕时被散射、吸收而衰减，从而达到遮蔽目标的作用。

当光辐射通过烟幕时，由于光波波长以及烟幕微粒的大小、形状、表面粗糙程度和光学性质的不同，烟幕微粒将对光线产生折射、反射、衍射和吸收。综合的效果将使透过烟幕的光的强度比进入的光的强度要小。散射和吸收是造成光衰减的基本原因。根据烟幕对光能量衰减的机理不同，可将其分为散射型和吸收型。

烟幕对光的散射作用是由烟幕微粒内部的折射、烟幕微粒表面的反射、衍射和其他原因造成的。散射型烟幕是由无数个小灰体组成的悬浮固体微粒云，它们较长时间悬浮在空中，使光线向各个方向发生偏折。照射在烟幕任何一个微粒上的入射光被其向各个方向散射，该散射光又照射到邻近的微粒上，从这些微粒上被二次散射，继而发生第三次到多次散射，这样，烟幕的微粒不仅被最初的入射光照射，又被其周围各微粒多次散射的光照射。总的效果是使沿原入射方向上的来自目标的光辐射能量减少。于是导引头接收不到足够的能量，目标便难以被对方发现，从而达到遮蔽的效果。

吸收型烟幕相当于无数个直径3～10μm的小黑体停留在大气中，这些小黑体对入射光有强烈的吸收作用，使小黑体温度升高，然后再辐射出去，但辐射出去的光波大于原来的入射波长，同样使得目标得以遮蔽或保护。通过散射、吸收等方式衰减飞机红外辐射，使红外制导导弹难以探测和锁定目标。微粒对光的吸收遵循比尔-朗伯定律：

$$\Phi_{\lambda\tau}(x)=\Phi_{\lambda i}(0)\exp(-\rho\mu_{\lambda\alpha}x) \tag{5-1}$$

式中，$\Phi_{\lambda\tau}(x)$ 为在烟幕中传播距离 x 后的光谱辐射通量；$\Phi_{\lambda i}(0)$ 为在 $x=0$ 处的光谱辐射通量；ρ 为烟幕的质量密度；$\mu_{\lambda\alpha}$ 为烟幕微粒的光谱质量吸收系数。

由式（5-1）可以看出微粒对光的吸收与烟幕微粒的光谱质量吸收系数、烟幕的质量密度、光通过烟幕的厚度（光程）之间有定量的关系。

如果同时考虑微粒对光辐射的散射和吸收作用，则只需将上式中的 $\mu_{\lambda\alpha}$ 换成光谱质量消光系数 $\mu_{\lambda e}$。可见，烟幕的质量消光系数、密度和厚度越大，对光的衰减也越大。光通过烟幕时的衰减，使定向透射系数变小，透明度和对比度降低，不易使目标被发现，这是烟幕能起到遮蔽干扰作用的主要原因。

通过烟幕的遮蔽作用而保护目标的基本作用原理是：当光线通过烟幕时，由于波长的不同，微粒的大小、形状、表面粗糙程度和性质的不同将会对光线产生不同程度的吸收和散射作用（即吸收作用），从而使透过烟幕后光线的强度小于进入光线的强度。而且烟的浓度或厚度越大，光线的吸收也越严重，甚至完全无法得到由目标反射或辐射出的维持光学设备正常工作所需要的光学能量。据统计，进攻时使用遮蔽烟幕，能使敌方武器效能降低80%；防御时使用迷茫烟幕，将使敌方武器效能降低90%。

烟幕是对抗战术激光武器及其他激光装置的一个重要手段。当激光报警器对来袭激光报警后即释放烟幕，阻挡激光束的通过，消耗其能量，从而可降低其杀伤力。目前，国外都在研究激光报警器和烟幕弹结合装备到装甲车辆、飞机和舰艇上，用于对付战术激光武器的攻击。

（3）烟幕对抗作用

随着烟幕技术的发展，现代烟幕不仅能对抗0.4～0.7μm波段的可见光，0.7～1.1μm的近红外光的目视光学瞄准系统，工作在1.06μm波段的激光系统，而且正在发展对抗以3～5μm、8～14μm波段工作的中红外和远红外成像系统，10.6μm波段工作的激光指示系统和制导武器系统等。从干扰波段上烟幕可分为防可见光、近红外常规烟幕，防热红外烟幕，防毫米波和微波烟幕及多频谱、宽频谱和全频谱烟幕。

① 对抗可见光的烟幕　电视制导武器、微光夜视仪及大部分光电侦察设备的工作波段都位于可见光部分，即$\lambda=0.38\sim0.75\mu m$。在这一波段，要充分利用气溶胶的散射作用。

对抗可见光的烟幕剂通常有黄磷、赤磷等。也可采用彩色烟幕，它能使目标与背景融合在一起，不被可见光侦察设备发现。如绿色伪装烟幕对在森林中隐藏的坦克和装甲车辆等有很好的伪装效果。

② 对抗红外的烟幕

a. 热烟幕。热烟幕在形成时通常伴随化学反应，并且发出热量。按其组分又可分为HC型、改进的HC型和赤磷型。赤磷型烟幕剂是以赤磷为基础再添加某些红外活性物质构成的。

HC型烟幕剂是指包含金属粉和有机卤化物的烟幕剂，而改进的HC型烟幕剂是在HC型烟幕剂中再加入一些红外活性物质，这种烟幕剂的特点是通过氧化剂和还原剂反应产生高温，在反应过程中产生许多细小的碳粒，从而增强对红外线的遮蔽。

国外专利报道了一种改进的HC型烟幕剂的组成：30%的六氯乙烷、30%蒽和40%的高氯酸钾。其中高氯酸钾为氧化剂，六氯乙烷一方面作为氧化剂，另一方面作为碳粒源，蒽是碳粒源，在不完全燃烧时产生直径大于5μm的碳粒，并且呈絮状，能在静止空气中长时间悬浮。

b. 冷烟幕。冷烟幕的形成通常只包含物理过程。冷烟幕按照其成分的性质可分为固体型和液体型两大类。

固体型冷烟幕的材料大体包括金属粉、无机和有机粉末和表面镀金属的颗粒几类。金属粉通常应是鳞片状的，使用较多的有黄铜粉、青铜粉、铝粉等。为防止金属粉末在储存和运输过程中结团而导致使用时分散性及悬浮性不好，可加入一些分散剂。常用的无机和有机粉末有石墨、滑石粉、高岭土、硫酸铵、碳酸钙、高氯酸钾、六氯乙烷、氯丁橡胶、氯化萘及碳氟化合物等。表面镀金属的颗粒包括表面镀金属的实心球、表面镀金属的空心球和表面镀金属的薄片。在介质表面镀金属可以增强其红外衰减性能，这是因为金属膜增加了单个粒子的散射衰减。

液体型冷烟幕通常包括水、硫酸铝水溶液以及一些液体有机化合物。它要求组分熔点低，沸点高，腐蚀性、毒性和刺激性小。因此在实际使用中应根据不同的使用环境，采取不同的措施改善其性能，达到物理性能要求。

烟幕对抗红外武器的机理主要有两种：一种是利用烟幕本身发射的强烈的红外辐射，将目标及其附近的背景红外辐射覆盖，在红外制导武器的显示器中呈现一片模糊的烟幕热像，从而遮蔽住被跟踪目标的热轮廓图像；另一种是利用烟幕中高密度的遮蔽气溶胶微粒，对目标的红外辐射起吸收和散射作用，使进入武器导引头的红外能量低于制导系统的要求，从而使光学瞄准装置和电视制导导弹难以探测和锁定目标，进而起到保护被跟踪目标的作用。

③ 对抗激光的烟幕　对抗激光的烟幕可以分为两大类：一类是对抗可见光激光和近红外激光的烟幕；另一类是对抗中、远红外激光的烟幕。目前主要对抗的是 1.06μm 和 10.6μm 的军用激光系统。

根据微粒的吸收和散射导致激光辐射衰减的原理，由于衰减是重要的参数，可把烟幕剂看作是衰减激光的粒状介质。烟幕剂对激光辐射的衰减程度可用比尔-朗伯关系式预测：

$$I=I_0 e^{-acb} \tag{5-2}$$

式中，I_0 为光束的初始强度，即进入烟幕前的辐射强度；I 为激光束透过吸收系数为 a、浓度为 c、厚度为 b 的有烟云后的辐射强度。如果给出 I/I_0 与 a 和 b 为常数时的浓度 c 的关系曲线，则应产生直线圈。在短路径范围内，达到 95%的衰减，比尔-朗伯关系是有效的。为了进一步确定烟幕的遮蔽能力，通过把比尔-朗伯关系式的曲线延长到 I/I_0 等于 1.25%的点，并读出浓度 c_1，可得到总遮蔽能力（T）的相应数值。用该浓度和烟幕厚度 b 算出相应的 T 如下：

$$T=\frac{1}{c_1 b} \tag{5-3}$$

式中，T 是以平方英尺每磅计量的。因此，T 的数值越大，说明遮蔽性能越好。

应该指出的一点是，虽然烟幕能大大衰减激光束的能量，可使激光透过率减少到百分之几，甚至减少到 1%，但激光强度级仍然相当高。某些激光器约为数兆瓦，即使初始光束的能量衰减 99%以后仍然存在相当大的能级。此外，某些激光系统，如激光测距仪、激光雷达可能有用低能级返回脉冲工作的探测器，当烟幕出现时仍然能工作。而且，随着时间的推移，烟幕对抗的效率会慢慢降低，时间延长，保护范围渐渐减小。因此，必须大大增加烟幕的厚度和浓度，必须在大气中释放更多的烟幕材料，才能有效地对抗高功率激光武器和其他激光装置的激光辐射。激光武器的效率取决于传送到目标上的激光功率密度或激光辐射强度。激光束在大气中传播时会使空气受热，空气起负透镜的作用，引起激光辐射的发散，从而增加其折射率，降低其功率密度，这就是所谓热晕效应。此外，激光功率密度或激光辐射强度还取决于大气的吸收系数。由于激光束极限强度在求距离中任一点强度的方程中是作为指数出现的，因此它对吸收系数的大小相当敏感。

此外，为了使低能极返回激光脉冲工作的系统失效，除加大烟雾浓度外，还可采用距离选通系统。采用一个距离选通器，不必采用假信号识别，因为只有当来自某一确定距离的返回光脉冲出现时探测器才工作。但是，采用距离选通系统时，必然知道目标方向和距离的估算值。

对抗可见光激光和近红外激光的烟幕的制备原料主要有六氯乙烷、四氯化铵、三氧化硫、四氯化硅等。HC 发烟剂、WP 发烟剂、FS 发烟剂、雾油等是比较典型的这类烟幕剂。

例如，HC发烟剂，它是用于燃烧弹（如M_s发烟罐和M_s发烟枪榴弹）的标准军用烟幕配方。其化学组成是：铝粉（Al），6.68%；氧化锌（ZnO），46.66%；六氯乙烷，46.66%。它迅速吸收大气中的水分，形成云粒子。WP发烟剂，它是用于燃烧型弹药（如发烟罐、火箭弹、炮弹和枪榴弹）的军用烟幕材料。烟幕是通过燃烧白磷和增塑白磷产生的。它的化学成分是元素磷的同素异形形式。燃烧时形成五氧化磷，再与空气中的水反应形成稀磷酸粒子。FS发烟剂，它是用于飞机发烟箱和特别弹药的标准军用烟幕化合物。其化学成分是55%的三氧化硫（SO_3），45%的氯磺酸。它在空气中雾化时通过自发反应形成氯化氢和硫酸蒸气，硫酸粒子吸收空气中的水分形成烟幕。而雾油是一种标准军用烟幕材料，是黏性小的普通石油润滑油，类似于无添加剂的SAE10马达油。单个油滴是透明的，但由于光散射，直径0.5～1.0μm的粒子组成的云是白色的。

对抗中、远红外激光的烟幕的制备原料主要有乙烯、丙烯、二甲基乙醚等，当然也可采用对抗中、远红外的固体粉末烟幕。它们对激光的吸收能力强（约为大气吸收的100万倍），且不易燃烧。

烟幕不仅可以干扰激光制导武器，还可以对红外电视制导武器进行干扰。根据需要在较短的时间内形成几十米至几百米的大面积烟幕，持续时间可达几分钟到几十分钟。如果将具有低扩散系数和高激光辐射吸收系数的高密度物质施放到大气中，从而在大气中产生许多吸收和散射激光的遮蔽物微粒，形成烟幕，使传输到远距离目标上的功率密度限制到极低值，就能使激光武器失效。

（4）烟幕使用

烟幕干扰技术具有“隐真”和“示假”双重功能，具有实时对抗敌方光电武器攻击的特点，尤其是能对光电制导威胁做出快速反应，降低其命中率。因此，在光电制导武器迅猛发展和大量使用的今天，烟幕干扰材料及其相应的布设、施放和成形器材都受到各国军方的重视，并且发展很快。

为使烟幕达到遮蔽目标的目的，必须根据战术要求和作战意图有计划地施放某种烟雾，而且在施放烟雾时，应该快速抛撒，快速成烟，烟的厚度、浓度和面积均应满足战术设计要求。此外，还要考虑到风向和风力、温度、湿度等诸多因素的影响。只有这样，烟幕才能起到较好的干扰作用。

还有一点，水幕干扰同烟幕干扰一样，是通过研究波能量的吸收和衰减作用，使敌方光电器材和制导武器无法得到维持正常成像、观察、搜索和跟踪所需要的光波能量而失去作用。烟幕干扰或水幕干扰可对敌方光电设备起到十分有效的对抗干扰作用，因此在当前的光电对抗中占有重要的地位。

水幕干扰主要使用水幕遮蔽技术。这种方法是在红外制导导弹来袭方向上，距舰船目标一定位置，快速大面积地喷洒水雾，形成一定厚度的遮蔽屏障。水幕中大量水雾微粒吸收和散射舰船目标的红外能量，大大降低了红外辐射的透过率，使红外制导武器寻的头迷盲而失效。据计算，厚1mm的水幕，在整个红外波段的衰减可达到5～1200倍，尤其对远红外、中红外的辐射衰减十分明显。这就表明，如果在舰船周围布设较厚水幕，则将会对防止红外成像制导导弹攻击产生一定效果。水幕不足之处是对可见光遮蔽不够好。为此，可在其中加入黑色染料。这样，就可形成对整个红外光和可见光良好的水幕遮蔽层。

各国装备的烟幕器材主要有烟幕罐、烟幕机、烟幕弹、烟幕手榴弹、发动机排气烟幕系统、直升机烟幕系统等。根据不同需要，可产生宽几十米至几万米的烟幕；形成时间最短不足2s，持续时间可达几分钟、几十分钟或更长。产生烟粒或雾粒一般为0.2～0.8μm，数目

可达 $10^{12}/m^3$，能有效对抗激光测距、激光制导以及可见光、红外观瞄系统。烟幕的发展趋势：一是提供烟幕的遮蔽能力，研制能对付激光武器的烟幕，研制以吸收为主的吸收型烟幕，研制能同时对抗毫米波、微波、红外及可见光的宽带多功能烟幕；二是加快有效烟幕的形成速度，延长烟幕的持续时间；三是加强烟幕器材的研制，拓展烟幕技术的使用范围，并与综合侦察告警装置、计算机自动控制装置组成自适应干扰系统。

如英国 I8 系列烟幕弹；美国 M250 和 M243 型发烟机、M259 型发烟弹、66mm 发烟火箭等。实践证明，价值几百美元的烟幕剂，就可以使价值几千乃至几十万上百万美元的武器装备失去作用，因此烟幕是一种高效费比的技术手段。

5.5.2 红外干扰(诱饵)弹技术

红外干扰（诱饵）弹的发展可追溯到 20 世纪 60 年代初期。当时，美国为了对付工作在 1.5μm 近红外的防空红外制导导弹而研制了红外诱饵弹。红外诱饵弹形成一个比飞机更强的红外源，从而可诱骗红外制导导弹。由于红外诱饵弹与射频箔条具有类似的弹型和尺寸，因此，它们往往使用相同的发射管。通常，用同一发射管发射红外和箔条两种诱饵弹，或发射一种既有红外诱饵又有箔条的箔条/红外诱饵弹。这种复合的诱饵弹可用来对抗雷达/红外寻的导弹。

红外干扰（诱饵）弹是在燃烧时形成几倍于被保护目标的辐射能量，并有与被保护目标相似的红外频谱特征，作为假目标，用以欺骗或诱惑敌方红外探测系统或红外制导系统的一种干扰器材。

红外诱饵弹多属烟火剂型，主要是通过烟火剂燃烧产生的红外辐射模拟舰船、飞机或其他重要机动目标发出的红外辐射来干扰、迷惑来袭导弹，使之攻击失误以达到保护的目的。在被保护目标附近施放燃烧的红外诱饵弹，产生一定的红外能量，并与被保护目标有相类似的红外频谱特性，用于欺骗或诱惑敌方红外探测系统对目标的“跟踪”，起到保护目标的作用。空-空导弹和地-空导弹多采用红外制导技术。作战飞机为了自身的生存，必须对来袭的红外制导导弹进行干扰。办法之一就是投放红外干扰弹，发射强的红外辐射，将来袭导弹引开。抛撒适当尺寸的箔条可以进行无源干扰。

红外干扰弹的辐射特性：由于红外导引头的工作波段一般在 1.8～3.5μm 和 3.0～3.5μm，所以理想的红外干扰弹的红外辐射光谱特性也应具有与被保护目标相似的光谱分布(在这些红外导引头的工作波段内)，并且其辐射强度一般要大于目标辐射强度的 2 倍以上，这样才能有效地保护目标。红外干扰弹的干扰波段一般是 1～5μm。飞机发动机尾喷口的温度约 900K，尾喷口面积是数千平方厘米，如果是两台发动机，则飞机发动机尾喷口处等效的辐射强度约为 500～3000W/sr，因此红外干扰弹的辐射强度至少应为 1000～6000W/sr，红外干扰弹的辐射强度指标一般是由目标的红外辐射强度所决定的。

（1）红外干扰（诱饵）弹特点

理想的红外诱饵弹系统应具有如下特点。

① 能逼真模拟飞机发动机喷焰的热辐射，或飞机、舰船、战车等重要目标的热轮廓。

② 有宽的光谱覆盖范围及足够的辐射能量，能诱惑近、中、远各红外窗口的制导导弹。

③ 能适时投入工作，不仅对单波段点源红外寻的导弹有好的干扰效果，而且对采用多光谱制导、复合制导及成像制导等技术制导的导弹也能奏效。

④ 诱饵弹能自备动力，能在空中稳定地飞行，并能与被保护目标保持最佳的距离和最合适的飞行轨道。

⑤ 投放系统能装填多种多发诱饵弹，在警戒装置的自动导引下，能针对不同的目标实时地按不同的方式进行不同程度的干扰等。

(2) 红外干扰（诱饵）弹工作过程与组成

红外干扰弹一般是由发射系统、弹壳、抛射管、活塞、药柱、安全点火装置系统和部件组成。弹壳起到发射管的作用并在发射前对红外诱饵弹提供环境保护。抛射管内装有火药，通常由电能起爆，产生燃气压力以抛射红外诱饵弹。活塞密封火药气体，防止药柱被过早点燃。红外诱饵弹的核心部分是产生红外能源的药柱，主要采用固体燃料，少数也采用液体燃料。一种典型的固体药柱是由镁、氧化剂（如聚四氟乙烯）和黏合材料（如氟橡胶）这些燃料成分组成的。安全点火装置用于适时点燃药柱，并保证药柱在膛内不被点燃。

红外干扰弹的工作过程是：当红外干扰弹被抛射点燃后产生高温火焰，并在规定的光谱范围内产生强红外辐射，从而欺骗或诱惑敌红外探测系统或红外制导系统。红外干扰弹的前身是侦察机上的照明闪光弹。目前，普通的红外干扰弹的药柱由镁粉、聚四氟乙烯树脂和黏合剂等组成。通过化学反应使化学能转变成辐射能，反应生成物主要有氟化镁、碳和氧化镁等；其燃烧反应温度高达2000～2200K。

红外干扰弹要达到干扰效果就是要使红外导弹攻击目标时产生脱靶，干扰成功的判别准则是使导弹的脱靶量大于导弹的杀伤半径，并且要加上一定的安全系数。红外干扰弹的战术使用主要包括红外干扰弹投放的时间间隔、投放的时机和一次投放的数量。

红外诱饵弹的主要战术要求是：干扰频段要与被干扰目标寻的器的工作频段一致，目前多为3～5μm频段。红外火炬必须在红外制导寻的跟踪视场范围内形成。满足留空时间，一般为30～40s。在留空时间内，如采用单发弹布设模式，则要求该弹始终在导引头跟踪范围内燃烧；在采用多发弹模式时，多发弹应相继接力式燃烧，以便总有红外弹在寻引头跟踪范围内燃烧。对导弹的干扰效果取决于多种因素，例如红外诱饵弹辐射强度、舰船红外辐射峰值强度、红外弹爆距、风向、风速、舰船机动航行能力等。此外，与导引头自导距离的多少及其抗干扰能力也有密切的关系。对国外现役和即将服役的红外干扰弹进行分析，可以得到其典型的技术参数如下。

工作波段：1～3μm、3～5μm和8～14μm；

辐射强度：静态≥20kW/sr，动态≥2kW/sr；

压制系数：$K \geqslant 3$，有些情况下要求$K \geqslant 10$；

等效温度：1900～3000K；

燃烧时间：3～60s；

起燃时间：0.5s；

分离速度：15～30m/s；

投放方式：常与箔条弹等干扰物联合投放。

(3) 红外干扰（诱饵）弹布设方式

红外干扰弹根据弹种不同，有如下几种不同的布设形式。

① 悬挂式　这种布设方式的特点是：燃烧的红外诱饵火炬悬挂在降落伞下，一边徐徐下降，一边缓慢燃烧。在空中一定高度形成一个红外诱饵。

② 浮标式　这种布设方式的特点是：燃烧的红外火炬开始在空中形成红外诱饵，同时在降落伞制动下落到海面，然后由浮标将其支撑在海面上继续燃烧。

③ 爆燃式　这种红外诱饵弹中的子弹药在预定的空中弹道多个位置上爆炸燃烧。在海

面上空预定高度上形成一片燃烧的诱饵云。

④ 抛射式　这种红外诱饵弹是在预定的空中弹药点利用火药燃气将大量彩球状红外诱饵烟火星体抛到空中燃烧，形成一片红外诱饵云。

这四种方法也可简单归为两类。第一、第二种为单发红外弹布设，第三、第四种为多发红外弹布设。

单发式布设的优点是弹药结构简单，一枚红外火炬形成一个红外假目标，有效燃烧时间比较长，缺点是红外辐射面积较小，频带窄（3～5μm），强度低（1000W/sr）。多发式布设的优点是形成红外诱饵速度快（约 1s），辐射能量高（2000W/sr），有效辐射频带宽（3～5μm 和 8～12μm），辐射面积大，缺点是单数燃烧时间短（约 2.5s）。这一缺点可用多数红外弹来弥补，形成接力式红外诱饵云。这种运动着的红外诱饵云可精确模拟舰船的运动，从而给来袭红外导弹有一个运动目标的假象，这就有可能提高干扰效果。但总的看来，两种方式各有优缺点，因此，两者综合使用效果更佳。

单发式的典型例子是美国的 RBOC 红外弹。该弹射高 65m，伞降速平均值为 4m/s，在空中燃烧后降至海面上，然后以浮标式在海面继续燃烧。总的有效燃烧时间为 40s。RBOC 弹中的红外火炬下降速度为 2m/s，落至海面熄灭。

多发红外弹典型代表为法国“达盖”诱饵系统。该弹以弹药单元进行发射，舰上储存有 120 个这样的弹药单元。弹药单元被发射后产生 34 枚红外弹，包括初始弹 7 枚，不带降落伞，在约 20m 高度处爆炸燃烧，持续时间约 4s；中间弹 5 枚，带降落伞，在距海面约 13m 处燃烧，5 枚弹总的持续时间约 2s；后继弹 22 枚，带降落伞，引爆碰炸引信使弹继续上升至海面约 15m 处燃烧，每间隔 1s 相继落至海面，每枚弹燃烧时间约 2.5s。

(4) 红外干扰（诱饵）弹作用

红外诱饵弹对红外制导导弹有冲淡干扰和质心干扰两种。所谓冲淡干扰，是在舰船接到告警后，向舰船周围发射红外诱饵弹，诱骗导弹捕捉假目标，降低导弹对舰船的捕捉距离。这种方法要求红外诱饵弹落在导弹的搜索范围内，而不能落在跟踪视场内，因此是一种远距离干扰。质心干扰的方式是：当红外制导导弹已跟踪舰船时，舰船立刻投放出红外诱饵弹，红外诱饵弹很快燃烧，并与舰船都出现在导弹跟踪视场内。由于红外诱饵弹辐射波长与舰船相似，且辐射能量又大于舰船辐射能量，根据质心干扰原理，导弹的红外导引头将跟踪红外诱饵弹和舰船的质量中心。这个中心随时间越来越偏离舰船，而偏近红外诱饵弹的燃烧中心。最后，红外制导导弹攻击这个中心，从而使舰船得到保护。

新的红外对抗方法是将高强度红外能量聚集到一起，对准来袭导弹发射出去，扰乱导引头寻的目标。美国洛拉尔公司制造的红外定向干扰系统采用铯灯做光源，发射非相干红光，对红外制导的导弹实施干扰。诺斯罗普公司新研制的 GRC-84-02-B“萤火虫”定向红外干扰机，采用双红外波束，将非相干的氖能量聚集起来射向导弹，破坏导弹上的导引头“成像”，干扰效果明显。

为了对付红外成像制导导弹，新的红外干扰弹不断涌现：双组分弹、气动诱饵弹、曳光弹、活化金属诱饵、坦克自卫用近战诱饵和带加热元件诱饵等。通过使用这些新技术，使红外干扰弹达到最佳的干扰效果。

红外干扰（诱饵）弹是极其有效的红外对抗手段，它能将红外导弹引偏使其脱靶，从而确保自身的安全。作为红外对抗的重要组成部分，红外干扰弹在历次现代战争中都发挥了重要作用。经过几十年的发展，今天已达到相当高的水平。各国已发出各种红外干扰弹；红外干扰弹已由单一诱饵，发展到红外/射频复合诱饵；对抗红外成像导弹的红外干扰弹也已研制成功。

(5) 新型红外诱饵

从本质上讲，它是悬浮在空中尺寸不同的极细固体或液体微粒，即气溶胶。理想的气溶胶应具有如下特点。

a. 吸收或散射能力应足够强，可大大衰减射向目标和目标辐射所通过的激光和红外能量。

b. 气溶胶微粒在适当的光谱区域内具有最大的作用效率，并具有多光谱屏蔽能力。

c. 气溶胶微粒在空中悬浮的时间应足够长，且能保持有效的烟幕浓度和厚度。

d. 成烟的时间应足够短，且有效烟幕屏障的面积应大于被保护目标面积的数倍。

e. 烟幕及其制备材料应是无毒、不可见的，并且经济、易得、运输和使用方便。

新型红外诱饵如下。

① 散射型气溶胶红外诱饵　这种诱饵利用多个处于不同红外波长的激光器对气溶胶进行扫描照射时，气溶胶通过散射照射来的激光，形成一个辐射源，来欺骗敌方的制导系统。为了使诱饵的散射辐射具有被保护目标的红外特性，需要利用多光谱探测技术，由于现有的红外探测器工作的两个主要波段是 3～5μm 和 8～12μm，所以可以采用两种波长的红外激光(比如 3～8μm 和 6～10μm) 进行照射，而且这两种波长激光的幅度比例要符合被保护目标的红外光谱分布。为了使气溶胶散射出的每一波段红外能量足够大(例如 5kW/sr)，每台激光器的功率也要足够大(例如 60kW)。而且根据 Mie 理论，当选取的气溶胶粒子的直径与红外波长相当时，在其后向散射上具有很大的增益，这时需要的激光器能量可以大为降低(例如 1kW)。

② 光化反应型气溶胶红外诱饵　这种诱饵采用激发气溶胶颗粒，使其发生化学反应，释放出化学能。由于化学反应可以释放的能量很大，比入射激光的能量至少大 100 倍以上，所以需要的激光能量很小。气溶胶粒子是光化反应的主体，其粒子的组成情况有两种：一种是由液体小颗粒组成的；另一种是由内核包渗透膜结构的粒子组成的。对于由液体小颗粒组成的气溶胶，激光起催化剂的作用。当受到激光照射时，液体小颗粒快速和氧气发生氧化反应，并转变为另外一种物质，释放化学能。释放出的化学能使其温度明显升高，可以比其周围温度高出 30～50℃，和被保护目标的实际温度很相近，其光谱也相似。而且气溶胶的红外辐射能量在 8～12μm 波段内可以达到 10kW/sr 以上。

图 5-4 中，在由反应内核及渗透膜组成的气溶胶颗粒结构中，激光的作用便不再是催化剂，而是一个控制反应的开关。图 5-4 中气溶胶颗粒由反应内核和渗透膜组成，里面的反应内核能够和氧气进行反应释放能量，渗透膜是一种氧气透过性很差的薄膜。但当激光照射到气溶胶上时，渗透膜便要发生化学反应，其氧气透过性将增加，里面的内核便和透过的氧气进行化学反应，释放化学能，释放的化学能可以使气溶胶的温度升高 20～50℃，通过控制透过性的大小可以控制反应的速度。内核的组分一般是金属，但是如果该金属和氧气反应时会在金属的外面形成一个致密的氧化薄膜，阻止反应继续进行，这时则需要其内核的半径 ($D/2$) 和氧化薄膜的厚度相当。

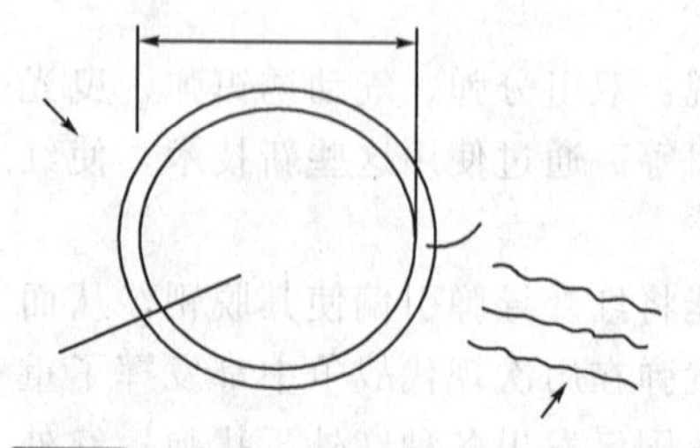
图 5-4　内核包渗透膜结构的粒子结构

激光调制气溶胶红外诱饵的基本原理是：采用一定波长的激光照射到气溶胶上，利用气溶胶对激光能量的散射或光化反应释放热量来欺骗、干扰敌方红外制导系统。它的工作原理如图 5-5 所示。当被保护目标发现受到红外制导武器的攻击时，即迅速发射一个装有气溶胶的诱饵弹，诱饵弹在离被保护目标一定距离处爆炸，喷洒出气溶胶，形成一个气溶胶区域。这时，被保护目标上的激光源发射出具有一定波长的被调制过的激光束对气溶胶进行照射，由于激光照射在气溶胶上形成一个被保护目标的投影，在外形上模拟目标，被照射的气溶胶区域则通过散射激光或者光化反应产生红外辐射，用以吸引制导武器，保护目标。气溶胶颗粒散射激光能量或者进行光化反应的原理是不同的。

图 5-5 激光调制气溶胶红外诱饵工作原理

1—红外制导武器；2—被保护目标；3—激光源；4—激光束；5—装有气溶胶的诱饵弹；6—气溶胶；7—被保护目标的投影

随着光电制导技术的飞速发展，光电对抗技术也在不断向前发展，红外诱饵也不例外，其发展趋势主要有以下几点。

a. 红外诱饵的光谱辐射范围将更宽。现役红外导弹的光谱辐射范围绝大部分都在 1～3μm、3～5μm 这两个大气红外窗口，将来的红外诱饵必然向 8～14μm 波段发展，以覆盖全部的大气红外窗口，以对付像双色红外制导导弹这类正在投入使用的先进导弹。

b. 向干扰成像制导及复合制导系统的方向发展。在逐渐成熟的红外成像制导系统面前，原有的干扰红外点源制导系统的红外诱饵已无能为力，发展面源型的红外诱饵势在必行。目前很多导弹的末段制导均采用复合制导体制，其主要形式有雷达/红外制导、红外/紫外制导、红外/可见光 TV 制导、双波段及多波段红外制导等。因此，发展雷达/红外、红外/紫外等复合诱饵也必将是人们关注的重点之一。

5.5.3 红外干扰机技术

目前，国外军队装备的红外干扰设备主要有红外诱饵弹和红外干扰机。红外有源干扰机也是一种非常有效的红外对抗装置，它能发出经过调制精确编码的红外脉冲；使来袭导弹产生虚假跟踪信号，从而失控而脱靶。在固定翼飞机和直升机上装备红外有源干扰机，可以有效地对抗红外导弹，确保自身平台的安全。

红外干扰机是针对导弹的导引头而采取的针对性极强的有源干扰方法。它由高能红外干扰源、调制器和控制器几部分组成。红外干扰源可在某波长范围内（例如 3～5μm）产生足够强的红外干扰源信号，发射出与目标发动机及其他发热部件峰值波长相近但强度很高的红外光波。一般要求其干扰视场处于威胁告警之内，调制频率在导弹制导系统电路频带之内。这样在导引头视场内出现两个“热”目标，经调制盘加工后同时进入跟踪回路，诱使导弹偏离真目标。

红外干扰机针对不同干扰对象（如不同的红外制导导弹）的工作原理和制导规律而采用编码形式和强度不同的红外干扰。例如，在干扰红外点源调幅式制导导弹时，红外干扰机可发射出经调制的精确编码的红外脉冲串，其调制频率可在某个范围内进行扫描，以达到可干扰多种型号的红外制导导弹的目的。所发出的红外脉冲串对导弹红外寻的器产生干扰信号。该信号与目标（例如舰船）的红外辐射信号相叠加，这样即使导弹已跟踪上目标，也会产生一个错误制导信号而诱使导弹偏离开目标，从而达到干扰的效果。

从干扰机所覆盖的波段看，多数在1～3μm和3～5μm，少数也有覆盖8～14μm甚至更宽的。从干扰机理看，多数属欺骗式干扰，少数属压制式干扰。从技术参数看，压制系数一般都大于3，干扰视场一般都大于100，覆盖方位中，水平360°方位角，俯仰±25°，且大多数都能与警戒系统对接，当发现威胁源后，可由自动控制系统控制干扰机自动实施干扰或由人控制干扰。

红外干扰机的主要特点如下。

① 能逼真模拟飞机、舰船、坦克等发动机的热辐射，或其他发热部件所产生的热轮廓。

② 工作波长可人为选择，有宽的光谱覆盖及足够的辐射能量，能诱惑近、中、远各红外大气窗口的制导导弹。

③ 能适时投入工作，不仅对单波段红外导弹有好的干扰效果，而且对多波段制导的红外导弹也能奏效。

④ 红外干扰机与被保护平台构成一体，使来袭导弹无法从速度上把目标与干扰信号分开。

⑤ 干扰视场应足够大，并具有全方位的覆盖能力，可干扰来自各个方向上的红外武器。

⑥ 可以重复使用和连续工作，干扰视场宽且隐蔽性好。

红外干扰机的核心是红外辐射源。红外辐射源有不同分类法：一种分类是用加热方式分，分为直热式和旁热式两种。例如，各种类型的金属（如镍铬丝）和表面烧结一层红外涂层的合金丝等，均为直热式辐射源。旁热式辐射源应用更多。这种辐射源是通过对发热体高温加热，使罩在外面的耐高温红外辐射材料受热而产生红外辐射。另一种分类是按所用材料分为燃油型、电热型和强光源型三种。

(1) 燃油型

当目标受威胁时，由发动机喷出一团燃油，延时一段时间后发出与发动机类似的红外能量。燃油型红外辐射源有几种工作方式：一种是燃油发动机燃料作为热源向外辐射红外热量(直热式)；另一种是用燃油加热陶瓷棒产生辐射红外热量（旁热式）；第三种是从干扰器中喷出燃油，延迟一段时间后立即燃烧，迅速形成一个模拟目标的巨大辐射源来引诱导弹偏航。这种方式称为“热砖”干扰技术。有些文献也把这种方式列入红外诱饵弹之列。

(2) 电热型

由电加热或燃油加热红外辐射元件而产生所需的红外辐射。这种红外辐射源主要是用电加热陶瓷、石英、石墨等材料，产生红外辐射，能常采用旁热工作方式。例如美国的AN/ALQ-144型红外干扰机为电加热陶瓷，改进型为电加热石墨。

(3) 强光源型

对大功率铯灯或氙灯进行电调制，发射能量。它的特点是用铯蒸气灯、氙弧灯或燃料喷灯和蓝宝石灯等作为红外辐射源。其中，铯蒸气灯应用较多，这一方面是因为铯蒸气压比较合适，约130katm (1atm＝101325Pa)（在1000K工作温度下）；另一方面则是由于可用音频电流对调制器进行调制，从而形成调制型红外干扰源。氙灯虽不如铯灯那样有效，但氙灯更亮，使用寿命长，而且一开机即可达到峰值输出，因而便于对干扰信号进行调制。

由于红外干扰机干扰信号是经光学系统发出的，因而具有较强的方向性，在使用中，与之配用的光电支援系统应具备足够的跟踪目标能力。例如，美国的“萤火虫”氙灯型红外干扰机发射束宽为6°，与之配用的导弹告警系统为采用256×256元的HgCdTe红外焦平面阵列器件，跟踪精度为0.05°。用这样的红外告警系统，红外干扰机所发射出的干扰信号，便能可靠地照射到来犯的导弹目标上。表5-3给出了较典型的红外干扰机性能。

表5-3 较典型的红外干扰机性能

型号	装载平台	特性与性能	安装方式	制造商
AN/ALQ-132	美国海军的A-4、A-6、OV-10及其空军的A-7、A-10和C-130等飞机	用燃油与空气混合燃烧来加热一个陶瓷棒，产生的红外辐射经调制后能精确地模拟发动机尾焰的红外光谱，以欺骗和扰乱导弹导引头	吊装	美国桑德斯联合公司
AN/ALQ-140	美海军的F-4及空军的F-4等飞机	用电加热陶瓷块产生红外辐射，经调制后对抗自动寻的导弹的攻击	装于飞机尾舱上	美国桑德斯联合公司
AN/ALQ-147	用于各种固定翼及旋转翼飞机	由人工或自动控制推进装置向后突然喷出部分燃油，延迟一段时间（距离）后突然燃烧，形成与载机一样的强烈的红外辐射，诱使来袭导弹丢失目标	吊装	美国桑德斯联合公司
AN/ALQ-144	国陆军的UH-60A、AH-1J /S/T、UH-1H/N、AH-64A、EH-1、EH-60A，OH-58A；空军的HH-60D；海军的CH-46F；加拿大、意大利空军的OH-58A、A-129等飞机	用加热石墨棒的方法产生红外辐射，可非常精确地模仿所保护的飞行器的排气辐射能量，欺骗红外制导导弹使之脱靶	吊装	美国桑德斯联合公司
AN/ALQ-157	美军的SH-3、CH-46、CH-47、H-53等直升机及C-130、P-3C等飞机	模块式结构，采用铯光灯发射脉冲	吊装	美国洛勒尔公司

红外诱饵弹、红外干扰机是一种欺骗式红外对抗器材，目前外军作战平台普遍都已装备。例如美军装备于B-52、FB-111战斗机的AN/ALE-34、AN/ALE-47箔条/红外干扰诱饵弹投放系统；装备于小型、中型直升机和一些固定翼飞机的AN/ALQ-144红外干扰吊舱。俄军装备有既可供装甲战车、地面设施使用，也可装舰使用的特什乌-17红外干扰系统等。但目前装备的红外干扰器材只能对点源式红外制导有效，对红外成像制导系统则无能为力。为此，一些发达国家正在研制不仅可以干扰点源式红外制导系统，而且还可以干扰红外成像制导系统的新型红外对抗器材。如美军研制的三维热诱饵弹、复仇女神AN从AQ-24（v）定向红外对抗装置等。

目前已装备部队的红外有源干扰机多采用0.4～1.5的非相干光光源。目前国外现役的红外干扰机型号有：AN /AAQ-8，ALQ-107、ALQ -123、ALQ -140、ALQ -144、ALQ -146、ALQ -147、ALQ -157，BAe，QRC83-05，QRC84-02MIRTS，Matador，ADCM等。其中AN/ALQ-123型红外干扰吊舱采用氙灯或铯灯作为红外光源，使用寿命可达150h以上。ALQ-144具有一个被高效调制系统环绕的圆柱形电加热陶瓷红外辐射源，安装在发动机排气管前上部，以干扰各方向的来袭红外导弹。其红外辐射可精确模仿载机发动机排气的红外光谱。

美国新型红外干扰机还有："斗牛士"机载红外干扰系统，采用脉冲调制灯，复合干扰码，功率6kW；MIRTS机载红外干扰系统：采用一个多头蓝宝石灯，模块化结构，工作波长3～5μm和8～14μm，全方位干扰；"挑战者"轻型红外干扰系统，这是在ALQ-157和"斗牛士"基础上研制的紧凑型组件式红外干扰装置。英国研制的BAE机载红外干扰机，由电热红外源、光学增强系统和机械调制高速旋转的组件构成。

5.5.4 红外定向干扰技术

红外定向干扰技术即定向红外对抗是将干扰能量集中向一个方向发射，严格地说是向对应于导弹到达角的一个很小的空间范围内发射，其最大优点在于干扰能量集中，不但能显著增强干扰信号，而且可增加干扰隐蔽性。另外，传统红外干扰机是连续辐射能量，而定向红外对抗系统只在实施干扰时辐射能量，不但提高了输出能力，而且不需要加热。当然，定向红外对抗的有效性是以系统的复杂性为代价的，为了准确地将干扰能量射向导弹寻的器，定向红外对抗系统必须增加导弹临近报警系统，以探测导弹发射；增加瞄准控制系统，以使干扰能量对准导弹寻的器。

由于工作在3～5μm波段的导引头的出现，对红外干扰机提出严格的要求，这是因为在这一波段常用光源的辐射效率低。另外，这类导弹往往采用圆锥调制盘系统和玫瑰扫描系统，有的还采用了先进的抗干扰技术。红外干扰机存在的种种问题使人们转而研制定向红外对抗设备。定向红外对抗系统的近似辐射功率由下式给出：

$$P_{\mathrm{rad}}=LA_{\mathrm{ref}}\Omega \tag{5-4}$$

式中，A_{ref}为投射系统的孔径；P_{rad}为近似辐射功率；L为辐射亮度；Ω为投射辐射的立体角。

定向红外对抗系统将输出功率集中在一个较小的投射辐射的立体角内，因此，在同样输出功率下，可制作出比红外干扰机更高辐射强度的红外对抗系统。

红外干扰机所产生的辐射强度为

$$I_{\text{in-band}}=LA \tag{5-5}$$

辐射亮度L主要与光源的物理特性有关；孔径的出口面积A与反射器的设计结构有关。为了增加轴上辐射强度，DIRCM系统必须增加辐射亮度和孔径面积。当然，对于大多数非相干光源来说，所能达到的峰值亮度是随输入功率而缓慢变化的。

如果需要小的辐射孔径，必须有强大的3～5μm波段的辐射源。但是3～5μm波段的强辐射源的效率极低，为使输入功率保持在一个有效的作战值，必须缩小投射的立体角。通常

$$P_{\mathrm{elec}}=\frac{P_{\mathrm{rad}}}{\xi_{\mathrm{band}}} \tag{5-6}$$

将式(5-4)代入式(5-6)，得

$$P_{\mathrm{elec}}=\frac{LA_{\mathrm{ref}}\Omega}{\xi_{\mathrm{band}}} \tag{5-7}$$

式中，P_{elec}为电功率；P_{rad}为辐射功率；ξ_{band}为转换功率因子。

投射辐射的立体角Ω的大小决定了瞄准和跟踪系统所需要的精度。

通常的定向红外对抗系统以及红外干扰机都是采用开环系统，即干扰波形参数都是事先选定的。如果调制方式不正确，红外对抗将是无效的。而闭环干扰系统采用激光器和其他红外光源，使导弹受到干扰，关于导弹导引头工作波段的关键信息，可通过监测导引头的反射

能量，并在红外对抗系统中求出。与干扰波形参数都是事先选定的干扰系统相比，闭环干扰系统能更有效地对抗红外导弹。

定向红外对抗系统必须执行四种功能才能达到它的最终的目标：探测导弹发射，将探测和定位传递给跟踪传感器，在杂波较高的背景下跟踪导弹，并在导弹上定位窄束干扰信号（图 5-6）。

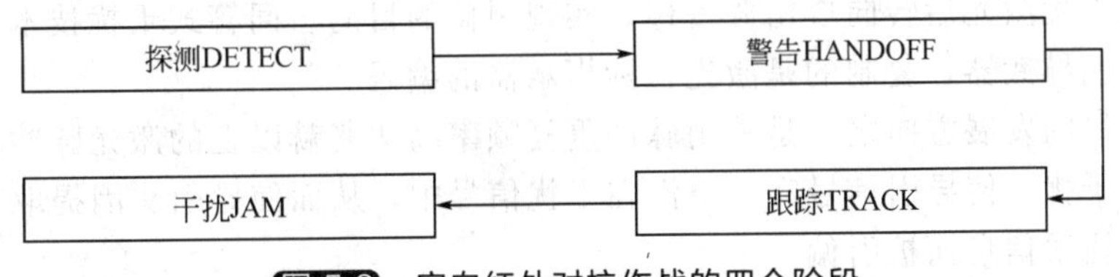

图 5-6　定向红外对抗作战的四个阶段

每一系统都有它自己的完成四个主要功能的专门仪器。然而，所有的定向红外对抗系统都要有系统控制处理器、导弹告警系统（MWS）、传递器和电源/调制器。

系统控制处理器控制和显示系统的执行状况，接收飞机上乘员或来自控制的维修指令和数据以确定系统模式和运行。它也控制和接收导弹告警系统传感器发出的数据，而传递器用于截获、跟踪和干扰威胁。

导弹告警系统是定向红外对抗系统的一个关键部分，在没有精确导弹告警的情况下，系统的其余部分无法保护自己的平台。在完成测试分析等待计算时，起到限制定向红外对抗功能作用的是导弹告警系统。如果导弹告警系统无法响应威胁信号，那么必要的保护程序则无法被激活。因此，导弹告警系统的特点是能提供远距离探测，精确到达角数据和可接受的低虚警率。

传递器是定向红外对抗系统的主要的末端。它的主要器件包括能跟踪来袭导弹的红外摄像仪、红外干扰源、一个瞄准/跟踪子系统以及辅助通信和控制电子器件。电源/调制器必须是适用于保护平台的电源。例如，一架小型旋转翼飞机使用的 DC 电源是＋28V，而一个稍大型的飞机应该使用＋115V、400Hz 三相电源。因此电源可根据需要制成两种外形的电源/调制器。

NorthropGrumman 公司的产品——AN/AAQ-24（V）“复仇女神”（Nemesis）是英国国防部确定集中投资定向红外对抗技术的产品。在 1989 年，英国国防部推出了一系列计划以期生产十个定向红外对抗系统，最初进行的是信号对抗试验以确定红外对抗导弹攻击飞机时存在的弱点。在 1991 年，确定了投资测试对抗红外威胁的各种概念。这也是计划确立阶段，在此期间承包商提供了最初的设计和演示主要的技术。

5.5.5　激光干扰技术

激光干扰是指阻止或削弱敌方有效使用激光系统所采取的行动。激光干扰武器类似于雷达有源干扰武器，是有意发射或转发激光，压制或欺骗敌方光电设备的正常使用。压制就是利用强激光干扰损害人眼或破坏甚至摧毁敌方设备的某些关键部件。欺骗就是利用较低激光能量，迷惑、扰乱敌方激光测距雷达或激光制导武器。

欺骗式激光干扰是指使用激光干扰机发射与敌激光信号特征相似的激光束，欺骗和迷惑敌激光测距仪和激光制导武器。为对付激光精确制导导弹，激光干扰机应运而生，它有意发射或转发激光，对敌方光电设备和武器系统进行欺骗，从而干扰来袭导弹。

欺骗式激光干扰可分为转发式和回答式两种。转发式干扰是将激光告警接收到的激光脉冲信号自动地进行放大，并由激光干扰机进行转发，从而产生欺骗干扰信号，如对激光测距仪进行距离欺骗，当接收到激光照射后，经电子线路极短的延迟后，控制激光按原路反射回去，使其产生距离误差。对激光近炸引信的干扰也属于转发式干扰。回答式干扰除具有激光告警、干扰机转发外，还要有漫反射假目标或就地取材设定的假目标。当告警器将接收到的激光脉冲信号记录下来，并精确地复制后，启动激光干扰机发射干扰激光，此激光的波长、重频、编码与告警器识别的参数一致，但略微超前。将复制的激光脉冲射向假目标，假目标把接收到的干扰激光辐射出去（应尽可能地接近余弦辐射体）。激光制导武器导引头接收到假目标反射的干扰激光后转向攻击假目标，实现引偏的目的。回答式干扰技术主要干扰激光半主动寻的式制导武器，复制的是激光目标指示器的编码。

激光干扰机的发展方向之一是采用脉冲重复频率高达兆赫以上的激光脉冲，对激光导引头实施压制式干扰，使导引信号完全淹没在干扰信号中，从而使导引头因提取不出信号而迷茫，或因提取错误信息而被引偏。

（1）测距欺骗干扰

激光测距欺骗干扰技术类似于雷达距离欺骗，激光测距欺骗是干扰平台将收到的敌激光测距信号，利用光纤二次延迟后经放大再沿原入射方向辐射出去，同时平台采用激光隐身技术使反射信号足够弱，敌测距机将对准延迟信号测距，产生错误的测距结果，从而保护平台。德国在这方面已有多种实用设备装备部队。

（2）制导欺骗干扰

激光制导欺骗干扰也类似于雷达欺骗干扰，分为转发式和应答式两种方式。转发式激光欺骗干扰，是将激光告警器接收到的敌激光制导脉冲信号，自动地进行放大，并由激光干扰机进行转发，形成激光欺骗制导脉冲信号。应答式干扰，是将收到的激光脉冲记忆精确地复制，产生激光欺骗制导信号。实际作战使用中，多是这两种形式干扰综合应用。美陆军的AN/GL-13、英国的405型激光诱饵系统都能有效地保护作战平台。

（3）激光近炸引信干扰

激光近炸引信干扰是向导弹发射一组激光干扰脉冲，提前引爆导弹的技术。如“哈姆”、“阿拉姆”第四代反辐射导弹，都采用激光近炸引信，在导弹快接近目标时，接收从目标反射回来的编码脉冲序列，触发引信，使导弹在离目标预定近距离处引爆。1998财年美国《国防报告》指出，假目标为电子战提供了解决办法。美国空军和海军都在积极研制欺骗式假目标装备，有两项技术演示方案正在进行。表5-4列出雷达实施压制干扰与欺骗干扰的基本特征。

表5-4 压制干扰与欺骗干扰的基本特征

名称	压制干扰	欺骗干扰
设备类型	瞄准式干扰机 阻塞式干扰机 扫描式干扰机	假目标产生器 转发器 波门拖引器 跟踪遮断器
基本作用	妨碍位置和速度的测量	产生假位置和假速度
信号类型	与雷达回波相似	与雷达回波相似
干扰机需进行处理的项目	频率瞄准	假位置、假速度、频率瞄准与假目标个数
干扰机所需功率	与雷达的峰值功率成正比	与假目标个数以及雷达的平均功率成正比
需要考虑的主要问题	最小作用距离 频率覆盖范围 间断观察 无源探测	可信的移动 可信的目标 回波扩展 无源探测

诸如“哈姆”、“阿拉姆”第四代反辐射导弹（ARM）都采用激光近炸引信。在导弹快接近目标（如防空雷达）时，导弹接收从目标反射回来的编码脉冲序列，触发引信，使ARM按设计要求在离目标精确的额定近距离上引爆，万无一失。如果向导弹发射同种频率的激光干扰脉冲，难以在一组编码序列中全部通过导弹的选通门，毫无干扰效果。若在选通门附近产生15～20MHz重频的激光干扰脉冲，必定有干扰脉冲通过而引爆导弹。因此，只要提前足够时间干扰ARM，便可提前引爆而有效保护目标。

激光欺骗干扰可分为角度欺骗干扰和距离欺骗干扰两种类型，其中角度欺骗干扰应用较多，多采用有源方式，用于干扰激光制导武器。距离欺骗干扰目前主要用于干扰激光测距机。激光欺骗干扰是对抗激光制导武器的一种极其有效的手段，但技术难度较大，关键技术主要有：激光威胁光谱识别技术、激光威胁信息处理技术、激光欺骗干扰信号模式技术、激光漫反射假目标技术等。

压制式激光干扰是使用强激光干扰激光致盲以致摧毁敌方光电设备、人员和武器系统，还可以对抗红外成像制导的巡航导弹和反辐射导弹的激光近炸引信等。当强激光照射时，光电传感器过载饱和，损坏或热分解、汽化、熔化甚至毁掉，使设备武器失效，如照射人眼产生致眩或致盲，使操作人员失去作战能力和作战机会。

欺骗干扰设备有：美国机载“激光测距与对抗”（LARC）系统，美国LATADS激光对抗诱饵系统；英国405型激光诱饵系统；美机载激光对抗装置（多光谱对抗处理机）；英战车辅助防卫系统；乌克兰TSU-1光电对抗系统等。美国陆军的AN/GLQ-13、英国某航空公司制造的405型激光诱饵系统，能够诱骗激光制导武器。

多光谱综合干扰技术是激光欺骗干扰技术发展的必然趋势。另外，对于激光驾束制导、激光主动制导的欺骗干扰技术，国外也在积极开展研究。

5.5.6 激光干扰机

激光有源干扰主要由激光干扰机来进行。激光干扰机是采用激光器作为干扰源，还包括调制器、控制器和光学发射系统几部分。激光干扰机在使用时必须与激光告警器紧密配合，才能形成有源的干扰实体。此外，还必须配备一个假目标激光反射体。激光干扰机的工作过程是由己方激光器发射出的激光照射到漫反射假目标上，使在其上的反射信号进入激光制导导弹的寻的头内，诱使其偏离而飞向假目标，达到保护被攻击目标的目的。

对激光制导武器的欺骗式干扰系统通常由激光告警、信息识别与控制、激光干扰机和漫反射假目标等设备组成。系统的工作过程是：激光告警设备对来袭的激光威胁信号进行截获，信息识别与控制设备对该信号进行识别处理，并形成与之相关的干扰信号，输出至激光干扰机，发射出受调制的激光干扰信号，照射在漫反射假目标上，即形成激光欺骗干扰信号，从而将激光制导武器诱骗。激光干扰机在战术使用上应考虑到以下几点。

① 漫反射假目标的布设距离必须大于激光制导导弹在假目标落点上的有效杀伤距离，但距离也不能太大，否则欺骗难以成功。

② 激光干扰机所发射的能量应大于敌方激光束在真的被攻击目标上所反射的能量。

③ 激光干扰机应在任何方位上，都能实现激光干扰。

激光干扰机能否实现有效干扰的关键在于激光干扰信号的形式。这就是说，干扰信号必须与激光制导信号有相同的形式并在时间上保持同步，这样，干扰信号才会被激光导引头信息处理部分“认同”，当做己方的制导信号。要做到这一点，就要求激光干扰机处理机对制导激光编码能够识别并能实时转发。这种激光处理机可以装在告警器内，也可装在激光干扰机中。目前的激光处理机一般采用同步转发和全程自适应主动干扰两种处理工作方式。

（1）同步转发式

这种方式的特点是：用接收到的敌方激光制导信号经控制器来控制激光干扰机，使之产生干扰信号。这种干扰方式对激光处理机的处理能力要求较低。这种方法所产生的干扰信号与制导信号形式相同，时间上滞后，是可以被导引头认同的。但必须有一个条件，即导引头抓取的首脉冲信号是干扰信号，而不是制导信号。这一条件对半主动激光制导武器是可以产生的，因而可产生有效的干扰效果。目前，美军的AN/GLQ-13激光对抗机就采用这种工作方式。

（2）全程自适应主动干扰式

这种干扰方式的特点是：从激光制导导弹导引头搜索目标阶段就开始进行激光干扰，而且在不同阶段采取不同的干扰方式。这种方式要求激光处理机有较强的数据处理能力，能对导引头所有编码方式进行识别、处理，实施超前同步干扰。

超前同步干扰是指在识别出制导信号的编码方式后，以某一时刻的来袭信号的同步点，预测出下一威胁信号的到来时刻，并超前这一时刻产生干扰信号，使之能优先于制导信号进入激光导引头的选通波门。这种干扰方式，对激光导引头的周期型编码、伪随机码、等差型编码均可获得令人满意的干扰效果。当然，这种方式如与转发式协同使用，则可对各种编码形式的激光制导武器实施干扰。

未来的激光干扰机有可能采用脉冲重复率高达每秒兆赫以上的激光脉冲对激光制导武器的导引头实施压制式干扰，使其制导信号完全淹没在干扰信号中，从而使导引头因提取不出信息而迷茫，或因提取错误信息而被引偏。

尽管当前激光干扰机的脉冲重复率仍较低，但高重复频率脉冲的压制式激光干扰机代表了干扰激光系统的发展方向。

激光有源压制干扰又分为激光致盲干扰和激光摧毁干扰，均称为激光武器，是现代战争中有效的光电对抗武器。

顾名思义，激光武器就是利用激光能量对目标实施打击，发射较强激光束照射目标，致盲敌方光电设备、伤害人眼甚至摧毁敌方光电设备或武器系统。目前激光武器主要用在激光致盲、激光干扰和激光防御上。

5.5.7 综合干扰技术

综合干扰技术是集红外、可见、激光、紫外等某几个波段内的有源干扰和无源干扰手段和技术于一体的干扰方式和干扰技术，也就是将许多单一的对抗设备有机地结合在一起。要实现综合干扰对抗，必须满足光电频谱匹配、干扰视场相关、干扰时隙实时和最佳距离有效的四个要求，即大视场、宽光谱响应，高灵敏探测，实时识别目标特征、方位并告警。对多个威胁源的信息进行综合处理、判断、识别，威胁等级排队，融合天气、海况等各类情报信息，进行对抗决策，确定最佳的对抗方案、最佳对抗条件和环境，达到最佳的对抗效果。

红外诱饵弹、红外干扰机、红外烟幕和其他对抗手段（如电子杂波干扰机等）相结合，可弥补各自不足，并与火控系统一起构成一体化的光电综合对抗系统，已成为一种发展趋势。例如，加拿大计划在其大中型舰船上，将AN/SAR-8红外警戒系统、TASMK23目标捕获雷达及AN/SLQ-32电子战支援设备互联组成新型电子监视设备。由于TASMK23具有探测高仰角飞行目标的能力，AN/SAR-8在探测低空反舰导弹方面有独特优势，可提供准确的目标方位和高度信息，AN/SLQ532可提供远距离目标报警（截获概率接近100%），还可识别敌方雷达的国籍甚至生产厂家，因此三者结合起来有强大的互补优势。

未来战争采用单一手段的光电对抗设备来对抗多种光电精确制导武器的进攻是难以奏效的，必须采用可探测干扰各种主要波段光电威胁的光电探测/干扰一体化综合光电对抗系统，来对抗多类型、多目标、多批次的来袭光电精确制导武器。应该说，一体化综合光电探测/干扰系统是今后发展的主要目标之一。

与其他光电对抗手段相结合，构成一体化复合光电对抗系统。现代战争的战场，光电环境异常复杂，对飞机、舰艇等重要军事目标构成致命威胁的武器种类繁多，仅仅依靠单一的红外对抗设备和系统是无法立足于现代战场的。因此，各国在竞相研究一体化复合光电对抗系统。如英、法合作研制的舰载“女巫”系统能根据来袭导弹类型自行选择发射雷达/红外复合诱饵弹、电磁诱饵弹、热气球诱饵弹、吸收剂诱饵弹、反辐射导弹诱饵弹和舰外主动干扰机中的一种或几种，是世界上第一套综合性全自动复合诱饵弹投放系统；美国桑德斯公司正在研制的先进威胁红外对抗措施（ATIRCM）共采用了四个导弹探测器，先进的目标跟踪装置能在1/3s内实现对来袭导弹的跟踪，直接利用激光器或红外诱饵弹、箔条弹等对导弹实施对抗，被誉为21世纪飞机的生存设备。

综合光电干扰的装备有：美国AN/GLD-B激光对抗系统；美国改进型AN/VLQ-8AIR干扰机/诱饵；乌克兰TSHU-1光电对抗系统；俄罗斯海军的SOM-50红外/激光复合光电对抗系统和SK-50箔条/红外/激光复合光电对抗系统；美国海军的“超级双子座”超射频/红外复合光电对抗系统；英国海军的“盾牌”改进型红外/箔条/激光复合光电对抗系统等。

5.6 光电反干扰技术

光电反对抗是指在光电对抗环境中，为保护乙方使用光电探测器材和光电制导武器所采取的行动。与光电对抗措施相比，光电反对抗措施的一个特征是，它不是单独的设备，它涉及在光电探测器材和光电制导武器设计中的技术。

光电对抗与光电反对抗的斗争，基本上是一场智慧和技术的较量。在这场较量中，对抗与反对抗不可能一方永远被另一方所压倒。可以这样认为，没有无法对抗的光电器材和光电武器，也没有无法对付的光电反对抗，一切取决于各方所采取的对策。在对抗过程中，对抗与反对抗这一对矛盾的两个方面的发展必然是不断促进武器系统的发展。

光电反对抗同光电对抗一样，亦分为光电反侦察和光电反干扰这两方面的内容。光电反对抗涉及的范围很宽，诸如红外辐射抑制技术既属于光电对抗领域，又属于光电反侦察领域。本节重点介绍光电反干扰措施和技术，如激光防护、激光测距仪的抗激光干扰、红外制导武器的抗干扰技术以及综合反干扰措施。

5.6.1 反侦察技术

反侦察技术从总体上讲可以分为伪装技术和辐射抑制技术。所有的技术和措施都可从频域、时间域、空间域等技术角度进行考虑。伪装技术主要是指各种迷彩、涂料、塑料模型、伪装网等，发展方向是解决宽频段伪装问题，研制更合理的伪装图案，特别是热迷彩图案等。

辐射抑制包括以下各种技术：中间夹杂空气；利用气流自然对流；强制气流对流；采用夹层液体；采用导热管；采用液体环路；改善发动机燃烧室设计，最大限度地限制燃烧物中的红外辐射；在发动机燃油中加入添加剂，抑制发动机冒烟；采用多孔层；采用隔热毯；将排气管加装隔热罩；利用目标本体遮挡；利用裙板遮挡目标运动时因摩擦生热而形成的红外辐射；在发动机一些金属部件上，用等离子体技术涂覆氧化锆隔热陶瓷涂层，降低金属外露热壁温度。

5.6.2 激光测距仪的反干扰措施

激光测距仪针对具体的干扰，可采用距离波门选通、光开关、滤光片等反干扰技术措施，这里根据有关文献资料介绍一种双波长测距反激光干扰技术。

这种激光测距仪的核心部件是一台由 Q 开关 Nd：YAG 激光器和高压甲烷盒组成的喇曼频移激光器。利用该激光器输出的 1.06μm 基波、1.54μm 频移波组成的混合波进行测距，回波经“或”逻辑处理，只要任一波长测距成功即可。该技术可有效地对抗敌方应答式或欺骗式等激光有源干扰。

5.6.3 红外制导导弹的反干扰措施

红外制导导弹目前有红外点源制导和红外成像制导两种制式。红外点源制导为传统方式，装备部队数量较大。红外成像制导性能先进，代表了红外制导的发展方向。两种制导模式在反光电干扰上采取的措施并不完全一样。

首先，以红外点源制导导弹导引头对付红外诱饵弹为例，说明红外点源制导导弹反干扰所采取的方法。抗干扰过程分为两步：一是辨别红外诱饵弹；二是采取反干扰措施。

光电精确制导武器的制导头是最脆弱的部分。只要选择的波长正好在它的响应波长范围内，就可以用较强的激光使其光电探测器饱和而暂时失效；若功率再大，就会使光电探测器永久失效。美国军方 1997 年 10 月进行了激光反卫星的试验。所用激光器为连续波氟化氘化学激光器，被照射卫星为轨道高 425km 的 MSRI-3 卫星，据说仅有 30W（另一说法为 200W）功率就使卫星上的光电传感器饱和。如何有效地干扰和破坏军事卫星以及如何有效地防止激光对卫星的干扰破坏，已成为军事科技研究面临的一个重大课题。

5.6.4 精确制导武器的反干扰措施

精确制导武器中的复合制导属于多光谱技术，常用的光电复合制导方式有紫外/红外双模制导、红外/红外双模制导、激光/红外复合制导，还有毫米波/红外复合制导、视线指令/激光驾束、红外寻的/激光束指令等。这些复合制导技术不仅能在各种背景杂波中检测出目标信号，而且可以对抗假目标欺骗和单一波段的有源干扰。如在紫外/红外双模制导中，控制电路将根据背景、环境、有无干扰等具体情况，自动选择制导波段。白天当红外波段信号中断（譬如小角度迎头攻击）或遭到干扰时，控制逻辑选择用紫外波段继续跟踪；而夜晚紫外辐射甚弱则转入红外跟踪，灵活的双模工作方式使得对某一通道的简单干扰难以奏效。

5.6.5 辨别红外诱饵弹的方法

辨别红外诱饵弹的主要方法包括：基于目标和诱饵弹的辐射能量增加特性、基于目标和诱饵弹辐射频谱特性两种方法。

（1）基于辐射能量增加特性

由于诱饵弹在很短的时间内产生的红外辐射要比目标产生的红外辐射大得多，因此，如果寻的器在预定时间内所探测到的能量增加超出预定门限值，那么装有时间鉴别器的寻的器就会启动红外反干扰措施。例如，当在40ms内能量增加超过门限值2.5倍时，就表明有诱饵弹存在，而当能量降至预定值（例如门限制的2倍）时，则表明诱饵弹离开了视场。

（2）基于光谱辐射特性

由于目标和诱饵弹是在不同波段出现辐射峰值的，例如飞机发动机在3～4.2μm频带所辐射的能量要比2～2.7μm频带大，而诱饵弹则恰恰相反，因此，如果把探测到的2～2.7μm辐射的能量与3～4.2μm辐射的能量在比较器中进行比较，若比值突然上升则表明寻的器视场内有红外诱饵弹。

5.6.6 抑制掉红外诱饵弹的方法

一般来说，只要诱饵弹在导引头视场内，导弹就可能跟踪诱饵弹而不是跟踪目标，因此，必须设法抑制掉红外诱饵弹。可考虑采用的方法有记忆跟踪法、寻的器前推法、寻的器推拉法、扇形区域衰减法、电子视场选通和时间相位闭锁法多种。这里介绍其中几种方法。

（1）记忆跟踪法

这种方法是假定诱饵弹被布设在目标（例如飞机）尾部。当发现视场内有诱饵弹时，立刻停止红外跟踪，而靠存储的目标运动数据向目标方向飞行，直到诱饵弹离开视场再恢复对目标的红外跟踪。当然，如恢复跟踪后仍未甩掉红外诱饵弹，那就表明红外反干扰失败。

（2）寻的器前推法

这种方法比上述方法能更快地诱使诱饵弹离开视场而导弹不跟踪目标的时间又很短。前推力越大，即每秒偏转角度越大，诱饵弹离开视场的可能性就越大。当然，前推力也不能过大，否则目标与诱饵弹一并都会离开视场。寻的器前推法特点是通过寻的器万向支架把寻的器推向目标正前方。

（3）时间相位闭锁法

它的特点是寻的器采用多个探测器（例如4个）。当寻的器跟踪目标时，4个探测器输出脉冲的时间间隔是相等的。如果视场中出现了诱饵弹，则这些诱饵弹在4个探测器中所产生的输出脉冲信号就不是等间隔的，而且与目标的输出脉冲到达时间不同。根据这些特点设计的时间相位闭锁线路可把诱饵弹从视场中抑制掉。

5.6.7 红外成像制导导弹的抗干扰措施

目前，最为先进的采用红外焦平面阵列探测器件的红外成像制导导弹与红外点源制导导弹相比，不仅灵敏度高、分辨能力强、探测距离远，而且经过与图像处理机相结合，还具有目标识别能力。

在目标识别计算机处理过程中，最关键的是目标特征的提取，然后通过识别算法与预存在数据库中的各种目标特征进行比较，识别出所要打击的目标，并对其进行跟踪，反之，如果提取的特征与预存的目标特征根本对不上号，则被视为干扰信号而被抑制掉。这就表明，红外成像制导对欺骗式干扰识别能力较强并显示出良好的反干扰能力。

但是，红外成像制导导弹的反干扰能力是相对的。当敌方采用烟幕干扰或压制式甚至破坏式红外激光干扰时，红外成像制导寻的器由于提取不出识别信号或红外探测器件受到破坏而使反干扰失效。因此，在使用时，应配合各种作战战术，以便扬长避短，最大限度地发挥自身的反干扰能力。

5.7 红外辐射抑制技术

红外辐射抑制技术能使战术目标的热红外特征受到抑制，使目标的表面温度与周围背景温度趋于一致，改变热源的正常位置和分布，从而使目标原来的红外辐射图像改变，使敌人难于辨认出目标，这样就给目标提供保护。

要改变辐射源发射的红外辐射，主要考虑结构、设计、屏蔽等。红外抑制方法的采用，要至少改变辐射源的一个特征，例如，降低辐射源温度，减少辐射的产生，对辐射角加以限制，对辐射源进行屏蔽，或者使其热特性改变等。舰船红外辐射抑制是增强舰船“隐身”特性的重要手段之一，它对增强舰船的总体红外对抗能力，即增强舰船的隐蔽性、保密性和生存能力具有非常重要的意义。对于水面舰艇的红外辐射抑制，最主要的是减弱直至消除 3～5μm 高强度中红外辐射源，其次对舰艇的 8～14μm 远红外辐射设法加以控制，从而使水面舰艇的辐射率、热对比度与背景几乎一致，使红外制导导弹之类红外制导武器根本不能发现目标。

对舰船红外辐射来说，首先应注意热源辐射。舰船中的各种发动机上升烟道，由烟道排放物质形成的“羽烟”，温度都很高。对红外寻的反舰导弹来说，这些区域为一些“亮点”极易受到这种导弹的攻击。主要解决方法有：使发动机的主排气口设置在水线以下；在废气管路周围设置冷却装置，如装冷却空气管路。其次是远红外辐射，舰船的绝大部分壳体和上层建筑表面温度接近环境空气温度，因而主要辐射远红外信号。敌方全景扫描系统，可根据舰船的远红外图像，判断出舰船内部机器安装结构、武器及电子系统配备，布局甚至推进系统的情况等。主要解决方法有：在发动机与舱壁之间采取冷却措施，使受热的金属表面温度降低；在烟囱表面装冷却系统，在烟囱内装隔热吸收装置和红外辐射挡板等。此外，还可采取减少舰首烟囱、舰尾烟囱与水平线的倾斜角来减少红外辐射区域。减小烟囱最上面的截面，减少排废气的烟囱数量等。由此可见，理想的红外抑制，应使舰船成为红外制导导弹和全景扫描系统无法“看见”的隐身目标。具体地讲，舰船红外抑制最重要要求是消除或抑制高强度的中红外热辐射源，使其成为扩展的、具有低辐射和低对比度特性的目标。与中红外信号相比，对舰船远红外信号的抑制要困难得多。对远红外信号的抑制要求是使舰船和背景间、舰船内各部分间成为对比度更低甚至均匀的扩展目标，致使敌方红外成像系统对这些目标的探测很困难，所探测的红外图像也非常模糊，无法辨认。

以舰船为例。目前，一些国家在舰船上已不同程度地装上了专用红外抑制设备。专用红外抑制设备已成为当今或今后舰船的重要组成部分之一。

对舰船红外抑制的方法很多，但概括起来，大致有散热降温法、隔热降温法、喷涂涂料法和热转移法四种。

（1）散热降温法

通过改进烟道结构，使发动机燃油废气分散排出；在烟道四周喷洒水雾或加装红外辐射挡板；将排放的高温废气分向舰船的两舷，在舰船内经过废气快速回冷系统进行冷却；在烟道中，装上注入冷空气的专用设备，来冷却可探测的热金属表面和灼热的废气；在发动机和其舱壁间喷射冷空气等。通过上述措施，可大大减少舰船温度区域 3～5μm 中红外波段的辐射，同时降低了与周围空间的热对比度。这对舰船对红外制导导弹的综合对抗是十分重要的。

（2）隔热降温法

对发动机加隔热罩；发热部位包覆隔热材料，如无机毛毡材料等。

（3）喷涂涂料法

在舰船适当部位涂覆红外辐射低的涂料，以减少舰船在长红外波段的辐射信号。为了防御红外寻的导弹，目标与周围典型环境之间的温度差异不能超过2～6℃。采用屏蔽涂层的方法可以改变目标的热辐射特性，有效地降低目标与背景之间的对比度，进而减少目标被红外寻的器探测的概率。目前，屏蔽涂层大体可以分为两类：一类是低发射率涂层；另一类是低表面温度涂层。对于8～14μm的远红外辐射波段，有3种低发射率涂层：涂料、半导体膜和类金刚石炭膜。

涂料微粒包括半导体、金属氧化物和黑色颜料。黏合剂可以用烯基聚合物、丙烯酸、氨基甲酸乙酯等。这类涂料的发射率（约0.15）大于半导体膜的发射率（<0.05），但前者比后者容易制备，更坚固耐用，价格低廉。如果加入低发射率的铝碎屑，还可进一步降低发射率。另外，还可把两层染色聚乙烯层压叠起来，中间夹一层蒸发薄铝片，获得的发射率是0.2。

涂层的使用还随着环境、季节气候变化的情况有所不同。德国研制的一种棕、绿、黑3色大斑涂层，红外发射率低，可以大大降低在日光照射下运载工具与周围环境的温差，使红外寻的武器和红外观察设备难以发现目标。研究发现，在目标表面喷涂发射率不同的几种涂料效果更好，这样可以割裂、分解目标的红外轮廓，可以有效地对抗红外成像传感器。水面舰艇远红外辐射的抑制还可以采用降红外油漆或隔热高分子泡沫塑料涂覆在舰艇表面的方法，使舰船热辐射明显降低，从而改变舰艇表面的辐射或反射特性。据报道，国外现研制出一种新的与中红外、远红外制导与侦察手段相对抗的材料。该材料主要是含芳环和氧、氯、氮、硫、硅等杂原子组成基团的高分子化合物。这种材料可以吸收和屏蔽红外辐射，使它转变成其他形式的能量而不被红外侦察仪器探测到，这类杂化材料有可能是中远红外隐身材料的发展方向。

（4）热转移法

通过采用辐射率不同的涂覆材料，使原热源相对位置发生变化，从而改变了舰船红外图像特征，这就造成红外成像制导导弹分辨和识别目标的困难，增强了舰船的隐身特性。

展望未来，为适应红外探测设备发展的形势，必须更加科学和完善地建立舰船红外图像预测和管理体系，同时，将更加注意各种红外抑制方法的综合应用，从而增强光电对抗的有效性。

5.8 光电反干扰综合措施

在未来的电子战中，未采用光电反对抗措施的光电器材或光电制导武器将是非常脆弱的，或者说是根本不实用的，为此，在光电器材或光电制导武器初始设计阶段就应考虑到光电反干扰问题。光电反干扰技术和措施是一项复杂的系统工程，应作为单独的一项学问进行研究，并综合考虑与光电器材和光电制导武器总体技术特性的关系，随着光电对抗技术和措施的日趋复杂化，光电反对抗技术和措施也必须相应向纵深发展。这种发展的一个特征是采用综合性的光电反对抗措施。下面介绍几种可能的综合情况。

(1) 多种滤波手段的综合

各种滤波手段合理的组合，不仅可有效防止敌方强激光束的致盲作用，而且也能很好地抑制各种自然杂波（如太阳闪光）的影响。因此是一项很重要反光电干扰手段。例如，对于8～12μm 红外热成像跟踪系统来说，为防止 10.6μm 激光的伤害，就组合了几种滤波方法。首先，在窗口装了一个机械保护装置。其次，在探测器第一成像透镜后，装上一个能量限制器。第三，在最后一个成像透镜后，装上一块单边凹形反射滤光片。通过上述措施，使红外热像仪增强了对 10.6μm 激光的防护能力。

(2) 光波/光波或光波/雷达波复合制导

为增强战场上的反对抗能力，光电制导武器正朝向复合制导方向发展。这种复合制导大致有以下几种形式：一是被动光波探测的复合制导，包括红外/TV 制导、中波红外/长波红外制导、红外/紫外制导等；二是被动光波探测与半主动激光复合制导，包括红外/激光制导、红外成像/激光制导，TV/激光制导等；三是光波与雷达波制导，主要包括红外/毫米波、双色红外/毫米波等。

复合光电制导不仅增加了反干扰能力，而且提高了作战性能及昼夜使用能力，体现了“优势互补、扬长避短”的作战原则。

例如美国的改型“铜斑蛇”制导炮弹采用的是红外/紫外复合制导模式，当白天红外制导受到干扰或信号中断无法工作时，则换作紫外制导；当夜晚紫外较弱时双转入红外制导。在远距离时，可选用紫外线外制导；当靠近目标时，又切换到红外制导。另外，通过比较器对所接收到的紫外/红外信号相互比较。通过比值大小可确定所跟踪的是目标还是诱饵弹或背景。

(3) 复合光电反对抗措施

实际光电器材和光电制导武器的光电反干扰措施是很复杂的。拿光电制导武器来说，首先应确定复合制导方式以及相应的信号处理系统，然后对每种制导方式也应有相应的反干扰措施。与此同时，也应考虑选用合适的滤光手段。总之，对任何光电器材，在设计阶段就应充分考虑到反干扰措施，并且贯穿到每一个设计环节中去，以便在保证战术性能指标和合理价格前提下，最大限度地提高反干扰能力。在一些情况下，单靠光电器材本身的反干扰措施还难以完成反干扰任务，这时也往往辅助其他战术手段。例如，为防止己方光电器材受到敌方强干扰激光的损伤，有时可施放烟幕。烟幕经常作为一种光电干扰措施，但有时也可作为反干扰措施加以使用。

5.9 光电隐身技术

现代军事技术已经达到“目标只要被发现，就能被命中，只要被命中，就能被摧毁”的水平。因此，要提高武器装备的生存能力，就要降低目标被探测、发现和摧毁的概率。这就是促使光电隐身技术的飞速发展。

光电隐身技术是减小目标的各种被探测光电特征，使敌方探测设备难以发现或使其探测能力降低的综合技术。光电隐身技术主要分为涂料伪装和遮蔽伪装两类。涂料伪装是用涂料来改变目标的电磁波反射、辐射特性，从而降低目标明显特征的技术手段；而遮蔽伪装就是通过采用伪装网、隔热材料与迷彩涂料来隐蔽人员和各种军事目标的综合性技术手段。

光电隐身起源于可见光隐身，成熟于红外隐身，发展于激光隐身。现代光电隐身技术经历了探索时期（20 世纪 60 年代以前）、技术全面发展时期（20 世纪 60～70 年代）和应用时期（20 世纪 80 年代至今）。光电隐身技术于 20 世纪 70 年代末基本完成了基础研究和先期开发工作，并取得了突破性进展，已由基础理论研究阶段进入实用阶段。从 20 世纪 80 年代开始，美国陆海空三军研制的新式武器已经广泛采用了光电隐身技术。

光电隐身技术具体可分为可见光隐身技术、红外隐身技术和激光隐身技术三大类。可见光隐身就是要消除或减小目标与背景之间在可见光波段的亮度与色度差别；红外隐身就是利用屏蔽、低发射率涂料、热抑制等措施，降低目标的红外辐射强度与特性；激光隐身就是消除或削弱目标表面反射激光的能力。我们这里重点描述红外隐身技术。

红外隐身技术也称为红外对抗，属于红外无源干扰技术。采用红外隐身技术后，可以改变红外自身辐射特性，并使其温度接近周围环境的温度，这样就可降低被发现概率，即红外隐身技术是一种降低目标的红外辐射能量或改变其波段，使之不易被敌方探测设备探测和发现的新技术。

红外隐身技术有以下几种。

① 在红外辐射体周围加红外挡板和隔离层，对辐射源进行遮挡，减少红外辐射。

② 采用新型辐射系数低的材料涂覆表面。

③ 改变红外辐射体（如飞机、坦克等）的结构，尽量缩小目标面积，例如改变喷管位置和方向，降低喷口温度。另外在发动机喷气中添加附加物，降低排气温度。

④ 采用红外掩蔽物，它不仅能对覆盖物有隔离效果，而且其表面能调整周围的环境温度，并且有与周围环境相同的红外特征。此外这种红外掩蔽物可对照周围环境颜色来着色，使目视手段和普通照相探测手段也失效。

目前，国外红外隐身技术已进入实用阶段，成为提高军用战斗武器生存能力的重要措施。飞机、导弹、战舰和坦克都已采用了红外抑制技术。

舰船红外隐身的重点是对烟囱及排出燃气热辐射的抑制，因为其产生的红外辐射占整个舰船的 99%，且辐射波段主要在中红外区，极易被波长为 3～5μm 的红外弹探测捕获。国外对舰船红外隐身采取的主要方法有：将发动机和辅助设备的排气管路，安装在吃水线以下，减少热辐射；在舰船表面涂敷绝热层，减弱对太阳能的吸收并降低辐射；在烟囱表面和发动机排气管路四周，安装冷却系统和绝热隔层；对船体发热表面进行喷水降温或者将冷空气吸进发动机排气道上部，对金属表面及排出的燃气进行冷却等。

国外飞机采取的红外隐身措施有：采用综合抑制技术对发动机的高温辐射源加以抑制；用涡扇发动机代替涡喷发动机，降低发动机及其尾焰的红外辐射强度；使用特殊燃料降低燃烧温度；采用波瓣混合喷管或二元喷管降低排气温度；将喷口改装在机体上方，遮挡向前下方的红外辐射或在飞行器表面涂敷俺饰材料，起隔热和降低红外辐射作用等。采用上述综合措施后，飞机的红外辐射强度可减少 90%，即降低 1 个数量级。如此防空导弹的探测能力就只有原能力的 30%，大大削弱了导弹的作战效果，增强了飞机自卫及进攻的效能。

美国第三代隐身飞机和隐身导弹均在重视雷达隐身的同时，采用了红外隐身技术。据估计，红外隐身的最佳综合效果，可将目标的红外辐射减小 90%以上。美国在发动机红外抑制方面是将多种红外抑制措施综合运用，以达到良好的抑制效果。从 1972 年以来，美国就对二元旋流喷管技术非常重视，投入了很大的研究力量。在 F-19、YF-22A 和 B-2 等飞机上均已得到成功应用。在涡扇发动机中，也常常采用波瓣混合喷管技术，以降低发动机的红外辐射特征。而BHO红外抑制系统是Hughes公司为涡喷发动机研制的一种先进红外抑制装置。它已成功地应用在YAH-64直升机上。海湾战争中，美国首次投入使用的F-117A隐身战斗机的出色表现，已向人们展示了隐身武器的发展前途。

光电隐身技术可作为武器装备对抗光电侦测的有效措施，以提高其战场生存能力。光电隐身往往与雷达隐身等结合运用。目前，在西方国家光电隐身和雷达隐身、声隐身、磁隐身等隐身技术已经成熟，并已经研制和装备了各种隐身飞机和隐身战舰，隐身坦克也在研制中。

5.10 光电对抗系统

光电反侦察与光电反干扰是为防止敌方光电探测设备实施侦察、干扰而采取的相应措施。光电反侦察是防止己方光电信号和光电设备的战术技术参数、类别、数量、功能、部署及变化等情报被敌方光电设备侦察而采取的战术技术措施。光电反干扰是消除或削弱敌方施放各种干扰的有害影响，保障己方光电设备正常工作而采取的战术技术措施。

光电反对抗是指在光电对抗环境中，为保护己方使用光电探测器材和光电制导武器所采取的行动。与光电对抗措施相比，光电反对抗措施的一个特征是，它不是单独的设备，它涉及在光电探测器材和光电制导武器设计中的技术。

光电对抗与光电反对抗的斗争，基本上是一场智慧和技术的较量。在这场较量中，对抗与反对抗不可能一方永远被另一方所压倒。可以这样认为，没有无法对抗的光电器材和光电武器，也没有无法对付的光电反对抗，一切取决于各方所采取的对策。在对抗过程中，对抗与反对抗这一对矛盾的两个方面的发展必然是不断促进武器系统的发展。

光电反对抗同光电对抗一样，亦分为光电反侦察和光电反干扰这两方面的内容。光电反对抗涉及的范围很宽，诸如红外辐射抑制技术既属于光电对抗领域，又属于光电反侦察领域。本章重点介绍光电反干扰措施和技术，如激光防护、激光测距仪的抗激光干扰、红外制导武器的抗干扰技术以及综合反干扰措施。

光电对抗系统以及光电技术在军事上的应用不胜枚举。它能够提供准确可靠的情报信息，是一种强有力的软杀伤武器，并能夺取战场主动权。

(1) 提供准确可靠的情报信息

光电技术是现代高技术战争中获取情报的有效手段和途径。通过光电技术能获取各种战场图像情报，如白光、微光、红外图像，电视侦察图像，雷达图像等。这些图像情报具有直观、清晰、快速、实时等特点，能一目了然地观察到前沿敌方阵地地形、布设、武器装备、兵力部署、调动等情况。像合成孔径雷达可在夜间和恶劣的气候条件下探测、搜索、跟踪敌方运动中的人员、车辆、舰船等，获取战场图像和地面活动目标信息，具有探测距离远、覆盖面积大、测量速度快、全天候、全天时工作的特点。

(2) 一种强有力的软杀伤武器

随着光电技术的发展，使用先进的光电制导武器直接或间接地破坏和摧毁敌方的重要目标，已成为现代高技术战争最为重要的作战手段之一。因为光电制导武器不仅具有很高的命中率，而且还具有较强的抗电磁干扰能力。据统计，在场地试验和实际作战中，光电制导武器的命中率都在80%以上。作战效能比无制导武器大10～200倍。如以色列空军在贝卡谷地区利用先进精确制导武器仅用6min就摧毁了叙利亚价值近20亿美元的19个“萨姆”导弹阵地。又如：海湾战争中，多国部队使用“战斧”式巡航导弹、“爱国者”地-空导弹、“响尾蛇”空-空导弹以及“哈姆”高速反辐射导弹等十多种精确制导武器，目标命中率在98%左右。在这几种导弹中，最为典型的AGM/88A“哈姆”式反雷达导弹，其红外传感器能够发现一个普通微电脑发出的热辐射，可以越过敌方的电子干扰区而咬住目标，并予以摧毁。

另外，美军在伊拉克战争中的一个有力的实例是把第一个数字化师投入战场，其中数字化的轻型武装侦察直升机广泛采用高技术航空电子设备，其机身装满数字化武器，可携带火箭弹及反坦克导弹，具有360°全角度激光探测能力。数字化的无人驾驶飞机能在离己方前线部队150km地区执行空中侦察、监视和目标捕获任务。该类飞机电子“帮手”多，能携载昼间电视和夜间使用的红外系统、微光夜视系统等设备，并能提供实时的战场信息，其作战能力大大提高。

(3) 夺取战场主动权

要夺取战场主动权就必须具有制信息权；要具有制信息权，就必须有先进的光电武器与侦察器材。可以预计，在未来战场上，应用光电技术的武器装备和侦察器材，能够改变一个战场的主动权。在进攻时，精确的光电对抗装备能使敌指挥系统混乱、防空系统瘫痪，以保证己方攻击力量有效突防，加快战争进程；在防御时，有效的光电对抗能大大降低地攻击武器的杀伤力，延缓战争进程。光电对抗整体装备力量的优势将为夺取战争的主动权提供保证。如1986年冬，阿富汗抵抗力量采用美制先进的被动光学红外和紫外双模制导的“毒刺”导弹，以平均每天击落敌方1～2架飞机的战绩，改变了整个战争的局面。在海湾战争中，美亦使用了多种先进的光电武器与侦察器材，使光电对抗贯穿整个海湾战争的始终，从而牢牢掌握了制信息权，进而掌握了战场的主动权。

从越南战争到海湾战争、科索沃战争，再到伊拉克战争，光电对抗武器发挥了极大的作战效能，以其探测精度高、杀伤力大和武器效能高等显著特点，备受各国军事界的青睐。在伊拉克战争中，美国仅用占精确制导武器30%的激光制导炸弹，摧毁了巴格达约90%的大批目标。下面，重点介绍几种光电对抗系统。

5.10.1 光电火控系统

光电火控系统主要装备有红外热像仪、电视摄像机和激光测距仪等光电设备。红外或电视设备用于搜索、捕捉、跟踪目标，并给出目标运动要素；激光测距仪测出目标精确距离。目标运动要素和目标距离数据一并送入火控计算机中，为火炮提供精确的射击诸元。该系统在强烈电磁干扰情况下，仍能正常工作。因而，由雷达和光电组合成的火控系统，是目前世界上较为理想完备的火控系统。目前光电火控系统已装备于舰艇、坦克、飞机上，担任主火控系统或辅助火控系统。如法国海军舰艇上装备有眼镜蛇舰用光电反导系统；英国海军的许多舰艇上安装有海射手30数字光电火控系统。美海军宙斯盾舰载武器系统中也配有先进的光电火控系统。

(1) OP3A/SARA舰用火控系统

20世纪80年代末期，法国海军在一项名为反导自防御改进（AAA）的计划下，开始为其主要的战舰研制自卫系统。系统的基础是光学和光电传感器和近程武器，在20世纪90年代初期确定了技术要求。系统重新命名为反导自防御改进计划（OP3A），从1993年11月订购硬件，首先订购的是通用机械电气公司的VIGY 105。该系统被“乔治·格莱”级驱逐舰、“拉斐特”级护卫舰、船坞登陆舰、水下补给油船和航空母舰“福煦”号选用。第一套系统安装在驱逐舰“让·德·维埃纳”号上。

OP3A/SARA舰用火控系统包括一个火控台、光电传感器以及“硬”和“软”杀伤单元。一些舰船只接收该系统的部分单元。

火控台安装在舰桥上，在舰桥上要有一个天窗，以利用可升降的座椅给指挥员提供周视视场。该座椅配有控制器，控制器优先给坐在后面的控制防卫信息处理系统（STIDAV）的自卫军官发出威胁的信号。这些都基于两个Calisto控制台以及为塞尼特8研制的软件的实时处理器。

一些舰船配备了通用机械电气公司的旺皮尔MB红外监视系统，但是对于目标指示和火控目的，大多数舰船配有两套VIGY 105光电系统。在一些舰船和舰级上，这些系统由SAGEM TDS 90取代。这就是具有SAGEM SAS 90瞄准具的英国MSI-防御目标指示观察装置。

方位范围是340°弧度，俯仰范围是−20°～+65°。目标指示精度是3mrad。传感器是反射式瞄准具或SAGEM ALIS 8～12μm热像仪。

“硬”杀伤单元包括Matra Mistral要地防御防空导弹和30mm火炮。Mistral是萨德拉尔遥控发射器型，并且舰船将携带两枚该导弹，尽管一些舰船保留它们的SIMBAD发射器。火炮由ECN Ruelle公司生产，是按照许可生产的MK 30紧凑型。“软杀伤”单元包括新的达索电子公司的电子干扰系统和AMBL-1C型号中改进的CS防御公司达盖诱饵系统。

OP3A/SARA舰用火控系统是法国DCN国际公司生产的。在生产中，22艘法国舰船会在不同程度上计划接收OP3A系统。1996年5月，OP3A系统在驱逐舰“让·德·维埃纳”号上投入使用，第一套旺皮尔MB于1997年5月安装在上述驱逐舰上。该计划于1998年完成。

(2) Mirador光电火控系统

Mirador是荷兰信号公司研制的新的轻型光电监视、跟踪和火控系统，见图5-7。它既可用于海上，也可用于陆上岸基。舰用型设计为可用于从小型巡逻艇到大型航空母舰的各种平台上。它能够与信号公司的SEWACO或其他作战系统集成，或者作为独立的火控系统使用。

独立的Mirador系统包括隐身指向器、控制武器的处理柜和控制台。指向器是具有极小重量的碳纤维壳体结构，它包括一个最新技术水平的红外摄像机（标准8～12μm，选用3～5μm）、电视跟踪摄像机、用于观察的彩色电视摄像机和人眼安全型激光测距仪。

图5-7 Mirador光电火控系统

系统能够执行下列功能：①光监视；②在远距离或当地目标指示后，进行自动搜索；③自动目标跟踪（水面、空中和岸基）；④火控计算；⑤对不同型号舰炮的控制。操作台具有两个视频显示器的触摸式荧光屏和对用户友好的人机接口。在紧急操作情况下，可以有简单的状态警觉和快速的反应。其技术指标见表5-5。

表 5-5　技术指标

类型	指标
典型探测距离	大尺寸水面目标：20km 战斗机：15km
激光测距仪	类型：Nd：YAG 喇曼频移 波长：1.54μm 测量设备的距离限制：20km 重复率：3Hz 平均，8Hz 短脉冲 视频跟踪装置：门选通对比度质心跟踪
最大目标跟踪速度	1000m/s
指向器	方位覆盖率：360° 方位速度：＞5rad/s 俯仰运动：－30°～＋120° 俯仰速度：＞4rad/s
彩色电视摄像机	类型：彩色，变焦（12 倍） 波段：可见光 视场：3.3°～4.4° 视频输出：CCIR
跟踪电视摄像机	类型：黑白，固定焦点 波段：可见光 视场：2°×1.5° 视频输出：CCIR
视场	窄：3°×2.25° 宽：9°×6.75° 探测元：288×4　CMT NEDT：0.1K
热像仪	类型：斯特林制冷 波段：8～12μm
尺寸/mm	光电子指向器（$w \times h \times d$）：496×1047×752 控制台：745×1068×445

5.10.2　TV/红外图像跟踪系统

TV/红外图像跟踪系统主要用来对近程目标进行成像和跟踪，提供目标的图像和方向信息。TV/红外跟踪系统的光电摄像机可产生出帧频为 50Hz、625 行的 CCIR 视频输出。该输出信号一路用来控制 TV 监视器，显示出目标图像；另一路经视频跟踪器，产生出跟踪信号。该跟踪信号经主控计算机控制随动系统，带动跟踪系统跟踪目标。光学系统有宽、窄两个视场。窄视场用于跟踪目标，宽视场则用于在小角度范围内搜索目标。

在 TV/红外跟踪系统中，TV 摄像机通常采用成熟的硅 CCD 凝视型面阵焦平面探测器件，主要在白天使用。红外摄像机所采用的成像器件则有多种制式。一种为通用组件型，例如美国就有 180 元、120 元和 60 元探测器阵列通用组件。这些组件用在红外摄像机时，必须配以必要的光机扫描。另一种为性能更为先进的红外焦平面阵列器件。由这种器件装配成的红外摄像机已经部分投入使用。它无论在探测距离、探测率和分辨率等方面都较通用组件摄像机有较大提高，代表红外摄像机的发展方向。红外摄影像机与 TV 摄像机相比，具有抗干扰性能好、识别伪装能力强以及全天候工作性能好等优点，在光电对抗中往往优先选用。

在光电对抗中，TV/红外成像跟踪仪主要与激光定向红外干扰机、低能激光致盲武器和高能激光武器共轴安装使用，由于TV/红外成像跟踪仪具有很高的跟踪精度，因此可以使上述那些定向能力很强的干扰系统所发射的激光束照射到目标上，从而达到好的光电干扰效果。此外，电视图像也可帮助鉴别目标的类型和性质，从而使光电干扰更有针对性。

为了使作战平台受到激光照射时，能及时发出报警信号，激光告警系统应运而生。目前、美、英、法、俄等国的舰艇、坦克、飞机上大多安装有各型激光告警系统。如美军直升机装备有AN/AVR-2激光告警接收机，英国海军装备有1220系列激光告警接收机、俄海军装备有光谱舰载激光告警接收机等。

5.10.3 红外告警系统

红外告警系统以其探测距离较远、灵敏度高、反应时间快、能及时可靠地搜索、发现来袭目标，而成为舰艇、坦克、飞机等不可缺少的告警手段。特别是当预警雷达很难发挥作用或必须处于静态时，红外告警系统与激光测距装置组合成的“红外雷达”，可提供一般目标及隐身掠海飞行来袭目标的正确方位、距离等数据。为此，一些发达国家都在积极发展红外告警系统。如美国海军和加拿大海军联合研制、装备了AN/SAR-8红外警戒系统；荷兰海军研制装备了天狼星红外搜索和跟踪系统（图5-8）；法国海军装备了旺皮尔红外告警系统等。

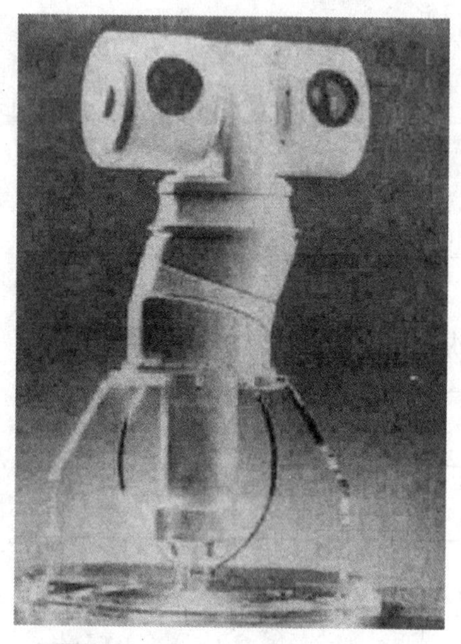

图5-8 天狼星红外搜索和跟踪系统

红外告警技术是研究与开发最早的一类告警技术，它是靠检测威胁目标发出的红外信号来发现并定位目标。红外告警设备已发展到第三代。第三代产品的告警特点是：全方位，大群多目标搜索、跟踪与定位，目标分辨率可达微弧量级，自动引导干扰系统作战，并可通过成像显示提供清晰的战场情况，威胁告警距离可达10～20km。美国、加拿大联合研制的AN产SAR-8红外搜索与跟踪系统，作为舰载雷达警戒系统功能的补充，能确保掠海飞行导弹的探测。视场角水平360°，俯仰2°；工作波长3～5μm和8～14μm；探测距离大于10km。此外还有以色列的LWS-20，瑞典的ARS 7IL、AR830，英国的Series1220等。

5.10.4 红外诱饵弹系统

（1）机载红外诱饵弹系统

自20世纪60年代以来，各国的作战飞机乃至加油机都陆续装备了红外诱饵弹系统。由于这些机载诱饵弹产生的红外辐射波段与飞机发动机的典型辐射波段相符，可以形成假目标欺骗来袭导弹，从而使飞机得到有效的保护。

典型的产品有美国研制生产的AN/ALE-29A干扰物投放系统及其改进型AN/ALE-39。AN/ALE-29A自1965年投产以来，先后共装备了2000余架战斗机和战术侦察机，可同时投放红外诱饵弹和箔条弹以干扰红外寻的或雷达制导的导弹；AN/ALE-39则是一种更为先进、更为灵活的对抗系统，是“沙漠风暴”行动的主要光电对抗系统之一，可按10种不同的组配装置方案同时装载60发干扰物封装单元，勿需在地面编程，即可单独地投放红外诱饵弹、箔条弹、投掷式有源干扰机3种有效载荷。自1975年投产以来，已装备了包括美国海军的EA-6B、F-14A、比利时空军的“幻影”5-BR、希腊空军的A-7H、TA-7H等在内的18种型号的飞机。

现役的机载红外诱饵弹系统，大部分使用了点源型高能诱饵弹及箔条弹，对点源寻的制导的导弹及雷达制导的导弹有较好的干扰效果，但对多光谱或成像导引头等很难奏效。为此，各国正不断采用新技术以发展大载荷、大面积、高效能、宽光谱的面源型红外诱饵弹系统。如采用凝固汽油作为辐射源的红外诱饵弹或采用喷油延燃技术的诱饵弹系统，可以干扰成像制导的导弹，能模仿飞机的气动特性并具有伴飞能力的LORALEI诱饵弹及产生的红外特征与大型飞机的红外特征十分相似的新型拖曳式红外诱饵弹，可有效干扰多光谱制导的导弹。目前已有多个系列上百种型号的机载红外诱饵弹系统，表5-6给出了典型的机载红外诱饵弹系统。

表5-6 典型的机载红外诱饵弹系统

型号	投放负载	装载机型	带弹量	安装方式	现状	承包商
M130	红外诱饵弹、箔条弹	美陆军AH-64A，AH-1S；英空军“美洲豹”“海王”等12种机型	60发红外诱饵弹，或60发箔条弹；或两者各装30发	—	生产、服役	特雷科航空航天奥斯汀公司
AN/ALR-40系列	红外诱饵弹、箔条弹	美空军的F-15、C-130；英、德、瑞士、荷兰、日本和沙特等国的多种型号的飞机	有多种带弹方式，几十发红外诱饵弹及几十发箔条弹，因型号不同而异	有机内安装、半机内安装、机外和挂架两侧安装等四种方式	生产、服役	特雷科MBV公司
TYPE 5000	红外诱饵弹、箔条弹	法国海军的“大西洋”等飞机	可装2～6个弹匣，每一弹匣可装9发红外诱饵弹或16发箔条弹	贴附式安装	生产、服役	R. 阿尔肯S. A. 公司
AN/ALE-44	红外诱饵弹、箔条弹	超音速战术、支援和攻击直升机	共有4部投放器，每一投放器可带弹16发	吊装	生产、服役	伦迪电子设备和系统公司
FAC	红外诱饵弹、箔条弹	美国陆军0-2等飞机	20发红外诱饵弹；20发箔条弹，两者可互换	机内安装或吊装	生产、服役	伦迪电子设备和系统公司
Cascade	红外诱饵弹、箔条弹	英国的各式直升机	20发红外诱饵弹；或20发箔条弹	—	生产、服役	沃洛普工业公司
MCFD	红外诱饵弹、箔条弹	丹麦空军的“龙”Saab F-35及英空军的“鹤”式飞机等	—	机内安装	生产、服役	特雷科MBV联合公司
BO 300	红外诱饵弹、箔条弹	瑞典空军的有关飞机	可装2部或4部BoP假目标容器，每一Bop可装15发红外诱饵弹或30发箔条弹	机内安装或贴附式安装	生产	菲利普电子工业公司

（2）舰载红外诱饵弹系统

为对付反舰导弹，美、英、法等国相继研制并装备了舰载红外诱饵弹系统。舰载红外诱饵弹常需要采用多发齐射的方式以形成大面积的红外干扰云来实施对舰船的保护。典型产品有法国的“达盖”（DAGAIE）系统、“萨盖”（SAGAIE）系统及英国的“海扇”（SEAFAN）系统等。

为适应制导技术的发展，20世纪80年代中后期，英、美等国先后研制并装备了多波段的面源型舰载红外诱饵弹系统，从而达到了有效对抗多波段热寻的和成像制导的导弹的目的。这类系统中，较典型的有英国的“防栅”（RAMPART）舰载诱饵弹系统（覆盖1.8～2.5μm、2.8～8μm及8～14μm三个波段）、“盾”（SHIELD）舰载反导诱饵弹系统（覆盖3～5μm及8～14μm两个波段）等。表5-7给出了典型的舰载红外诱饵弹系统。

表5-7 典型的舰载红外诱饵弹系统

名称	特性	装载平台	国家
达盖系统（DAGAIE）	每个诱饵发射箱有8个一次激活弹，26个持续激活弹。8个一次激活弹形成红外诱饵云，26个持续激活弹在空中靠惯性展开降落伞飘落到水平上。整个红外诱饵云持续时间达30s之久	中、小型舰船	法国
萨盖系统（SAGAIE）	每个红外诱饵弹弹头中装一个主降落伞、6个一次激活弹和12个持续激活弹，持续时间为30s	中、小型舰船	法国
女巫（SYBIL）	可发射6种诱饵弹和一种练习弹，自动化程度高、综合性好	大、中、小型舰船	法国
热狗、银狗系统（HOT DOG/SILVER DOG）	可发射红外诱饵弹和箔条弹，可单射亦可齐射	小型舰船	德国
盾牌（SHIELD）	可发射红外诱饵弹和箔条弹，其改进型还可发射激光诱饵弹	大型舰船	英国
斯拉克（SCLAN）	能发射红外诱饵弹、箔条弹和照明弹，射程0.3～12km	各种舰船	意大利
快速离舰散开系统（RBOC）	可发射M171箔条弹，HIRAM红外诱饵弹、火炬红外诱饵弹和双子座箔条弹、红外复合诱饵弹	大、中、小型舰船	美国

舰载诱饵弹一般都存在燃烧时间短、流失快等缺陷。对于大型舰船而言，无法保持连续、有效的干扰效果，也不能对抗采用复合制导技术制导的反舰导弹。为克服这些缺点，近年来一些国家正在着手研制多种舰载复合诱饵弹，如带有时间引信的多种舰载诱饵弹构成的复合弹、箔条弹与多种舰载诱饵弹构成的复合弹等。这些舰载复合弹的燃烧时间一般都较长，并能逼真模拟航行中的大型舰船的热轮廓，从而实现对采用复合制导技术的反舰导弹的对抗。如英、法两国联合研制的“女巫”（SYBIL）舰载诱饵弹系统，共采用了7种诱饵弹，可覆盖从可见光到14μm的光谱区，能对抗各种导引方式的反舰导弹。特别需要指出的是，其中的箔条红外曳光联合诱饵弹，把两种诱饵物设置在同一位置上，通过舰载自动控制台实现复合干扰物布设在有利的空间位置和达到所需的散布面积，从而有效干扰雷达/红外寻的复合导弹的攻击。

5.10.5 红外干扰机系统

20世纪80年代前后，以美国为首的主要西方国家研制了采用多个干扰源的红外干扰机，下面举几个美国研制的红外干扰机的实例。AN/ALQ-132型是用燃油与空气的混合物加热陶瓷棒产生红外辐射，经调制后去精确模拟发动机尾焰的红外光谱，用于欺骗和干扰敌方导弹导引头。这种红外干扰机已装在美国海军 A-4、A-6、OV-10 等飞机吊舱中。AN/ALQ-157 型采用铯蒸气灯作为红外辐射源，经调制后产生脉冲式红外干扰信号。该设备已装在美国三军 SH-3、CH-47 等直升机和 P-3C 直升机吊舱中，AN/ALQ-140 型是用电加热陶瓷块产生红外辐射，已装在美海军 F-4 飞机属舱中。另一种 AN/ALQ-147 型是采用“热砖”方式，即在人工或自动控制装置操纵下，向后突然喷出一定量的燃油。燃油延迟一段时间（或距离）后突然燃烧，形成与平台完全相同的红外辐射能量，以诱骗来袭红外制导导弹丢失目标。表 5-8 给出了目前较典型的几种红外干扰机的主要技术性能。

表 5-8 几种较典型的红外干扰机及性能

型号	装载平台	特性与性能	安装方式	制造商
AN/ALQ-132	美国海军的 A-4、A-6、OV-10 及其空军的 A-7、A-10 和 C-130 等飞机	用燃油与空气混合燃烧来加热一个陶瓷棒，产生的红外辐射经调制后能精确地模拟发动机尾焰的红外光谱，以欺骗和扰乱导弹导引头	吊装	美国桑德斯联合公司
AN/ALQ-140	美海军的 F-4 及空军的 F-4 等飞机	用电加热陶瓷块产生红外辐射，经调制后对抗自动寻的导弹的攻击	由装于飞机尾舱上	美国桑德斯联合公司
AN/ALQ-147	用于各种固定翼及旋转翼飞机	由人工或自动控制推进装置向后突然喷出部分燃油，延迟一段时间（距离）后突然燃烧，形成与载机一样的强烈的红外辐射，诱使来袭导弹丢失目标	吊装	美国桑德斯联合公司
AN/ALQ-144	美国陆军的 uH-60A、AH-1J/S/T、uH-1H/N，AH-64A、EH-1、EH-60A、OH-58A；空军的 HH-60D；海军的 CH-46F；加拿大、意大利空军的 OH-58A、A-129 等飞机	用加热石墨棒的方法产生红外辐射，可非常精确地模仿所保护的飞行器的排气辐射能量，欺骗红外制导导弹使之脱靶	吊装	美国桑德斯联合公司
AN/ALQ-157	美军的 SH-3、CH-46、CH-47、H-53 等直升机及 C-130、P-3C 等飞机	模块式结构，采用艳光灯发射脉冲	吊装	美国洛勒尔公司

5.11 光电反侦察技术

反侦察技术从总体上讲可以分为伪装技术和辐射抑制技术。所有的技术和措施都可从频域、时间域、空间域等技术角度进行考虑。伪装技术主要是指各种迷彩、涂料、塑料模型、伪装网等，发展方向是解决宽频段伪装问题，研制更合理的伪装图案，特别是热迷彩图案等。

辐射抑制包括以下各种技术：中间夹杂空气；利用气流自然对流；强制气流对流；采用夹层液体；采用导热管；采用液体环路；改善发动机燃烧室设计，最大限度地限制燃烧物中的红外辐射；在发动机燃油中加入添加剂，抑制发动机冒烟；采用多孔层；采用隔热毯；将排气管加装隔热罩；利用目标本体遮挡；利用裙板遮挡目标运动时因摩擦生热而形成的红外辐射；在发动机一些金属部件上，用等离子体技术涂覆氧化锆隔热陶瓷涂层，降低金属外露热壁温度。

Chapter 06

第6章 激光技术与应用系统

6.1 概述

人们把光作为武器的想法，可上溯到远古时代，西方在中世纪就有古希腊科学家阿基米德用聚焦的日光点燃敌人战船的传说。自从1960年美国科学家梅曼（T. H. Maiman）研制出世界上第一台激光器以来，激光作为20世纪与原子能、半导体、计算机齐名的四项重大发明之一，其应用已渗透到人类生活的各个领域，翻开了人类科学技术发展史的崭新篇章。

激光是基于受激辐射放大原理而产生的一种相干光辐射，能产生激光发射的器件或装置称为激光器。由于激光具有方向性好、能量高度集中等物理特性，所以自20世纪60年代问世以来就备受军界青睐，得到迅猛发展与广泛应用，使武器装备水平发生了革命性的飞跃。激光技术已渗透到测距、雷达、制导、导航、武器、模拟训练、光电对抗等各个军事领域，成为高技术局部战争的重要支柱和显著特征。

按原理分类，激光的军事应用可分为激光作为信息载体的应用和激光作为能量载体的应用两大类。激光测距仪是激光在军事上应用的起点，与普通测距相比，具有远、准、快、抗干扰、无盲区等优点，在常规兵器中已得到广泛应用，并正逐步取代普通光学测距手段。激光雷达相比于无线电雷达，由于激光发散角小，方向性好，因此其测量精度大幅度提高。由于同样的原因，激光雷达不存在“盲区”，虽然受大气影响，激光雷达并不适宜作大范围搜索，但非常适宜对导弹初始阶段作跟踪测量。激光制导技术利用激光的高方向性，控制和导引武器准确到达目标，极大提高了炮弹、炸弹和战术导弹的首发命中率和命中精度。光纤通信和激光大气通信是军事指挥控制通信网的重要组成部分，大大提高了军事通信速率和容量。武器平台内部的光纤数据总线既有强的抗干扰能力又无电磁泄漏。激光军事演习运用激光技术模拟实战演习，所产生的特殊演习效果酷似实际战争场面，备受军界重视和广泛关注。在激光的各种军事应用中，激光武器是最为世人关注的新型武器，也是最有可能应用于实战的新概念武器之一。激光武器具有无需进行弹道计算，无后坐力，操作简便，机动灵活，使用范围广，无放射性污染，效费比高等特点。随着科学技术的发展，激光的军事应用将会更加先进与多样，并在各种军事活动中发挥举足轻重的作用。

6.2 激光原理

激光技术是20世纪60年代以后发展起来的一门新技术。现已广泛应用到科研、工业、农业、军事、医学、通信，乃至于日常生活等各个领域之中。另外，激光技术还推动了一些新兴学科的发展。如全息光学、非线光学、激光光谱学、激光加工与检测技术等。本节仅对激光的基本原理作一些扼要介绍。

6.2.1 原子吸收、自发辐射和受激辐射

按量子力学原理，原子只能稳定地存在于一系列能量不连续的定态中，原子能量的任何变化（吸收或辐射）都只能在某两个定态之间进行。把原子的这种能量的变化过程称为跃迁。光子与物质原子相互作用过程中，存在三种类型的跃迁。即吸收、自发辐射和受激辐射。

（1）原子吸收

如图6-1所示，有一个原子开始时处于基态 E_1，若不存在任何外来影响，它将保持状态不变。如果有一个外来光子，能量为 $h\nu$，与该原子发生相互作用。且 $h\nu=E_2-E_1$，其中，E_2 为原子的某一较高的能量状——激发态。则原子就有可能吸收这一光子，而被激发到高能态去。这一过程被称为原子吸收。值得注意的是，只有外来光子的能量 $h\nu$ 恰好等于原子的某两能级之差时，光子才能被吸收。

图6-1 原子吸收示意图

（2）自发辐射

与经典力学中的观点类似，处于高能态的原子是不稳定的。它们在激发态停留的时间非常短（数量级约为 10^{-8}s），之后，会自发地返回基态去，同时放出一个光子。这种自发地从激发态跃迁至较低的能态而放出光子的过程，称为自发辐射。原子在激发态的平均停留时间称为激发态的寿命。

自发辐射的特点是：这种过程与外界作用无关。各原子的辐射都是独立地进行。因而所发光子的频率、初相、偏振态、传播方向等皆可不同。不同光波列是不相干的，例如霓虹灯管内充有低压惰性气体，在管两端加上高电压来激发气体原子，当它们从激发态跃迁返回基态时，便放出五颜六色的光彩。其频率成分极为复杂，发光方向各向都有，初位相也各不相同，这正是普通光源的自发辐射。

（3）受激辐射

处于激发态的原子，在其发生自发辐射前，若受到某一外来光子的作用，而且外来光子的能量恰好满足 $h\nu=E_2-E_1$，原子就有可能从激发态 E_2，跃迁至低能态 E_1，同时放出一个与外来光子具有完全相同状态的光子。如图6-2所示。这一过程被称为受激辐射。

受激辐射的特点是：这种过程是在外界光子的刺激作用下发生的。而且受激辐射出的光子，与入射光子具有相同的频率、相同的初相、相同的传播方向、相同的偏振态等。即与外来光子具有完全相同的状态。在受激辐射过程中，输入一个光子，可以得到两个状态完全相同光子的输出。并且这两个光子可再作用于其他原子上，产生受激辐射，而获得大量特征完全相同的光子。这便是受激辐射的光放大。图6-3就是受激辐射光放大的示意图。

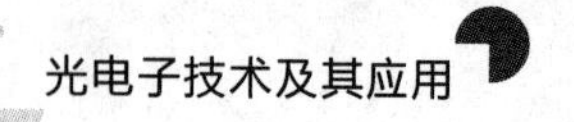

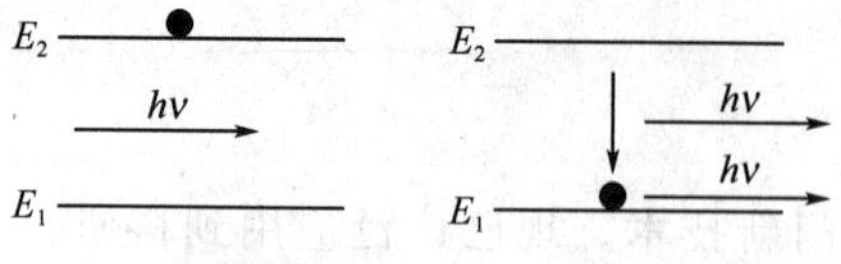

图 6-2 受激辐射示意图

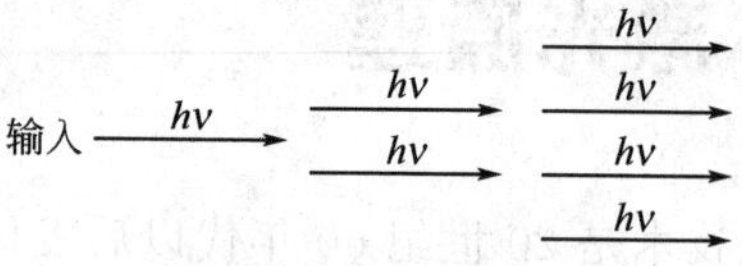

图 6-3 光放大示意图

6.2.2 粒子数反转

按上述讨论，要在激光器的工作物质中实现受激辐射光放大，产生足够强的激光，必须有大量的原子处于较高能量的激发态 $E_{n'}$，并且要使较低的能级 E_n 处分布的原子数很少。只有这样才能使受激辐射占有优势。遗憾的是，通常的情况刚好与此条件相比。一般情况下，处在温度为 T 的平衡态下的体系，其各能级上分布的分子数，服从玻尔兹曼分布，即能量为 E_n 的能级上分布的分子数 $N_n \sim e^{-E_n/KT}$。这样在高能态 $E_{n'}$ 上分布的分子数与低能态 E_n 上分布的分子数之比为

$$N_{n'}/N_n = e^{-(E_{n'}-E_n)/KT} \tag{6-1}$$

对于大多数原子来说，两能级之差 $E_{n'}$-$E_n \sim 1eV$，而常温下：

$$KT = 1.38 \times 10^{-23} \times 300 \sim 0.025eV \tag{6-2}$$

代入式（6-2）可得：

$$N_{n'}/N_n \sim e^{-40} \quad 即 \quad N_{n'} \ll N_n \tag{6-3}$$

因此在常温下的平衡态时，处于较高能态上的原子数微乎其微，原子几乎全部处于基态。这不可能使受激辐射在全部跃迁中占优而产生光放大。

为了实现光放大，必须选用适当的工作物质，采用特殊的手段，破坏原子的平衡态，及平衡态下所遵从的玻尔兹曼分布。从而使较高的能态上分布的分子数大于低能态上分布的分子数。这一过程称为粒子数反转。

6.2.3 激光工作物质的能级结构

根据上述讨论，要在激光器的工作物质中实现受激辐射，必须要在工作物质中实现粒子数反转。然而，并非所有物质都能满足这一条件。在能实现粒子数反转的工作物质中，也不是在该物质的任意两条能级间都能实现粒子数反转。要想造成粒子数反转，工作物质的能级结构必须满足一定的条件。

（1）三能级系统

原子处于激发态是不稳定的，激发态的平均寿命只有 10^{-8}s。然而在原子的能级中，有一种特殊的能级，其寿命可达 10^{-3}s 甚至更长，称这种状态为原子的亚稳态。若原子的能级结构中，存在有这种亚稳态，就可以利用这一特性，在工作物质中实现粒子数反转。

图 6-4 是物质三能级系统的示意图。其中 E_1 为基态，E_2、E_3 为激发态，而 E_2 为一亚稳态。当外界给工作物质提供一合适的激发能量，并以极快速度将工作物质的原子从基态 E_1 激发到高能态 E_3，（这一过程称为抽运）。由于激发态 E_3 不是稳定的，它将迅速地向低能态 E_2 和 E_1 跃迁。假定 E_3 跃迁至 E_2 的概率远远超过原子从 E_3 返回基态的概率，则当外界以极快的抽运速度激发工作物质时，就在工作物质的亚稳态 E_2 与基态 E_1 间形成了粒子数反转。前述所提到的红宝石（掺有 Cr^{3+} Al_2O_3）激光器，

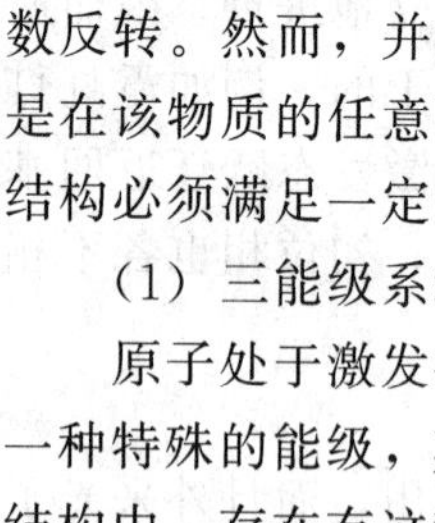

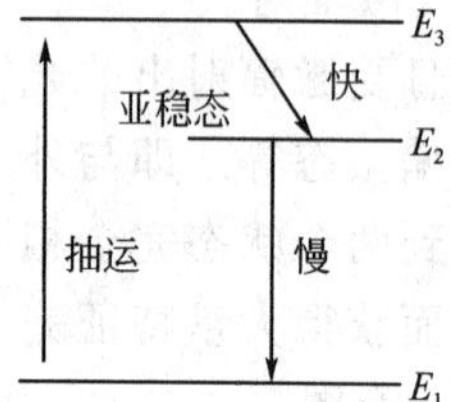

图 6-4 三能级系统

它的工作物质红宝石，就具有这样一个三能级结构（图 6-4）。其中激发态 E_2 的寿命约为 5×10^{-8}s，而亚稳态 E_1 的寿命为 3×10^{-3}s，也就是说，当原子被激发到 E_2 态后，由于 E_2 的寿命很短，原子将大量地转移至亚稳态 E_1（无辐射跃迁）。而在 E_2 与 E_1 间形成粒子数反转。

关于上述讨论还需要强调两点。首先，上述所提到的三能级系统，是指激光器在运转过程中，所涉及的三级能级。并不是指该系统仅有这三条能级。其次，在三能级系统中，粒子数反转发生在亚稳态 E_2 与基态 E_1 这一对能级之间。由于通常在基态总是聚集有大量原子，这就需要一极快的抽运速率，将基态近于抽空，才能在 E_2 与 E_1 间形成粒子数反转。这是三能级系统的一个显著缺点，即要求的工作条件很高。

（2）四能级系统

为了克服三能级系统对外界工作条件要求高这一缺点，人们找到了四能级系统工作物质，如图 6-5 所示。E_1 为基态，E_2、E_3、E_4 分别为能量较高的激发态。而 E_3 为寿命较长的亚稳态。外界供给系统一合适的能量，使工作物质的原子一次跃迁至激发态 E_4，而后通过无辐射跃迁很快地跃迁至亚稳态 E_3，在此态停留一段时间（约为 10^{-3}s），之后跃迁至激发态 E_2，很快地又从 E_2 态返回 E_1。由于 E_2 态的寿命极短，所以 E_2 态上存在的原子数总是接近于零。这样就很容易地在 E_3 与 E_2 间形成粒子数反转，而为受激辐射的产生做好准备。大家所熟悉的 He-Ne 激光器，CO_2 激光器等都属于具有四能级系统工作物质的激光器。同样，这里所说的四能级系统也是指与激光跃迁直接相关的四条能级，而并不是说该工作物质只有四条能级。

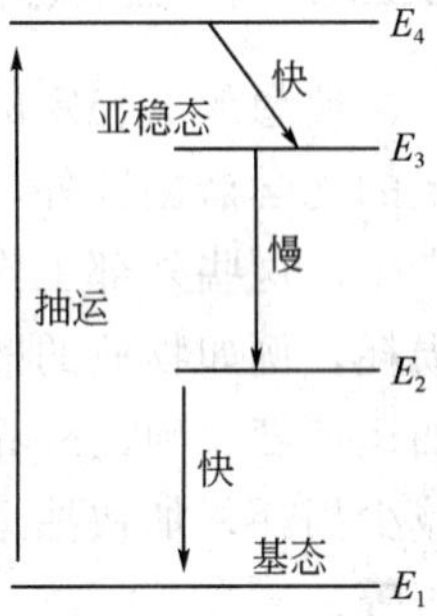

图 6-5 四能级系统

6.2.4 光学谐振腔

当工作物质在外界激励下而形成了粒子数反转，便可以发生受激辐射。但仅仅如此，还不能成为一台激光器。这是因为来源于自发辐射的初始光信号是杂乱无章的。在这些光信号的激励下得到放大的受激辐射，其总体上看仍是随机的，如图 6-6 所示。怎样才能选取一定的传播方向和一定频率的光信号加以放大，同时又能对其他方向和频率的光信号加以抑制呢？仿照电信号的放大原理，这就需要一台光学谐振腔，通过它来选取一定方向和频率的光信号来加以放大，同时又能抑制住其他信号的增长。

图 6-7 所示的是由一对平行平面反射镜组成的谐振腔。它被称为法布里-伯罗（Fabry-Perot）平行谐振腔。其中 M_1 的反射率近乎 100%，M_2 的反射率也在 98%以上。M_1 与 M_2 保持严格平行。当光线在其间反射时，只有平行于镜面法线的光线被选择保留下来。而其他方向的光线，则经过多次反射后，将逸出腔外，而被去掉。这样平行于法线的光线就在平行腔内不断振荡，同时激发新的受激辐射。而使这一组平行光不断增强，最后从窗口 M_2 射出。这就是谐振腔对激光方向的选择作用。激光束的高单向性正是来源于此。另外，适当选择谐振腔的长度，使其满足稳定驻波的振荡条件，即 $L=k\dfrac{\lambda}{2}$；从而可以对激光器所发激光的频率加以选择。具体的选频原理较为复杂，可以参看其他的有关书籍。此处不多阐述。

总之，一个光学谐振腔主要对激光的方向和频率起着选择作用，从而提高激光的单向性与单色性。

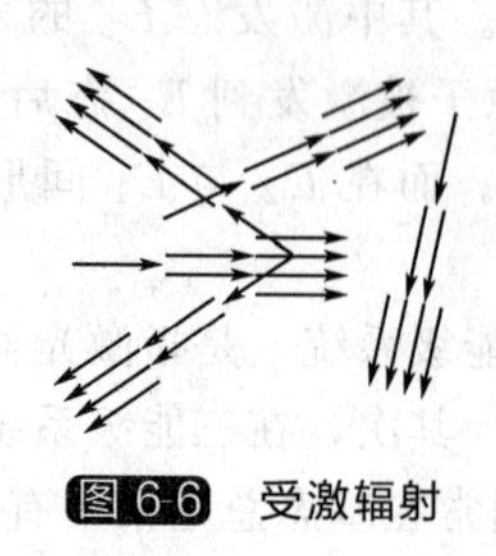

图6-6 受激辐射

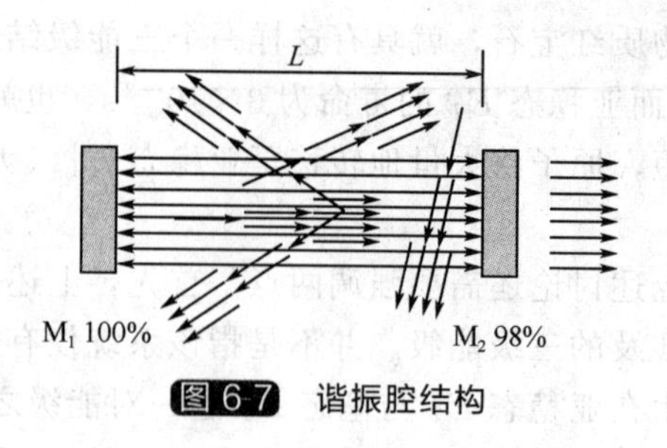

图6-7 谐振腔结构

6.2.5 产生激光的必要条件

要想形成稳定的激光振荡与输出，除去需要能实现粒子数反转的工作物质，以及一个稳定的光学谐振腔外，外部的工作环境还必须要满足一定的条件，才能确保受激辐射光放大的产生。这些外部工作条件，被称为产生激光的阈值条件。这是由于在谐振腔内部存在着种种损耗，例如物质的散射、镜面的吸收等。另外在介质中形成粒子数反转，外界也需要一定的抽运速度，因此外界就必须给系统一定的补偿，以弥补这些损耗。这些阈值条件大体包括：减少损耗，加快抽运速度，促进反转等。像工作物质的混合比、气压、激发条件、激发电压等。

综上所述，要产生稳定的激光输出必须要满足三个必要条件。

① 选择具有适当能级结构的工作物质，在工作物质中能形成粒子数反转，为受激辐射的发生创造条件。

② 选择一个适当结构的光学谐振腔。对所产生受激辐射光束的方向、频率等加以选择，从而产生单向性、单色性、强度等极高的激光束。

③ 外部的工作环境必须满足一定的阈值条件，以促成激光的产生。

上述这三个条件，称为产生激光的必要条件。

6.2.6 激光的特性

激光具有普通光源望尘莫及的四大优异特点，即高定向性、高单色性、高亮度、高相干性。

(1) 高定向性

由激光器输出的激光是以定向光束的方式几乎是不发散地沿空间极小的立体角范围向前传播的。激光的高方向性使其能传输的有效距离很长，并且能保证聚焦后得到极高的功率密度。激光的高定向性主要指其光束的发散角小。光束的立体发散角 Ω 为

$$\Omega=\theta^2\approx\left(2.44\frac{\lambda}{D}\right)^2 \tag{6-4}$$

式中，θ 为平面发散角；λ 为波长；D 为光束截面直径。

激光束的发散角主要是由在激光器输出孔径处产生的衍射造成的，它还与振荡模式、腔长、工作物质等有关。激光的高定向性使其能有效地传输较长的距离，同时还能保证聚焦后得到极高的功率密度。

激光的单向性极好：普通光源向四面八方发射能量，其能量分布在全空间 4π 立体角内。而激光则是沿一条直线传播，能量集中在其传播方向上。其发散角很小，一般为 $10^{-5}\sim10^{-8}$ 球面度。若将激光束射向几千米以外，光束直径仅扩展为几个厘米，而普通探照灯光

束直径则已经扩展为几十米。激光的单向性是由受激辐射原理和谐振腔的方向选择作用所决定的。激光这种良好的单向性可用于定位、测距、导航等。

(2) 高单色性

光的颜色是由光的频率（或波长）决定的。单色性常用 $\Delta\nu/\nu$ 或 $\Delta\lambda/\lambda$ 来表征，其中，ν 和 λ 分别为辐射波的中心频率和波长，$\Delta\nu$ 和 $\Delta\lambda$ 是谱线的宽度。光的谱线宽度越窄，单色性越好，颜色越纯。各类光源中原有单色性最好的是 ^{86}Kr 灯，其值为 10^{-6} 量级。而激光器的输出单色性可比 ^{86}Kr 高出几万倍至几千万倍。激光的高单色性保证了光束经聚焦元件后能得到很小的焦斑尺寸，从而得到很高的功率密度。目前单色性最好的激光器是单纵模稳频气体激光器，如 He-Ne 激光器，它的线宽可小至几个赫兹。

激光的单色性极强，从普通光源（如钠灯、汞灯、氪灯等）得到的单色光的谱线宽度约为 10^{-2}nm，单色性最好的氪灯（^{86}Kr）的谱线宽度为 4.7×10^{-3}nm。而氦氖激光器发射的 632.8 纳米激光的谱线宽度只有 10^{-9}nm。若从多模激光束中提取单模激光，再采取稳频技术措施，还可以进一步提高激光的单色性。利用激光良好的单色特性，可以作为计量工作的基准光源。例如，用单色、稳频激光器作为光频计时基准，它在一年内的计时误差不超过 $1\mu s$，大大超过原子钟的计时精度。

(3) 高亮度

光源的亮度定义为光源单位发光表面沿给定方向上单位立体角内发出的光功率的大小。对于普通光源发出的光，由于其连续性并在 4π 立体角内传播，能量十分分散，所以亮度不高。各类光源的亮度，太阳光约为 $2\times10^{3}W/(cm^{2}\cdot sr)$，气体激光器的亮度为 $10^{8}W/(cm^{2}\cdot sr)$，固体激光器的亮度则可达 $10^{11}W/(cm^{2}\cdot sr)$，这都是由于激光器的发光截面和发散角很小，输出功率很大的结果。

由于光束很细，光脉冲窄，光功率密度却非常大，而激光器的输出功率并不一定很高。例如：一只功率为 20mW 的 He-Ne 激光管，所发激光的亮度是太阳亮度的几百倍。由于激光光源使光能量在时间和空间上高度集中，因此，能在直径极小的区域内（10^{-3}mm）产生几百万摄氏度的高温。从一个功率为 1kW 的 CO_2 激光器发出的激光束经过聚焦以后，在几秒钟内就可以将 5cm 厚的钢板烧穿。工业上利用激光高亮度的特性，在金属钻孔、焊接、切割、表面热处理、表面氧化等方面的应用近年来有很大的发展。

(4) 高相干性

频率相同、振动方向相同、相位相同或相位差恒定的两列或两列以上的光波在空间相遇时，光强分布会出现稳定的强弱相间的现象。这种现象称为干涉，相应的光波和光源称为相干光和相干光源。相干性分时间相干性与空间相干性两种，其中，时间相干性用以描述沿光束传播方向上各点的位相关系。空间相干性描述垂直于光束传播方向的波面上各点之间的位相关系。

激光具有极好的相干性，普通光源（如钠灯、汞灯等）其相干长度只有几个厘米，而激光的相干长度则可以达到几十公里，比普通光源大几个数量级。He-Ne 激光的相干长度可达 1.5×10^{11}mm，而 ^{86}Kr 灯的相干长度仅为 800mm。一般称激光为相干光，普通光为非相干光。

用激光做光源进行光的干涉、衍射实验，可以得到非常好的效果。另外，激光问世以来，推动了全息光学技术、激光光谱技术的发展。

由于激光具有上述这些良好的特性，从而突破了传统光源的种种局限性，引起了现代光学应用技术的革命性发展。同时促进了包括化学、生物学、医学、工业加工与检测技术、军事等科学的迅速发展。

6.2.7 激光器的分类

目前激光器的种类很多。按工作物质的性质分类，有固体激光器、气体激光器、液体激光器；按激励方式分，有光激励激光器、放电激励激光器、化学激光器、核泵浦激光器；按工作方式分，有脉冲式激光器、连续波激光器、可调谐激光器等。其中每一类激光器又包含许多不同类型的激光器。按激光器的能量输出又可以分为大功率激光器和小功率激光器。大功率激光器的输出功率可达到兆瓦量级，而小功率激光器的输出功率仅有几个毫瓦。如前所述的 He-Ne 激光器属于小功率、连续型、原子气体激光器。红宝石激光器属于大功率脉冲型固体材料激光器。

（1）固体激光器

一般讲，固体激光器具有器件小、结构紧凑牢固、使用方便、输出能量大、功率高等特点，在军事上，可以用作激光测距、激光跟踪、激光制导、激光雷达等。其工作介质是在作为基质材料的晶体或玻璃中均匀掺入少量激活离子，激活离子的密度约为 10^{19} 个/cm^3。作为基质的晶体或玻璃通常做成棒状，两端面抛光成具有很好平行度的两个光学平面，在其上镀上反射膜，就可以构成谐振腔。除红宝石外，常用的还有钇铝榴石（YAG）晶体中掺入 Nd^{3+} 的激光器。

（2）气体激光器

气体激光器是目前种类最多、应用最广泛的一类激光器，具有结构简单、造价低、操作方便、单色性、方向性好、覆盖的波段范围宽以及能长时间较稳定地连续工作等优点。在军事上主要用于激光测距、激光制导、激光通信、激光瞄准、激光雷达和激光射击模拟训练等领域。常用的有 CO^2 激光器、He-Ne 激光器、亚离子激光器、准分子激光器等，在各类气体激光器中，He-Ne 激光器是最常用的一种。

（3）半导体激光器

半导体激光器是以镓砷/镓铝砷（CaAs-CaAlAs）、铟镓砷磷（InGaAsP）、镓铝砷（CaAlAs）等半导体材料作为工作介质的激光器。激励方式有光泵浦、电激励等。半导体激光器具有效率高、寿命长、体积小、重量轻、价格便宜、结构简单而坚固等特点，在军事上主要用于光纤通信、光盘存储、激光引信、激光测距和激光射击模拟训练等领域。

（4）化学激光器

化学激光器的工作物质是在化学反应中产生的气体。与众不同的是，其激光的能量来自化学反应产生的受激辐射。在各类激光器中，化学激光器的功率较高，只要供给燃料和氧气不必加入任何外界能量，化学反应就能不断进行下去，并连续不断产生激光。军事上可用作定向能武器，如超音速扩散氟化氢（HF）连续激光器，已成为未来空间激光武器的优先录取者。

（5）自由电子激光器

自由电子激光器的工作物质是电子束。它的辐射方式是将电子束的动能转变为相干辐射。自由电子激光器的波长可由毫米波直至 X 射线波段内连续变换，这是迄今为止任何其他激光器都无法相比的。由于工作物质就是电子束本身，因此光束质量高，作为定向能武器，只要电子束的能量足够大，就可以获得极高的光功率输出。

6.2.8 激光器

下面选择一些有代表性的激光器作一些简介，使读者能够对激光器的基本结构及原理有一定的了解。

（1）红宝石激光器

红宝石激光器是第一只问世的固体脉冲激光器。它的工作物质是红宝石。红宝石的主要成分是 Al_2O_3，其中含有很少的铬离子。红宝石棒长约 10cm，直径约 1cm。两端面精磨抛光后，根据需要镀银，使其成为高反射面。两镀银面保持严格平行，构成法布里-伯罗谐振腔。其中一个端面为全反射面，另一面的反射率也在 90%以上。两镜面的间距满足 $2nL=K\lambda$。式中，L 为镜面间距，n 为红宝石折射率，K 为整数。激励能源为氙闪光灯，螺旋状包围在红宝石棒外。如图 6-8 所示，由氙灯发出的脉冲闪光照射红宝石棒侧面，闪光脉冲的周期约几个毫秒。当闪光的输出能量超过激光器的阈值时，每激励一次，就有一束相干光从红宝石的半镀银面发射。所产生的激光波长为 694.3nm 的红光，谱线宽度约为 0.01nm。

红宝石的能级结构属于三能级系统。如图 6-9 所示。E_0 为基态。E_1 为寿命较长的亚稳态，寿命约为 1ms。E_2 为激发态，寿命较短，约为 10^{-8}s。处于基态 E_0 的粒子被氙灯激发，只要激发光足够强，在闪光脉冲周期内，就有大量粒子从基态被抽运至激发态 E_2，很快自发地落入亚稳态 E_1，而使 E_1 态下的粒子数急剧增大，而基态 E_0 下的粒子数又急剧减少，这样就在亚稳态 E_1 与基态 E_0 间形成子粒子数反转，进而产生受激辐射跃迁。当氙灯另一次发出闪光时，又产生出一束新的激光脉冲。这就是红宝石激光器的基本结构与原理。

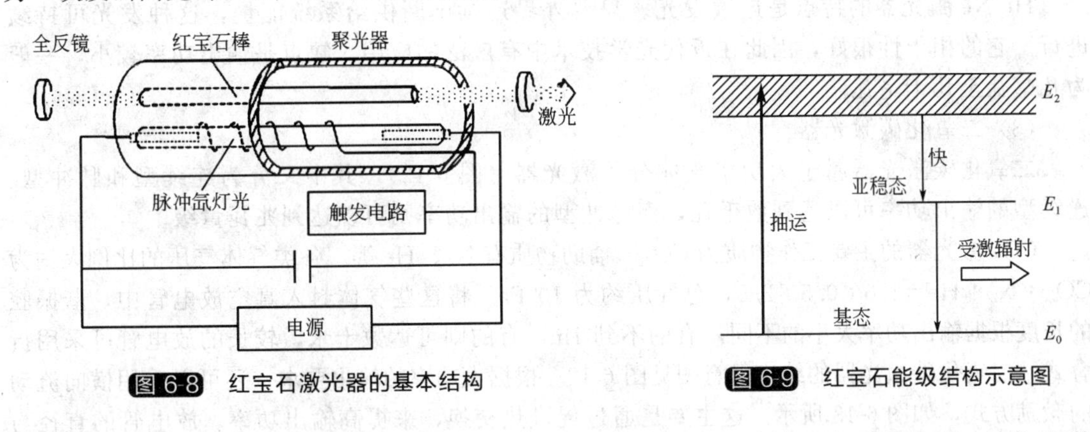

图 6-8 红宝石激光器的基本结构　　图 6-9 红宝石能级结构示意图

红宝石激光器的特点是：输入能量很大，其中只有一小部分被红宝石所吸收，转化为激光输出。而大部分能量则耗散为热能，故其效率较低。但由于激光脉冲很窄，其输出功率仍属于大功率型。另外，由于散热需要，激光脉冲间隔受到制约，光的单色性较差。

（2）氦氖激光器

氦氖激光器是第一只问世的连续型激光器。1961 年由美国科学家贝纳特（Benette）和雅文（Javan）在实验室制成。

He-Ne 激光器的工作物质为氖气，氦气为辅助物质。氦与氖的混合比约为 7∶1，被封入放电管中，总气压约为 2mmHg。实验室中所用的 He-Ne 激光管为 250mm～1m 不等。内腔式平行谐振腔结构如图 6-10 所示。两端为镀有多层介质膜的高反射平行反射镜。其中一块镜面的反射率高达 99.8%，另一块为 98%左右。激光束从反射率较低的镜面处射出。He-Ne 的能级结构十分复杂。图 6-11 中，仅标出了与产生 632.8nm 红色激光相关的几条能级。当给放电管加上2～3kV的高压后，由阴极发出的自由电子在电场的作用下，沿轴向作加束运动，与气体分子碰撞后，将能量传给气体分子，从而使气体分子得到激发。He原子首先得到激发，从基态$1s^2$跃迁至激发态1s2s。这里$1s^2$、1s2s等为光谱学代号（读者可以不去理会它们）。He的这一能级为寿命较长的亚稳态。Ne的基态为$1s^2 2s^2 2p^6$，激发态有$2p^5 3p$和$2p^5 5s$，其中$2p^5 5s$也为亚稳态，而且与He激发态1s2s的能量极其接近。Ne的$2p^5 3p$能级寿命很短，与其基态间为禁跃能级，即由基态到这一激发态跃迁的概率甚微。He原子通过碰撞很容易将能量传递给Ne原子，而使Ne原子激发到亚稳态$2p^5 5s$，并且在这一亚稳态与激发态$2p^5 3p$间形成粒子数反转，从而发出632.8nm的红色激光。显然，He-Ne的能级结构属于四能级系统。

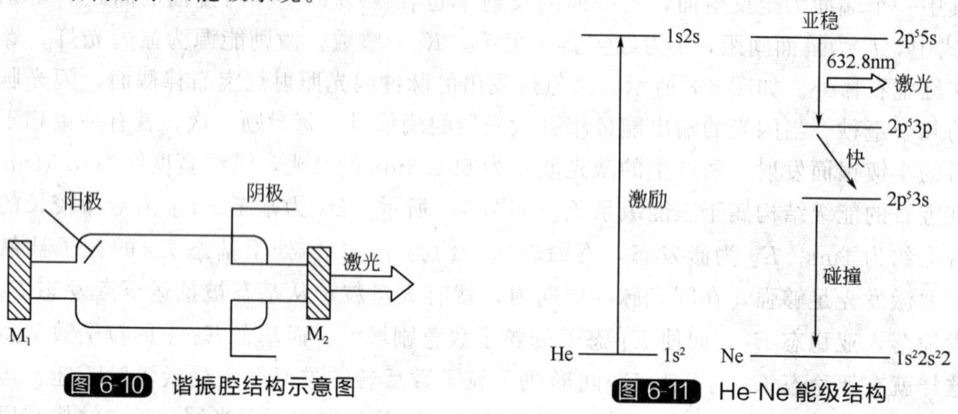

图6-10 谐振腔结构示意图

图6-11 He-Ne能级结构

He-Ne激光器的特点是连续发光。只要外界连续不断供给系统能量，这种发光可持续进行。它的相干性很好，因此在近代光学技术中有广泛的应用。缺点是输出功率较小，一般为几毫瓦至几十毫瓦。

（3）二氧化碳激光器

二氧化碳激光器属于大功率气体分子激光器（图6-12）。其中又分为连续型和脉冲型。连续型的输出功率可以达到数千瓦，而脉冲型的输出功率则可以达到兆瓦量级。

CO_2激光器的主要工作物质为CO_2，辅助物质有N_2、He等。各类气体气压的比例大约为$CO_2:N_2:He=1.0:0.5:2.5$，总气压约为10^4Pa。将这些气体封入真空放电管中，谐振腔的长度根据输出功率大小的不同，有的不到1m，有的则可达数十米，较长的放电管可采用折叠式，二氧化碳激光器的结构示意图见图6-12。根据大功率的输出要求，还可以采用横向流动的激励方式，如图6-13所示。这主要是通过促进热交换，来提高输出功率。放电管的直径与输出的关系不大，一般为25mm左右。在管内的两端分别装有可通过红外光镀金的高反镜面。

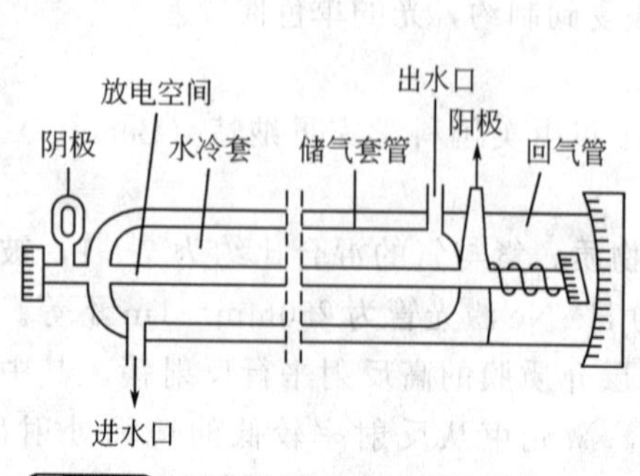

图6-12 二氧化碳激光器的结构示意图

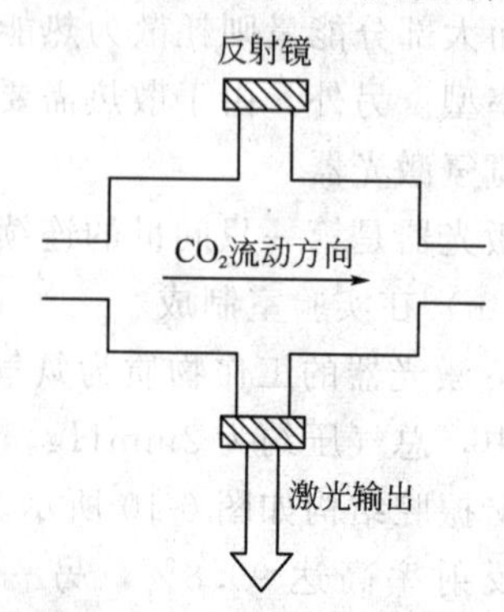

图6-13 横向流动CO_2激光器示意图

气体分子的能级结构更为复杂。通常为在电子能级上叠加有一系列的分子振动能级，而在每一振动能级上，又叠加了一系列分子转动能级。因而产生的光谱结构也十分复杂，一般为一条条谱带。为简单起见，我们这里也只列出与产生 10.6μm 红外激光跃迁有关的几条能级。

如图 6-14 所示。ν_1 代表 CO_2 分子的对称振动能级；ν_2 代表 CO_2 分子的形变振动能级。ν_3 代表 CO_2 分子的非对称振动能级。ν 代表 N_2 分子的振动能级。其中的一些数字，如 010、020 等均系相应能级的光谱学代号。值得一提的是，这些能级均属于 CO_2 分子电子基态上所叠加的一系列振动能级，由于振动能级差较小，因此所发光为红外光。

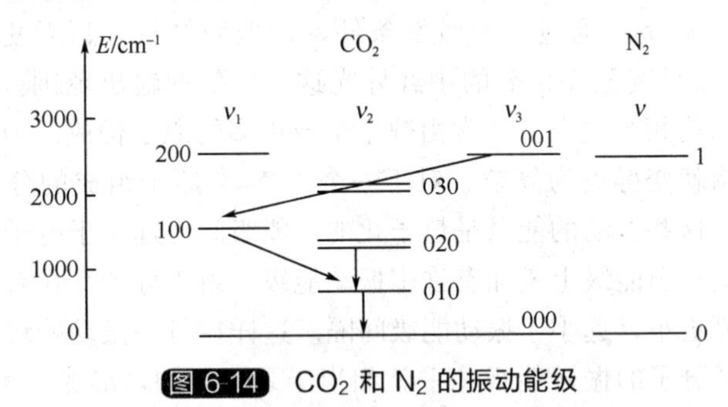

图 6-14　CO_2 和 N_2 的振动能级

在放电管接通励磁电压后，一方面 CO_2 分子直接与电子碰撞获得激发后，跃迁到 001 能级；另一方面由于 N_2 分子的 $\nu=1$ 振动能级与 CO_2 的 001 能级十分接近，通过碰撞，N_2 分子的能量可以传递给 CO_2 分子，使其获得激发。这两种激发的概率都非常高，而且 CO_2 分子的 001 能级的寿命很长，为毫秒量级，这样就很容易地在 001 与 100 能级间形成粒子数反转，发生受激辐射，放出波长为 10.6μm 的红外激光。而后与 He 原子发生碰撞，损失能量后，通过 010 能级回到基态。这也是一个典型的四能级系统。这里 N_2 分子的作用与 He-Ne 激光器中的 He 作用十分类似，仅起到传递能量的辅助作用。

CO_2 激光器的特点是：①它的工作能级的寿命很长，为 $10^{-1}\sim10^{-3}$s，而这些能级又接近基态，所需要的激励能量较其他种类的气体激光器要低得多。②把分子激发到工作能级的概率大，因而它的输出功率很高。③它的能量转换效率相应地也很高。各种不同类型的 CO_2 激光器，其效率可达 15%～35%。④此类激光管的结构简单，使用寿命却很长，可达 1000～2000h。值得注意的是，CO_2 激光为人眼不能察觉的红外光，波长为 10.6μm。在使用过程中要用热敏纸来定位，使其照射到相应的部位。注意防止激光伤害人体或其他物体。

（4）YAG 激光器

YAG 激光器的基本结构如图 6-15 所示。它的工作物质是掺钕钇铝石榴石晶体。YAG 激光器通常由掺钕钇铝石榴石晶体棒、泵浦灯、聚光腔、光学谐振腔和工作电源等主要部分构成。典型的单灯泵浦连续 Nd：YAG 激光器，Nd YAG 棒直径为 5～6mm，长度为 80～100mm，泵浦灯功率 4000W 左右，寿命约 1000h，可连续输出 200W 激光，波长为 1.06μm。随着 Nd YAG 晶体棒生长技术的进步，Nd YAG 晶体棒的光学质量获得明显提高。掺 Nd 浓度为 1.1%YAG 棒直径为 8～10mm，长度为 120～150mm，采用双灯泵浦，单级 YAG 激光器的连续输出功率已达到 400W。在此基础上，目前采用 6 级串联的 YAG 激光器以连续工作方式可获得 2000W 的激光输出。

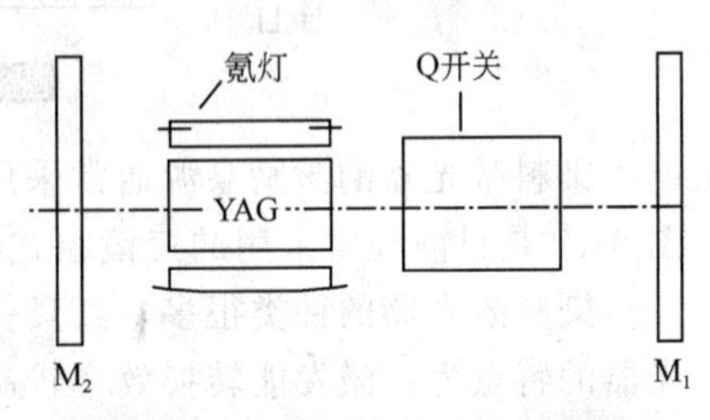

图 6-15　YAG 激光器结构示意图

与 CO_2 激光器相比，YAG 激光器具有许多良好的性能。首先，它的输出波长为1.06μm，比CO_2激光器输出波长10.6μm小一个数量级。因而使其与金属的耦合效率有大幅度提高，加工性能良好。一台800W YAG激光器的有效功率相当于3KW CO_2激光功率。其次，YAG激光器能够与光导纤维耦合，借助时间分割和功率分割，多路系统能够方便地将一束激光传输给多个工位或远距离工位，便于激光加工。另外，YAG激光器结构紧凑、重量清、使用方便可靠，因而具有良好的应用前景。

（5）可调谐染料激光器

染料激光器是指以有机染料溶液作为工作物质的激光器。现在发现可用作激光器工作物质的有机染料在数百种以上。通过改变激发条件，谐振腔结构，以及更换不同染料等手段，可以获得从210nm的紫外光到12μm的中红外光这一广阔的输出范围。

有机染料分子的结构相当复杂。通常由数十个或更多的原子构成。因此，这样复杂的一个分子系统，其能级结构就变得更为复杂。对于一个由N个原子组成的分子系统来说，具有许许多多个振动自由度。这些振动的能量是量子化的，能级间隔远小于电子态的能级间隔，在能级图上表现为在每一电子态能级上叠加有许多振动能级。由于分子存在有转动，转动能量也是量子化的，但能级间隔更小，远小于振动能级间隔。这样在每一振动能级上，又耦合着许多转动能级。实际上，染料分子的振转能级几乎就相当于是连续的，形成一种所谓准连续的能带。分子的电子从基态跃迁到激发态的吸收光谱就几乎成为连续光谱，宽达上百埃。

当染料溶液受到外界激励时，染料分子就吸收外界的激励能量，从基态S_0跃迁到激发态S_1的振转能级上去。S_1的振转能级的寿命都很短，大约只有10^{-12}s量级。因此处于激发态S_1振转能级上的染料分子很快就通过与周围溶剂分子的碰撞，损失能量后，无辐射跃迁到S_1的最低振动能级上。以后通过辐射回到S_0较高的振转能级上，最后通过无辐射跃迁很快回到基态的最低能级。这样就在S_1的最低振动能级与S_0间形成粒子数反转，而产生受激辐射。图6-16是染料分子的能级结构。

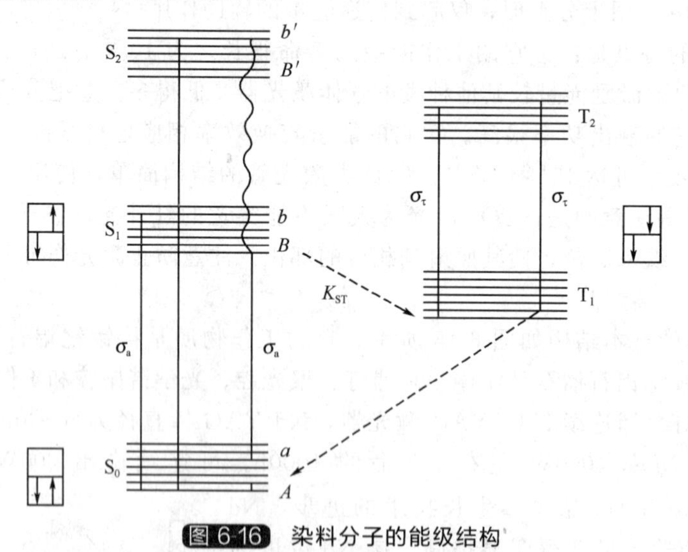

图6-16 染料分子的能级结构

染料激光器的激励泵源通常采用固体类激光器或闪光灯，这要视所用的工作物质而定。图6-17是目前经常采用的三镜腔式染料激光器的结构示意图。

染料激光器的种类很多，其具体的工作原理也较为复杂，此处不作过多的讨论。染料激光器的特点为：激发能转换效率较高，所发激光的谱带较宽。在更换染料管后，还可以获得更宽范围的输出，这给光谱技术的发展提供了有利的条件。

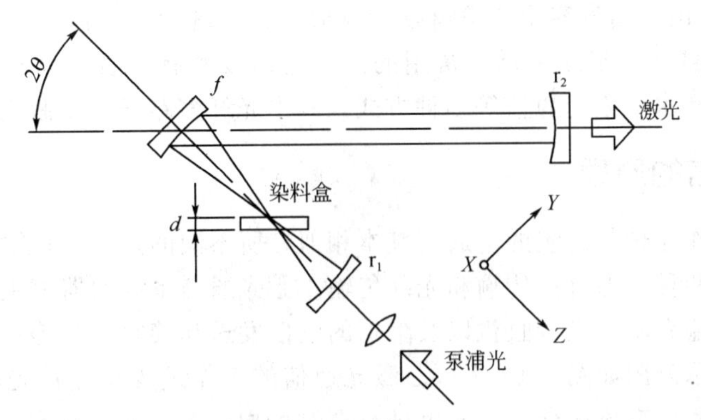

图 6-17 三镜腔式染料激光器的结构示意图

6.2.9 调 Q 激光器原理

激光在谐振腔中做振荡时，存在能量损耗，描述谐振腔质量高低的物理参数称为谐振腔的品质因子 Q，谐振腔 Q 值的定义为

$$Q=2\pi\nu_0\frac{\text{谐振腔内储存的激光能量}}{\text{每秒钟损耗的能量}} \tag{6-5}$$

式中，ν_0 为激光脉冲的中心频率。

一般脉冲激光器的 Q 值不变，谐振腔中的能量损失不随时间发生变化，即谐振腔中的集居反转数保持常数，一旦激光器的抽运集居数超过阈值，激光器开始自持振荡，于是集居反转数会因受激辐射的增加而减少。因此，高能态中不可能积聚很大量的粒子，激光器的输出峰值功率也不可能很高。一般激光脉冲宽度为微秒量级，输出功率可达到几十千瓦。

调 Q 激光器是引入一些技术手段改变谐振腔 Q 值，使激光器的 Q 值随激光器的输出而变，以提高激光器的反转集居数，并使这些粒子在极短的时间内（毫微秒量级）以单一的脉冲形式将能量释放出来，从而使调 Q 激光器的输出峰值功率达到兆瓦量级。常用的调 Q 方法有电光调 Q 法和染料调 Q 法。

① 电光调 Q 法。其基本原理是利用克尔效应，在晶体上加一定的电压，使晶体的折射率发生变化，通过改变激光的偏振方向，而制成 Q 开关。加入电压时，改变激光的偏振方向，激光不能输出，撤消电压后，激光振动方向复原，激光可以输出，Q 开关的间隔为 $10^{-9}\sim10^{-12}$s，从而形成窄脉冲，来提高激光器的输出峰值功率。

② 染料调 Q 法。利用某些染料的饱和吸收效应，制成 Q 开关来控制激光输出。某些染料的光吸收系数强烈地依赖于入射光强度，入射光强度增加，吸收系数减小，当入射光足够强时，吸收系数减为 0，变为完全透明，称为饱和吸收。利用饱和吸收效应制成 Q 开关来控制激光输出，从而达到提高激光器的输出峰值功率的目的。

6.3 激光通信

激光通信就是利用激光作为通信载体的通信。激光通信是光电子技术应用的一个重要方面，具有传输信息容量大、通信距离远、抗干扰性和保密性好、设备小而轻等特点。微波通信由于受通信频率的限制，基频不可能很宽，而激光是用光频作为信道频率，其基频比微波通信高出1000倍。由于信息容量与信道频带宽成正比，理论上，激光通信就可以同时传输1000万套电视节目或100亿路电话。常用的激光通信技术有：激光大气传输通信、光纤通信、卫星激光通信和水下激光通信等多种方式，其中光纤多路通信是激光通信的发展方向。

6.3.1 激光通信的原理

激光通信的工作原理与传统的电通信基本相似，所不同的是信号传输的介质。激光通信信息传输的方式有两种，即直接传输和光纤传输。激光通信系统的器材主要包括光源、调制器、光发射机、传输介质、光接收机以及附加的电信发送和接收设备等。

激光通信系统示意图如图6-18所示。激光通信的工作过程是：首先，将所要传输的信号送入电信发送设备，变成适合于对光束进行调制的电信号，再将电信号加到光调制器上，以输出相应的光信号。通过发射装置将光信号发射进入光纤、大气、水中和外层空间等传输介质中。经过一定距离的传输，光信号到达接收端，被激光接收机里的检测器接收，并转换成电信号。电信号再经过电信设备处理，还原成原来传输的信息信号。如果通信距离较远，光信号经过一定距离传输后会因衰减而变弱，这时需在传输距离中加入数个中继器，使变弱的信号经过放大后再传输出去，以保证光信号到达接收端时仍有足够的强度。

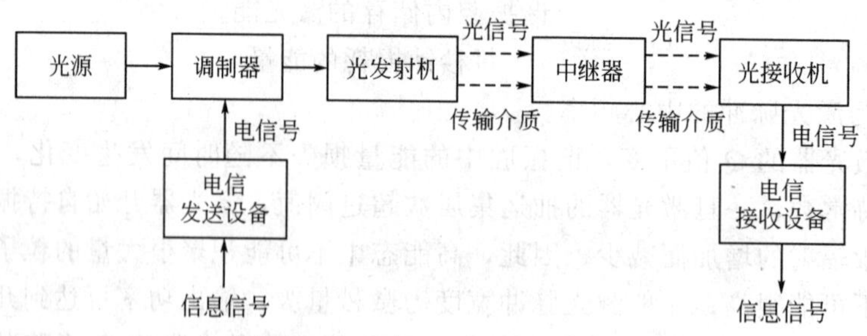

图6-18 激光通信系统示意图

6.3.2 大气传输激光通信

大气传输激光通信是以大气为传输媒介的激光通信，所发送的光信号直接经过大气空间传送到接收端。激光通信最早就是始于大气激光通信。这种方法不需敷设线路，简单经济，具有与无线电微波通信相同的优点。激光通信除了具有传输容量大这一优点外，还具有保密性强的优点。这是因为激光传播方向性好、波束窄、信息在空间的发散角很小且一般人眼都看不见，经过几十千米传输后到达接收端的光斑直径只有几米，在此光斑之外，就不能收到信号，因此不易被觉察或截获。

大气激光通信的弱点是：由于激光方向性强，通信时光学收、发天线要相互对准；由于激光沿大气传播，很容易受气候影响，云、雨、雾、雪、悬浮在大气中的尘埃、水滴等会使激光信号发生衰减、抖动、偏移、扩散、强度和相位起伏等，从而造成通信的质量下降，有时甚至会因恶劣天气而使通信中断。为减少气候条件对激光通信的影响，可以优选光波波长，其中波长为0.6μm的激光穿雾能力较强，是大气激光通信中常用的波长。

军事上，大气激光通信可在无线电静默期间，用于保持短距离通信联络。并可在战争中用于海岸与海岸之间、海岛之间、边防哨所之间、舰船之间、导弹发射现场与指挥中心之间以及城市高层设施之间，保持短距离通信联络。大气激光通信系统可传送电话、数据、传真、电视和可视电话等，通信距离一般为数十千米。美国、俄罗斯等国军队除研究地面大气条件下的激光通信外，还建立了当宇宙飞船进入稠密大气层后通信联络中断时，飞船同地球之间的激光通信系统。

6.3.3 卫星激光通信

卫星激光通信是指外层空间利用激光进行的通信，如卫星之间、卫星与飞船之间的通信等。卫星激光通信系统主要由激光器、望远镜及光学部件、检测器和信息处理装置等部分组成。用于实际系统的激光器主要是 CO_2 激光器和 Nd：YAG 激光器。望远镜结构是卡塞格伦式，光学部件包括一系列透镜和反射镜，为提高激光通信的质量，控制光束的反射镜反射率应大于 99%，每一光学元件的透过率应低于 1%。

一种卫星激光通信示意图如图 6-19 所示。低轨道卫星把收集到的大量数据发回地面的过程为：低轨道卫星和地球控制站位于地球对面时，不能直接把数据发到地面控制站，而需要经过同步卫星的转接。这共计需要三条中继线路，即低轨道卫星至同步卫星 1 号，用激光传送信息；同步卫星 1 号至同步卫星 2 号、同步卫星 2 号至地面控制站，可用激光也可用微波或毫米波传送信息。

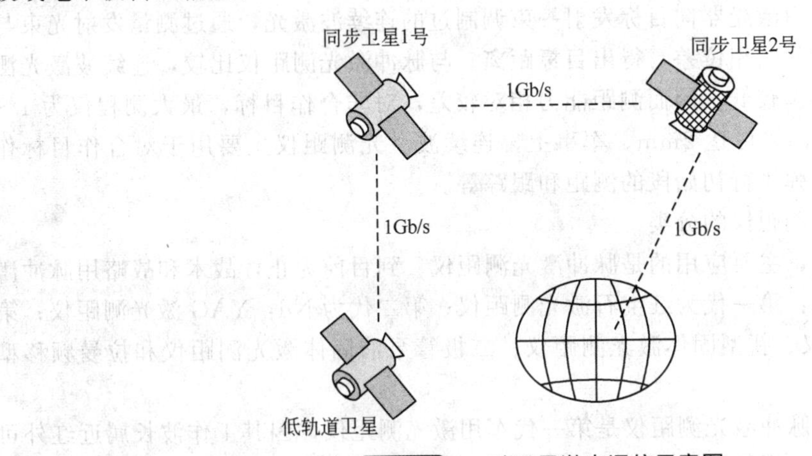

图 6-19 一种卫星激光通信示意图

卫星激光通信具有许多优点：一是传输容量大，可达千兆比特每秒；二是难以被敌方截获和窃听，抗射频与核电磁脉冲的干扰；三是利用单个地面站，就可实现全球的实时通信；四是发射天线（望远镜系统）比具有同样性能的微波通信系统的发射天线小一个数量级。

6.4 激光测距

由于激光具有方向性好、能量高度集中等物理特性，所以它自 20 世纪 60 年代问世以来，在军事上就被广泛应用于雷达、测距、通信、制导等方面。而激光测距是激光技术在军事上应用最早的项目之一。

6.4.1 激光测距的原理与分类

枪炮射击、侦察都需要精确的距离数据。激光测距是 20 世纪 60 年代激光技术应用于实践的产物，已成为军队必备的武器装备，被誉为常规武器的威力倍增器。

（1）激光测距的工作原理

激光测距系统虽然种类很多，功能千差万别，但按工作方式可分为两类：脉冲式激光测距和连续波激光测距。其中，脉冲式测距精度大多为米量级，连续波测距精度通常在毫米量级。

脉冲式激光测距是根据光脉冲到达目标和折回所需的时间测出距离的。激光信号对准目标发射出去后，将被目标反射。在发射点测出从发出信号至接收到反射信号之间的时间，光速，即可得待测距离为

$$S=\frac{1}{2}c\Delta t \tag{6-6}$$

由于激光输出可产生极窄的脉冲，因此测距可达到很高精度。脉冲式激光测距机由激光发射机、激光接收机、激光电源组成，其发射功率高、测距能力强，目前脉冲法非合作目标测距在大气层内的最大测量距离可达30km，测距精度一般为5～10m，高的可达0.5cm。脉冲激光测距仪既可在军事上用于对各种非合作目标的测距，也可在气象上用于测定能见度和云层高度，或应用于人造地球卫星的精密距离测量。

连续波测距原理，由激光器向目标发射一束调制过的连续波激光，通过测量发射光束与接收机接收到的回波之间的相位差，得出目标距离。与脉冲激光测距仪比较，连续波激光测距仪发射的（平均）功率较低，因而测距能力相对较差，对非合作目标，最大测程仅为1～3km，但其测距精度更高，可达2mm。军事上，连续波激光测距仪主要用于对合作目标作较为精确的测距，如导弹飞行初始段的测距和跟踪等。

（2）军用脉冲激光测距仪的分类

军用激光测距仪中，主要应用的是脉冲激光测距仪。到目前为止，战术和战略用脉冲激光测距仪已发展了三代：第一代为红宝石激光测距仪；第二代为Nd：YAG激光测距仪；第三代为CO_2激光测距仪、新型固体激光测距仪、二极管泵浦固体激光测距仪和拉曼频移型激光测距仪。

0.69 μm的红宝石脉冲激光测距仪是第一代军用激光测距仪，因其工作波长属近红外可见绿光，所以隐蔽性差，极易暴露目标，加上对人眼极不安全、能量转换效率低、笨重，目前除少数应用外已被淘汰。

Nd：YAG脉冲激光测距仪为采用掺钕钇铝石榴石激光器，其输出波长为1.06μm的不可见近红外光，其隐蔽性、电效率和脉冲重复工作频率大大优于红宝石激光测距仪，是目前各军兵种大量装备使用的主要军用激光测距仪。主要缺点：由于波长仍较短，在大气中的衰减较大，因此Nd：YAG测距仪不完全适合烟雾环境；所发出的激光若经人眼聚焦进入视网膜，近距离能使人眼致盲。此外，Nd：YAG测距仪与正大量装备部队的8～12μm热像仪也不兼容。

CO_2激光测距仪是20世纪70年代末和80年代中期主要针对1.06μm的Nd：YAG激光测距仪的缺点发展起来的新一代人眼安全激光测距仪。其主要优点有：①大气穿透能力优于Nd：YAG激光波长，能在较低能见度和战场烟幕等大气条件下工作；②能与8～12μm波段内的典型热像仪兼容并可共用接收光学系统和探测器；③能实现对人眼安全。主要缺点是：①10.6μm的CO_2激光波长极易被水分子（H_2O）吸收衰减，在大气中含水蒸气密度大的晴天和潮湿条件下，限制了它的最大测距能力；②10.6μm的CO_2激光波长对战术目标的反射系数低于1.54μm、1.06μm和0.69μm的激光波长；③技术要求较高，使用和训练存在一定困难。

新型固体材料激光测距仪是一种更先进的激光测距仪，它的工作波长在1.5～2.1μm的人眼安全区，对角膜的安全性比二氧化碳激光测距仪还要好，雾的穿透能力比CO_2激光测距仪稍差一些，但比Nd：YAG激光测距仪强。

二极管阵列泵浦固体激光器比Nd：YAG激光器的效率高10倍左右，从而可以使电源和冷却系统的质量减少90%，更加灵巧。而且二极管寿命长，它可以达到3亿次，普通激光器的闪光灯仅为100万次。

6.4.2 军用脉冲激光测距仪的应用

脉冲激光测距仪作为军用装备器材，发展于20世纪60年代初。经过40年的开发、研制和装备，目前国外已完成了“手持式、脚架式、潜望式、装甲、水面舰载、潜艇潜望、高炮、机载、机场测云、导弹和火箭发射、人造卫星、航天器载”等400多个品种和型号，其中装备量最大的是以Nd：YAG为器件的固体脉冲激光测距仪，其次是拉曼频移Nd：YAG和Er：玻璃以及CO_2脉冲激光测距仪。

(1) 便携式激光测距仪

便携式激光测距仪即步兵和炮兵激光测距仪。主要分为手持式、脚架式和直接安装到直瞄武器上三种形式。手持式激光测距仪具有体积小、重量轻、携带方便等特点。主要技术性能为最大测程4～10km，测距精度±10m，重复频率为单次，束散角1～2mrad。由于操作手不戴防护目镜等原因，上述激光测距仪及其系统使用中的人眼安全极为重要。因此，这类脉冲激光测距仪已逐渐由装备Nd：YAG激光测距仪改为拉曼频移Nd：YAG和Er：玻璃，1.54μm的人眼安全激光测距仪。

为满足多兵种联合作战对武器系统的多功能、综合性要求，激光测距仪也由单一测距功能的便携式、手持式发展到激光测距、红外瞄准的昼夜观测仪以及激光测距、目标指示、红外瞄准的激光红外目标指示器等。如美国光电公司采用Er：玻璃激光器的小型激光红外观测仪（MELIOS）是当代较先进小型激光测距仪的代表。

(2) 地面车载脉冲激光测距仪

地面车载脉冲激光测距仪包括坦克、火控、对空防御、步兵战车（IFV）、火炮或导弹制导火控以及目前发展的地面车载激光测距仪-目标指示器等。其主要技术性能：最大测程4～10km，测距精度5～10m，目标分辨率约20m，重复频率0.1～1Hz，束散角0.4～1mrad。

坦克激光测距仪通常安装在坦克装甲车辆上，专门为坦克炮射击提供弹道轨迹的超仰角修正信息和因逆风或目标移动引起的方位角校正信息以及距离信息。步兵战车主要是使用激光测距仪去测量目标是否在反坦克导弹的距离内，其次用于枪炮火控和对目标的分选。为了做到激光测距仪完全有效地对任何能探测到的目标测距以及通过火控系统全天候被动探测、识别和分选，这些系统还应包括：瞄准光学系统、电视摄像机和红外热成像仪（FLIR）。

(3) 对空火炮和导弹防御脉冲激光测距仪

对空防御的脉冲激光测距仪，其基本原理与一般激光测距仪相同，但在测距能力、重复频率以及发射功率等方面比地面火炮或坦克激光测距仪要求更高一些，并应按照火控系统和作战系统的要求工作，在距离和可测速率以内对空中高速机动目标提供稳定的跟踪信息和距离信息，以对抗武装直升机、隐身飞机和巡航导弹、反辐射导弹的威胁。这就要求激光测距仪提供比较高的数据率（高的激光脉冲速率）和相当高的距离精度，如最大测程为4～20km，测距精度为MKKK 2.5～5m，重复频率为6～20Hz，束散角为0.5～2.5mrad等。

目前对空激光测距仪的应用大体分为两种：一种是与光学或光学陀螺瞄准具、模拟或数字计算机组成简易火控系统，用以对付低空目标；另一种是与微光、红外、电视等光电跟踪系统组成光电火控跟踪系统，作为雷达火控系统的补充手段。

（4）机载脉冲激光测距仪

机载脉冲激光测距仪与手持式或车载激光测距仪相比，基本原理和组成器件大致相同，但由于在高速运动和大幅度机动条件下使用，相应提出了一些特殊要求。其主要性能要求为：测程远（用于武装直升机为 4～10km，用于固定翼飞机为 10～20km），测距精度高（用于武装直升机为 5～10m，用于固定翼飞机为 1～10m），重复频率高（用于武装直升机为 4Hz，用于固定翼飞机为 5～20Hz），束散角小（用于武装直升机为 0.4～1mrad，用于固定翼飞机为 0.1～0.5mrad），同时机载设备应体积小、重量轻，并要与航空指示器共用。因此，激光器必须使用高效循环液体作冷却剂，以适应高的运转速率要求，否则要采用气体或混合气体升压冷却。目前，美国研制的“利登”激光系统（LANTIRN）采用拉曼频移 Nd：YAG 激光目标指示器测距仪，是现代激光测距仪多功能化并扩大机载应用的典型示例。

（5）舰载脉冲激光测距仪

舰载脉冲激光测距仪的发展在轻型便携式、车载和对空防御激光测距仪之后，多数是在炮兵或陆军其他兵种使用的激光测距仪的基础上稍加改进而成的。它包括水面舰载和潜艇潜望两大类。水面舰船用激光测距仪，主要用于和电视跟踪器、红外跟踪器、微光夜视仪以及电子计算机等组成舰用光电火控系统，可用于中、小型舰船。在技术性能指标方面与车载火控和对空防御激光测距仪相同，在环境使用方面要适应舰载海空、海面以及海上盐雾的苛刻要求，而在体积、质量、电效率、维护保养能力和成本等方面的要求又不苛刻。因此，目前大量用来装备常规火控和对空防御的海军舰只，如与红外跟踪器、电视跟踪器组成组合系统，不仅具有夜间工作能力，还具有穿透烟雾能力，用于全天候监视和跟踪低空、超低空目标等。

潜艇潜望脉冲激光测距仪目前采用两种组合方式：第一种将激光测距仪、图像增强器和热成像仪装于其潜望镜中，发射机、接收机、电源等安装在潜望镜的锥管中，而距离显示器、触发按钮等分别装于操作手上方或附近。其优点是传输光路中激光损耗小，但光束飘移，不易捕获目标。第二种是将激光测距仪安装在潜望镜底部，整个系统的安装、调试、拆卸均很方便，但采用这种方法的激光束要通过 12m 长的潜望镜管和 15～20 块透镜，能量损耗较大。主要技术性能是：测距范围 300～6000m，测距精度 5～10m，重复频率 1～5Hz，束散角 1～1.5mrad。

6.5 激光雷达

通常，“雷达”一词仅指微波雷达，即利用无线电波发现目标并测定其位置的设备。像通信技术由无线电通信转向激光通信一样，雷达技术也由微波领域拓展到了激光领域。与微波雷达工作在电磁波的（无线电波段的）微波段不同，激光雷达工作在电磁波的光波段，以激光作为探测目标的工作物质。按照发射波形或数据处理方式不同，激光雷达可分为脉冲激光雷达、动目标显示激光雷达、连续波激光雷达、脉冲压缩激光雷达、脉冲多普勒激光雷达和成像激光雷达等；根据应用不同，可分为火控雷达、指挥引导雷达、靶场测量雷达、导弹制导雷达等，其实用形式也有地面固定式、车载、船载、机载和航天器载等多种。

6.5.1 激光雷达的结构与特点

（1）激光雷达的结构

与微波雷达相似，激光雷达也是利用电磁波（激光）先向目标发射一探测信号，然后将所接收到的目标反射信号与发射信号相比较，获得目标信息，从而对飞机、导弹等目标进行探测、跟踪和识别。结构上，激光雷达是在激光测距仪的基础上，配置激光方位与俯仰测量装置、激光目标自动跟踪装置而构成的。通常，激光雷达由发射部分、接收部分以及使此两部分协调工作的机构组成，其中，发射部分主要由激光器、调制器、光束成形器和发射望远镜组成；接收部分主要由接收望远镜、滤光片、数据处理线路、自动跟踪和伺服系统等组成。图 6-20 为激光雷达方框图。由图 6-20 可见，激光雷达与微波雷达结构相似，激光雷达中的望远镜、激光器对应于微波雷达中的天线、振荡器等，而且两者的数据处理线路基本相同。

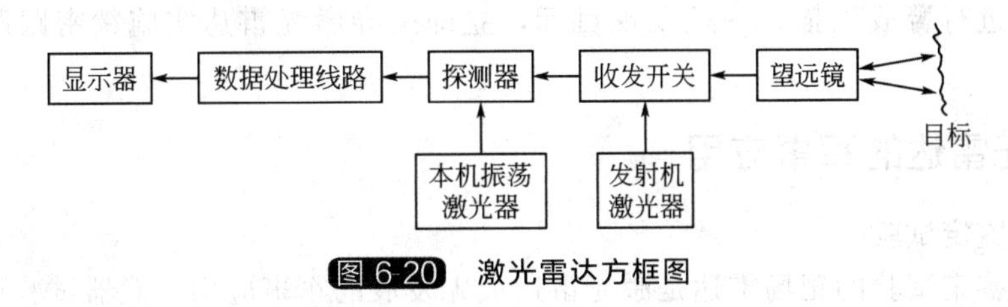

图 6-20 激光雷达方框图

（2）激光雷达的特点

与微波雷达相比，由于激光的波长比微波短 3～4 个量级，而且波束窄、方向性好、相干性强，因此激光雷达一出现就表现出了不同的特点。

① 分辨率高　首先，由于激光的方向性好，波束的发散角很小，从而角分辨率大大提高。通常，微波雷达的波束发散角在 1°至几十分之一度。而一台望远镜孔径为 100mm 的 CO_2 激光雷达，其角分辨率可达 0.1mrad。波束发散 1°的微波雷达，从 1500m 上空照射地面，能形成直径约 26m 的圆，此圆内的起伏就很难分辨。使用激光在同样的高度时，地面光斑半径仅十几厘米，因此可以分辨出地面的细节。

② 抗干扰能力好　激光雷达的抗干扰能力更好。抗干扰能力是雷达除分辨率外必须解决的另一个重要问题，否则再高的分辨率也发挥不了作用。由于地面杂波的存在，采用微波雷达探测地面或低空目标时，回波信号常常被淹没，而出现无法探测的盲区。而使用激光雷达时，由于（激光）光波不受无线电波的干扰，激光雷达几乎不受无线电波的干扰，因而能对超低空目标进行探测。这对于导弹发射初始阶段的观测和掠地面或水面飞行的巡航导弹的跟踪极为重要。在实战中，交战双方常常会用释放干扰物或干扰信号的方法来充当假目标。特别是核爆炸，能产生人为的反射微波的电离层。在这种情况下往往会使微波雷达失灵，但这对激光雷达却干扰不大，仍可照常工作。从这个意义上讲，激光雷达本身就是一种电子对抗的手段。

③ 图像显示更加形象直观　激光雷达显示的图像更加形象直观。激光雷达可以获得三维图像及速度信息，能通过图像显示来直接观察目标的图像，有利于识别隐身目标，还可获取运动目标的清晰图像。激光雷达的水上水下穿透力强。蓝绿激光适合水下传播，可跟踪测量从水下发射并再入水中的弹头。

④ 工作效率高　激光雷达的工作效率高。由于激光工作波长短，仅为微波波长的几万

分之一，很小的天线口径就可获得很窄的波束，因而亮度高，方向性好，单色性好，测角精度高，可以低仰角工作，能精密分析目标，并可以同时或依次跟踪多个低空飞行目标。

⑤ 隐蔽性好　由于激光方向性好，激光光束非常窄，只有在发射的那一瞬间和在激光束传播的路径上，才能接收到激光，因此，要截获它非常困难。

⑥ 体积小、重量轻　比较激光雷达与微波雷达两者中功能相同的一些部件，激光雷达的往往小于微波雷达，如激光雷达中，望远镜的孔径仅为厘米级，而微波雷达中天线的口径则可高达几十米。

以上为激光雷达较之微波雷达优越的几个方面，然而，激光雷达终究不是激光测距仪，它还要完成目标搜索、跟踪定位而必需的扫描功能，正如优点并非绝对好一样，高分辨率带来扫描困难（搜索、捕获目标困难），光频带来传输性能不好（受天气和大气影响大）等。已经发现，凡是微波雷达的不足，正是激光雷达的优点；而激光雷达的缺点，恰恰又是微波雷达的优点。因此，在实际使用中，常常要使用两者之间的互补性而将它们配合使用，比如先用微波雷达进行警戒扫描，一旦发现目标，立即引导激光雷达实施精密跟踪，获得满意效果。

6.5.2　激光雷达的军事应用

（1）武器鉴定试验

用于武器鉴定试验的靶场雷达是激光雷达最先发展的军事应用。武器试验可选择良好的气象条件进行，因此能有效避免天气对激光雷达工作的不利影响，充分发挥其前述的一系列优点，目前激光雷达已广泛用于导弹、飞机等目标的姿态测定、导弹发射初始段和低飞目标（飞机、炮弹等）的跟踪测量，进一步的应用还包括卫星、导弹等再入目标的跟踪测量。

（2）武器火控

在武器火控方面，激光雷达能弥补微波雷达存在低空盲区、易受电子干扰、测量精度不高等不足，主要用于地对空监视和目标探测（点防御），地对地监视和目标探测（坦克战），空对地目标探测和高能激光武器瞄准跟踪系统等。

目前，许多武器上已配有含 Nd：YAG 激光测距仪的光电火控系统，火控用的激光雷达就是在此基础上发展起来的，目前已研制出能在几公里内对目标进行精密跟踪测量的激光雷达，舰载炮瞄激光雷达能跟踪掠海飞行的反舰导弹，使火炮可在安全距离外对目标进行拦截。

（3）跟踪识别

20 世纪 70 年代以来，国外军队着重研制与武器配套的激光雷达，用于导弹制导（指令、驾束、主动或半主动回波制导）、空中侦察、航天器与再入飞行器的跟踪识别、高空机载早期预警、卫星海洋监视和光通信的目标瞄准跟踪、技术情报收集（通过观测目标的结构、性能特征监视对方的技术发展）等。

美国研制的导弹精密跟踪与制导激光雷达，作用距离达到 3.5km，主要用于舰载火控系统的反舰导弹跟踪，还可用于空-空导弹制导，攻击来袭飞机。

美国林肯实验室于 20 世纪 70 年代初开始为适应高能激光反导武器系统需要研制的“火池”单脉冲 CO_2 激光雷达，是一种大型远程精密跟踪和目标识别的激光雷达，“火池”（Farepond）是其代号。该雷达主要用于卫星跟踪和识别，用于对再入目标作跟踪测量和作为高能激光武器的精密瞄准跟踪系统。“火池”激光雷达采用 1.2m 直径的巨型发/收望远镜，使用平均功率达到千瓦级的连续波 CO_2 激光器，工作波长 1.06μm，用四象限碲镉汞

(HgCdTe) 外差探测器接收。“火池”是目前世界上作用距离最远、性能最好的激光雷达，是相干激光雷达的典型代表。它在跟踪 1000km 远的合作目标卫星试验中，跟踪精度达 1mrad，比 AN/FPQ-6 雷达高出 50 倍，它瞄准跟踪洲际导弹的作用距离为 1500km，跟踪精度为 0.2～0.1mrad。

(4) 指挥引导

在指挥引导方面，激光雷达主要用于航天器汇合、对接的精确制导，卫星对卫星的跟踪、测距和高分辨率测速以及飞机对地形和障碍物回避，恶劣天气里飞机起飞与精确着陆等。

历史上，常有飞机撞电线而坠毁的事情，据统计 1975～1980 年间，仅北约就有 226 架飞机发生此类事故。美国的 LUTAWS（激光障碍物和地形回避警戒系统）就是在这种背景下研制的。它是一种多功能 CO_2 激光相干雷达，通常装在直升机、固定翼飞机上用于地形和障碍物回避，飞机导航、悬停以及武器火控，也可用于巡航制导和坦克等兵器的火控系统，其最大特点就是有一个程序可控、多调制方式的 CO_2 激光器，能发射 7 种不同的波形，使系统具有导航跟踪、目标识别、目标指示与测距等多种功能。

(5) 大气测量

激光在大气中的衰减大本来是它的弱点，云、雾、烟、尘等的吸引和散射都会大大影响激光雷达的作用距离。而激光雷达则正好利用激光大气传输中的不利因素（即受到大气湍流的强烈散射），很好地传感了各种异常的气象现象。事实上，激光雷达在大气测量方面的应用非常广泛，如化学生物毒剂、目标废气等的侦察，环球风监测和其他参数测量，局部风速测量（以利导弹等武器校准），晴空大气湍流探测（以利飞机安全飞行）等。

激光化学毒剂侦察设备，综合应用了激光雷达技术与激光光谱技术，探测灵敏度高，能远距离、实时测量化学毒剂种类、浓度及浓度随时空连续变化的详细情况，并可以图形显示测量结果。激光侦察系统一般采用灵敏度很高的外差探测差分吸收法。当激光作用于空中有害成分时，这些有害物质对激光产生强烈散射，散射光的频率会发生变化，而且频率的变化量与激光波长无关，只由物质种类决定。这样只要用外差技术探知这种频率变化量，就能知道有害物质的种类。

与气象微波雷达比较，气象激光雷达能观测到更多、更详细、更精确的气象现象。观测范围从几十米低空到几十千米高空，能测出云层的存在、方位、距离、底部及顶部高度，能发现极薄的不可见卷云和对飞机飞行危险性很大的晴空湍流；能测量局部风速，用于武器校准，提高命中精度；美国的机载脉冲多普勒 CO_2 气象激光雷达，作用距离 2～16km，主要用于测量大气速度、晴空湍流等。

6.6 激光导航

陀螺仪是根据高速旋转的陀螺原理制作的一种导航设备，是飞机、导弹、卫星以及舰船惯性导航的主要器件之一，它能随时随地精确测量运动物体的速度、转动角度等运行状态参数，并给出控制信号。激光陀螺不使用传统的机械转子，而是一种使用沿闭合光路运转的激光光束的陀螺仪。由于没有活动部件，激光陀螺具有寿命长、性能好、可靠性高以及不受环境影响等特点，目前已应用到各种惯性导航、精密测量、姿态控制、定位等领域。

6.6.1 萨格奈克效应

1913年，法国科学家萨格奈克（Sagnac）做成了一架闭合光路干涉仪，如图6-21所示，后人称为萨格奈克干涉仪。在完成干涉实验后，他写道："一个闭合光路，只要绕一垂直于它所在平面的轴转动，就会导致以相反方向传输的两光束干涉条纹的变化。在实际过程中，当物体转速固定时，干涉条纹不变化，只有在转动速度发生变化时，干涉条纹才发生变化。"这样，萨格奈克验证了狭义相对论的观点，同时为人们揭示了闭合光路的干涉效应，称为萨格奈克效应。激光的高度相干性使几乎被人们遗忘了的萨格奈克效应恢复了生机，出现了激光陀螺仪。

6.6.2 激光陀螺

激光陀螺分为环形激光陀螺（图6-22）和光纤激光陀螺两种。环形激光陀螺的核心部件是环形激光器。一般是在一块石英玻璃内加工一个三角形的环形光路，在一段光路上放置氦-氖激光器，在3个顶角处粘上3个反射镜片，构成环形谐振腔。该激光器的两个阳极使环形腔内实际存在两个相反方向传输的激光束。这两个光束在输出镜处交会产生干涉。如果环形腔不动，干涉条纹也不动；如果环形腔绕垂直腔面的轴旋转（相当出现航向偏转），两束光出现相对论程差，干涉条纹就发生相应的移动，移动的方向由腔面转动方向确定，移动的快慢和大小由转动角速度决定。将三个这样的环形腔结构相互垂直组合，就成为能检测三维旋转的激光陀螺。

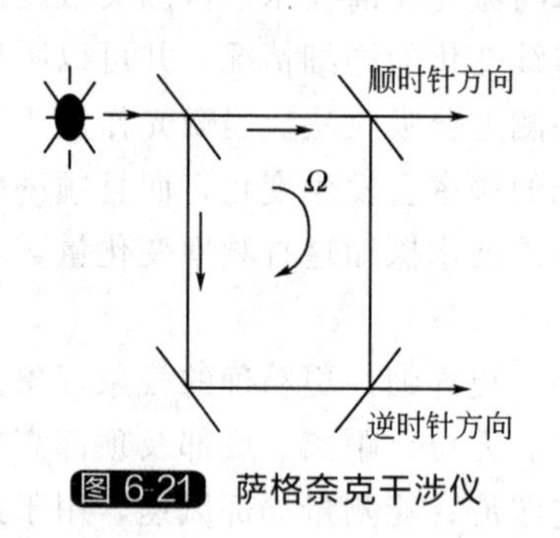

图6-21 萨格奈克干涉仪

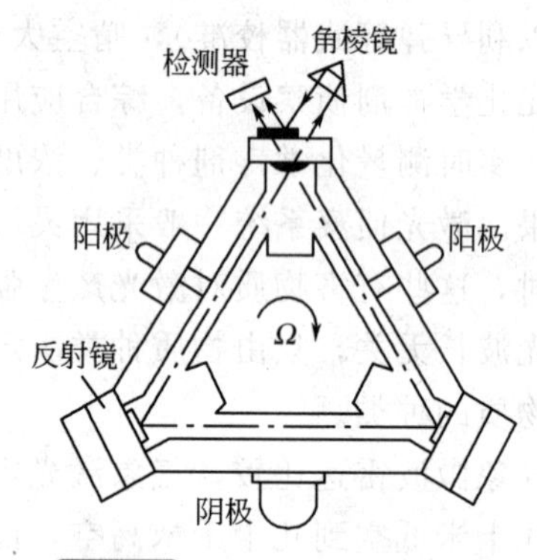

图6-22 环形激光陀螺原理

6.6.3 光纤陀螺

环形激光陀螺虽然获得了极大成功，但在低转速下产生所谓"模式锁定"现象。即萨格奈克效应极小时（对应转速很低），两个相反方向传输的激光模式锁成一个中间单一频率，陀螺失去作用。这会带来所谓零点漂移，使导航误差产生积累。为克服这一严重缺点，激光陀螺大都引入人为的机械抖动机构避开这一麻烦，但同时会带来许多其他问题。这就迫使人们寻找新的解决办法。

光纤的发展同样为激光陀螺的改进带来了希望。人们发现，环形腔的面积对萨格奈克效应的系数因子影响很大，面积越大，系数因子越大，转动灵敏度也就越高。于是就用光纤作传光介质，以增加光纤匝数（即增大环路面积）的方法来增大系数因子，终于使得高灵敏度光纤陀螺获得成功。实验也证明，光纤环路中不存在"模式锁定"现象，因而无需求助于引入机械抖动之类的办法，这就注定光纤陀螺在技术上要比激光陀螺优越。

1963年，世界上第一台环形激光陀螺的原理实验样机研制成功；1975年和1976年分别在飞机和战术导弹上试飞成功；1982年，美国霍尼威尔公司首创的激光陀螺惯性基准系统进入航线使用，标志着激光陀螺的成熟。光纤激光陀螺20世纪30年代末处于进一步演示验证阶段，但发展很快。目前，激光陀螺已广泛运用于飞机、导弹、舰船和航天器等的惯性导航系统中。

6.7 激光模拟器

随着科技发展，高科技兵器大规模涌入战场，别说进行近似实战的大规模演习，就是培训操作人员也不是一件容易的事情。因此，各种模拟器材应运而生，其中激光模拟器所产生的特殊演习效果，备受军界重视和广泛关注。

6.7.1 激光模拟器工作原理

激光模拟器由射击部分和靶标部分组成。射击部分安置在武器上，通常平行地安装在武器装备的枪管、炮管或导弹发射架上，发射与武器射击方向一致的激光束。在操作武器射击时，首先启动编码器，使激光发射器射出一串激光脉冲，此脉冲带有武器类别和命中情况的编码信号，通过光学系统进入大气，射向靶标。在各类激光发射器中，GaAs激光器由于易于编码，作用距离较远，在模拟器中得到广泛应用。

激光命中靶标后，靶上的激光探测器收到激光信号，通过解码器将光束中的编码信号译出，再由逻辑电路加以识别，最终通过安置在目标上的声响及闪光发生器，将射击效果显示出来，或通过切断目标上的工作电路，使被击中者的模拟器不能射击而退出战斗。

6.7.2 激光模拟器应用

激光刚一产生，在20世纪60年代初就有人提出利用激光打靶。到20世纪60年代后期至70年代初，就有一些激光模拟器陆续投入部队使用。实践表明，激光模拟器具有以下优点。

① 具有更贴近实战的真实感，提高训练效果。军事演习是模拟在作战环境条件下进行的军事训练。传统的军事演习考虑到演习的安全性问题，演习的对抗性往往不强，与实战的距离较远。采用激光模拟武器，避免了训练中大量枯燥无味的“空瞄准、假射击”，可以“实弹”射击，并能看出射击效果，从而可激发战士的训练热情，提高训练效果。

② 可大量减少弹药开支与武器磨损。由于以光代替弹药，节省弹药物资的消耗，成本低，避免了武器装备的训练消耗和磨损。

③ 训练更安全。由于不使用实弹，激光模拟训练还可减少事故，对部队和居民都很安全，对环境也没有破坏和污染，不需专门的靶场及特定的场所就能训练。

目前，激光射击模拟器已获得广泛应用，所模拟的武器包括：各种枪支、地炮、坦克炮、高炮、航炮、火箭、战术导弹等。许多国家已经将激光模拟训练器材装备部队，有的还建立了激光模拟训练中心或基地。在各类激光训练模拟器材中，以美国的MILES系统较为先进。该系统有40多种模式可供选用，不同武器射击的激光弹都有各自的编码，不会发生“步枪击毁坦克”之类的谬误。我国于20世纪80年代起将激光射击模拟器用于部队训练，取得了很好的训练效果。

6.8 激光武器

6.8.1 激光武器的特点

激光武器是利用高能激光束携带的巨大的能量摧毁飞机、导弹、卫星等目标，或使之失效的一种定向能武器。激光防空武器是激光武器水平的典型代表。虽然其激光功率要求更大，跟踪瞄准系统的精度要求更高，要求反应敏捷，且投资巨大，但一旦投入使用，其性能价格比很高。一枚“爱国者”防空导弹价值高达30万～50万美元，一枚“毒刺”防空导弹为2万美元，而化学激光防空武器每发射一次仅1000～2000美元，与一发炮弹的价格差不多，如果与其所打击的目标相比，那就更可观了。如一架战斗机价值3000万～5000万美元，一架轰炸机价值8000万美元，而一架预警机、隐形轰炸机等，价值均在亿元以上。所以从整体上讲，无论是与攻击目标相比，还是与使用的防空导弹相比，激光武器都是很合算的。

美国空军曾于1983年5月31日～7月25日，用机载500kH激光炮，在先后两个月的时间里，把从A-7海盗式战斗轰炸机向它发射的5枚“响尾蛇”空-空导弹击毁；同年12月又击落了模拟巡航导弹飞行的靶机。美空海军的舰载激光防空武器发展也很快。于1989年2月23日，击落了一枚高速飞行的战术导弹。

激光武器是激光作为能量载体应用的典型代表，由于激光的优异特性，使激光武器也拥有了许多突出的特点。

（1）命中概率高

激光武器的高命中概率，源于激光的三方面特性。一是速度快，由于激光武器所发射的激光束是以光速飞行的，其飞行速度常常要比普通炮弹快近40万倍，比导弹的速度快10万倍。因此，使用激光武器进行射击，无需考虑提前量的问题，即使要击毁一枚300km以外以1Ma速度飞行的巡航导弹，从发射到击毁目标所需时间只要1ms。二是定向性好，经激光武器中光束定向器处理后的激光定向性更好，可将很细的激光束精确地对准某一方向，光斑在传输10km后的定位和锁定误差不大于1mm。三是无重力，由于光没有（静）质量，激光发射中没有弯曲的“弹道”，可以“瞄哪打哪”。激光的高命中概率使之适于拦截低空或超低空快速飞行的运动目标。

（2）机动灵活

激光武器是一种无惯性武器。因为激光武器发射的高能激光束几乎没有质量，不会产生后坐力。所以，激光武器能灵活而迅速地改变射击方向，转换打击目标，而不影响射击精度和效果；可以单发、多发或连续发射，能够在短时间内拦截多个来袭目标。此外，通过控制激光的发射功率与辐照时间，可以灵活地选择交战的损伤程度，可以对目标造成从失能到摧毁等不同程度的破坏。

（3）无放射性污染

激光束可使坚硬目标（如坦克装甲）烧蚀和熔化，但又不像核武器爆炸那样产生大量的放射性污染。无论对地面或空间，激光武器都无放射性污染。

（4）效费比高

虽然目前激光武器的研制成本还比较高，但其硬件可以重复使用，每次的发射费用却比较低。例如，一枚“毒刺”防空导弹的价值高达20000美元，而发射一次氟化氘激光武器的费用仅需1000～2000美元。

(5) 不受电磁干扰

激光传输不受外界电磁波的干扰，因而目标难以利用电磁干扰手段避开激光武器的攻击。

根据1995年在维也纳签署的有关传统武器发展的协议，禁止生产可以导致人失明或致死的激光武器。

6.8.2 激光武器的类型

根据作战用途，激光武器使用不同功率密度，不同输出波形，不同波长的激光，在与不同目标材料相互作用时，会产生不同的杀伤破坏效应。因此，作战时可根据不同的需要选择适当的激光器。目前，激光器的种类繁多，名称各异，有体积整整占据一幢大楼、功率为上万亿瓦、用于引发核聚变的激光器，也有比人的指甲还小、输出功率仅有几毫瓦、用于光电通信的半导体激光器。按工作介质区分，目前有固体激光器、液体激光器和分子型、离子型、准分子型的气体激光器等。

激光武器的类型，按其发射位置可分为天基、陆基、舰载、车载和机载型；按其用途可分为战术激光武器和战略激光武器两类。

(1) 战术激光武器

战术激光武器是利用激光作为能量，直接毁伤对方目标的武器，打击距离一般可达20km。1978年3月，世界上的第一支激光枪在美国诞生。激光枪的样式与普通步枪没有太大区别，主要由四大部分组成，即激光器、激励器、击发器和枪托。目前，国外已有一种红宝石袖珍式激光枪，外形和大小与美国的派克钢笔相当，它能在距人几米之外烧毁衣服、烧穿皮肉，且无声响，在不知不觉中致人死命，并可在一定的距离内，使火药爆炸，使夜视仪、红外或激光测距仪等光电设备失效。战术激光武器的“挖眼术”不但能造成飞机失控、机毁人亡，或使炮手丧失战斗能力，而且由于参战士兵不知对方激光武器会在何时何地出现，常常受到沉重的心理压力。因此，激光武器又具有常规武器所不具备的威慑作用。

战术防空激光武器可通过毁伤壳体、制导系统、燃料箱、天线、整流罩等拦截大量入侵的精确制导武器。将激光武器综合到现有的弹炮系统中，可弥补弹炮系统的不足，发挥其独特的作用。这种弹、炮、激光三结合的综合防空体系，可用于保卫指挥中心、重要舰船、机场、重要目标、重要区域等小型面目标和点目标。目前发展的主要是车载和舰载激光武器。

(2) 战略激光武器

战略激光武器可攻击数千公里之外的洲际导弹；可攻击太空中的侦察卫星和通信卫星等。如1975年11月，美国的两颗监视导弹发射井的侦察卫星在飞抵西伯利亚上空时，被前苏联的“反卫星”陆基激光武器击中，并变成“瞎子”。因此，高基高能激光武器是夺取宇宙空间优势的理想武器之一，也是军事大国不惜耗费巨资进行激烈争夺的根本原因。

天基战略防御激光武器的作战目标为助推段的战略导弹、军用卫星平台和高级传感器等。它可用于遏制由携带核、生、化弹头的弹道导弹所造成的可能不断增长的威胁。地基反卫星激光武器用于反低地球轨道卫星，能干扰、致盲和摧毁低地球轨道上的敌方军用卫星。战区防御机载激光武器主要用于从远距离（远达600km）对战区弹道导弹进行助推段拦截，从而使携带核、生、化弹头的弹头碎片落在敌方区域，迫使攻击者放弃自己的行动，起到有效的遏制作用。

值得注意的是，战略防御天基激光武器和战区防御机载激光武器均具有助推段弹道导弹拦截能力。实施助推段拦截具有如下优势：弹道导弹发动机正在工作，喷出的火焰易于探测；此时导弹飞行速度相对较慢，弹头没有分离，也没有施放诱饵，易于跟踪、瞄准与拦截；助推段一般位于敌方境内，拦截后弹体碎片，特别是携带的核、生、化弹头的弹头碎片将落在敌方区域，不会对防御方造成附加损伤；助推段拦截可谓是“巧破坏”，破坏阈值低，一般认为是 1000～3000J/cm^2，比攻击导弹战斗部的破坏阈值至少低 1 个数量级以上。

根据激光武器发射的能量不同，可分为高能激光武器和低能激光武器两类。

6.8.3 高能激光武器

高能激光武器又称强激光武器或激光热武器。它是一种大型的激光装置，外型和普通火炮差不多，所以也叫激光炮。它主要用于对各种高速运动的目标实施攻击。用它照射导弹，可把极高的能量传送到导弹表面，使其跟踪器被烧坏而失灵，从而失去正确的飞行方向。用它照射卫星，可以对卫星造成严重破坏，甚至将其星体击穿。

要在几公里甚至几百公里的距离将飞机、导弹的外壳烧穿一个洞，就需要强激光。高能激光武器是激光武器水平的典型代表，具有其他武器无可比拟的优点，如速度快、精度高、拦截距离远、火力转移迅速、不受外界电磁波干扰、持续战斗力强等优点。强激光束从发射到击中目标所用的时间极短，延时完全可以忽略，也没有弯曲的弹道，因此也就不需要提前量。目前正在研制与发展的高能激光武器有战略防御激光武器、战区防御激光武器和战术防御激光武器。

高能激光武器主要由高能激光器（又称强激光器）、精密瞄准跟踪系统、光束控制发射系统（光束定向器）等组成。考虑到一般将精密瞄准跟踪系统和光束控制发射系统安装在同一跟踪架上，常将两者统称为光束定向发射器。

高能激光武器拦截来袭导弹的过程如图 6-23 所示。首先，由远程预警雷达捕获跟踪目标，将来袭目标的信息传给指挥控制系统。通过目标分配与坐标变换，指挥控制系统就可引导精确瞄准跟踪系统捕获并锁定目标。精密瞄准跟踪系统则引导光束控制发射系统，使发射望远镜准确对准目标。当来袭目标飞到适当位置时，指挥控制系统会发出攻击命令，启动激光器。最后，由激光器发出的光束经发射望远镜射向目标，并在其上停留一定时间，直至将目标摧毁或使其失效。

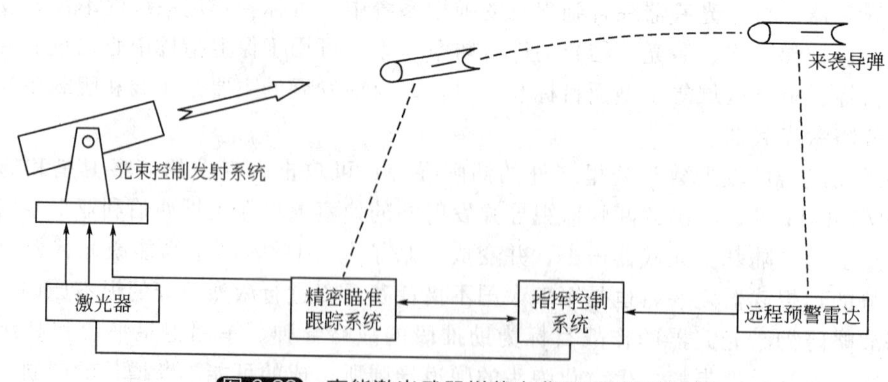

图 6-23 高能激光武器拦截来袭导弹示意图

高能激光武器既可用作战术激光武器，也可用作战略激光武器。美军曾经认为，高能激光器像原子弹一样，具有使武器系统发生革命性变化的潜力，并可能改变战争的概念和战术。美国空军曾用二氧化碳气动激光器和红外成像瞄准跟踪装置，将“响尾蛇”导弹和靶机击落。此外，美国还用一个设在地面的激光炮击毁了一枚在650km高空飞行的探测火箭。

美国和以色列成功试验了世界上第一套战略性高能激光武器系统，如图6-24所示。这套系统首先利用雷达侦察短程导弹的轨道，再使用低能量激光射向飞行的导弹，从反射回来的能量，武器系统便可以更精确地对准目标，发射高能量激光光束，由于激光是以光的速度发射，可以在非常短的时间内，把导弹摧毁。图6-25是激光摧毁导弹的照片。

图6-24 高能激光武器系统

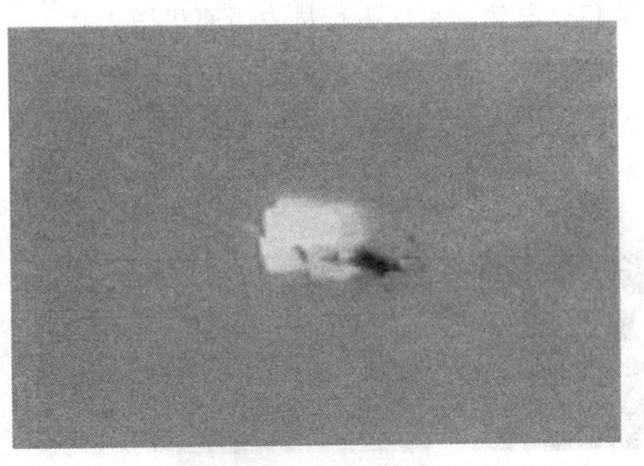

图6-25 激光摧毁导弹

许多西方国家都在积极发展高能激光武器。1997年10月，美国以中红外线化学激光炮两次击中在轨道上运行的废弃卫星，宣告秘密试验战略激光武器完满成功。美国空军也正加紧准备机载激光武器（ABL），如图6-26所示。ABL的目标是研制装在经过改造的波音747飞机上安装激光武器，用于从高空攻击敌方的战区弹道导弹和防御低空飞行的巡航导弹，还能压制敌方防空力量，攻击地面上尚未发射的敌方导弹及其控制雷达。

6.8.4 低能激光武器

低能激光武器即激光干扰与致盲武器，是重要的光电对抗装备。它仅需采用中、小功率器件，技术较简单，现已开始装备部队。这种武器外形和普通步枪差不多，故亦称激光枪。它体积小，重量轻，击发时无声响。用激光枪照射各种精密仪器，能干扰、致盲甚至破坏导引头、跟踪器、目标指示器、测距仪、观瞄设备等；在近距离用它照射人员，可以烧焦皮肤，或使衣服燃烧而失去战斗力；在一定距离上用它照射人眼，可以使人致盲，在战场上起到扰乱、封锁、阻遏或压制作用。目前各国均在积极发展此类激光器，用于保护高价值飞机。

图6-26 机载激光武器（ABL）

（1）激光致盲武器

激光致盲武器作为一种经济、轻便、实用的“软杀伤”低能战术武器而备受军界重视，发展极快。原因有三：一是技术上比较容易实现。如能量密度为0.5～5mJ/m^{2}的激光束落到人眼的角膜上，就足以引起视网膜破坏，达到致盲目的，而破坏一架飞机上的部件所需要的能量密度却要高达10kJ/m^{2}以上，两者相差10万倍；二是可以收到令人满意的战术效果，仅通过对光电设备或关键人员致盲，就可以完成预定的战术目的；三是便于普及，这得益于致盲激光武器的造价非常低廉，稍高于激光测距仪，因而便于推广应用。

激光致盲武器是西方国家早已成熟的技术装备。早在1982年英国和阿根廷进行的马岛战争中，英国就秘密使用了刚刚研制出的“激光眩晕器”，用于拦截攻击英国军舰的阿根廷战机，导致阿根廷飞行员失明而机毁人亡。

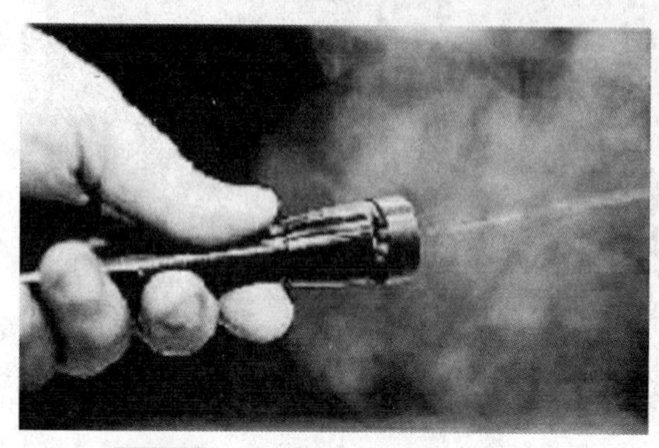

图6-27 “溪流”轻便式激光武器

俄罗斯最近研制成功一种称为“溪流”的轻便式激光武器（图6-27）。这种小巧轻便的激光武器质量仅有300g，长度只有15cm，但不会导致人失明或者致死。它可以供警察或安全部队应付骚乱局势或者在对付恐怖分子时使用，从理论上讲，用“溪流”激光武器击倒目标的时间只要1s，但激光的作用范围则可以达到几百米。“溪流”激光武器也可以用于军事上，制造出一种发明者所称的“光屏”，防止敌人发现自己的位置。同时，由于光学系统可以将激光束变成一个点，它也可以被用作侦察行动的信号。

激光致盲武器的作用，可归结为损伤人眼、破坏光学系统和破坏光电传感器三个方面。

① 损伤人眼　视网膜不仅是眼睛的关键部分，而且最为脆弱。普通的光，由于没有较强的方向性和能量，因此仅有部分光进入人眼，且不会集中于一点；而激光刺入人眼，经过晶状体的汇聚，其所有光能几乎均集中于视网膜上的一点上，因此虽然激光对人眼的损伤取决于波长、功率、脉宽、发散角等诸多因素，但能量密度为$0.5\sim5.0\mathrm{J/cm^2}$的激光束落到人眼的角膜上，就足以使其破坏，并以波长为$0.4\sim1.4\mu\mathrm{m}$的激光对人眼威胁最大。尤其对正在使用瞄准镜、望远镜等光学仪器进行观察的人员，激光穿过光学镜头，迅速聚焦于眼底，这时落到人眼上的激光能量密度等于原能量乘以光学放大倍数的平方。由系统的透射率，比如用1倍望远镜时，功率密度提高到49倍，受到的伤害颇为严重。

美国研制成功的首个便携式激光武器PHaSR，如图6-28所示。这种非致命性的激光步枪可使敌方人员眼花，但不会造成其永久性伤害。PHaSR质量约为9kg，和M60式机枪大小相当，但是M60式机枪射出的是子弹，PHaSR射出的是低功率的激光。它放射出的光线有点像人们凝视太阳时那种使人眩晕的光芒，可以使人暂时失明。

图6-28 非致命性的激光步枪 PHaSR

② 破坏光学系统 试验表明，300W/cm^2 的激光照射 0.1s，就会使光学玻璃表面开始熔化，并产生龟裂现象，最后出现磨砂效应，致使其透明度大大下降，直至系统失效。

③ 破坏光电传感器 光电传感器是光电系统最薄弱的攻击点，低能量激光武器就足以使光电传感器输入小，迅速饱和甚至本身受到破坏，从而使其暂时或永久失效。在 6～8km 外致盲光电传感器，激光峰值功率/平均功率应在 40MW/1000W 或 100MW/400W 水平。

美国的"虹鱼"和"高级光学吊舱"，都属于这一类的激光武器。

激光致盲武器的上述作用，不仅会表现在它在战场上的实际破坏力，而且将对参战人员的心理产生巨大的压力，以致可能产生不能完成作战动作的潜在威胁。正因为如此，激光致盲武器的发展更为迅速。随着高效型激光器的出现，激光致盲武器已经实现了小型化，质量约 10kg，目前还正在研制更轻便的可安装在步枪或手枪上的激光致盲武器。

激光致盲武器的一些典型例子如下。

①"刚玉"激光致盲系统 美国于 20 世纪 80 年代推出，是用于致盲敌坦克光学和光电设备的车载激光武器。采用板条 Nd：YAG 激光器，输出能量在 0.1J 以上，可破坏 8km 远的光电传感器，并能伤害更远处的人眼。

② 高级光学干扰吊舱 该系统由美陆军和海军联合研制。吊舱拟装在轰炸机上，以提高其自卫能力。吊舱内有万向稳定平台，其上固定有一台炮火闪光探测器和两台激光器，一旦探测器捕捉到地面高炮炮口的闪光，便立即告警并指示方向。同时一台激光器测距，另一台倍频 Nd：YAG 激光器向高炮手发射致盲激光束。

③"致眩"激光武器 这是一种与普通冲锋枪差不多的便携式轻型激光枪，单兵操作，用以造成人眼暂时失明或目眩，并可破坏敌坦克装甲车上的光电传感器。如夜视仪、摄像机等，从而保护地面步兵，使之不受光电系统的探测。它采用 700～850nm 连续可调激光器，重复频率 20Hz，单脉冲能量大于 100mJ，峰值功率高达 18MW。

（2）激光干扰武器

能量较低，专起迷惑、干扰或两者兼而有之作用的激光武器称为干扰武器。激光干扰武器通过干扰、压制甚至破坏敌方的光电设备，可以达到扰乱、封锁、遏阻或压制敌方的作用。它是现代战争中的一种重要的光电对抗装备，具有以下功能。

① 迷惑 用激光束直接照射目标或间接地将激光束反射到目标上，使其智能系统受到袭扰，引起反常显示，或者被诱骗至其他地方，偏离轨道。

② 扰乱 用激光照射导弹引信或光电侦察、通信、指挥、控制装置等，使之过早引爆或功能失控，造成混乱。

③ 同时迷惑或扰乱 美国空军于 1988 年开始研制了一种装于飞机的"闪光"激光干扰系统。该系统采用小功率化学激光器作为红外干扰光源，安装在飞机上，并在飞机尾部安装由被动红外探测器构成的威胁告警器。当飞机受到红外寻的导弹攻击时，机尾红外告警器告知驾驶员，然后跟踪与瞄准来袭导弹，在适当距离上发射红外激光束，干扰导弹的寻的功能，使其偏离攻击方向，从而保护飞机。目前，该系统已普遍装于美空军的各种作战飞机上，在美军参与的近几场局部战争中发挥了重要的作用。

6.8.5 激光武器的作战性能

激光对目标的破坏作用大致分为软破坏与硬破坏两种。

软破坏是用激光破坏导弹和制导炸弹等精确制导武器的导引头等易损部件，或摧毁卫星上的光学元件与光电传感器。

硬破坏是用激光破坏敌空中目标的金属等构件，或摧毁卫星上的太阳能电池板等硬部件。由于它是利用激光束直接毁伤目标或使之失效，与火炮、导弹等相比，具有许多优异的技术特性：反应迅速，光束以300000km/s传输，打击目标时无需计算射击提前量，瞬发即中，可在电子战环境中工作，激光传输不受外界电磁波的干扰，目标难以利用电磁干扰手段避开激光武器的射击；转移火力快，激光束发射时无后坐力，可连续射击，能在很短时间内转移射击方向，是拦截多目标的理想武器；作战使用效费比高，化学激光武器仅消耗燃料，每发费用为数千美元，远低于防空导弹的单发费用。

6.8.6 激光武器的关键技术

激光武器主要由高能激光器和光束定向器两大硬件组成，其中光束定向器又由大口径发射系统和精密跟踪瞄准系统两部分构成。激光武器的研究涉及的关键技术有高能激光器、大口径发射系统、精密跟踪瞄准系统、激光大气传输及其补偿、激光破坏机理等。

(1) 高能激光器

激光器是激光武器的核心，其技术难点在于既要功率大，又要体积小。从高空拦截几百千米外处于助推段的弹道导弹需要兆瓦级的功率，而战术防御激光武器所需要的功率在0.1～1MW。研制具有足够大功率、光束质量好、大气传输性能佳、破坏靶材能力强、适于作战使用的高能激光器，是实现高能激光武器的关键。

高能激光器的种类比较多，如CO_2电激励激光器、CO_2气动激光器、HF化学激光器、DF化学激光器、氧碘激光器、维分子激光器、自由电子激光器和核激励激光器等。其中DF化学激光器具有能量高（可达500～1000J/g）、激光束质量好、不需要外电源、输出功率高、大气传输性能好等优点。目前，DF化学激光器的连续波输出功率已达2200kW，输出功率5000kW的激光器也正在实验中。实验证明：兆瓦级的激光武器能够满足水面舰艇近程反导防御的需要。

目前美国BMD计划正在研制的激光武器主要是化学激光器，如美国空军的机载激光器（ABL）采用的是氧碘激光器，美国陆军的通用区域防御综合反导（GARDIAN）激光武器系统将采用氟化氘中红外化学激光器（MIRACL）。

(2) 光束定向器

光束定向器是激光武器的两大硬件之一，是与激光器匹配的重要部件。发射系统相当于雷达的天线，用于把激光束发射到远场，并汇聚到目标上，形成功率密度尽可能高的光斑，以便在尽可能短的时间内破坏目标。跟踪瞄准系统用于使发射望远镜始终跟踪瞄准飞行中的目标，并使光斑锁定在目标的某一固定部位，从而有效地摧毁或破坏之。为此，必须采用主镜直径足够大的大口径发射望远镜，并可根据目标的不同距离对次镜进行平移，以起到调焦的作用。

(3) 大气传输及其补偿

激光在大气中传输时，会受到大气分子和气溶胶的吸收与散射，其强度将衰减。由于大气湍流的影响，将导致目标上的光斑扩大。当激光功率足够大时，还会产生非线性的热晕现象。这些效应将会使目标上的激光功率密度下降，影响激光对目标的破坏效果。为补偿激光大气传输时受到的湍流等影响，可采用自适应光学技术，在发射系统中加入变形镜，变形镜受到从目标处信标发出的反向传输信号的适时控制，对发出的激光束预先引入相反的波前畸变，能够部分补偿大气传输造成的影响。

6.8.7 激光破坏机理

激光辐照目标表面之后，可能产生一系列的热学、力学等物理和化学过程，使目标的某些部件受到暂时或永久性损伤。飞行目标遭到激光的损伤后，可能从空中坠落，也可能因丧失精确制导能力而使飞行器脱靶。激光武器的毁伤机理比较复杂，归纳起来主要由烧蚀、激波和辐射三种破坏效应来实施对目标的杀伤破坏。

（1）烧蚀效应

当高能激光光束照射到目标上时，其巨大的能量被目标吸收，转化为热能，当激光功率密度小于 $10^3 W/cm^2$ 时，目标材料在吸收大量激光能量后会升温，还会在加热区外传热；当激光功率密度为 $10^3 \sim 10^6 W/cm^2$ 时，材料局部区域的温度会升高到熔化温度；如果激光继续以较高的速率沉积能量，这个局部区域的材料就会发生熔融。如果激光功率密度达到。$10^6 \sim 10^8 W/cm^2$，吸收激光能量的材料就可能经历一系列过程达到汽化；当激光强度超过汽化阈值时，激光照射将使目标材料持续汽化；当激光强度足够高、汽化很强烈时，将发生材料蒸气高速喷出时把部分凝聚态颗粒或液滴一起冲刷出去的现象，从而在材料上造成凹坑甚至穿孔。导弹、飞机和卫星的壳体材料一般都是熔点在1500℃左右的金属材料，功率2～3MW的强激光只要在其表面某固定部位辐照3～5s，就容易被烧蚀熔融、汽化，使内部的燃料燃烧爆炸。

（2）激波效应

在目标被激光照射时，当激光功率密度达到 $10^8 \sim 10^{10} W/cm^2$ 时，目标材料不仅发生汽化，而且蒸气会通过自由电子的逆韧致辐射和光致电离两种机制吸收激光能量并导致蒸气分子电离，形成等离子体，等离子体会进一步吸收激光能量并迅速膨胀，形成等离子体的激光支持吸收波，直至最后等离子体熄灭。发生汽化时，汽化的物质高速喷出将对材料表面产生反冲压力，对于足够强的入射激光，等离子体会以超音速膨胀，即激光支持吸收波以激光支持爆轰波的形式出现，而激光支持爆轰波会对目标材料产生相应的压力。如果上述过程产生的压力峰值足够高，就可能在目标材料中产生某些力学破坏效应，例如层裂和剪切断裂等。受高能激光辐射的目标的表面材料即使没有被烧蚀摧毁，也会因为受力学破坏而严重影响其技术性能甚至失效。

（3）辐射效应

目标表面因激光照射汽化而形成等离子体，等离子体一方面对激光起屏蔽作用；另一方面又能够辐射紫外线甚至X射线，使内部元件损伤。实验发现：这种紫外线或X射线有可能比激光直接照射引起的破坏更有效。紫外线的主要破坏作用是激光致盲，在毁伤空中目标方面没有作用。X射线在光谱中能量最高，可从几十兆电子伏特到几百兆电子伏特，具有极强的穿透能力，它可使感光材料曝光，作用时间较长时可使物质电离改变其电学性质，也可以对材料产生光解作用使其发生暂时性或永久性色泽变化，对固体材料造成剥落、破裂等物理损伤，尤其对各类卫星的威胁最为严重。

激光武器发展呈多面化，各国都在加紧研究天基激光武器、机载激光武器、地基反卫星激光武器、战术高能激光武器。最引人注目的当然是激光综合防御系统的建立，这是建立在上述研究成果的综合配置上，但各国普遍反对建立天基激光武器系统，因为激光武器的强大威力能使一些军事强国可以随心所欲地实时打击地球上的任何目标，科技的进步使人类自身生存和发展面临巨大挑战。

6.9 激光制导

激光制导就是以激光为信息载体，把导弹、炮弹或炸弹引向目标而实施精确打击的先进技术。它是继雷达、红外、电视制导之后发展起来的一种精确制导技术。目前已投入使用和正在研制的激光制导武器有激光制导炸弹、空-地导弹、空-地反坦克导弹、炮弹、火箭弹、防空导弹等。

利用激光的高方向性，控制和引导武器准确到达目标，即激光制导。以激光器为基础的航空激光武器装备是高技术的一个重要领域。激光制导技术经过多年的应用发展，已取得很大的进步。1991年的海湾战争更使人们充分领略了激光制导炸弹的风采，以美国为首的多国部队使用了新一代相当便宜的微型计算机有限光制寻系统，使炸弹和导弹的命中率达到几乎令人难以置信的程度。F-117A投掷的激光制导炸弹，通过屋顶上的通风洞进入室内爆炸。一枚激光制导炸弹精确命中飞机掩体，使里面的飞机发生大爆炸。激光制导武器以其他武器所不及的精确制导技术和几乎百发百中的命中概率，已经成为21世纪高技术兵器中的航空武器之“星”。

美国和俄罗斯等国家十分重视航空激光制导武器的发展。据不完全统计，美、俄以及其他一些国家，已装备和正在研制的激光制导武器约有几十种型号，占精确制导武器总数的18%以上。美国把发展激光制导武器作为抵消坦克、飞机数量优势的战略决策，目前美制激光半主动寻的制导“小牛”“海尔法”反坦克导弹，命中概率大于90%，“铜斑蛇”激光半主动制导炮弹，命中概率达90%，精度为0.3～1m，“宝石路”激光半主动制导炸弹，命中精度约1m；前苏联的“螺旋”AT-6反坦克导弹激光半主动导的制导，首发命中概率在90%以上。由此可见，对空中、地面、海上目标威胁最大的主要是激光制导武器。

6.9.1 激光制导分类

制导是指控制和导引飞行器，使其按照选择的基准飞行路线进行运动的过程。目前已发展的制导系统种类繁多，一般可分为自主制导、遥控制导、寻的制导、全球定位系统(GPS)制导、复合制导等，其中遥控制导是利用装设在飞行器内部和外部的设备，在地面或其他飞行器上制导该飞行器，驾束制导和指令制导都属遥控制导；寻的制导是利用来自目标的信息，测算出目标的位置，控制器根据计算出来的信号动作而使飞行器导向目标。激光常被用于寻的制导、驾束制导而形成激光寻的制导和激光驾束制导。

在寻的制导中，激光制导主要采用半主动方式，即将寻的器（安装在弹上，用来自动跟踪目标并测量飞行误差）与目标指示器（用于指示目标的激光照射器）分开放置。前者随弹飞行，后者置于弹外。目标指示器从地面或其他飞行器上发射激光束，对攻击目标进行照射，而弹体上的导引头（激光寻的器）自动接收从目标漫反射回来的激光信号，最终将目标击毁。由于目标指示器和寻的器是分开的，半主动式制导方式具有设计灵活、适用于各种搭载平台、技术简便、可靠性高等优点。一般用于空对地发射和地对地发射，海湾战争中所使用的激光制导导弹、炸弹大多是采用这种半主动制导方式。目前装备并使用的美国各种激光制导炸弹、“铜斑蛇”炮弹、空-地“小牛”AGM-65E导弹、空-地“鬼火”导弹；法国AS-30L和俄罗斯的“旋风”（VIKHR，图6-29）等导弹都采用半主动寻的制导技术。

图 6-29　俄罗斯“旋风”激光制导导弹

激光目标指示器是半主动激光制导中的关键技术，若将激光制导导弹或炸弹视为篮球，目标指示器的作用就相当于在复杂形态的地物中划出一个“篮筐”，以便使弹体有一个准确的落点。由于这个“篮筐”是用激光造出来的，因此经常被通俗地称为“光篮”。显然，“光篮”的质量直接影响制导的精度。过大会失去制导意义，过小则造成制导失败。同时还要具有抗干扰能力，不致被敌方的假“光篮”所迷惑。为此普遍采用编码技术，可与编码的寻的器相配合，保证区分真假目标，使制导全程万无一失。

激光目标指示器安装在飞机上（或飞行吊舱上），靠机上的稳定和跟踪系统，使激光束始终对准被攻击的目标照射，为导弹或炸弹提供一个稳定、清晰、可靠的“光篮”。

常规炸弹由引信、弹体和尾翼组成，一经飞机投掷，即成自由落体运动，受初始条件及大气运动影响很大，误差一般在数十米至上百米。激光制导炸弹则是在普通炸弹上安装导引头（寻的器）、受控活动尾翼以及电源、操纵机构等而成。寻的器的作用犹如人的眼睛，用以搜索、鉴别、捕获、锁定和跟踪目标指示器所造出的“光篮”。

目标指示器和制导炸弹可以同机机载，也可以分机机载，甚至也可以由地面车辆负责照射，飞机只管“投后就走”，所以使用起来非常灵活。只要“光篮”质量有保证，炸弹不再是自由落体运功，而变为受控滑翔运动，命中率就非常高。

全主动式激光制导是将激光目标指示器和激光寻的器装在同一武器上，这是一种“发射后不用管”的理想方案，它要求目标与周围背景对激光的反射率相差很大，这只有在目标上设置了后向反射镜这样的合作目标才有可能，因此在实际应用上就受到很大限制。

所谓驾束制导，顾名思义，就是制导弹处在某种辐射束中飞向目标。早期的辐射束为雷达波，而现代驾束制导系统中的辐射束则主要采用激光束。激光驾束制导一般用同一激光束跟踪目标，并控制弹的飞行。由于激光束不仅要指向目标，而且要使弹沿激光束的中心飞行，激光照射器的作用就与寻的制导不同，不仅要能发射激光，还需有光学系统和跟踪装置。激光驾束制导较多地用于地对空和地对地导弹等。目前有许多反坦克导弹都采用这种制导方式。已装备部队的有“龙”、“橡树棍”、RBS-70、“阿克拉”、“马帕斯”、ADATS 等导弹，瑞典陆军的 RBS-70 防空导弹是世界上第一个激光驾束制导武器系统。

6.9.2 激光制导特点

激光制导与其他制导方式相比，具有如下特点。

① 精度高。由于激光的单色性好，光束的发散角小，敌方很难对制导系统实施有效干扰，因而使它具有其他制导方式无法匹敌的优势。所以，当激光制导武器攻击固定或活动目

标时，就像长了眼睛一样，精度一般在1m以内，命中率极高，可达97%以上。激光制导武器甚至还可以从通气孔进入，炸毁地下目标，令对方防不胜防。而激光制导与红外、雷达、GPS等实现复合制导，则更有利于提高制导精度和应付各种复杂的战场环境，从而发挥全天候作战的优势。

② 抗电磁干扰能力强。由于激光属于可见光，故不受电磁波干扰。

③ 制导系统体积小，重量轻，结构简单，造价低廉。

④ 但激光制导受天气影响较大。大雨浓雾、扬尘（烟幕）使激光传输受到限制，难以正常工作。

6.9.3 激光制导武器

激光制导武器主要包括激光制导炸弹、激光制导炮弹、激光制导导弹，如同给这些武器安上了激光“眼睛”，使其抗电磁干扰能力、命中率大大提高。

（1）激光制导炸弹

激光制导炸弹具有精度高、成本低、威力大和使用方便等特点。与普通炸弹相比，激光制导炸弹的命中精度有了大幅度的提高。国外激光制导炸弹的命中精度已达米级范围。这大大加强了空对地攻击能力，减少了后勤补给的负担，尤其适用于摧毁重要的交通枢纽、桥梁、军事设施、水面舰艇和集群坦克等目标。

最早研制并使用激光制导炸弹的国家是美国，早在20世纪60年代越南战争时就有使用，并以美国得克萨斯仪器公司研制的宝石路激光制导炸弹最为著名。与常规炸弹比较，常规炸弹由引信、弹体和尾翼组成，一经飞机投掷，即成自由落体运动，由于弹道受初始条件和大气运动影响很大，误差一般在数十米至上百米。激光制导炸弹则是在普通航空炸弹上安装激光导引头（寻的器）、受控活动尾翼以及电源、操纵机构等构成。寻的器的作用犹如人的眼睛，用以搜索、鉴别、捕获、锁定和跟踪目标指示器所造成的“光篮”。在所有激光制导武器中，最先应用于战场的就是激光制导炸弹，它可以从高空进行投掷，从而有效地减少了载弹飞机可能遭到的敌低空防空兵器的打击。

使用激光炸弹攻击地面目标时，目标指示器和带激光导引头的炸弹通常都安装在一架飞机上。载有目标指示器和激光炸弹的飞机，对敌后有防空导弹掩护的目标从高空实施攻击，以避开敌防空火力并保证炸弹有必要的机动时间。投弹时，先从地面或空中用激光目标指示器对准目标发射激光束，目标反射回来的激光束被激光导引头的跟踪装置接收，炸弹即根据收到的信号向目标机动。因此，激光制导炸弹命中精度极高，尽管与普通炸弹相比，其造价不菲，但它的作战效能却比普通炸弹高出数十以至数百倍，尤其对那些防守严密，用普通炸弹难以摧毁的桥梁、工事等目标特别有效。海湾战争期间，以美国为首的多国部队共投掷了6000多吨激光制导炸弹，90%命中目标；而同期投下的8万余吨非制导炸弹命中率却仅有25%。

国外在研制激光制导炸弹的同时，还大力研究了机载目标指示器等。国外在激光制导炸弹的战术使用方面也进行了深入的研究。根据不同的战斗任务及攻击不同的目标，研究了不同的激光照射方式和不同的投弹方式。研究的核心是如何用较少的弹药摧毁较多的目标，同时使载机尽可能免遭防空火力的攻击。

（2）激光制导炮弹

普通炮弹飞出炮膛后，弹道就再也不能主动改变了，而激光制导炮弹则可改变飞行弹道“追踪”目标进行攻击。激光制导炮弹主要由导引头、电子控制器、战斗部、弹翼等部分组成，其弹翼可伸缩或折叠。发射过程与普通炮弹相同，发射后弹翼撑开，以保证炮弹的稳定飞行。受美空军采用激光制导炸弹获得高精度的启示，美陆军从1972年开始正式将激光制导炮弹列入重点发展项目。所研制的“铜斑蛇”激光制导炮弹能用任何155mm火炮（如M109自行高炮或M198塔式火炮）发射，命中精度0.3～1m，单发命中概率可达80%以上。

激光制导炮弹可攻击4～20km范围内的坦克、车辆等目标。它的制导原理与激光制导炸弹相仿，也是半主动式制导。使用时由激光照射器照射目标，炮弹离开炮膛后，沿抛物线飞行，当炮弹到达距目标约600m时开始制导，然后根据目标的激光反射光束导向目标。激光制导炮弹的造价为普通炮弹的4倍，但由于命中率高，实战消耗成本较之普通炮弹仍大大降低。

(3) 激光制导导弹

继激光制导炸弹出现后，美国于20世纪60年代初开始研制激光制导导弹，1976年交付试验。激光制导导弹主要用作反坦克武器，也用作空-地导弹、空-舰导弹、舰-舰导弹和地-地战术武器等。导弹与炸弹、炮弹不同，炸弹本身没有发动机，不能持续水平飞行或爬高，全凭下滑阶段的空气动力特性保证导向，因而只适用于从空中攻击地面固定目标或运动缓慢的目标。而导弹则自己有发动机，飞行速度可达500m/s，能做各种飞行动作，以保证准确地跟踪目标，直至击毁。目前，激光制导的空-地导弹，命中精度已优于1m。

AGM-114A“海尔法”激光制导导弹是美国陆军20世纪70年代重点发展的一种空-地反坦克导弹，主要装备于美休斯公司研制的AH-64“阿帕奇”直升机上。该导弹采用激光半主动末制导，有多种编码，如果采用编码不同的多个激光目标指示器照射多个目标，即可采用快速射击法，在间隔零点几秒的时间内，连续发射多枚导弹，攻击各自的目标。该导弹夜间攻击能力并不逊于白天，并能在恶劣天气条件下工作。

“地狱火”是美研制的另一型激光制导反坦克导弹，分地面和空中发射两种，射程为9.6km。美国还研制了一种激光制导火箭，是在“小约翰”型无控制战术火箭基础上改装而成的，采用激光制导后，能摧毁16km以外的点状目标。

目前激光制导导弹的一个发展方向是，对于不同气候、环境，不同的距离和不同的攻击目标，只要在临战前更换一下导弹上的导引头（电视制导、红外制导、激光制导等不同方式），就可以实施射击。这就要求在导弹设计时要同时考虑不同制导方式的导引头系统的标准化和通用性。目前国外主要是在现有的电视制导、红外制导导弹上换装激光制导的导引头系统，从而以较少的经费使现有装备得到改造。另一趋势是向着复合制导的方向发展，即导弹在不同的飞行段采用不同的制导方式，其抗干扰能力更强，但制造成本也更高。

利用激光制导炸弹攻击重要的点状目标，其命中率远高于昂贵的炮击和轰炸，图6-30为反潜驱逐舰发射舰对舰导弹，费效比大为提高。这种技术革命已改变了现代局部战争的局面。现代的局部战争，将是高科技的竞争。当代军事战略已由强调“数量优势”向强调“技术质量优势”转变；由发展常规武器装备向发展高科技武器装备转变。高技术和高质量武器装备是现代和未来战争克敌制胜的重要因素。

尽管激光制导武器已在实战中获得极大成功，但其不足也很明显：一是受天气及战场环境影响大，不能全天候工作；二是离不开目标指示器制造“光篮”，生存能力下降；三是激光束狭窄，搜索能力差。因此复合制导是发展方向。

图 6-30 反潜驱逐舰发射舰对舰导弹

6.10 激光武器的防护方法

针对未来战争中激光武器的威胁，各国都纷纷加紧对激光武器的防护研究。当前，采用的主要措施如下。

6.10.1 主要空中目标抗高能激光防护技术

导弹、飞机和卫星等空中目标是高能激光武器的主要攻击目标，因此必须重视它们对高能激光武器的防护。采用新材料和涂敷保护层是主要防护措施。

（1）新材料加固

采用新材料来加固易受攻击的部位，如导弹的导引头整流罩、飞机雷达的天线罩、卫星上各类传感器的光学窗口等部位，属于局部应用，但是可以从整体上提高目标的损毁阈值，加大激光武器的攻击难度。对于不同种类的辐射激光，加固材料应具有高的材料密度、高的汽化热和高的激光反射率。材料的选取应综合这些要求，还要考虑透波性和防辐射性能。对飞行器而言，还要考虑到是否会对其空中机动性能以及雷达和红外特征产生影响等。

目前，国外研制的抗激光加固材料主要有金刚石薄膜、氧化铝陶瓷和二氧化硅陶瓷等，其中，美国研制的金刚石薄膜具有极坚硬、透明和良好的防辐射特性，抗激光损伤阈值极高。国内有研究表明，在碲镉汞探测器表面加了透红外的聚四氟乙烯膜后，对激光辐照能起到明显的保护作用，而且器件的探测率、响应率和信噪比都没有受到太大影响。

（2）涂敷保护层

此种技术是采用一种耐热烧蚀的、汽化潜热相当大并且对激光的反射率高的材料，在不改变装备性能的前提下，以合理的工艺附着在被保护对象的表面。抗激光涂敷保护层技术与抗激光加固技术的本质相同，但其属于整体应用。以弹道导弹的防护为例，当在其高压储箱的表面涂敷一层 5mm 厚的耐热烧蚀材料时，这一点负荷的增加对于导弹的有效载荷或燃料负荷影响并不大，导弹的射程也不会受到可观的影响。能量密度为 $1kJ/cm^2$ 的高能激光束一般会损坏未加保护的高压储箱，而在涂敷有保护层的情况下，高能激光在对目标产生严重破坏前必须先将该保护层穿透，所要求的激光能量密度就会高达 $10 \sim 20\ kJ/cm^2$，抗破坏能力提高了十倍以上。

（3）弹道导弹抗高能激光防护技术

高能激光武器拦截弹道导弹主要针对导弹助推段，对于红外探测系统而言，火箭发动机的尾焰是一种非常特殊的辐射源，具有运动速度相对较慢、温度特别高和有效辐射面积大的显著特点，使得弹道导弹容易被红外探测器探测和跟踪，此时导弹发动机处在工作状态，燃烧室压力大，弹体遭激光热烧蚀破坏后极易使燃料外泄引起爆炸。目前采取的对抗措施包括以下几种。

① 采用弹道导弹弹体旋转飞行技术，其着眼点是分散热烧蚀破坏能量，使激光能量无法在弹体的某个固定部位得到迅速积累。研究表明，弹体旋转飞行技术的抗激光效果与弹体半径 R 和旋转角速度 ω 有关，R 和 ω 的值越大，导弹抗激光摧毁的延迟时间就越长。当 ω 由最小值趋向无穷大时，时间延长的最小倍数等于 R 与激光束半径之比的 1 倍，最大倍数等于 R 与激光束半径之比的 4 倍，通常情况下 R 远大于激光束半径，可见此项技术的抗激光效果相当显著。

② 发展火箭助燃助推器，使导弹助推飞行时间从 3～5min 减至 1min 以内，从而使弹道导弹预警系统来不及做出反应或探测目标。

③ 在发动机推进剂中添加污染剂，使尾焰特别明亮，而且不对称，从而不符合预警系统管理计算机中输入的红外辐射模式。

④ 在发动机助推器上装上圆形保护屏罩挡住发动机尾焰。

⑤ 发展火箭超冷燃料发动机，以减少红外辐射。

一旦弹道导弹尾焰的红外辐射被红外探测系统中的任一环节捕获，就必须迅速实施光电干扰对抗措施，重点发展基于大气散射的激光探测与告警技术、红外激光编码干扰技术和等离子体隐身技术。

（4）卫星抗高能激光防护技术

对于卫星的光电探测器，可以用一种激光后处理技术来提高损伤阈值。激光后处理技术是把光学材料经低于激光损伤阈值的激光照射后激光损伤阈值可提高 2～3 倍的新技术。激光后处理的激光照射方式有两种：一是用同一强度的激光多次照射；二是用光强随时间逐渐上升的激光多次照射，此种激光后处理方式的激光损伤阈值提高得多一些。

从其他角度考虑，美国设计出了一种“眼睑”，可每秒开关 4000 次。“眼睑”由一片薄玻璃制成，上面覆盖两个由氧化铟和锡制造的透明电极，电极间有一个像铰链似的不透明电极，通过在两个电极间加上电压，在静电引力作用下，不透明电极下拉，使“眼睑”关闭，加上相反电压，使“眼睑”打开，以此来防止激光对卫星的致盲。此种方法对连续激光辐照防护有效，但如果有脉冲激光辐照时，由于其具有作用时间短、功率密度高的特点，机械快门将会防护失效，此时要求探测器表面的抗激光物理性能优越。

6.10.2 对激光致盲武器的防护措施

随着激光致盲武器的发展和不断完善以及在战场上的应用，未来战场将是充满光电对抗的战场，各国都十分重视对激光致盲武器的防护。要实施有效的激光防护，可以采取以下措施。

（1）挡住激光

能够实现挡住激光的方法有三种：吸收滤光片、干涉滤光片和能量限制器。

① 吸收滤光片　迄今为止，应用于军事目的的大多数滤光片是吸收滤光片。吸收滤光片又有两种形式：一种是通过有色玻璃滤光；另一种是利用光学材料内的染料将光吸收。有色玻璃只能防护可见光部分的激光（波长范围为 400～760mm）；有色玻璃能够抗机械磨损、热冲

击及抵御强光源的破坏，但有色玻璃在制造过程中难以控制光密度（主要取决于其厚度）。

燃料掺杂型聚合物材料制成的塑料吸收型滤光片主要是在聚碳酸酯中浸渍有机染料，这种着色聚碳酸酯滤光片只能对付可见光和近红外光谱中极小的一部分；优点是聚合物材料具有优良的抗冲击能力，可以减少眼睛受碎片伤害的概率；通过改变有机染料的浓度使光密度发生变化；同有色玻璃相比，长时间的日晒使它的滤光性能降低，而且表面易受化学溶剂的侵蚀，也易划上刻痕。

② 干涉滤光片　干涉滤光片是利用光学涂层（由几十甚至上百层不同的电介质材料交替沉淀而成）来衰减激光，可以有选择地反射某一波长激光，而让在可见光区内的其他邻近波长激光大部分通过，因而干涉滤光片的最大特点是光反射掉而不是吸收；缺点是被反射的光的颜色随视角的变化而变化，如果激光打到滤光片表面的角度偏离垂直方向时，滤光片能够反射的激光波长也发生变化。

③ 能量限制器　能够作为能量限制器的材料主要是非线性光学材料，这是激光防护未来发展的方向；这种非线性光学材料可以是光变色型聚合物材料，或者是液晶型或其他共轭型聚合物材料。

（2）战术手段和对抗措施

战术手段和对抗措施包括用烟幕吸收和散射激光；利用黑色眼罩挡住激光；利用反激光导弹上装有的寻的头来探测、跟踪激光致盲武器激光源并予以摧毁；利用反激光后向反射镜把敌激光束按原方向反射回去来摧毁敌激光装置；利用反激光激光武器来摧毁敌激光源；利用激光探测器和告警器可以采取有源对抗措施，规避机动或直接攻击；对光电器件的光学系统实施抗激光加固措施也可以减少激光的伤害，如在光学窗口上涂敷一层光致变色材料，可以阻止强激光的进入。

（3）改变士兵的光学特征

采用间接观察的方式可以改变士兵的光学特征，即采用间接观察装置——电视系统、热成像仪或光电倍增管来观察，人眼不直接观察，伤害的只是光电装置中对光敏感的部件，这是保护高价值目标（飞机、坦克）中人眼的一个主要方法。

目前战场上不同兵种对激光防护采用不同的手段。对坦克和装甲车上的驾驶员或其他战斗人员来说，通过在光学通道上加装滤光镜、折光板或在瞄准具上镀反射膜，达到对光学仪器和人员的防护。飞机驾驶员通常佩戴激光护目镜来进行激光防护，但对变波长的低能激光武器，也不能给予有效的防护；步兵使用的激光护目镜是一种充满染料的聚碳酸酯塑料护目镜。上述激光防护手段已在美军中装备。但由于受材料和制造手段的限制，上述激光防护手段只能对某个波长起防护作用，对变波长的低能激光武器还不能进行有效的防护。

随着激光在战场上的广泛应用，各国对激光防护十分重视，纷纷研制对抗激光武器的新方法、新材料。在众多的激光防护手段中，非线性光学材料受到人们的青睐，因为未来激光致盲武器将向着“波长灵活可调”的方向发展，而目前防护水平只能对某一波长的激光进行防护。非线性光学材料具有对激光快速的光开关特性，当激光照射时，材料分子的极性迅速发生变化而变得对光不透明；当激光脉冲消失时，材料又恢复到透明状态。

6.11 激光应用系统发展方向

到目前为止，人类军事技术经历了五次革命。这五次军事技术革命带来的战争形式的演变也可概括为以下四种。

① 冷兵器战争　主要使用石块、木棍、刀、剑、戟、弓箭等兵器。第一次军事技术革命是来自金属冶炼技术的发展。在这以前，人们依靠石兵器和人的体力作战，战争只能在部落之间进行，只是解决部落之间的小规模冲突。由于金属冶炼技术的发展，人们有了金属兵器。在有了金属兵器之后，金属兵器和畜力的结合使人们能够进行国与国之间的战争。

② 热兵器战争　主要使用枪、炮、飞机、坦克、舰艇等武器。第二次军事技术革命是来自火药的发明。人们有了枪、炮等热兵器（或称火器），在17世纪至19世纪欧洲的资产阶级革命中，资产阶级武装正是凭借了枪支和大炮击穿了封建武士的甲胄，摧毁了封建贵族的城堡。由此可见，热兵器比冷兵器有明显的优越性。而第三次军事技术革命是因为出现了机械化武器装备。由于火力和机动的提高，扩大了战争的规模，这样就有了第一次和第二次世界大战那样世界规模的战争。

③ 热核兵器战争　以原子弹、氢弹、中子弹等为主导武器。第四次军事技术革命是导弹和核武器的研制成功。导弹使军队拥有了远程乃至洲际的迅速而准确的打击能力，核武器所拥有的巨大摧毁能力，则使它成为各大国的战略威慑力量。

④ 信息化战争　以高技术兵器、C4ISR、新概念武器等为主导和核心，是以信息为基础的一种战争形态，以夺取信息优势为先决的海、陆、空、天、电磁频谱、信息网络一体化的战争。第五次军事技术革命正是来自以信息技术为主的高科技的迅速发展以及它在军事上的广泛应用，也正是现在世界正面临的信息战。这种新的战争大量应用电子信息技术，并以信息化武器装备为基础，以夺取信息优势为战略指导，以一体化指挥自动化系统为统一指挥协同的纽带，以电子战、信息战、空袭与反空袭、导弹攻防、远程精确打击和空间战等为主要作战方式，实施诸军兵种联合的高技术战争。

激光自诞生以来，其应用范围不断扩展，激光的军事应用更是其所有用途中最重要的应用之一。展望未来，激光技术将与电子技术结合得更加紧密，大大提高信息的探测、传输和处理能力，成为信息技术的支柱。在信息的探测和获取方面，激光测距、激光雷达和其他类型的激光遥感探测仪器将继续得到发展，它们具有极高的距离分辨率和角分辨率，测距、测速精度比微波雷达高百倍以上，使人类实现了以厘米级精度测定地球到月球这样遥远的距离，还可以做成激光成像雷达，将广泛应用于精密跟踪测量、侦察测绘、气象探测等方面。在信息传输方面，激光光纤通信以其容量大、中继距离长、保密性好和廉价等特点，在技术上和经济上压倒了同轴电缆通信。现代的电话、电报、电视等传统的电通信方式将变成“光话”、“光报”、“光视”等崭新的通信方式，电视电话将日益普及，各电视台将纳入光缆电视网，供人们任意选择电视节目。新型的激光全息电视将给人们提供栩栩如生的立体形象。在信息的存储和处理方面，激光全息存储、集成光路和光学信息处理的发展，将大大提高信息的存储处理速度。

激光技术与核技术的结合，将为人类解决能源问题提供新的重要途径。用激光实现受控热核聚变将为人类提供取之不尽、用之不竭的新能源。

由于激光在宇宙空间定向传输过程中的光能损耗很小，故传输到极远的距离外仍可有效地发生作用。宇宙航行和空间技术中，除可用于通信、导航和自动控制等方面外，还可考虑用激光在宇宙空间中传送能量，或直接用它作为星际航行的动力。人们已经提出利用强激光的光压、光热、光化学反应或者光子反冲效应来推动光子火箭或激光动力宇宙飞船的设想。

激光技术的应用将把人类文明带上一个新的高度。

Chapter 07

第7章 生物医学中的光电子技术

自从爱因斯坦指出光的“波粒二象性”，提出光量子概念，为创立光子学奠定了理论基础后，光电子技术在各个领域得到蓬勃发展，在生物医学中也得到了广泛应用。例如红外光可以用来加热生物组织，荧光可用于生物医学中的检测分析。激光可以用于准直测量与指示，还可制成医用激光刀，用于手术治疗，或用于进行细胞的显微照射，对细胞测定或融合。激光全息术可用于测定牙的材料性质和应变，骨的应力等。激光的空间相干性还可用于光学衍射计对生物组织微细结构进行分析和识别。

激光在医学中的应用是众所共知的具有最好社会效益和经济效益的热门应用。20 世纪 70 年代，激光广泛应用于临床，极大地促进了激光器的进一步改进，以适应临床的需要。到 20 世纪 80 年代，形成了一门新的学科——激光医学，随之，适用于各医学专科的激光器相继问世。例如在肿瘤外科手术中，常用掺钕钇铝石榴石激光器（Nd：YAG 激光器）、二氧化碳激光器（CO_2 激光器）、掺铒钇铝石榴石激光器（简称铒激光器）、准分子激光器、半导体激光器等；在肿瘤光动力治疗中常用到氩离子泵浦染料激光器、铜蒸气泵浦染料激光器、KTP 倍频 Nd：YAG 激光器、半导体激光器等；在激光理疗和激光针灸中常用到氦氖激光器（He-Ne）和半导体激光器等。因此有必要了解光和生物组织的相互作用以及用于生物医学检测与诊断和治疗的光学和激光技术。

7.1 光与生物组织相互作用

随着激光生物医学的发展，不同的激光作用于不同的组织，组织内光的分布规律以及光辐射与组织的相互作用，已成为激光医学基础研究的重要内容，而这两方面均与生物组织的光学特性有关。

7.1.1 生物组织的光学特性

生物组织的光学特性参数主要有：吸收系数、散射系数、穿透深度、有效衰减系数等。组织光学特性参数一般是在活体、冰冻、干标本、冰冻切片、组织染色切片等条件下测得的，所测组织有动物的肌肉、脑、心、皮肤和眼睛等。

生物组织的表面是不光滑的，从光学角度看，生物组织的构造也是不均匀的，在表面或浅层会引起光的散射。这种表面或浅层的反射与散射都受光的波长及生物组织成分（如血液、黑色素及其他色素与水分等）的影响。

各种组织对不同波长光的吸收有差别，即使是同一组织因其活动状态不同、受光时间长度不同、新鲜组织与干燥组织不同，对同波长光的吸收也是有差别的。因此，组织的光学光谱特性是多种多样的，受到机体的各种成分的影响，将不同波长激光应用于生物组织时，必须了解生物组织的光谱学知识。

各种生物组织一般有如下的特性：软组织对光的吸收比较弱；有色组织因含有较多色素对光的吸收比无色组织大；有色组织对光的吸收具有波长选择性，比如可见光，如果光的颜色和组织色素的颜色互为补色，则组织对该光的吸收较多。这些性质可用于医学治疗。

另外，深部组织对光的吸收都比皮肤表层的小，这是因为皮肤表层有对光强烈吸收的黑色素层的原因。但到了一定深度，两者对光的吸收相同。这是因为在红外波段，光的吸收主要是因为水。水能够强烈吸收红外光，大部分生物组织含水量很高，所以组织对红外线的吸收光谱与水的吸收光谱相似。此外生物组织对光的吸收还与它的含血量有关。

皮肤和眼睛是易于暴露在光辐射下的生物组织，这里介绍其光学特性。

（1）皮肤的光学特性

进入皮肤的光线在每一层可以被反射、透射、散射或吸收。只有被吸收的光可以对组织产生作用。角质层能反射照射到皮肤的可见光的很小一部分，真皮层因含有胶原成分，主要散射光线。皮肤中的血红蛋白和黑色素等能够吸收光线。吸收光能将会使皮肤产生热、机械性和化学性变化。热效应的范围包括从蛋白变性到炭化和汽化。当吸收光线导致产生具有化学活性的激发态分子时，就可发生化学性反应。物理或机械组织变化也可能发生。

① 皮肤对光的反射　皮肤对光的反射是漫反射，皮肤对红色光和近红外光之间的波长反射率较大。在可见光的范围内皮肤对光的反射均随波长增加而增加。

不同皮肤对不同波长光辐射的反射也不同。可见光范围内白色皮肤的反射率比黑肤色皮肤的反射率大。此外，不同部位的皮肤对光的反射情况也不同。而且，皮肤经日晒前对光的反射率与经日晒后的不一样。

② 皮肤对光的吸收和透射　如同反射一样，光的吸收也因肤色不同而不同。光投射到皮肤上除有一部分被漫反射外，其余大部分被皮肤吸收、散射和透射。皮肤对光的吸收主要是由于血红蛋白、氧合血红蛋白、β-胡萝卜素和胆红素是真皮中吸收可见光的主要成分。

皮肤对红外光的吸收系数较大。吸收系数与频率有关，对于脉冲激光，吸收系数还与功率密度有关，并有饱和现象，可能与生物组织本身不均匀的物质有关。当入射光足够强时，也可以有相当的光到达组织深处，从而引起生物效应。

此外，还可以利用光学的方法，使光束的焦点深入到皮下，直接使激光的焦点会聚在皮下的病灶上进行治疗，既不需切开皮肤，也不会对皮肤造成损伤。

（2）眼睛的光学特性

眼睛是人体的感光器官，光入射到眼内时，在角膜、水状液、晶状体和玻璃体各层分别发生反射、折射、散射、吸收与偏振，最后投射到视网膜。了解各部分对光的吸收很有必要。

① 折射　眼球各部分介质的折射率中，因为角膜与眼外空气的折射率差别最大，因此光在眼球上最大的折射是在角膜与空气的界面上。

② 吸收和透射　角膜对短波长的远紫外线吸收率很高，角膜和结膜对远紫外线和中紫

外线吸收过多会引起角膜结膜炎。角膜基本上不吸收可见光和近红外线。

角膜和水状液吸收中红外线。角膜吸收中红外线和远红外线，所以易于遭受远红外线加热，使角膜烧伤。

晶状体对紫外线的吸收类似角膜。远紫外线基本全被角膜吸收，而到不了晶状体，除非角膜严重损伤。从角膜透射的近紫外线，到晶状体也基本被吸收完。晶状体对可见光是透明的，吸收很少。晶状体是近红外线的主要吸收体，且波长越长吸收率越大。晶状体吸收近红外线会导致透明度的部分丧失，产生白内障。

还有一部分近红外线到达视网膜上。

玻璃体不吸收光，只因其厚度而减弱光线。

水状液对光的吸收和水大致相同。

只有可见光和近红外线到达眼底，除一小部分为眼底反射外，大部分通过视网膜。

色素上皮层约吸收掉一半的光，余下的光进入血管膜。

血管膜含有丰富的血管和色素细胞，又再吸收和散射掉一大部分光能，最后的光被巩膜所吸收。

可见眼底对近红外线的吸收较少。而且由于眼底色素浓度不同，吸收率也不一样。但即使到达眼底的紫外线极少，还是有造成眼底损伤的可能性。

③ 反射、散射和偏振现象　反射：光在眼球内各层介质的其他界面上，如角膜/水状液、水状液/晶状体、晶状体/玻璃体之间的界面上虽然有反射，但是它们两个相应介质折射率的差别很小，反射系数更小，所以眼球的反射可以忽略。

散射：玻璃体和角膜的散射较大，而且波长越短的光受到的散射越强。

偏振：光通过角膜和晶状体也会产生偏振。

7.1.2 光与生物组织相互作用

（1）相互作用方式

光与生物组织的相互作用，主要是吸收和散射两种方式。

① 吸收　光在照射生物组织时，生物组织吸收光能。生物组织吸收的光能一般转化为热能，特定条件下会转化为荧光或磷光等。生物组织的吸收系数与生物组织单位体积中所含对光起吸收作用的原子或分子的数目有关。这些原子或分子的密度（或浓度）越高，光能被吸收的概率就越大。此外，生物组织材料对不同波长（或频率）光波的吸收能力也不同，生物组织对某些波长光波的吸收强烈的现象称为选择性吸收。这种选择性吸收的特性，可用于识别某种元素或化合物，也可用于光尤其是激光对特定生物组织的选择性作用。例如激光治疗中，激光的光热作用受三个变量的影响：波长、脉冲持续时间和光能量密度。被治疗的靶组织选择性吸收而周围组织不吸收的、特定波长的光到达靶组织，脉冲持续时间短于或等于靶组织的热弛豫时间（对象温度降到最初温度的一半所需要的时间），就会导致靶组织的损伤。

② 散射　光照射到生物组织时，会在非入射光的方向上辐射能量，发生散射现象。散射有几种：瑞利散射、布里渊散射、喇曼散射、廷德尔散射等。

瑞利散射又称为分子散射，散射光频率与入射光频率完全相同，通过它还可以获得散射物质中分子的各种参数。

布里渊散射是由于物质介质中存在弹性热波（一般为声频）而在电磁波传播方向的介质空间引起随时间变化的密度涨落而引起的。

喇曼散射是由于物质的分子振动引起分子极化率随时间变化而产生的。

这两种散射的特点都是散射频率与入射光频率不同，布里渊散射和喇曼散射可用于研究肌肉纤维等的弹性系数以及分子的组态结构、分子的振动和转动能级结构等。

廷德尔散射是当物质的光不均匀性结构很大，数量级相当于光波长时，散射会相当强，使得物质呈现混浊态的现象。这些散射现象在生物医学检测中都有广泛应用。

(2) 光对生物组织的生物效应

光作用于生物体产生的生物学效应，除了与照射光的种类、波长、照射方式等相关，还与受照射的生物组织的性质相关，包括物理性质和生物性质。

① 生物组织的物理性质　光学性质：包括反射率、透射率、吸收系数、散射系数等。反射率越高，组织反应越小；透射率越高，穿透深，反应程度高。

机械性质：包括密度、弹性等，如组织密度高，治疗时需要功率就大。

热学性质：包括比热容、热容量、热导率、热扩散率等，组织的热导率高则光对它的刺激和损伤就大。组织的热扩散率高，则光对组织的刺激和损伤就小。

还有电学性质，包括阻抗、介电常数等。

② 生物组织的生物性质　生物性质包括生物组织包含的色素、含水量、血流量、不均匀性、层次结构等。其中，生物组织色素和水的含量是决定光在组织中分布的重要因素。

色素：色素含量高的组织比色素含量低的组织吸收光能要多，色素和照射光为互补色的组织，对该种光吸收较多，皮肤表层包含有黑色素，生物组织所含的色素基本上是血色素。

含水量：生物组织含水比例很高。水对不同波长光吸收的多少，决定了不同波长的激光在组织中的穿透深度。

光的生物效应的强弱，既与光的性能有关，又与组织的生物性质有关。但上述诸多影响生物学效应的因素，反映到具体问题上就是光在组织中的分布，也就是组织的光学特性，前面已经讨论过。

生物组织吸收光能之后，产生各种生物效应，包括如下几种。

a. 热效应。光照射生物组织时，有些波长的光转变为生物分子的振动能和转动能，也就是增强了生物分子的热运动，而有些波长的光加快了分子的热运动，从而产生热量使温度升高，这就是光的热效应。

用光照治疗的原理都是基于热效应。生物组织对热的反应程度，根据温度的不同依次有热致温热、热致红斑、热致水泡、热致凝固、热致汽化、热致炭化、热致燃烧、热致气化等。

热致温热：引起温热感觉，作用相当理疗上的热敷，长时间照射都不会引起热损伤。

热致红斑：引起红斑，温度回复正常时，可自行消退。

热致水泡：产生水泡，出现灼热感和痛觉。

热致凝固：快速发生凝固，可用于治疗血管瘤，使血红蛋白凝固。

热致汽化：发生汽化，当组织液沸腾时，大量水蒸气冲破细胞和组织形成汽化现象，可用于去除面部色素斑。

热致炭化：发生炭化，生物组织和细胞在热作用下发生干性坏死，迅速呈棕黑色。

热致燃烧：发生燃烧，此时组织和细胞会燃烧，产生火光。

热致气化：发生气化，当组织温度在瞬时内骤升超过气化温度时，由固体立即变成气体。

b. 光化反应。光化反应的全过程，通常分两个阶段：原初光化学反应和继发光化反应。

这前后两种反应组成了一个完整的光化反应过程，直至生成稳定的最终产物。这一过程大致可以分为光致分解、光致氧化、光致聚合及光致敏化四种主要类型。光致敏化效应又包括光动力作用和一般光敏化作用。最近又展开多光子红外光化反应和光致分离同位素在光化学新领域的研究。

光致分解：吸收光能而导致化学分解反应的过程，将原初物质分解成更为简单的物质。

光致氧化：在光作用下使反应物失去电子的过程。在生物系统中的光致氧化多牵涉到氧分子。

光致聚合：用光照使受照物形成二聚体或三聚体等简单分子，或是促成链式反应而形成大分子。

光致敏化：由光引起的在敏化剂帮助下发生的一种化学反应，例如使用的是血卟啉类敏化剂进行肿瘤的识别和选择性治疗，通常称为光动力学疗法。

多光子红外光化反应中，反应分子在巨大的电场作用下，一个分子连续吸收几十个红外光子而使其振动能级步步升高直至打断分子间的化学键，发生离解。

激光分离同位素是利用同位素在光谱中有微小的位移以及激光的高度单色性来进行的。

c. 压强效应。一种是光照射生物组织时，所产生的光辐射压力形成的压强；还有一种是激光作用于生物组织以后形成的气流反冲击、内部汽化压、热膨胀、超生压、电致伸缩压造成的压强效应。

例如光镊就是利用光辐射压力形成光阱，使落在光束中的微小颗粒束缚于阱内，用光束的移动实现对微小粒子的搬运、翻转、空间悬浮等操作。

d. 电磁场效应。光是电磁波，与生物组织的作用实质上是电磁场与生物组织的作用。如果能量密度超过某一阈值，就会产生蒸发并伴有机械波；若能量密度低于该阈值，就无蒸发而只产生机械波。另外，还可发生电致收缩、受激布里渊散射、电击穿和剥裂效应等；这些现象可伴有机械效应。

还有因光学击穿引起的等离子体冲击波，激光对生物组织所产生的等离子体冲击波效应可用于对组织的精细切割，对各种结石的粉碎等。

e. 生物刺激效应。低功率（或低能量水平）激光对生物组织产生一种特殊的、至今还不能解释清楚的作用，这种作用被称为生物刺激作用。激光的生物刺激作用不同于前面四种作用，它不是破坏或损伤组织和细胞，而是对损伤的组织和细胞的修复或愈合有促进作用。

低能量激光在实验中和临床上用于刺激创伤和骨折的愈合，治疗炎症和血管障碍等。可刺激或抑制细菌生长，增强白细胞吞噬作用，此外还能促进红细胞合成，加强肠绒毛运动，促进毛发生长，加速伤口溃疡、烧伤及骨折的愈合，加速受损神经再生，促进肾上腺功能，增强蛋白质活性等。激光生物刺激作用有以下几个特点。

累积效应：多次小剂量的辐射可引起与一次大剂量辐射大致一样的生物效应。

抛物线效应：若生物组织对激光照射的响应随照射次数的增加先是逐渐增强，再照射下去响应便会逐渐减弱，然后在超过某一定值时会从刺激作用变成抑制作用。所以进行激光生物刺激作用治疗时要选择恰当的疗程以避免抛物线效应中刺激减弱的后段。

时季效应：不同季节和时段照射，即使剂量相同，也会产生不同的效应。生长状态好的组织细胞其激光生物刺激作用不明显，生长状态差的组织细胞其激光生物刺激作用较强。因此，激光生物刺激作用对溃疡的伤口有明显的促进愈合效应，而对生长旺盛的实验动物的实验性伤口的愈合效果不明显。

7.1.3 激光的安全防护

激光技术给医疗带来许多有益的帮助，但同时也带来一些有害的影响。对于所有接触激光的人员来说，了解其危害程度与安全防护措施，对它具有正确的认识是很重要的。

激光照射人体后有可能造成直接危害，尤其是照射眼和皮肤会造成不可逆的损伤。激光又可使空气污染并造成其他相关的危害。要制定激光防护标准和使用激光器的相关措施，将激光辐射危害限制到最低。激光安全管理最重要的是按激光潜在的危害程度将激光器分出等级以便安全管理，并规定相应的防护措施。

（1）激光对生物组织的损伤

由于激光的照射，可能意外伤害健康组织。这其实是可能避免的，但由于管理不善或防护措施不当可能使相关人员造成意外伤害。

常见的激光意外伤害主要是热伤害，主要受害部位是皮肤，最严重的受害器官是眼睛。激光是否会伤害组织，这既与所用激光的波长有关又与剂量有关，还与激光作用靶位的组织性质有关。为了评价各种波长的激光对各肤色人种和不同组织的安全水平，不少国家都测定了不同波长的激光对于不同肤色人种和不同器官的损伤阈值。为了加强对激光伤害的安全防护，各个国家根据自己的具体情况制定了相应的激光安全标准。

① 眼睛　不同的波长对眼睛各部位的伤害不同。

视网膜：由于激光方向性好、光斑很小，透过晶状体在视网膜上聚集形成能量密度很高的光斑，会使视网膜灼伤，导致失明。

角膜和晶体：角膜吸收光辐射后，如损伤局限在角膜外部上皮层内，会产生角膜炎、结膜炎，症状两天后消失。如损伤深达内部组织，则可能造成伤疤及永久性角膜混浊，使视功能严重损伤。

因此，眼是最容易受到损害的，极短时间就可引起损伤。极小能量瞬间照射也可能致盲。因此要防止直视激光，要戴专用护目镜。

② 皮肤　皮肤由于在人体表面所占的面积最大，损伤的机会最多。

激光剂量对皮肤的损伤：在波长不变的情况下，随着激光剂量的增加，激光对皮肤的热损伤越严重。

激光波长对皮肤损伤的影响：红外激光对皮肤主要是热损伤；紫外激光对皮肤的作用主要是光化损伤，可引起皮肤红斑老化，过量时可导致皮肤癌变；红光和近红外线，如果将这些激光聚集于皮肤以下，皮肤完好无损，但可造成皮下严重烧伤。

不同激光对不同人种皮肤的损伤阈值不同。一般来说，同种激光，黑色人种是最容易受伤的，这是因为其皮肤所含的黑色素等较多，较易吸收光能。尤其是对紫外与红外激光，由于肉眼不可见，故更要小心避免激光的直接照射。还应注意远离激光的焦点，其激光强度可急剧下降，危险性也就减少很多。

此外，还要注意激光在不同表面的反射。很多情况下的损伤并不由于激光的直接照射，激光工作室的墙壁可形成漫反射的粗糙表面，以使反射的强度在短距离内就可以减低。

③ 神经　激光作用神经系统等会引起失眠、头痛、烦躁、抑郁、精力不集中、疲劳等反应。因此要避免过长时间处于激光辐射环境中。

（2）激光的危险等级和防护措施

① 危险等级　根据各种激光对人损伤的危险程度，将其危险性进行分级，便于对其采取不同的防护措施。一般来说，将各种激光的危险性分成四类。

Ⅰ类：全封装的或很低输出功率的激光。

Ⅱ类：相当于偶尔看太阳光的危险。

Ⅲ类：即在眨眼反应期内的瞬间辐射能造成损伤的激光。

Ⅲa类：连续波1～5mW，会引起眼的中度损伤。

Ⅲb类：连续波5～500mW及某些脉冲激光，瞬间可致损伤。

Ⅳ类：引起皮肤烧伤及眼损伤的激光。

② 激光的防护措施　激光安全的基本原则是绝对不直视激光，即使戴着防护眼镜，也不可在光束内直视激光束，更不用说用裸眼去直视光束。必须牢记：误用或过于相信防护眼镜仍有失明的危险。对于激光的防护目标是尽可能避免眼睛和皮肤遭受激光的意外照射。防护措施的要点是：穿防护衣、戴防护眼镜。对有关人员进行安全使用激光器的教育和训练，进行必要的医学监督。如对激光工作人员，做必要的体检，主要是针对眼和皮肤进行健康检查。应当定期检查身体，如可能已受到激光照射，应立即检查。

关于安全使用激光器和防护问题，主要从三个方面考虑：激光器本身的安全、激光器运转环境的防护、个人的防护。

a. 防触电。医用激光设备有些为高压电，有的是大电流。触电对人体危害程度的大小主要取决于通过人体的电流大小、通电时间长短和通电途径是否经过了重要器官。如果流经的器官是心脏、肺和脑组织则会危及生命；若流经一般肌肉组织，则可能造成疼痛、肌肉收缩、出血和局部烧伤。要注意防止触电。

b. 防止有害气体。临床应用激光进行汽化或切割组织时的烟雾中可能含有有害物质。常采用防止有害气体危害的措施有：配备吸气装置，安装通风排气设备。

c. 防止噪声。激光治疗时的噪声主要是相关设备的噪声。总的噪声强度过大会引起工作人员头痛、头晕、脑胀、耳鸣、多梦、失眠、心慌、全身乏力、消化不良、食欲不振、恶心呕吐、心跳加速、心律不齐和血压升高等，甚至可致噪声性耳聋。注意要降低或隔离噪声源。

d. 防止爆炸。在激光设备中的有些器件等可能发生爆炸，炸裂碎片飞溅可能伤人。要采用足够机械强度的包装，及时更换性能下降的器件，安装相应报警器等。

e. 防火灾。有些激光器电流较大，可能致电路负荷过载从而导致火灾；要选用足够负荷的专用电路，并在电路中接入过载自动断开保护装置。此外，激光束意外照射到易燃物质也可导致火灾。对此，易燃易爆物品不应置于激光设备附近，并应在激光室内适当地方配备，灭火器等救火设施。

激光产品要有危险防护标记，如图7-1所示。激光工作场所要有警示说明标志（说明文字），如图7-2所示。图7-2（a）的说明文字是对可能达到Ⅲb类激光辐射场所的警示标志；图7-2（b）的说明文字也是对可能达到Ⅲb类激光辐射场所的警示标志，它可与图7-2（a）同时采用；图7-2（c）的说明文字是对可能达到/类激光辐射的警示标志；图7-2（d）的说明文字也是对可能达到Ⅳ类激光辐射的警示标志；它可与图7-2（c）同时采用。

③ 标志的使用

a. 激光产品安全标志的使用，对所有可能达到Ⅱ类的激光产品都必须有激光安全标志，每台设备必须同时具有激光警告标志，激光安全分类说明标志和激光窗口标志、激光产品安全标志。

激光安全标志的粘贴位置必须是人员不受到超过Ⅰ类辐射就能清楚看到的地方。

b. 激光作业场所安全标志的使用　对所有Ⅲa类和Ⅳ类激光产品工作的场所都必须有激光安全标志，激光安全标志的装贴位置必须是激光防护区域的明显位置，人员不受到超过Ⅰ

图 7-1 激光产品危险防护标记

激光辐射 避免激光束照射

(a)

激光工作 进入时请戴好防护镜

(b)

激光辐射 避免眼或皮肤受到直射和散射激光的照射

(c)

激光工作 未经允许不得入内

(d)

图 7-2 激光工作场所警示说明标志

类辐射就能够注意到标志，并知道所示的内容。在所设标志不能覆盖整个工作区域时，应设置多个标志。

永久性的激光防护区域应在出入口处设置激光安全标志，在由活动挡板护栏围成的临时防护区，除在出入口处必须设置激光安全标志外，还必须在每一块构成防护围栏和隔挡板的可移动部位或检修接头处设置激光安全标志，以防止这些板块分开或接头断开时人员受到有害激光辐射。

7.2 生物医学常用的检测、诊断和治疗的光电子技术

由于光的干涉、衍射现象以及光和物质的相互作用使光的特征参量发生变化，可以用来对介质的各种参数进行测量；激光具有亮度高、单色性好、方向性好等特点，可以作为理想

的光源，提高测量的精度和灵敏度，拓展测量的范围。因此，光学测量分析、诊断和治疗技术在生物医学的基础研究和临床检验、诊断和治疗中得到广泛的应用。

（1）生物超弱发光成像

生物超弱发光成像是在可见和近红外波段获得生物超弱发光的二维图像，测量和研究人体代谢功能和抗氧化、抗衰老机体防御功能，并诊断疾病。例如采用很弱的近红外激光照射病人头部获得大脑皮层的二维图像，通过分析可以了解癫痫期大脑活动类型，有助于发现病灶。比传统的打开头盖骨插入电极进行测量或用放射性同位素进行测定，病人的痛苦和损伤要少，另外利用光在组织内的吸收与氧的浓度有关这一特性，可用近红外光谱来监视婴儿脑细胞的氧含量。

（2）激光扫描共焦显微技术

激光扫描共焦显微镜可以进行光学断层分析，得到生物样本的三维图像，可以观察细胞与细胞相互作用，组织再生，光与组织的物理和生物效应，细胞内的生化成分和离子浓度等。利用这种技术研制成的激光视网膜层面分析仪，可用于诊断青光眼。

（3）光学相干层析技术

光学相干层析技术将光学相干技术与激光扫描共焦技术相结合，用于探测食道、宫颈、肠道等器官，无损伤地了解其结构成分。能与导管或内窥镜组成一体，进行内部器官微组织结构的高分辨率成像，还可探测心脏、脑等器官。

（4）生物系统的诱导发光

生物体在外界强光的短暂照射下可诱导生物系统的光子发射。例如肿瘤患者其血液和病变器官与组织的发光光子强度升高，可在肿瘤早期找出其存在位置，实现肿瘤的早期诊断和治疗。主要包括外加光敏物质和自体荧光光谱诊断。

外加光敏物质诊断是根据荧光物质与肿瘤组织有很好亲和力的特点，让患者静脉注射或口服光敏剂后一段时间再接受光照，记录荧光光谱特性曲线可以确定肿瘤位置。这种方法容易受到其他组织荧光和自体荧光的干扰引起误诊，因此需要寻求有效且无毒副作用的光敏剂。

自体荧光光谱诊断是用人体组织在激光下产生的荧光来进行光谱分析分辨肿瘤，无需口服或注射光敏剂，诊断快捷，无侵害性。例如可以用激光二极管发射出红外线光束，照射乳房，就可以再现乳房内部影像，发现肿瘤。还可以与内窥镜技术相结合，获取正常组织和非正常组织的荧光差别，通过显示图像进行肺癌的早期诊断。

（5）激光光镊技术

激光光镊是利用高斯激光光束的梯度压力将微粒移到激光束焦点附近。激光束如同一个“镊子”抓住微粒移动，可以无损地操纵如细胞、细菌、病毒等生物粒子，一般采用近红外激光。可用于对细胞的分选、收集与制备染色体片断，捕获细菌或各种原生动物等。

（6）用激光加速识别 DNA

利用人工方法识别人类基因组的大量碱基对耗时太长，引入激光毛细管列阵电泳法可以快速读出碱基对，精度很高。利用激光共焦扫描显微技术也可以快速识别 DNA。

（7）激光挑选癌细胞

可用脉冲工作的激光束激活罩在样品上的透明热塑膜，使之与被选择的癌细胞热熔在一起，挑出被选择的癌细胞。

（8）细胞快速分析识别

可用透明细胞作为波导材料来改变激光横模结构，从而使激光光谱发生变化，可以根据光谱识别细胞，识别速度很高。

(9) 激光喇曼光谱分析技术

激光喇曼光谱分析技术是用激光作为强单色光源研究喇曼光谱的技术，用于对物质分子的结构分析和定性测定。可能用于对肾结石、膀胱癌的诊断及白内障的早期诊断。

(10) 激光散射技术

动态光散射可在不干扰样品的自然状态下进行测量，可测线度极小的粒子，定量测定从脑血管到心脏附近各主要血管的血流速度和流场分布，活细胞内细胞器和细胞骨架的结构和动力学特性，各种分子及聚集体的大小结构和相互作用情况等。

(11) 激光光声光谱技术

它是利用物质的光声效应测量各种生物和生化样品。光声效应只与样品对光的吸收有关，可以对全血、人的各种肿瘤等病变组织进行测定。

(12) 激光微探针技术

激光微探针技术原理是：将高强度激光高度聚焦成光斑照射到样品微区上，在激光作用下使该微区瞬间气化，产生电子、正离子和中性原子，可测定样品含有的各种主要元素、痕量元素以及同位素比率。

(13) 激光超短脉冲技术

超短光脉冲，主要用在监测生物和生化的超快过程以及测量活细胞内的激发光谱、荧光寿命、辐射光谱等光学特性。还可用测距技术测量皮肤各层次成分的厚度等。

(14) 激光微束照射与细胞融合术

用显微镜将激光束聚焦成光斑直径为几微米的微光束，选择性地照射细胞的某部分或某些细胞器，使受照处受损伤，而不损伤未照部分，用来研究细胞内各种结构的功能关系，探讨细胞的合成、分裂和遗传等生命活动以及探索肿瘤细胞恶性分裂的原因等。

另外采用脉冲激光对两个靠在一起的细胞相切处进行照射，可使两细胞融合，把所期望的遗传物质和分子导入细胞而产生不同特性的杂交细胞。这就是激光细胞融合术。

激光显微照射术及激光细胞融合术，可应用于细胞显微外科、细胞遗传学、肿瘤细胞学和实验胚胎学。

(15) 激光散斑技术

激光散斑所形成的斑纹花样，与反射表面的光滑（或粗糙）程度以及介质对光的折射状态有关，因此通过测定激光散斑像及其变化，可确定组织表面的粗糙程度、血流情况、眼睛的屈光度等。

(16) 激光全息技术

以激光为照明光源的三维成像技术，它不但记录被研究样品上反射光的强度，还记录其位相，因此可记录被摄物体的完整信息，通常用于眼科、骨科和牙科，也用于乳腺癌等的诊断。全息显微术可以高速获得待测物被高倍放大的三维立体像，所以能记录到活细胞迅速变化的动态干涉图像，可用于研究培养癌细胞的动态变化。

(17) 激光流动细胞计数技术

激光流动细胞计数技术基本原理是：由液流（可以是水、生理盐水、各种细胞缓冲液等）控制系统使经染色的待测细胞通过一流动室，在流动室中细胞在稳定的液流中排成单行流动，以恒速逐个依次通过用激光束照射稳定单行流动的细胞，细胞受照后以脉冲形式发出散射光和荧光，其脉冲宽度等于细胞通过照射光束的时间，所散射的光强正比于细胞的体积，而发射的荧光强度则与细胞内的荧光物质含量成正比，可得出细胞体积的大小和细胞内某些生化成分信息。

激光流动细胞计数技术可对大量细胞作快速定量测定，还可对群体中单个细胞进行测定，可用于识别癌细胞、分析化疗因子的效应等的临床诊断和免疫学、遗传学等基础医学研究，如染色体分选，细胞表面结构研究、荧光标记的抗原/抗体测量、肝细胞分析和肿瘤药物鉴别等。

7.3 激光防护

在光电对抗中，己方的光电器材和光电武器有可能受到敌方激光测距仪、激光干扰机和低能激光武器的干扰对抗。例如，1983 年 7 月 26 日，美国用机载 CO_2 激光器破坏了“响尾蛇”空-空导弹的导引头，使其光电探测制导系统受到损害因而坠落。美国政府对光学和光电装置的激光防护问题十分重视。1989 年，美国政府规定，对列入编制和正在研制的所有采用光学和光电监视、观察、制导和探测元件的传感器和武器系统都必须采取防激光武器的加固和对抗措施，所有装有光电元件的新系统都必须就其抗激光武器攻击的能力接受审查。

激光防护分主动式和被动式两种方式。被动式激光防护的工作机理是在光电器材和光电寻的器内采用某种激光防护手段对入射激光的能量进行吸收、反射、衰减或阻断，从而使其对光电器材不会起到损伤或破坏作用，使己方光电器材得到保护。下面，着重论述在光电器材中所采用的一些主要激光防护措施。这些措施在原则上也适用于对人眼的被动防护。相比之下，对人眼的激光防护要比对光电器材的激光防护更为简单。

在激光工作频谱中，波长在 0.1～1.4μm 范围内的激光可穿透常规光学部件和眼睛的晶状体，对光学部件和人眼的视网膜造成损伤。在该频谱中，波长 0.53μm 的蓝绿激光对人眼的伤害为最大。另外，CO_2 激光器所发射的波长为 10.6μm 的激光虽然对常规光学仪器是安全的，但对目前普遍使用的 8～12μm 红外热像仪却是不安全的，它有可能对热像仪的光敏面造成永久损伤。

由此可见，当前激光防护的重点是防护 0.53μm 蓝绿激光对人眼的伤害，目前激光测距仪、激光干扰机普遍使用的 1.06μm 近红外 Nd：YAG 固体激光器对人眼和光电器材的伤害，以及 10.6μm 远红外 CO_2 激光器对红外成像仪的伤害。

对于一个具体的光电器材或光电武器来说，合理地设计或选择激光防护措施也是很重要的。首先应确定要防护哪几个波长的激光，然后计算所需要的激光衰减量。这种计算是很复杂的，要考虑到激光波长、功率、脉宽、发散角、距离以及大气衰减等诸多因素，最后选定一种或几种组合防护措施。选择防护措施，既要考虑到满足必要的激光衰减量，也要兼顾到尺寸的合理性和可行性。经过多种方案的反复计算和比较，才能最后选定较为合理的激光防护设计方案。

人眼和光电传感器很易受到激光伤害，尽管国际上正在酝酿像禁止化学和生物武器那样禁止激光致盲武器，提出了一个条约草案，但它只禁止生产专门用于致盲的激光武器，不能根本解决激光致盲问题。美国在海湾战争中就运去了两部装有“魟鱼”激光致盲武器的布雷德利战车，海湾战争后又生产了若干台。因此，对人眼和光电传感器的激光防护已成为现实的紧迫任务。对付固定波长的激光可以用防护镜，而对付可变波长的激光尚无良策。

7.3.1 吸收型滤光镜

在激光防护中，使用吸收型滤光镜能阻挡激光束，它是最简单最廉价的方法，因此目前在军事上应用最广。吸收型滤光镜几乎可以是任何颜色，可用玻璃或塑料制造，如有色的玻璃或聚碳酸酯塑料能吸收特定波长的激光，并容许其他波长的光透过。它能吸收一种或多种特定波长的大部分光能量。吸收型滤光镜采用吸收型染料，其光学密度高达16～20，容易与塑料基片结合。这种滤光镜也存在某些缺点。滤光镜所吸收的激光能量，由于加热效应，可能会受到损伤；它们缺乏从特定强吸收激光波长偏移到其附近极弱吸收波长的能力，即它们在可见光区没有激光波长附近的剧烈透射“截止”或“切口”；它们的高光学密度由于老化、氧化或暴露在阳光下会降低。有例子证明，在阳光下曝光仅三周时间，光学密度就会从4.0减少到1.2；吸收型滤光片材料容易被擦伤，其表面也可能受化学溶剂的损伤，从而要求在制造期间进行严格质量控制。

塑料吸收滤光片的一种替换物是有色玻璃滤光片，可用于可见光谱区的激光防护。玻璃中的无机颜料十分稳定，而且这种滤光片制造工艺最简单，耐机械磨损，抗激光损伤能力强，但在近红外区，只有少数波长吸收曲线可以利用。

吸收型滤光镜是目前装备最多的激光防护器材。这种滤光片是在玻璃或聚碳酸酯塑料中加入大量染料制成的。染料可吸收几种特定波长的激光，而只允许其他波长激光顺利通过。对于滤光片的要求是，既能阻挡使用的特定波长激光，又要尽可能多地透射其他波长的光，以保证目标探测、监视等战斗任务的执行。一般来说，滤光片对可见光的总透射不应少于80%。例如用这种方法制作的蓝绿滤光片可防止蓝绿激光的照射，而其中加有染料的聚碳酸酯塑料则可吸收CO_2激光器所发射的10.6μm的激光照射。这种滤光片制作简单，价格便宜，但却存在着某些染料在太阳光下易破坏以及滤掉的波段太宽从而造成使有用光透过率下降较多的缺点。如美国陆军从1988年起就为重要部队配备了聚碳酸酯的防冲击和激光眼镜(BLPS)。这种防护镜主要保护眼睛不被采用Nd：YAG和红宝石激光器的测距机和目标指示器所损伤。在美国新生产的瞄准具中，未采用激光防护措施的已经很少了。

例如，英国2400型常规潜艇和“特拉法加”级核潜艇上装备的CK34型攻击潜望镜就采用了激光防护滤光镜。但是如果敌人使用不同波长的光或功率更大的激光，可能会使滤光镜保护失效，因此，为了成功地避免激光武器的威胁，滤光镜防护必须与波长和功率无关。

设计者必须仔细进行滤光镜的设计，使其结构能吸收或折射来袭激光，既能提供防护作用，又不影响其性能。

7.3.2 反射型滤光镜

反射型滤光镜是采用热蒸发技术，将非电介质的陶瓷氟化物和氧化物蒸发在玻璃等光学基片上。利用光学涂层来衰减（或反射）光；利用快速开关来截断光。其特点是各沉积层的折射率呈高低相间变化。

采用不同的材料蒸发许多层，镀层厚度相当于所过滤激光波长的1/4。这样，根据光学原理，特定波长的激光进入滤光镜将向四周反射，而其他波长的光绝大部分透过。这就滤除掉特定波长的激光。显然，这种滤光片对保护工作波长为8～12μm波段的热像仪不受敌方CO_2激光器所发射的10.6μm激光损伤是有益的。

由于反射型滤光镜是把光反射掉而不是吸收，所以它比吸收型滤光镜更能经受强激光能量，而且它的光的锐截止性能好。

反射型滤光片的优点是：对某种波长激光有很好的滤除特性，对其他波长的光线则透过率很高。与吸收型滤光片相比，反射型滤光片的缺点是广角性能差。但是，由于反射型滤光镜的反射率与激光入射角度有关，因此只能在一定的角度范围内具有有效的防护作用。当激光入射角大于30°时，就会出现“光波位移”现象，使得滤除的光波波长下移原波长的1%以上，例如从0.693μm激光波长下移到0.685μm。当然，加宽滤光槽口，即加宽滤光片带宽可部分克服这一缺点，但会使总光透过率下降，这对在光线很弱情况下进行探测是不利的。

7.3.3 复合型滤光镜

这种滤光镜是把染料加到基片上，然后在其上镀覆多层介电膜层。最新研制的复合型滤光镜除综合利用吸收型滤光镜和反射型滤光镜技术外，还利用了计算机进行精密测试。复合型滤光镜吸收了上述两种滤光镜的优点，但制作成本高，且生产周期较长。

7.3.4 全息滤光片

这种滤光片是在光学玻璃或塑料基片上涂覆重铬酸明胶和光敏聚合物膜层，经全息相干处理制成全息图。这种带有全息图的滤光片称为全息滤光片。这种全息滤光片通过对激光的衍射作用可以阻挡某种波长激光的通过。同时，由于它对激光的衍射带很窄，不会阻挡其他波长的光透过，所以透明度很高。此外，它还克服了反射型滤光片广角差等缺点。

用重铬酸盐明胶介质制作的反射式全息滤光片，衍射效率高，单峰特性好，有窄的光谱“切口”，能提高透射比，具有很好的滤光特性，可作为一种激光防护元件。其缺点是光谱切口位置随激光束入射角而改变。

全息技术除能进行波长控制以外，还为滤光片设计提供在一个可控通道中对激光进行散射或弯曲的方法，这样就能改变图像尺寸或使图像移到光学系统或眼睛内的新位置上。

全息滤光片都以很高的代价生产，但如利用塑料模压技术，有可能廉价批量生产。目前关于如何利用这种技术为战士提供激光防护的问题正进行大量研究。

全息滤光片的缺点是：制作成本较高，且不能很好地提供双眼广角保护。

7.3.5 可调谐滤光片

可调谐滤光片的特点是：可调谐传输任意波长的激光，也可调谐剔出任意波长的激光，因此可防护一种或多种波长的激光照射。缺点是：光的频带损失过多，视场角过窄，而且激活时间过长（微秒到毫秒量级），因此对防护周期低于毫秒量级的脉冲激光辐射是无能为力的。

7.3.6 光能量限制器

这是一种非线性装置。它一旦被激光辐射激活，随后的激光辐射能量就大幅度衰减。具体工作过程为：在这种装置中，入射激光可集中在气体、液体或固体介质中，当在电场作用下会聚激光辐射脉冲的能量达到激活阈值时，将会对后继脉冲起限制作用。例如在气体能量限制器中，产生一种电离诱导等离子体。当等离子体受到激光激活时，将与经过吸收、反射、散射后的通过光脉冲相互作用，从而限制了激光的输出。但这种限制是非线性的，即随着入射激光强度的加强，其输出会逐渐呈某种平衡态势。另外，在固体能量限制器中，其内的非线性光学晶体会使入射到光学器材上的激光频率进入紫外光谱区，从而使光束能量大部分吸收。

能量限制器可能是未来保护热像仪、TV摄像机以及激光雷达免受战场上敌方激光损伤特别是低能激光武器损伤最好的办法之一。

7.3.7 光开关(快门)光学开关型滤光镜

第一代激光滤光镜采用单一的吸收原理或反射原理，即吸收型滤光镜或反射型滤光镜。第二代滤光镜将吸收和反射原理结合使用，即吸收-反射型滤光镜。它们都是基于线性光学原理。第三代滤光镜是光学开关型滤光镜，采用的是非线性光学材料。其工作原理类似于手表的液晶显示器，它不是对特定波长的光做出反应，而只是对激光的能级做出反应。由于防护脉冲激光的需要，光学开关必须具有次纳秒级的反应速度。

光学开关型滤光镜由氧化钒等材料制成。光开关显示出很好的锐截止特性，可用于宽带的激光防护。目前，国外光学开关型滤光镜已研制成功和接近研制成功。1993年，美国海军研究实验室用碳60（C60）成功地将ND%YAG纳秒脉冲限制在人眼的损伤阈值以下，这种器件利用了C60材料的反饱和吸收和自散焦增强效应。美国陆军实验室、Hughhes公司、佛罗里达大学、科学应用国际公司等也在进行这方面的研究。威斯汀豪斯电气公司研制成功氧化钒防激光涂层，用来保护卫星上的红外探测器免受激光武器的破坏。当强激光照射到卫星上镶有氧化钒膜的红外敏感窗时，具有光开关特性的薄膜立即阻止激光通过，保护光电传感器。这种薄膜可正常工作25年。

随着军用激光技术的迅速发展，对激光滤光镜的要求越来越高。如激光测距、制导、雷达以及激光告警装备中保护光电传感器的滤光镜，都要求在阻止敌方激光致盲武器破坏的同时，能保证对相同波长弱激光信号的正常接收。随着多波长和可调谐激光致盲武器的出现，要求滤光镜能在整个可见光谱区对强激光有足够的防护能力，且对自然光透过率高。在这些方面，光学开关滤光镜显示出极大的优势。

光开关也是一种非线性器件，是一种感应来袭激光能量大小的开关。具体地讲，当光开关受到激光激活后，由一透明元件变成不透明元件。一旦激光脉冲结束，又恢复到透明状态，例如氧化钒和硫化物组成的混合材料，可用作光开关。这种光开关与其他防护措施组合，对脉冲式激光、连续波激光可在很宽频带内提供保护。在设计光开关时，要考虑到光开关及其基片上的能量衰减、开启时间、光强度和材料的损伤阈值等参数。

利用快速开关技术是激光防护装置一个重要发展方向。目前使用的激光防护装置可能因激光波长不是滤光片的设计防护波长而失效。利用快速开关则能对付任何波长的高功率激光。这种技术的一种可能方案是利用非线性光学聚合物材料来制造光学开关和限光器。这些材料在存在强光或强电场时，会改变它们的光学特性，发生快速分子偏振变化。受到激光照射时，它们对激光几乎不透明，而当激光脉冲结束时，它们又回到透明状态。这些材料制成的器件能阻挡激光脉冲，同时容许普通不太亮的光透过，而又几乎不发生变化。

7.3.8 抗激光材料

美国正积极发展抗激光加固空中目标材料并研制出了能吸收激光的抗激光装甲塑料。例如，美国研制了一种空中目标激光武器损伤射线防护材料，这种抗激光防护材料的组分有铈、铊、镥、铋、铅和其他镧化物。这是一种复合防护屏蔽材料。这种保护层用扩散法、涂溅法和高压喷射法等方法涂在目标表面上。这种保护涂层可以是多层的，并且可用不同材料制成。当高能密度的脉冲激光照射到目标表面后，其表面材料被气化转变成等离子体，可使激光能量减少一半。在飞行器表面加上这种材料的屏蔽层和涂层是防御脉冲激光的理想方法，既可提高防护效率，又不增加质量。

美国通用电气公司研制出的抗激光防护材料为全炭材料，由多层反射石墨制成。每层石墨充当一块反射激光的反射镜，而不是吸收激光热能。它通过反射大量入射能的方法，使材料能抗宽波段激光的作用。状态变化温度约为3000℃，比热容高，有严密封装层时材料密度约为水的2倍，如层间有空隙，则密度比水轻100倍。这种材料可大大加强设备的抗激光能力，还可用来保护高超音速飞行器免受大气摩擦产生的热作用，甚至可增强设备防核武器的能力。这种材料可制成各种形状和厚度，还可添加增强纤维。

7.4 光电子和激光治疗技术

激光治疗主要是利用激光对生物体的光热作用、光声作用、光化学作用以及光生物刺激作用等进行的，相应的有光热疗法、冷光疗法、光分裂法、光化疗法和低功率激光疗法等。但不论哪种治疗，不一定局限于单一作用。激光疗法主要是要利用组织对不同波长激光的选择性吸收使之只损害病变组织而不伤及其他正常组织，无创或微创地进行治疗。激光治疗的对象涉及很广，包括消化系统、呼吸道系统、循环系统、泌尿系统、眼科、耳鼻科、皮肤及整形外科、妇科、牙科等几乎所有的临床领域。

（1）光热疗法

光热疗法是用激光照射组织时光能被组织吸收后产生的热来进行治疗的。根据产生热量由低到高的不同而分别起到对组织加热、凝固、烧灼和切割等作用。

温热治疗：用红外激光使组织加热升温，对病变组织主要是肿瘤持续照射，使其温度保持在42℃左右，15～20min，使肿瘤坏死。原因是温升会影响肿瘤细胞的蛋白合成，促进其细胞的自我消化，加速其死亡和坏死。这种疗法适用于手术难度大的恶性肿瘤和晚期不宜手术恶性肿瘤的姑息治疗。

凝固治疗：用强激光对组织照射加热可能使组织的蛋白质成分和血液凝固，使被照射的病变组织坏死，或被剥离的组织熔合粘接，或达到止血目的。例如激光间质热疗就是使病变组织加热到≥56℃，在几分钟内逐渐热凝坏死而达到治疗效果。死亡的病变组织可被较快地消溶吸收，对肝转移肿瘤、前列腺癌或肥大和乳腺癌等有很好的疗效。凝固治疗还可进行血管或其他组织吻合，伤口愈合快；对眼底出血的血管和血管瘤进行热凝封闭的治疗。又如激光角膜热成形术通过激光照射加热角膜，使角膜胶原纤维发生热皱缩，角膜周边扁平，中心相对隆起，增加角膜的屈光性，达到矫正目的。

烧灼治疗：用激光照射组织，使其温度达到300～400℃之间，使病变组织和细胞立刻发生干性坏死，呈棕黑色。通常用于治疗血管角皮瘤、海绵状血管瘤等。

切割治疗：用蒸发汽化作用使组织穿孔、切割或磨蚀。例如去除痣、疣等，又如对骨的切割，切面较光滑。还有去除肿瘤的同时可封住血管和淋巴管，减少肿瘤因手术过程扩散的危险等。

（2）冷光疗法

用紫外波段的激光对组织进行精细切割。例如用准分子激光根据磨蚀性光化分解作用对角膜表面进行精密加工，改变其屈光度治疗屈光不正。

（3）光分裂法

用高强度短脉冲激光照射，使组织发生光蒸发，表面蒸发的蒸汽的温度急剧上升产生等离子体，等离子体的迅速膨胀和空化作用形成超声冲击波，其所产生的压强作用导致组织发生裂解。称为光分裂，例如用激光照射结石时产生的等离子体引起冲击波，使结石被粉碎。

（4）光化疗法

利用癌细胞与正常细胞对某些光敏药物的亲和力不同的特点，使光敏物质只集中于肿瘤组织中，在光的照射下使光敏药物产生氧化能力很强的单态氧，可以有效地杀死癌细胞，通常称为光动力学疗法。光动力学可对肿瘤作选择性损伤，而对正常组织伤害较少，还可用于治疗牛皮癣、白癜风、皮肤基底细胞瘤以及生殖器疣、皮肤溃疡、口腔溃疡，去除子宫内膜等，应用很广泛。

（5）低功率激光疗法

利用激光的生物刺激作用进行低功率激光治疗法，通常用红光或蓝光，一般用于缓解疼痛或去痛、消炎和促使创伤愈合、治疗溃疡等。还可用作针灸，不用刺入体内，只需对有关穴位照射，可用于治疗内、外、妇、儿、神经、皮肤、五官等科疾病。

7.5 光电子和激光治疗的主要应用

（1）激光在口腔科应用

激光用于牙科的基础及临床研究开始很早，现在主要应用于治疗口腔软组织疾病、口腔黏膜病等。还有各种口腔硬组织疾病，如牙本质过敏症的脱敏、龋牙激光治疗、根管消毒和激光漂白牙齿等以及用激光进行止疼和麻醉。也可以用激光进行牙髓炎等口腔疾病的诊断等。例如口腔激光治疗仪，对于各种（由喝茶、咖啡、可乐和抽烟等所产生的）齿垢、四环素牙、黄板牙、老化、挫伤、过剩的氧化物、神经退化及旧齿斑重显等都可以起到美白作用。

（2）激光在眼科应用

准分子激光角膜切削术利用紫外激光的高光子能量打断角膜基质内分子链，造成非热致汽化来改变角膜的厚度和曲率，治疗近视、远视和散光。这种方法具有热损伤小、切割精细、安全、预测性好等一系列优点，近年发展很快。还有激光屈光性角膜切削术，即在角膜瓣下进行激光切割，是一种效果稳定、视力回退现象小的屈光矫正治疗。另外，激光还可对晶状体、玻璃体、虹膜、视网膜等的各类疾病进行治疗。例如一种准分子激光角膜屈光手术可以精确地切割角膜组织，改变角膜的屈光度，而对周边组织的热效应非常少。

（3）激光在心脏病学中应用

对于冠状动脉硬化可以采用激光心脏再形成手术进行治疗。医生在病人左胸开一个切口，用激光在心脏上打 20～30 个 1mm 大小的小孔，小孔在血凝固时被封闭，形成新的血流通道，以增加血液向缺氧组织流动，从而缓和心绞痛和其他冠心病症状。

（4）激光针灸治疗术

低功率激光可以代替传统的针灸工具，通过刺激穴位缓解疼痛和治病。由于激光是非接触式的，所以不会损坏病人的神经和血管，更为安全可靠。

（5）激光采血器和注射器

验血划痕器的激光切口造成的水肿小，伤口愈合快。用激光采血是非接触式的，可以避免病人紧张、疼痛，还可以避免由于采血、注射引起的交叉感染。可以防止感染如艾滋病、肝炎等传染病。

(6) 激光美容

激光能产生高能量、聚焦精确的单色光，具有一定的穿透力，作用于人体组织时能在局部产生高热量。激光美容就是利用激光的这一特点，去除或破坏目标组织，达到美容治疗的目的。主要包括激光切割和激光换肤。

① 激光切割　其最大优点是切口出血少，手术视野清晰。目前使用的超脉冲激光，将激光器发出的能量聚集，并通过特殊开关使能量在瞬间释放，强大的能量将组织迅速气化，不仅切割快捷，同时也使切口周围的热传导减少到最小，对切口周围组织的损伤程度极小。用于重睑术、眼袋整形、面部除皱等方面，取得了良好的效果。

② 激光换肤　利用了激光磨削技术，其原理是通过改变激光器的聚焦特性，使激光点变成一个光斑，再利用图形发生器，将光斑按照一定的图形进行扫描，使激光斑在瞬间产生的高热将扫描范围内的目标组织去除。每个光斑的强度、密度、扫描图的形状及大小均由计算机进行控制，从而精确地控制去除目标组织的深度，达到治疗的目的。激光换肤不仅克服了传统方法易出血、深度不易控制等缺点，还有刺激皮肤弹力纤维，使其收缩的作用。弹力纤维的收缩可使皮肤收紧，进一步促进表浅皱纹消失，除皱效果更加明显。

现代激光美容治疗既强调有效，更注重安全。激光主要依靠其热作用使靶组织（病变组织）有效破坏，但靶组织受热的同时会向其周围传导热量，因此在治疗时应使热传导减少到不致引起周围组织损伤（可形成瘢痕等）。这需要根据不同组织的生物学特性，选择合适的激光波长、脉冲持续时间和激光能量等参数，就可以保证最有效治疗病变部位的同时，对周围正常组织的损伤最小。

要实现选择性光热作用，则必须满足三个重要的条件。

a. 波长：选择能作用到靶组织并被靶组织强烈吸收的波长。由于激光在组织中的穿透深度与激光的波长成正比，因此治疗时激光波长的选择应首先考虑激光穿透力的大小，病变部位越深，则所需的激光波长越长，尤其是真皮深部的病变一定要选择较长的激光波长，否则激光作用不到病变部位。

就血管性病变而言，激光治疗的靶色基为血管内血液中的氧合血红蛋白。氧合血红蛋白吸收峰值有三个：418nm（蓝色）、542nm（绿色）及 577nm（黄色）。其中 418nm 是氧合血红蛋白最大的吸收峰值，如果只考虑吸收能力，这一波长的激光无疑是最理想的，但 418nm 激光的穿透能力差，达不到皮肤真皮的多数血管组织，而且 418nm 激光还能被表皮中的黑色素很好地吸收，有可能造成术后皮肤色素减退等，所以 418nm 波长与 542nm 和 577nm 的波长相比，尽管后两个波长的激光吸收峰值相对较小，但后两者穿透性较好，且黑色素对它们的吸收不如 418nm 那样多，故靠近 542nm 和 577nm 波长是治疗血管性病变最理想的激光波长。

就色素性疾病而言，黑色素吸收峰值在 280～1200nm 中并随波长增加而吸收减少。治疗浅表色素性疾病如雀斑、黑子等，可选择波长较短的激光，如 510nm、532nm 等；如果治疗真皮色素性疾病如太田痣、蓝黑色文身等，则必须选用波长较长的激光，如 694nm、755nm、1064nm 等，只有波长较长的激光才能有效地到达真皮深层。

文身的色素有黑、蓝、绿、黄、橙、红等多种人工色素，根据互补吸收的光学原理，文身的治疗应选择与其颜色互补的激光。如红色文身用绿色的 510nm 或 532nm 的激光治疗，绿蓝色文身用红色的 630nm、694nm 或 755nm 的激光治疗，而蓝黑色文身用红色的 755nm

或近红外的 1064nm 的激光进行治疗。

组织中的水对可见光和近红外线吸收极少，而对大于 2μs 的红外线波段吸收较好，其吸收主峰在 2.94μs。表皮和真皮所含有的大量水分，成为激光磨削治疗时（如祛皱纹等）的靶组织。根据水对光的吸收曲线，磨削治疗用 Lr（铒）：YAG（2.94μs）最好，其次为 CO_2（10.6μs）及 Ho（钬）：YAG（2.1μs）激光。

b. 脉冲持续时间：应小于或等于靶组织的热弛豫时间。热传导的多少与热作用的时间成正比，时间越长，热损伤的范围就越大。根据光学理论，只要使激光的脉冲持续时间小于或等于靶组织的热弛豫时间，就不会引起周围组织的热损伤。热弛豫时间是指受热的组织通过热扩散将其自身的热量降低 50% 所需的时间。该参数是衡量靶组织的热传导速度快慢的指标。

小物体要比大物体冷却得快，精确地讲，热弛豫时间与物体大小的平方成正比。因此对于 1 个给定的物体，大小增加到 2 倍，则热弛豫时间将增加到 4 倍。i. 血管性病变中血管管径的粗细有很大差异。通过计算，毛细血管的热弛豫时间约为 10μs，管径 0.1mm 血管的热弛豫时间约为 4.8ms，而更大血管的热弛豫时间可达几十毫秒。因此治疗血管性病变最理想的激光脉冲持续时间（即脉宽）应为几毫秒至几十毫秒。ii. 色素性病变中黑色素颗粒非常微小，其热弛豫时间仅为 1μs。因此治疗色素性病变应使用脉宽为纳秒级的激光。iii. 皮肤组织的热弛豫时间大致为 1ms，因此要求做皮肤磨削除皱的激光仪的脉宽小于 1ms。iv. 毛囊的体积较大，其热弛豫时间为几毫秒至 100ms，因此要求用来脱毛的激光的脉宽最好在几毫秒至 100ms 之间。

c. 能量：选择能在靶组织上产生足够的温度，使之破坏的合适能量。足够的激光能量是保证疗效的前提，现代激光仪都具有强大的功率。实际临床应用时激光的能量密度必须根据靶组织的性质、颜色深浅、大小厚薄和治疗当时的反应等来确定，治疗过程中应不断地对激光能量进行调试和修正。如选择的激光能量过低达不到疗效，过高则引起周围组织的热损伤。

7.6 激光加工生物组织和生物材料

在工业先进国家，激光加工的地位很高，衡量一个国家工业生产效率及其在发达国家中的位置，很大程度上取决于其工业用激光器的制造及其引入生产的进度。美、日西欧等各国激光加工产业化已经形成，建成激光加工业体系，每年以百分之几的速度增长。激光焊接、打孔、切割、微加工等多方面工业应用，效益同样非常可观。

有关诊断治疗中生物组织和生物材料都要进行加工处理，便于组织移植和组织生长等，涉及的组织和材料可以是在体组织，可以是有机、无机或金属材料，经过加工后形成特定形状，具有特定的性质。激光在材料加工方面有其优势。激光对生物组织与材料的加工处理过程需要明确激光与生物组织和材料的相互作用过程，取决于几个因素：激光束的特性，生物组织和材料的光学特性及热物理性能，激光与生物组织和材料的相互作用方式等。

激光对生物组织与材料可作非接触性加工，可以用光纤将激光功率传输到待加工的组织与材料进行高精度加工，还可通过控制激光功率、脉宽、聚光强度进行微细加工，用短脉冲激光可进行对超硬质材料的加工，用光刻技术实现亚微米超微细加工等。

例如用准分子激光加工切割表面角膜镜片，移植到受体眼上以治疗眼屈光不正。这种技术除可用于各种生物体软组织、骨、牙齿等，还可用于各种有机材料、无机陶瓷、无机晶体以及金属材料等的加工处理。

又如脉冲激光沉积法可制造各种功能性薄膜。包括各种强介质薄膜、强磁性体材料薄膜等。

激光快速成形技术可将三维 CAD 数据快速转化成实体，先在计算机中生成产品的 CAD 三维实体模型，再将它“切成”约为规定厚度的片层数据，用激光切割或烧结的办法将材料进行选区逐层光硬化叠加，最终形成实体模型，可用于组织材料的加工。

参考文献

[1] 郭瑜茹，张朴，杨野平，王东军．光电子技术及其应用［M］．北京：化学工业出版社，2004.

[2] 林宋，郭瑜茹．光机电一体化技术应用100例［M］．北京：机械工业出版社，2010.

[3] 林宋，刘杰生，殷际英，田建君．光机电一体化技术产品实例［M］．北京：化学工业出版社，2003.

[4] 朱京平．光电子技术基础［M］．北京：科学出版社，2009.

[5] 石顺祥．光电子技术及其应用［M］．北京：科学出版社，2010.

[6] 亢俊健，贾丽萍，朱月红，尹立杰．光电子技术及应用［M］．天津：天津大学出版社，2007.

[7] 王永仲．现代军用光学技术［M］．北京：科学出版社，2003.

[8] 解放军总参谋部．光电对抗［M］．北京：解放军出版社，1990.

[9] 阎吉祥．激光武器［M］．北京：国防工业出版社，1996.

[10] 倪树新，李一飞．军用激光雷达的发展趋势［J］．红外与激光工程，2003，32（2）：111-114.

[11] 邓仁亮．光学制导技术［M］．北京：国防工业出版社，1992.

[12] 徐南荣等．红外辐射与制导［M］．北京：国防工业出版社，1997.

[13] 周伯勋．激光制导技术在航空武器装备中的应用与发展［J］．电子器件，1998，21（4）：274-280.

[14] 袁旭沧．应用光学［M］．北京：国防工业出版社，1988.

[15] 王永仲．智能光电系统［M］．北京：科学出版社，1999.

[16] 辛企明等．近代光学制造技术［M］．北京：国防工业出版社，1997.

[17] 侯卯鸣等．综合电子战［M］．北京：国防工业出版社，2000.

[18] 徐家骅．计量工程光学［M］．北京：机械工业出版社，1980.

[19] 高稚允等．军用光电系统［M］．北京：北京理工大学出版社，1996.

[20] 谭显裕．激光雷达测距方程研究［J］．电光与控制，2001，（2）：12-18.

[21] 徐润君，陈心中．激光雷达在军事中的应用［J］．物理与工程，2002，12（6）：36-39.

[22] 刘振玉编著．光电技术［M］．北京：北京理工大学出版社，1990.

[23] 王锡胜等编著．有线电视技术［M］．北京：电子工业出版社，1996.

[24] 方学忠等编著．卫星电视与有线电视技术［M］．北京：中国物资出版社，1995.

[25] 殷琪编著．卫星通信测试系统［M］．北京：人民邮电出版社，1997.

[26] 黎洪松编著．数字视频技术及其应用［M］．北京：清华大学出版社，1997.

[27] 吕海寰等编著．卫星通信技术［M］．北京：人民邮电出版社，1997.

[28] 徐良贤等译．计算机网络与互联网［M］．北京：电子工业出版社，1998.

[29] 刘有信编著．网联互联技术［M］．北京：人民邮电出版社，1998.

[30] 王行刚编著．计算机组网技术［M］．北京：科学出版社，1993.

参考文献